石油和化工行业"十四五"规划教材

BIOSYNTHESIS OF
SECONDARY METABOLITES
PRINCIPLE AND APPLICATION

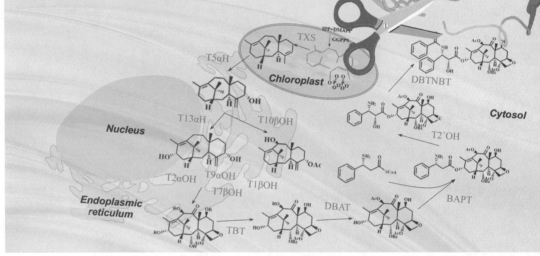

次生代谢产物生物合成
原理与应用

余龙江　赵春芳　付春华　主编

化学工业出版社

·北京·

内容简介

本教材从代表性生物活性物质和天然药物中的次生代谢产物的生物合成角度，系统阐述了次生代谢产物的生物合成途径及其调控原理、方法与应用，并系统介绍了典型天然活性成分的生物合成途径、合成代谢调控及其最新进展。本教材共分为 11 章，包括生物合成基本原理，次生代谢产物生物合成研究方法，萜类、聚酮类、莽草酸与桂皮酸衍生物、黄酮类、生物碱与非核糖体途径多肽类等次生代谢产物生物合成，皂苷类代谢产物及其生物转化，植物次生代谢产物生物合成调控原理与应用，微生物次生代谢产物生物合成调控原理与应用，合成生物学在次生代谢产物生产中的应用。

本教材适用于生物技术、生物工程、生物制药、食品科学与工程、生物化工、药学、生物与医药及相关专业的学生使用，也可作为从事上述专业相关的教学、科研及生产技术人员的参考书。

图书在版编目（CIP）数据

次生代谢产物生物合成：原理与应用 / 余龙江，赵春芳，付春华主编. -- 北京：化学工业出版社，2024.10. --（石油和化工行业"十四五"规划教材）.
ISBN 978-7-122-46671-6

Ⅰ．Q945.11

中国国家版本馆CIP数据核字第2024XY1732号

责任编辑：赵玉清
责任校对：赵懿桐
装帧设计：张　辉

出版发行：化学工业出版社
　　　　　（北京市东城区青年湖南街13号　邮政编码100011）
印　　装：河北鑫兆源印刷有限公司
880mm×1230mm　1/16　印张16¼　字数426千字
2024年11月北京第1版第1次印刷

购书咨询：010-64518888
售后服务：010-64518899
网　　址：http://www.cip.com.cn

凡购买本书，如有缺损质量问题，本社销售中心负责调换。

定　价：69.00元　　　　　　　　　　　　　　　版权所有　违者必究

前言

次生代谢产物是指次生代谢途径产生的产物。次生代谢是相对初生代谢而言，通常将生物的代谢过程分为初生代谢和次生代谢，其中，初生代谢一般是指与生物的生长繁殖和发育密切相关的代谢过程，相应的代谢途径和代谢产物分别称为初生代谢途径和初生代谢产物；而次生代谢是指与生物的生长繁殖和发育相关性较小的代谢过程，生物在该过程所合成的次生代谢产物通常对该生物的生长繁殖和发育影响较小。也可以讲，生物的初生代谢以外的代谢过程都称为次生代谢过程。通常所说的次生代谢产物是由生物在次生代谢过程中合成，虽然这些次生代谢产物对合成它的生物的生长繁殖及发育过程影响较小，却对人类生产生活具有重要价值，可被开发成为药物、营养保健品、天然色素和抗菌剂等各种重要生物产品。

天然药物是人们在长期同疾病作斗争过程中，经过筛选证实其疗效而积累并保存下来的人类共同的宝贵财富。目前，天然药物约占所有药物总量的60%，其中直接作为药物使用的仅占5%左右，其余55%作为药物前体经半合成修饰后可成为药物。

天然药物活性成分往往是次生代谢物质。虽然次生代谢产物与合成它的植物或微生物本身的基本生命活动并无直接关联，但它们中的许多常常与生物的抗逆性、防御性、信号转导、竞争拮抗等生命活动及生理功能密切相关。通常在生物体或其细胞中次生代谢产物的含量远少于初生代谢产物含量，但其结构及生理活性却是多种多样。次生代谢产物是生物学、化学、药学和食品科学等领域长期关注的重点和热点，更是新药发现、研究与开发的重要来源。

研究次生代谢产物中的天然药物成分生物合成，是天然药物和生物制药的一个重要领域，重点研究生物体或其细胞如何从小分子前体，经过系列顺序协作的酶催化反应形成不同的化学结构，研究内容不仅涉及天然药物的生物合成途径、催化合成反应的酶学特性，还包括生物体或其细胞如何对该生物合成途径密切相关的代谢网络进行调控，分别从天然药物化学、生物化学、生理学、分子生物学、基因组学、转录组学、蛋白质组学和代谢组学等不同方面，共同阐明这一生物合成过程的理论和技术原理。

天然药物的生物合成研究将回答生物学、化学、药学和食品科学领域共同关注的基本问题：自然界中这些成分究竟是如何产生的？相关的酶催化生化反应调节机制如何？这些酶催化反应是如何联系在一起，共同完成那些具有复杂化学结构的天然产物的合成？这一连续的酶催化反应过程在生物体或其细胞内是如何受调控的？回答了这些基本问题，就有可能指导我们从生物群体、个体、细胞及分子等不同层次对这一代谢过程进行有效调控，以达到在生产实践过程中提高天然药物含量和产量，或发现和发展更具应用价值的药物的目的。同时，将对资源生物学、植物化学、微生物代谢及相关学科的发展具有重要指导意义。

目前，对于生命科学、化学化工、食品科学、药学以及新兴的生物制药专业等生物与医药相关领域的本科及研究生教学，与次生代谢产物生物合成相关的课程难以找到比较合适的教材，相关高校教师大多靠自选教学资料或自编讲义进行教学。本书作者结合二十多年来的科研教学及应用实践，在系统总结多年讲授生物技术、生物制药等专业高年级本科生课程"生物合成原理""天然药物与化学药物"，以及在讲授生物与医药、生物化工、生物工程、生物制药工程、生化与分子生物学、微生物学、植物学等学位点的研究生课程"生物合成与天然产物"基础上编写而成。

本书从天然药物或食品中的次生代谢产物及其他典型的小分子活性成分生物合成的角度，系统讲述了次生代谢产物的生物合成途径及其调控原理、方法与应用，并系统介绍了大量天然活性物质的生物合成途径、合成代谢调控及其最新研究进展。全书共分为11章，各章自成体系又相互联系，重点突出，由浅入深，编写力求突出如下特点。

（1）课程思政引领，激发学生爱国奉献的使命感和情怀。次生代谢产物是人类长期与大自然共处中不断被发现和利用的宝贵自然资源，利用生物技术将有用次生代谢产物工程化应用，是人类一直以来的梦想。次生代谢生物合成途径及其调控原理是实现这一宏伟目标的科学基础和关键技术，通过本书的编写和实际课程的学习，有助于激发学生进行多学科交叉研究，解决生物高端制造问题的信心和使命感。

（2）学科交叉融合，培养学生创新思维和能力。本书内容涉及天然药物化学、天然有机化学、生物化学、分子生物学、合成生物学、生物技术、代谢生理学等多学科的交叉融合，体现当代"大科学"发展的趋势和特征，有助于提高学生综合分析和解决实际问题的宏思维能力和创新能力。

（3）明确目标定位，强调实践性。着力为国家培养绿色生物智造与大健康产业的拔尖创新人才，体现以学生发展为中心的理念，以能力培养为主线，理论联系实际，重点培养学生的创造思维及发现并解决问题的能力。选材重点突出，并运用数字技术及时更新内容，体现当今天然产物及其生物合成研究领域动态发展，注重介绍与次生代谢密切相关的合成生物学与绿色智造最新进展。

（4）精心设计，突出应用性。本书由经验丰富的科研教学团队编写，在讲述基本原理和技术的基础上，结合典型天然产物生物合成实例进行案例分析，将理论学习与实际应用相结合，内容精练，言简意赅，图文并茂，每章都有思维导图、重点难点说明和问题导读，以及拓展知识的数字资源、开放性讨论题和思考题，增加了本书可读性和实用性，有助于提高学生综合理解和分析解决问题的能力。

本书由余龙江带领的科研教学团队编写出版，全书架构和目录由余龙江牵头、赵春芳协助，并组织大家通力合作完成。其中，第一章由余龙江、赵春芳、付春华编写，第二章由余龙江、赵春芳编写，第三至七章由赵春芳、余龙江、付春华编写，第八章由余龙江、赵春芳、付春华、王志宽编写，第九章由余龙江、付春华、赵春芳、张蒙、宋广浩编写，第十章由余龙江、赵春芳、朱圆敏、白云、王红波编写，第十一章由余龙江、赵春芳、朱圆敏、陈玉龙、朱欣琪编写。本书作者均是在天然产物、食品生物工程、天然药物及生物制药等生物医药领域从事研究开发和教学实践的教师和科研人员，同时要感谢赵春芳、付春华、朱圆敏、朱欣琪、张后今等在数字资源建设中付出的辛勤劳动。相信这本凝结着作者多年教学和科研经验的教材，将会给相关专业的人才培养、科学研究和生产实践提供帮助。

尽管本书作者非常努力，但由于时间较紧、精力有限，书中可能存在不妥之处，恳请读者指正为谢，以便作者不断完善提高。

编 者

2024 年 6 月

目录

1 生物合成基本原理 **001**

1.1 基本概念 003
- 1.1.1 生物合成概述 003
- 1.1.2 次生代谢产物 004
- 1.1.3 次生代谢产物基本生物合成途径 006
- 1.1.4 次生代谢产物生物合成途径在线数据库简介 006

1.2 生物合成基本要素 008
- 1.2.1 小分子前体 008
- 1.2.2 能量来源 008
- 1.2.3 还原力 009
- 1.2.4 酶的种类 009

1.3 生物合成基本化学反应类型及其催化酶 011
- 1.3.1 共价键的断裂与生成 011
- 1.3.2 Wagner-Meerwein 重排及异构化反应 015
- 1.3.3 基团转移反应 016
- 1.3.4 氧化-还原反应 017

1.4 生物合成调控原理 019
- 1.4.1 生物固有的调控机制 019
- 1.4.2 人工干预生物合成的作用原理 024

2 次生代谢产物生物合成研究方法 **029**

2.1 研究生物合成途径的一般方法 031
- 2.1.1 提出途径假说 031
- 2.1.2 同位素示踪法 032
- 2.1.3 前体饲喂法 033
- 2.1.4 针对酶的诱导或抑制方法 034
- 2.1.5 无细胞体系酶试验法 034
- 2.1.6 微生物突变株法 035
- 2.1.7 现代分子生物学研究方法 036

2.2 研究次生代谢调控的一般方法 041
- 2.2.1 转录水平调控方法 041
- 2.2.2 翻译水平调控方法 042

2.3 系统生物学研究方法 044
- 2.3.1 基因组学 044
- 2.3.2 转录组学 046
- 2.3.3 蛋白质组学 046
- 2.3.4 代谢组学 048
- 2.3.5 代谢网络的整合分析方法 050

2.4 基于次生代谢产物的研究方法 052
- 2.4.1 靶向代谢产物研究 052
- 2.4.2 非靶向代谢产物研究 053

3 萜类代谢产物及其生物合成　055

- 3.1 萜类代谢产物分布与分类　057
- 3.2 萜类代谢产物生物合成途径　057
  - 3.2.1 途径总览　057
  - 3.2.2 IPP 合成阶段　058
  - 3.2.3 碳骨架延伸形成二级萜类前体　060
  - 3.2.4 碳链环合形成三级萜化合物组骨架　063
- 3.3 典型萜类次生代谢产物举例　071
- 3.4 萜类生物合成的分子生物学概述　074
  - 3.4.1 萜烯合成酶　074
  - 3.4.2 细胞色素 P450 单加氧酶　076

4 聚酮类代谢产物及其生物合成　081

- 4.1 源于聚酮途径的次生代谢产物　083
- 4.2 聚酮类代谢产物生物合成中的主要反应　083
- 4.3 典型聚酮类代谢产物生物合成途径实例　085
  - 4.3.1 脂肪酸生物合成途径　085
  - 4.3.2 含芳香环的聚酮产物　086
  - 4.3.3 四环素的生物合成途径　088
  - 4.3.4 红霉素的生物合成途径　089
- 4.4 聚酮的模块化生物合成机制及其酶学基础　092
  - 4.4.1 聚酮的模块化生物合成机制及多酶复合物组成　092
  - 4.4.2 聚酮合酶的催化类型　092

5 莽草酸与桂皮酸衍生物及其生物合成途径　097

- 5.1 莽草酸生物合成途径及其常见代谢产物　099
- 5.2 桂皮酸衍生物概述　103
  - 5.2.1 简单苯丙烯（烷）类代谢产物　103
  - 5.2.2 香豆素　104
  - 5.2.3 木脂素与木质素　105
- 5.3 桂皮酸生物合成途径　107
  - 5.3.1 桂皮酸途径概要　107
  - 5.3.2 经桂皮酸途径合成苯甲酸衍生物　109
  - 5.3.3 木脂素和木质素的生物合成途径　109
  - 5.3.4 香豆素的生物合成途径　110
- 5.4 典型莽草酸与桂皮酸合成途径实例　112
  - 5.4.1 水杨酸及其衍生物生物合成途径　112
  - 5.4.2 绿原酸生物合成途径　112
- 5.5 莽草酸与桂皮酸途径的酶学基础　113
  - 5.5.1 莽草酸途径关键酶及调控　114
  - 5.5.2 桂皮酸途径中的酶及其调控　114

6 黄酮类代谢产物及其生物合成　　117

6.1 黄酮类代谢产物分布与分类　118
6.2 黄酮类代谢产物生物合成途径　119
6.3 典型黄酮类代谢产物生物合成途径实例　121
　6.3.1 典型黄酮类代谢产物结构式　121
　6.3.2 黄酮类代谢产物生物合成途径及亚类间的途径联系　123
6.4 类黄酮代谢产物生物合成的酶学基础　124
　6.4.1 类黄酮合成酶及其编码基因结构分析　124
　6.4.2 类黄酮生物合成途径中系列关键酶的细胞定位　126
　6.4.3 植物类黄酮生物合成的基因调控　127
6.5 相似途径合成的非黄酮代谢产物　128

7 生物碱与非核糖体途径多肽类生物合成　　131

7.1 生物碱的分布与分类　133
7.2 典型生物碱的生物合成途径　133
　7.2.1 来源于鸟氨酸的生物碱　133
　7.2.2 来源于赖氨酸的生物碱　135
　7.2.3 来源于邻氨基苯甲酸的生物碱　137
　7.2.4 来源于苯丙氨酸或酪氨酸的生物碱　137
　7.2.5 来源于色氨酸的生物碱　142
　7.2.6 其他来源途径的生物碱　144
7.3 非核糖体多肽产物概述　147
　7.3.1 NRPs 的生物活性　147
　7.3.2 常见 NRPs 的分子结构类型　147
7.4 NRPs 的生物合成机制　149
　7.4.1 青霉素类代谢产物生物合成途径　149
　7.4.2 NPRs 产物生物合成机制　149
7.5 NRPS 的分类与催化类型　152

8 皂苷类代谢产物及其生物转化　　155

8.1 皂苷类代谢产物的分类及分布　157
8.2 植物皂苷生物合成与转化的酶学基础　157
　8.2.1 皂苷常见的转化反应　157
　8.2.2 皂苷生物转化酶的类型与来源　160
8.3 植物皂苷类的微生物转化原理与应用　164
　8.3.1 微生物转化植物皂苷生产皂素　164
　8.3.2 微生物对植物皂素的转化利用　166

9 植物次生代谢生物合成调控原理与应用　　173

9.1 植物次生代谢合成调控特点及调控规律　175
　9.1.1 植物次生代谢产物及其合成调控特点　175

9.1.2 植物次生代谢产物生物合成的调控规律　176
9.2 植物次生代谢产物生产技术及其调控　180
　9.2.1 药用植物人工规模化种植　180
　9.2.2 植物细胞培养合成次生代谢物及其影响因素的调控规律　181
　9.2.3 植物细胞大规模培养生产天然产物　183
　9.2.4 毛状根培养生产植物次生代谢物技术　186
　9.2.5 植物内生真菌生产次生代谢产物技术　187
9.3 植物次生代谢调控原理与技术的应用实例　189
　9.3.1 红豆杉中紫杉醇的生物合成与调控　189
　9.3.2 人参皂苷生物合成和次生代谢调控　193

10　微生物次生代谢的调控原理与应用　197

10.1 微生物次生代谢产物及其生物合成模式特点　199
　10.1.1 微生物次生代谢产物概述　199
　10.1.2 微生物次生代谢产物生物合成模式及其特点　204
10.2 微生物对次生代谢的调控原理　206
　10.2.1 微生物次生代谢酶的调控　206
　10.2.2 分解代谢物对次生代谢的调节　209
　10.2.3 环境因子对次生代谢的调控　211
　10.2.4 基于代谢网络的次生代谢调控　215
10.3 微生物次生代谢调控策略与技术　217
　10.3.1 微生物次生代谢调控策略　218
　10.3.2 微生物次生代谢调控技术　220
　10.3.3 优化发酵过程，促进目标次生代谢产物大量累积　222
10.4 微生物次生代谢物调控应用实例　225
　10.4.1 微生物生产抗生素类产物的合成调控　225
　10.4.2 微生物多不饱和脂肪酸合成代谢调控研究实例　226
　10.4.3 复杂代谢网络调控实例　226

11　合成生物学在次生代谢产物生产中的应用　231

11.1 合成生物学与次生代谢产物生物合成　233
　11.1.1 合成生物学概念与发展简况　233
　11.1.2 合成生物学在生产次生代谢产物中的研究进展　235
11.2 宿主菌的选择与底盘设计　236
　11.2.1 宿主菌选择的一般原则　236
　11.2.2 典型底盘简介　236
　11.2.3 人工多菌体系的构建　238
11.3 合成生物学中的合成路线设计与优化　240

11.3.1 生物合成虾青素全局设计及模块优化　240
11.3.2 从二氧化碳合成淀粉的路线设计与优化　241

11.4 生物合成途径的重构及关键酶的挖掘与优化　241
11.4.1 生物合成途径的重构与酶的挖掘　241
11.4.2 生物合成途径中酶的设计与优化　243

11.5 合成生物学制造天然产物的应用实例　247
11.5.1 青蒿酸的生物制造　247
11.5.2 人参皂苷的生物制造　247
11.5.3 β-烟酰胺单核苷酸的生物制造　247

1 生物合成基本原理

教学目的与要求

1. 掌握天然产物及其生物合成学科基本概念、范畴及在科学研究与国民经济中的作用。
2. 掌握生物合成基本要素、天然产物基本生物合成途径、生物合成酶的种类、调控及其反应等基本原理。
3. 总体了解本课程的学习内容、方法及具体要求，了解合成生物学在本学科领域的渗透应用。通过典型案例激发学生学习本课程的兴趣和热情。

重点及难点

生物合成要素，关键酶的概念及辨识，生物合成中常见反应及酶的类型，天然产物结构类型与生物合成途径的关联规律、合成生物学在天然产物合成中的应用重点及前景。

问题导读

1. 什么是次生代谢产物？它们在体内如何合成？如何依据次生代谢的分子结构信息推测其生物合成途径？
2. 简述次生代谢的基本生物合成途径，谈谈与自己研究兴趣相关领域的联系。
3. 列举与次生代谢生物合成研究相关的课程，以及学好本课程的方法。

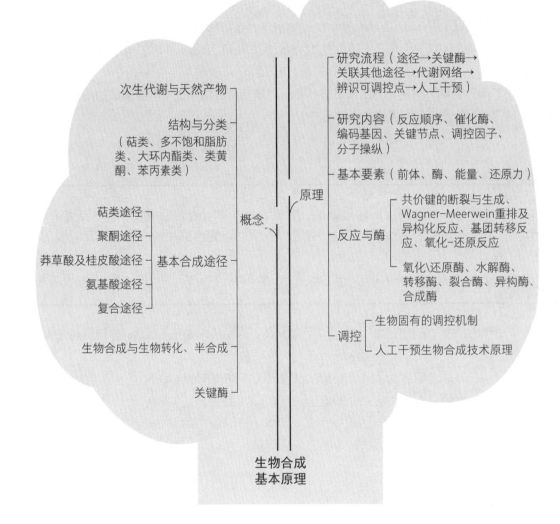

1.1 基本概念

1.1.1 生物合成概述

无论在生物制造还是生物学研究领域，"生物合成""半合成""生物转化"这几个词是高频使用的，其中生物合成是最基本的概念，但以上词汇在概念上究竟有什么区别，在实际应用中应如何准确表达？需要将这几个相近的概念联系起来介绍，通过对比概念的内涵和外延，以方便掌握生物合成与半合成、生物转化的区别及联系。

1.1.1.1 生物合成与半合成

广泛意义的生物合成，是指在一种或多种酶的催化作用下，通过一步或多步生化反应生成产物的过程，生物合成是自然界中所有生物赖以生存的基本生物化学过程。本教材所述的生物合成研究包括两层含义：一是指对上述生物体及其细胞自身合成代谢产物的过程，包括对合成途径、生化反应及其调控网络进行研究，阐明生物合成原理；另一层含义是指运用生物合成原理与技术，结合现代生物技术手段及合成生物学的手段，开展一些重要药用价值的次生代谢产物即天然药物成分的生物合成技术的研究。虽然生物合成也涉及官能团、电子及能量转移等与一般化学反应完全相同的事件，但生物合成有别于化学合成，其主要有以下特点：

（1）所有生物合成都是在酶的催化作用下进行，生化反应一般具有高效、专一及可逆的特点。

（2）生物合成所需的生化反应条件一般都比较温和，如常温、常压等，但对于某些微生物，如极端环境微生物，其生化反应往往能在极端环境中进行。

（3）生物体及其细胞内存在复杂的调控机制，使得生物合成能在高度有序、固有控制的状态下进行。

（4）存在于生物体的生物合成代谢与分解代谢相互作用偶联形成复杂的代谢网络，可在系统研究的基础上实施人工调控，促进目标产物的生物合成。

生物合成对于生物本身具有几种不同的生理意义，包括为了合成生物体及其细胞生长繁殖和发育所必需的物质、合成用于补充生物体及其细胞消耗掉的物质，以及为了生物体及其细胞长期或短期贮藏而进行的必要物质的合成等。

依据合成产物所用的前体是否来自生物体本身，生物合成可分为全合成和半合成。通常，生物合成就是指生物全合成，而半合成往往特指合成的工艺是化学还是生物方法，因此，有化学半合成和生物半合成之说。

1.1.1.2 生物合成与生物转化的关系

生物合成涉及一系列高度有序、受调控的酶的生物催化反应体系，它是迄今为止人类所知的最高效和最具选择性的温和合成体系。酶不仅在细胞内，也能在细胞外促进天然和人工合成的化学分子的诸多转化反应，并显示出优良的化学选择性、区域选择性和立体选择性，因此，常利用生物体系中的酶系将外源前体转化为特定的产物，这种利用生物体系或其产生的酶对外源性化合物进行结构修饰的生化反应过程通常称为生物转化。生物合成和生物转化在概念的内涵上存在着交叉性，生物合成所用的底物一般是初生代谢降解形成的中间产物，而生物转化通常指对外源性底物的催化修饰作用。所以，生物转化比生物合成在反应种类及步骤上要简单些，它们都为许多常规化学方法不能或不易合成的化合物提供了新的合成方法。众多研究表明，利用生物合成和生物转化方法可以合成和制备包括光学纯（Optical Purity）的医药产品及中间体在内的许多复杂的功能化合物。绝大多数的生物合成和生物转化反应所需的条件温和且反应产物单一。从环保的角度来说，属于环境友好的绿色化学过程，以上两种方法不仅经济效益明显，而且对环境及社会发展，对绿色工业的建立都具有重要战略意义。

1.1.2 次生代谢产物

1.1.2.1 初生代谢产物与次生代谢产物

新陈代谢是生物体生长繁殖和发育的基础。代谢分为初生代谢（Primary Metabolism）和次生代谢（Secondary Metabolism）。核酸、蛋白质、糖类是生物体中最重要的生物大分子，生物大分子是指生物体内由简单的组成结构聚合而成的多聚体物质，其中，多糖由单糖组成，蛋白质由氨基酸组成，核酸则由核苷酸组成。所有生物特性虽然存在巨大差异，但除少数例外，绝大多数生物合成和修饰糖类、蛋白质、脂类以及核酸物质的途径基本相同。这些过程阐明了与所有生物体生长繁殖和发育密切相关的代谢过程，也是所有生物体及其细胞最基本的共性代谢过程，统称为初生代谢，也叫初级代谢。初生代谢包括分解代谢（降解作用）和合成代谢（合成作用）。初生代谢过程形成的化合物称为初生代谢产物，例如丙酮酸、磷酸烯醇式丙酮酸、乙酸、3-磷酸甘油醛、4-磷酸赤藓糖、核糖等就是最常见的糖分解代谢过程中产生的初生代谢产物。这些初生代谢产物可以进一步合成为蛋白质、脂类、核酸等更多的生命物质。利用磷酸烯醇式丙酮酸与4-磷酸赤藓糖，植物、藻类和某些微生物可进一步合成莽草酸；丙酮酸经过氧化、脱羧后生成乙酰辅酶A，再进入三羧酸循环中，生成一系列的有机酸及丙二酸单酰辅酶A，并通过转氨作用生成系列氨基酸，作为合成肽和蛋白质的原料。对于所有生物，合成糖、蛋白质、核酸、脂类等过程是维持细胞生命过程必不可少的基础生物化学反应。初生代谢产物在各种生物体及其细胞的代谢途径、降解途径以及相互转化情形一般也都相同，因此，初生代谢具有共有性。

次生代谢是生物体及其细胞利用初生代谢产物，在特定条件下经历不同的代谢过程，产生一些通常对生物体生长繁殖和发育无明显影响的化合物的代谢过程，次生代谢也称次级代谢。次生代谢过程形成的化合物称为次生代谢产物，是天然产物的重要组成部分。次生代谢产物种类及其在植物及微生物中分布很广，但不同的次生代谢产物一般仅在特定的生物物种或特定的生物群中合成，即具有种属特异性；对于特定的物种，次生代谢产物也不是在所有条件下均可产生，它的合成与积累往往和生物个体所处的特殊生长发育阶段或者不同的生境条件有较密切的关系。次生代谢利用初生代谢过程所形成的产物作为起始物，通过与合成蛋白质、脂肪、核酸等相似的合成方式，经过一些特定的代谢途径合成次生代谢产物。

值得一提的是，初生代谢和次生代谢之间并没有严格的界限，有些天然产物均可归为这两种类型，如脂肪酸和糖在绝大多数情况下属于初生代谢物范畴，但其中一些特殊的物质仅在少数种属中被发现，或者在物种中的存在种类和含量差异较大，故归属到次生代谢产物中。

1.1.2.2 次生代谢产物主要类型

次生代谢产物来源于多样的生物物种，但目前发现的活性次生代谢产物95%以上来源于植物，可见，植物次生代谢在次生代谢生物合成研究中占据重要地位，本教材将重点介绍。世界上大约有25万种植物，迄今仅研究过其中10%的次生代谢产物，还有大量的次生代谢产物有待进一步研究。少量次生代谢产物来源于微生物，因为微生物产生的次生代谢产物是目前人类抗生素的主要来源，为保障人类健康作出了巨大贡献。近年来，抗生素以外的微生物次生代谢产物有些具有良好的酶抑制活性、受体拮抗及免疫调节活性等，利用微生物合成这些次生代谢产物具有植物无法比拟的可调控性，因此，微生物次生代谢产物在次生代谢研究开发中也具有重要地位。次生代谢产物种类很多，化学结构也多种多样，依据不同角度有不同的分类方式，其中以结构进行的分类较为重要。目前常见的次生代谢产物有9类，分别是生物碱、萜类、黄酮类、苯丙素类、醌类、甾体皂苷、氨基酸类衍生物、聚酮类以及 β-内酰胺类。关于这9类次生代谢产物的介绍详见拓展知识1-1。

拓展知识1-1
9类常见的次生代谢产物

1.1.2.3 次生代谢产物与天然药物

天然药物是药物的重要组成部分，是人类在与疾病做斗争过程中，经历了漫长历史考验逐渐积累下来的宝贵财富。在我国，天然药物与中医共同发展，形成了独具特色的中医药体系，是中华民族文化的瑰宝，也是中国劳动人民对世界医药的巨大贡献。

天然药物之所以能够防病治病，其物质基础在于所含的某些特殊的有效成分，这些有效成分绝大多数是植物次生代谢产物。同时，很多次生代谢产物也是生产天然健康产品、色素、香料、化妆品、食品添加剂、生物农药和杀虫剂等的重要精细化学产品。现代微生物制药中，目的产物也大多来源于次生代谢产物。因此，研究次生代谢产物的生物合成，对于开发新药、探讨天然药物作用机制、提高天然药物活性成分含量和提升天然药物品质都具有重要意义。

有些次生代谢产物经分离纯化可以直接作为药物使用，有的不能直接作为药物使用，但可以作为化学半合成的起始原料或结构修饰的对象。药用植物来源的化合物结构的复杂性导致其通常极难被合成。因此，不管化学合成的手段多么先进，仍不能取代药用植物作为次生代谢产物的来源以从中开发药物和功能食品等。我国第一位获得诺贝尔自然科学奖的屠呦呦所发现的抗疟疾药物分子青蒿素就是天然产物的典型代表。据统计，截至20世纪90年代，临床上在用的药物有80%以上来源于天然产物或者以天然产物为先导发展而来，除了青蒿素以外，来源于长春花、喜树、红豆杉、鬼臼等植物的抗癌药长春碱、喜树碱、紫杉醇和鬼臼毒素，来源于微生物的各种"霉素"抗生素以及抗寄生虫药阿维菌素等，这些次生代谢产物，已成为临床上的化学药品。随着食品加工和生产的集约化规模逐渐扩大，人类饮食谱的变化促使慢性病的大流行，同时天然药物有效成分的积累却逐年下降，天然药物生物技术水平的提升为人类慢性病的防治提供强大的驱动力。20世纪80年代起，中国科学家将中医药理论发扬光大，致力于慢性病治疗药物的发现。例如，从治疗肝炎的五味子素，到治疗冠心病心绞痛的葛根总异黄酮；从药食两用的千层塔，到分离出高效选择性的乙酰胆碱酯酶抑制剂石杉碱甲；从毒性较强、药效难以控制的雷公藤，到雷公藤甲素为质控标准的治疗类风湿关节炎的雷公藤制剂。我国的天然药物研究为现代人类的健康保障做出了巨大的贡献。

如今人类生存的自然环境在不断恶化，病毒性流行病和慢性病并存的疾病谱，使各国医疗负担不堪重负，天然药物资源的开发利用与环境生态保护深层次的矛盾也逐渐凸现出来，"回归自然、预防为主"的呼声越来越高。以大健康产业、中医药、绿色化工与绿色制造业等驱动的现代科学技术有望实现大的飞跃，天然药物遇到了前所未有的发展机遇，从生物产生的次生代谢产物中发现有新活性的化合物，或者直接利用含次生代谢产物的整体的天然药物，今后仍然是新药研发的重要策略。未来会更加重视天然药物（中药）资源的利用与保护，以资源的优势结合合成生物学的研究，开拓出次生代谢产物研究的新时代。

1.1.3 次生代谢产物基本生物合成途径

> 拓展知识1-2
> 次生代谢基本合成途径及其与初始代谢的连接

次生代谢途径指的是次生代谢产物或天然产物的合成和分解的途径。根据次生代谢的基本骨架和结构类型，通常涉及四大主要的生物合成途径（也称为生源途径），即乙酸途径、萜类途径、莽草酸及桂皮酸途径，以及氨基酸途径，还有一个是这几个途径混合进行次生代谢的复合途径。次生代谢基本合成途径及其与初始代谢的连接详见拓展知识1-2。

1.1.4 次生代谢产物生物合成途径在线数据库简介

1.1.4.1 KEGG 数据库

京都基因与基因组百科全书（Kyoto Encyclopedia of Genes and Genomes，KEGG）：是由日本京都大学和东京大学联合开发的数据库，不仅是基因组测序和其他高通量分析生成的大规模分子数据集的整合和解读的重要参考数据库，也是用来查询代谢途径、酶（或编码酶的基因）、产物等的主要知识库，其中就包含了一部分次生代谢途径及酶的信息汇总。特别是其中 KEGG pathway 数据库集合了各种代谢通路，也包括常见的次生代谢通路，用以随时在线查询各种初生代谢途径，包括碳水化合物代谢、能量代谢、脂质代谢、核苷酸代谢、氨基酸代谢等途径中分子间的相互作用和反应网络详情，也可以按照聚酮、萜类、非核糖体多肽类、类黄酮、生物碱等次生代谢产物的类别查询其生物合成途径的线路图、分子间的代谢关系及其网络连接线路图及其反应的细节，还包括已经探明的反应途径中酶的名称、系统代码名，以及辅酶类型等。KEGG 支持用户基于组学实验测定数据的交互分析，输出两种类型的途径图：一种是参考途径，是根据已有知识绘制的，图中显示的框是无色的；另一种为物种特异性途径，是特定物种的 pathway，图中是用绿色的框来表示该物种特有的基因和酶。

1.1.4.2 BioCyc 数据库

BioCyc 中收集了来自大范围不同的生物物种的 16822 条通路/基因组数据库参考信息。根据用户留下的操作预览和数据更新信息，这些 BioCyc 中的数据库会建立起不同的层级。第一层数据库通过大量的手动创建，包含了 EcoCyc、MetaCyc、YeastCyc 和 BioCyc Open Compounds Database（BOCD）等。BOCD 里面又包含了来自数百个有机体的代谢酶激活剂、抑制剂和辅因子。EcoCyc 是针对大肠杆菌的生物学综合数据库，MetaCyc 包含了丰富的代谢通路数据信息，本节另外专门介绍。

BioCyc 数据库的第二层和第三层数据库则包含了计算预测代谢通路，通过 BioCyc PGDB 软件可以预测经完全测序的生物代谢途径，给出代谢途径中缺失酶的基因编码预测，并可以预测操纵子。BioCyc 还集成了来自 UniProt 的其他生物信息学数据库的信息，如蛋白质特征和基因本体信息。

BioCyc 网站还提供了一套用于数据库搜索和可视化的软件工具，用于 Omics 组学数据的导航、可视化以及潜在数据的分析工具，包括：基因组浏览器、个体代谢通路和完整代谢图的显示，将数据绘制到通路图和代谢图上的多组学数据库；把基因和通路组以 SmartTables 的形式存放到个人账户,然后可以共享、分析、转移账户存储的信息。

1.1.4.3 MetaCyc 数据库

MetaCyc 数据库由斯坦福国际研究所（SRI International）筹建与维护运营,是上述 BioCyc 数据库的加载数据库之一。MetaCyc 的数据主要来源于科学实验性研究文献,含有初生代谢和次生代谢通路,还包括相关的代谢物、酶、酶复合体和基因信息。比如某物质的代谢路径的描述,路径基因的染色体位置,以及路径的调节基因等,具体包含来自 3295 种不同生物物种、14051 种酶反应和 2937 条代谢通路,这些数据来源于巨量的相关文献报道,引用可以外部链接到包含蛋白质和核酸测序数据、文献数据和蛋白质结构等其他生物学数据库。

MetaCyc 数据库既包含植物也包含微生物代谢的信息,所有的酶及催化反应采用国际生物化学与分子生物学联合会命名委员会（NC-IUBMB）的规则进行 EC 编号和命名。但在微生物代谢组方面相对 EcoCyc 提供的基因组数据较少,在植物方面比 PlantCyc 数据库所包含的植物代谢特殊的反应及酶的信息相对较少,可以作为在线的代谢百科全书使用。MetaCyc 数据支持几种不同的浏览和查询方式。对于通路、蛋白质、反应和化合物,MetaCyc 网站支持文本搜索,使用本体进行浏览或者直接查询即可。例如,在网页的搜索界面输入类黄酮 "flavonoid",系统会给出结果,对生物合成途径中的反应顺序及催化酶的名称和所属物种都有详细的标注,具体详见拓展知识 1-3。

拓展知识 1-3 黄酮生物合成途径

1.1.4.4 PMN 数据库

PMN（Plant Metabolic Network）是植物代谢途径的专业数据库。PMN 始建于 2008 年 6 月,由许多专业人员手工汇总与校正,是供各生物学数据库间及生物化学科研工作者广泛交流的知识库平台,信息主要来源于文献报道,包括基因组注释、代谢途径数据库。该数据库的核心内容为 plantCyc,是一个来源于多种植物代谢途径、催化酶、化合物、基因等信息的知识汇聚库。截至 2022 年 1 月,最新版本为 plantCyc 15.0,提供了超过 500 种植物的代谢途径共 1163 条,涉及 5234 个反应、3769 个酶,以及 4807 个化合物,也包含了 MetaCyc 库中的部分代谢途径。数据库中的途径大部分来源于实证数据,也有一些是专业人员的推测结果,经实验验证的酶和基因放到通路中,将其中的信息文献编码标注在相应的路径、基因和酶上,以便判断信息的可靠性。研究植物次生代谢的专业网站 PMN 的搜索简介具体见拓展知识 1-4。

拓展知识 1-4 研究植物次生代谢的专业网站 PMN 的搜索简介

1.1.4.5 Reactome 数据库

Reactome 数据库由来自不同学科领域的专业人士组建,包括软件开发人员和数据管理员,团队的成员分别来自于纽约大学医学中心（NYUMC）、安大略省癌症研究中心（OICR）,以及英国剑桥的欧洲生物信息研究所（EBI）。Reactome 包含了经过实验证实、手动推断和信息推断的反应路径图集。该数据库所包含的生物学通路经过同行评议,具有较高的权威性,是一个知识数据库,也是一个免费开源的通路数据库。提供直观的生物信息学工具,用于可视化,解释和分析途径相关知识,以支持基础研究、基因组分析、建模、系统生物学研究等。通路数据主要来源于 20 多个常见物种,其中最基本的物种为智人,因此,该数据库可以作为研究次生代谢产物药效、药理、生物活性等研究的参考信息库。

1.2 生物合成基本要素

从原始生物粗糙脉孢菌（*Neurospora crassa*）到高等生物人类，所有的生物都存在碳水化合物代谢和柠檬酸循环，任何生物合成至少包括四个要素：原材料（小分子前体物）、能量、还原力以及酶。对于绿色植物以及某些藻类和细菌，其碳水化合物主要来源于光合作用，是将空气中的 CO_2 和 H_2O 转化为葡萄糖，其他异养生物必须从膳食中摄取碳水化合物、氨基酸、脂肪酸，再进入碳水化合物代谢和柠檬酸循环，供给生命过程必需的能量、还原力和生命物质来源。

1.2.1 小分子前体

拓展知识1-5
常见小分子前体的结构及功能

在生物体的生命过程中，会产生一系列中间体作为生物合成的碳架"砖块"，成为进一步酶促反应的底物或者代谢途径的前体，一方面用于合成蛋白质、核酸、多糖、脂类等基本的生物大分子；另一方面，可以作为次生代谢的起始物质，合成系列产物。重要的"砖块"前体有：乙酰辅酶A、甲羟戊酸、莽草酸、3-磷酸甘油醛、丙酮酸、磷酸烯醇式丙酮酸、4-磷酸赤藓糖、5-磷酸-1-脱氧木糖等，其结构与功能详见拓展知识1-5。在基本循环过程及光合作用中，合成了腺苷三磷酸（ATP）等高能物质以及还原型的烟酰胺腺嘌呤二核苷酸（NADH）等含氢供体的具有高度还原力的物质，这些小分子化合物参与几乎所有的生物合成反应，因而是关键性物质。

1.2.2 能量来源

一切生命活动包括各种生物分子的合成、有机底物的活化、酶的活化、信息传递、物质转运、细胞运动等都需要能量支持，生物合成最显著的特征是在一系列高度有序的酶催化作用下进行的。从能量的角度看，酶之所以能加速生化反应，是因为它与底物结合形成较稳定的过渡态复合物，从而降低了底物和过渡态之间的能垒。但是，生物体内进行的大多数生物化学反应，是热力学上不利的反应（$\Delta G>0$），为了使反应能正向顺利进行，生物体内一般采用与一个热力学有利反应的偶联来实现，即两个偶联反应的自由能变化之和为负值（$\Delta G<0$），则此偶联反应能够顺利进行。ATP水解反应为一个典型的热力学不可逆反应，其 $\Delta G^0= -31kJ/mol$，ATP与其他吸热反应（通常为热力学不利反应）的偶联，使反应转化为热力学可能的反应。例如，葡萄糖与磷酸的反应如下：

$$葡萄糖 +Pi \rightleftharpoons 6\text{-}磷酸葡萄糖 \quad \Delta G^0=+14kJ/mol$$
$$ATP \rightleftharpoons ADP+Pi \quad \Delta G^0=-31kJ/mol$$

偶联后反应 $\Delta G^0_{总} =+14 + (-31) =-17kJ/mol$，显然，通过与ATP反应的偶联，使原来不可能的反应变为可能。

次生代谢产物间转化的能量主要来自初生代谢，通过氧化磷酸化和光合磷酸化，从葡萄糖分解代谢到乙酰辅酶A的生成，再到三羧酸循环，伴随着巨大的能量转换。除了热量，能量主要以高能磷酸酯化合物的化学能形式储存下来，其中ATP是最重要的高能磷酸酯化合物，也是生物界普遍存在的供能物质。生物化学中常将每摩尔磷酸化合物水解时释放的自由能大于20kJ/mol的磷酸键称为高能磷酸键。关于生物体内主要的高能磷酸键详见拓展知识1-6。

拓展知识1-6
生物体内主要的高能磷酸键

1.2.3 还原力

1.2.3.1 NAD(P)H

NADH 和 NADPH 及其氧化态 NAD^+ 和 $NADP^+$ 是生物化学中一类重要的辅酶,分别被称为辅酶Ⅰ和辅酶Ⅱ,参与机体约 700 个反应,NADH 或 NADPH 作为电子载体,在能量代谢、物质代谢的各种酶促氧化-还原反应中发挥重要的作用,使能量的暂储、运载与释放等重要功能得以行使。关于其分子结构及在体内发生的化学反应详见拓展知识 1-7。

拓展知识 1-7 NADH 和 NADPH 分子结构及在体内发生的化学反应

1.2.3.2 还原型 FMN 和 FAD

黄素腺嘌呤单核苷酸(FMN)和黄素腺嘌呤二核苷酸(FAD)是核黄素(即维生素 B_2)在生物体内的存在形式,其分子结构相对比较复杂,都还有异咯嗪结构,FMN 是 FAD 结构的一部分。起供氢及传递电子作用的结构区域在异咯嗪部分,由于其中的 1 位和 5 位 N 原子上具有两个活泼的双键,起到传递氢的作用,故易发生氧化-还原反应。与辅酶Ⅰ和Ⅱ相比,黄素类的氧化型 FMN 和 FAD 比 NAD^+ 和 $NADP^+$ 具有稍高的还原电势,相反,还原型的 FMN 和 FAD 则具有稍低的氧化电势,这使得还原型辅酶Ⅰ和Ⅱ可以被 FAD 或 FMN 依赖的黄素蛋白所氧化。关于其分子结构及在体内发生的化学反应详见拓展知识 1-8。

拓展知识 1-8 还原型 FMN 和 FAD 分子结构及在体内发生的化学反应

1.2.4 酶的种类

酶是生物催化剂,可以让生命有机体的化学反应高效和有选择性地进行。按照酶的作用原理可以分为两个范畴,即催化机制和调节机制。本教材主要涉及的是酶的催化反应及其酶类型和特点,本小节简述代谢酶的分类及其命名,各类型酶的催化反应实例安排在 1.3 部分。

1.2.4.1 酶的分类

从不同的角度有不同的酶分类。从酶的分子结构组成看,酶可以分为单体酶、寡聚酶以及多酶复合物等种类。单体酶是指单条肽链组成的、分子质量相对较小的酶。寡聚酶是由 2~4 个亚基组成的酶,亚基之间通过非共价键结合,已知大部分酶都属于寡聚酶。多酶复合物是由几种酶彼此嵌合形成的复合体,或者多种催化功能存在于一条多肽上,有时也叫多酶体系、多功能酶或串联酶。在次生代谢物生物合成中,多酶复合物有一定的代表性,例如,乙酸途径的催化酶聚酮合成酶(PKS)和氨基酸途径的非核糖体多肽合成酶(NRPS)都属于多酶复合物。

按照催化的反应类型,可将酶分为 6 类,分别是氧化-还原酶、转移酶、水解酶、裂合酶、异构酶,以及连接(合成)酶等。其中前三类酶在生物催化中占比较高,水解酶在实际应用中最多。

(1)氧化-还原酶:氧化-还原酶的功能包括参与催化氢或者电子通过介体或辅酶的转移。该类酶普遍存在于初生代谢和次生代谢的系列反应中,尤其是在次生代谢产物的合成及修饰中发挥了重要作用。氧化-还原酶进一步分为四个亚类,包括脱氢酶、氧化酶、过氧化酶,以及氧合酶。反应所需的辅酶依照酶的类型一般有固定的"搭配"。酶催化反应的细节及其常用辅酶详见拓展知识 1-9。

拓展知识 1-9 氧化-还原酶反应细节及其常用辅酶

（2）转移酶：转移酶催化官能团从一个化合物转移到另一个化合物，转移酶在生物机体内起着许多重要作用，不仅参与核苷酸、氨基酸等小分子以及蛋白质等生物大分子的生物合成，还直接参与许多关键代谢中间体的生物合成，转移酶促使某些生物大分子从潜在态转入功能状态。转移酶也是许多重要的次生代谢产物生物合成与生物转化的重要酶系。根据转移基团的性质，次生代谢中常见的转移酶分为：酰基转移酶、甲基转移酶、甲氧基转移酶、糖基转移酶、氨基转移酶、烃基转移酶、含硫基团转移酶等。

（3）水解酶：这类酶在体内担负降解任务，其中许多酶集中于溶酶体。水解酶一般不需要辅酶，但金属离子一般对该类酶的活性有一定的影响。常见的水解酶有酯酶、糖苷酶、肽酶等。根据酯类底物分子中酸的种类，酯酶又可分为羧酸酯酶和磷酸酯酶、脂肪酶等。乙酰胆碱酯酶属于羧酸酯酶，酸性磷酸酯酶、碱性磷酸酯酶、核酸酶、限制性内切酶、蛋白磷酸酯酶等属于磷酸酯酶。

（4）裂合酶：这类酶催化底物进行非水解性、非氧化性分解，在生物合成中起着十分重要的作用。生化反应的特点是，反应式一端有两种及以上底物参与，另一端为一种底物，主要包括分解C-C、C-O、C-N、C-S等亚基的羧基解酶、醛酮基解酶、脱氨及脱硫酶等。

（5）异构酶：异构酶催化各种同分异构体的相互转化，即底物分子内基团或原子的重排过程。可以催化消旋或差向异构、顺反异构、醛酮异构及分子内基团转移等，例如，醛糖-1-差向异构酶催化 α-D-葡萄糖转化为 β-D-葡萄糖的异构化反应；萜类生物合成的重要结构单元异戊烯焦磷酸（Isopentenyl Diphosphate，IPP）在异构酶的作用下电子发生重排，生成其异构体 3,3'-二甲基烯丙基焦磷酸酯（Dimethylallyl Diphosphate，DMAPP）。

（6）连接酶：连接酶也称为合成酶，能催化两个分子连接成一个分子或把一个分子的首尾相连接的酶。连接酶在生物合成中占重要地位，它关系到许多至关重要的生命物质合成。连接酶都需要ATP作为两个分子共价结合的能量，金属离子通常作为辅因子，如 Mg^{2+} 是许多连接酶的重要辅因子。连接酶与裂合酶的不同在于，后者催化底物移去一个基团或者合二为一，但不涉及ATP的释能及其能量变化。连接酶在次生代谢产物中的应用详见拓展知识1-10。

> 拓展知识1-10
> 连接酶在次生代谢产物中的应用

1.2.4.2 酶的命名

有关酶的命名，目前有国际系统命名法和习惯命名法两种。

（1）国际系统命名法：国际酶学委员会依照酶的分类原则，用"EC+四个数字"对每个酶进行系统标注，见图1-1，乳酸脱氢酶的系统名称就叫 EC 1.1.1.27。有了这个系统的标注，一般能标注到具体的酶。可见，系统命名法具有规范和唯一性，是科学的命名体系。但对于次生代谢的酶来说，目前的研究尚处于初级阶段，很多酶无法界定亚类或亚亚类，因而次生代谢的酶实际应该较少使用系统命名，更多的是用习惯命名。本教材第3至7章中合成途径中的具体酶的标注采取两种方法相结合的方式，若KEGG网站上能查到该酶的，我们就在习惯命名的基础上加上该酶的系统命名代号。

（2）习惯命名法：酶的习惯命名法一般沿用"××底物+××反应类型+酶"，或者"××产物+合成酶"的格式进行称谓，这样的好处是知道反应底物或产物的名称及催化类型就可以叫出该酶的名称，比较简单直观。但概念上应该清楚，有些称为××合成酶的并不一定是被连接酶所催化，因为反应并不涉及ATP的直接参与。

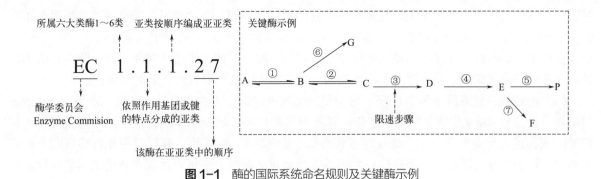

图 1-1 酶的国际系统命名规则及关键酶示例

1.2.4.3 关键酶的辨识

生物化学教科书中的关键酶概念是指在代谢途径中决定反应的速率和方向的酶，亦即关键酶是从途径或网络的视角引申的概念，关键酶具有的核心特征是途径中决定反应方向或者是反应动力学中的限速酶，所以，关键酶通常处于代谢途径的起始步或者分支途径的第一个酶，同时还要考虑途径中反应的限速步骤。

由于生物合成几乎不存在只关联一条线状途径，实际的合成途径总是纵横交错、广泛联系的复杂途径网络，关键酶的辨识就成为生物合成研究中最基本的知识点，需要结合限速、第一途径及分支途径等要素，综合判断关键酶。如图 1-1 所示，对于终产物 P 而言，酶①、②、③、⑤应该是关键酶，其中①、②和⑤符合"途径及分支途径第一"的特征，③为限速酶。

1.3 生物合成基本化学反应类型及其催化酶

1.3.1 共价键的断裂与生成

共价键的断裂与生成方式揭示的是反应的历程，有机化学学科在相关反应机理上已形成了一整套理论体系，例如大部分反应都可以用取代、加成以及自由基引发与转移理论等解释，生物合成中的化学反应机理也同样遵循，只是因为生物酶的特点使其催化的反应具有更大的有序性和复杂性。本节的内容更多涉及的是生物合成常见反应的基本机理，因为是共价键的断裂与生产，大部分酶属于裂合酶范畴，少量的属于连接酶。

1.3.1.1 共价键的断裂

关于共价键的断裂学习可参考视频资源 1-1。

视频资源1-1
共价键的断裂

（1）均裂：有机化合物发生化学反应时，总是伴随着一部分共价键的断裂和新的共价键的生成。C—C 共价键有均裂和异裂两种方式，以均匀的裂解方式断开，两个原子之间的共用电子对发生均匀分裂，两个原子各保留一个电子，导致活泼的自由基中间体的产生，这种断裂方式叫键的均裂。均裂的结果伴随着不稳定自由基团的产生，这些自由基会进一步引发系列自由基历程的反应，因此，均裂常见于氧化 - 还原反应。

（2）异裂：共价键断裂的另一种方式是不均匀裂解，也就是在键断裂时，两原子间的共用电子对完全转移到其中的一个原子上，这种断裂方式叫做键的异裂。共价键异裂的结果就产生了带正电或带负电的离子，如 C—H 键断裂，电子对通常留在碳原子一侧（碳原子的电负性大于氢原子），形成富电子的碳负离子（亲核基团）和氢离子，容易与缺电子的亲电基团发生反应，生物合成中的异裂更常见的是形成碳正离子过渡态，然后通过亲电加成或亲电取代产生新的共价键。

（3）逆羟醛和逆克莱森缩合反应：这类反应在次生代谢合成中常有发生，例如脂酰-CoA 碳链的缩短、桂皮酰-CoA 生成苯甲酰衍生物，以及胆固醇向胆汁酸及孕甾酮的反应，就是发生了这种逆羟酸或称逆克莱森缩合反应。这一逆过程类似于脂肪酸的 β-氧化，每轮反应碳链缩减两个碳骨架单位。羟醛缩合的逆反应，不仅使底物的基本骨架发生降解，亦可以增加产物的结构多样性，见图 1-2。

（4）脱羧反应：含羧基的底物以 CO_2 的方式脱除，是生物合成中常见的碳骨架修饰反应，在氨基酸途径合成生物碱、聚酮途径中很常见，脱羧反应机理见图 1-3。氨基酸的脱羧反应依赖于辅酶磷酸吡哆醛（Pyridoxal Phosphate，PLP），辅酶与底物先形成亚胺，使得羧基上的质子更容易迁移到 α-C 上，有利于反应的进行。另外，β-酮酸也同样发生脱羧，产生烯醇中间体，脱羧酶常见的辅酶还有生物素，作为 CO_2 良好的载体，促进 CO_2 从底物分子中脱除，当然，生物素也作为羧化酶的辅酶，同样是作为载体，促使丙二酸单酰辅酶 A 的脱羧以及其从乙酰辅酶 A 的合成，因此，乙酰辅酶 A 羧化酶的辅酶也是生物素。

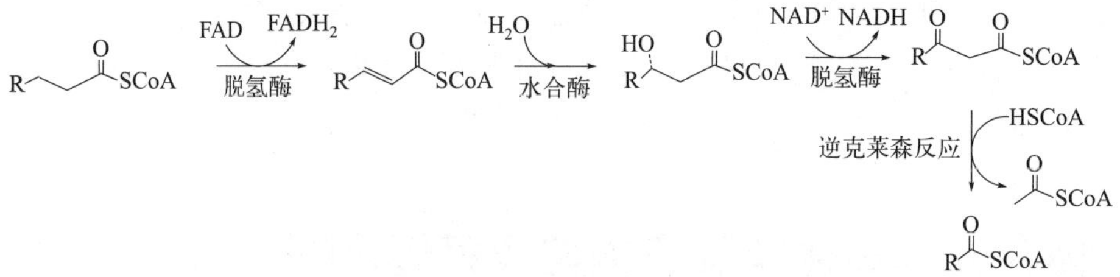

图 1-2 逆羟醛和逆克莱森缩合反应（立体选择性亲核加成）

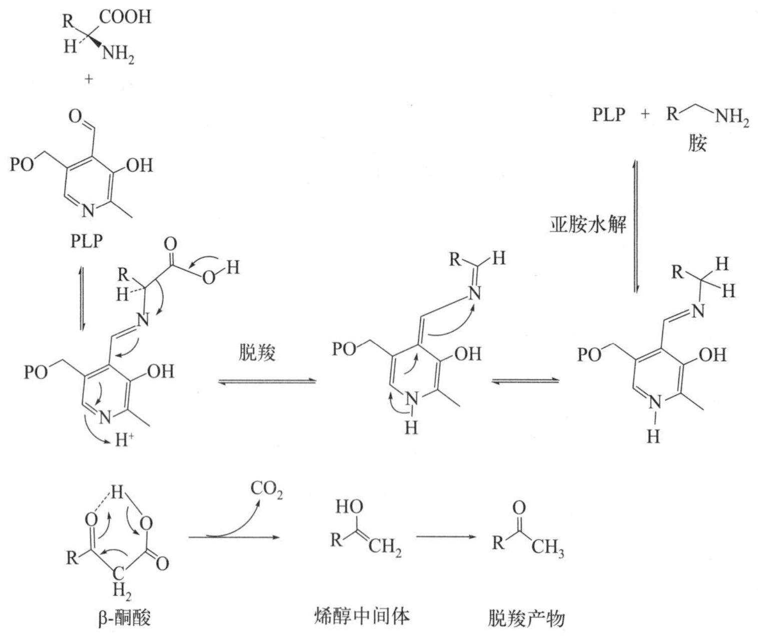

图 1-3 脱羧反应机理示意图

1.3.1.2 共价键的生成

关于共价键的生成学习可参考视频资源 1-2。

（1）自由基的偶合：如图 1-4 所示，次生代谢产物厚朴酚的直接前体是对羟基苯并烯，由于羟基的 H—O 键发生均裂，产生了系列自由基中间体，之后发生自由基偶合，产物有多种可能性，因为自由基的位点是动态分布，具有较高半衰期的自由基生成相应产物的频次也较高。

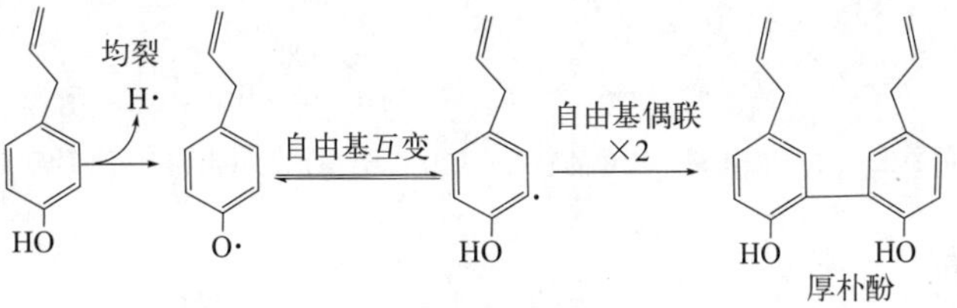

图 1-4 均裂及自由基偶合反应示意图

（2）亲核取代：亲核取代是生物合成中引入烃基时常见的反应机理之一，典型的实例一是腺苷甲硫氨酸（SAM）辅助下，提供 C1（甲基）构造单元。SAM 含有较为稳定的硫阳离子结构，导致 S_N2 型亲核取代反应更容易发生，见图 1-5，酚羟基的邻位、对位以及羰基的邻位易于形成碳负离子，容易接受 SAM 形成的亲核性甲基，结果在底物的分子结构中引入新的 *C*- 甲基。SAM 还可以将甲基转移至亲核物质的羟基和氨基上，形成 *O*- 甲基和 *N*- 甲基产物，这在次生代谢产物合成中很常见。SAM 参与的这些实例在反应上是 S_N2 历程，但催化反应的酶是转甲基酶，属于转移酶类型。

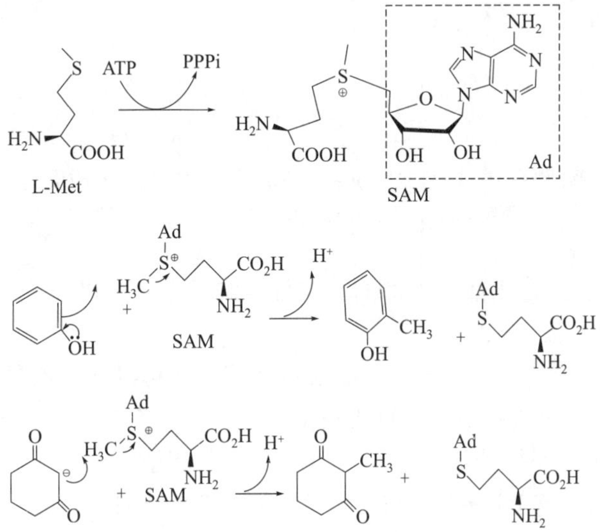

图 1-5 SAM 作用下的亲核取代反应

（3）亲电加成：这是生物合成产生新的 C—C 键最常见的反应历程，主要涉及碳正离子与烯烃双键的反应，碳正离子的产生可以有多个途径，包括脱去焦磷酸基团、烯烃的质子化、环氧结构的质子化开环，以及 SAM 提供的甲基碳正离子转移至烯烃生成的碳正离子等。在萜类生物合成的碳链延伸以及萜类特定碳骨架的产生中，有大量的亲电加成的实例。如图 1-6 所示，在萜类碳链延伸的过程中，由 DMAPP 和 IPP 首尾连接合成 GPP，反应是在 GPP 合成酶作用下完成的，从反应的历程看，该酶的作用关键在于将 IPP 转移到含碳正离子的 DMA 上进行亲电加成，该酶有时也叫

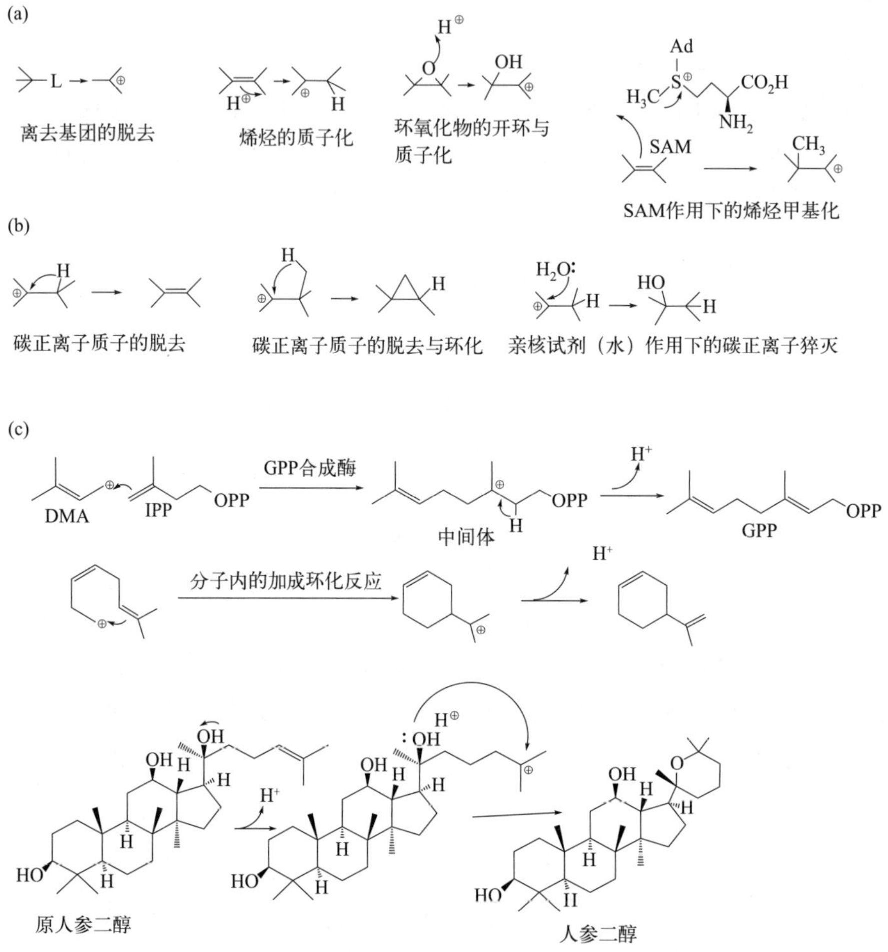

图 1-6 生物合成反应中碳正离子产生及亲电加成反应
（a）碳正离子的产生；（b）碳正离子的猝灭；（c）亲电加成实例

IPP 转移酶，FPP 和 GGPP 的合成都是类似的。在柠檬烯骨架生成以及原人参二醇生成人参二醇的反应过程中，都有亲电加成反应。

（4）羟醛缩合与克莱森缩合：羟醛缩合及克莱森缩合均可以产生新的 C—C 键，特别是后者，在聚酮类次生代谢合成中占重要的地位。这类反应中，因为含有羰基的化合物在某些条件下容易产生共振稳定的烯醇负离子，使得羰基碳容易被另一个碳负离子亲核加成，从而产生新的 C—C 键。如图 1-7 所示，克莱森反应（Claisen Reaction）是羟醛缩合的一种，特指含有 α- 活泼氢的酯类在酶或碱性缩合剂作用下，发生缩合失去一分子醇得到 β- 酮酸酯类的反应，脂肪酸和聚酮类的生物合成途径中碳链延伸反应就是克莱森缩合反应，催化此缩合的酶是 β- 酮酰合成酶，现已发现 β- 酮酰合成酶并不是单一酶的形式存在，而是多功能的多酶复合物，例如脂肪酸合成酶（FAS）和聚酮合成酶（PKS）等都是多酶复合物，β- 酮酰合成酶是其中的一个催化结构域。

乙酰 -CoA 普遍参与了生物合成的反应，尤其是作为 MVA 途径和脂肪酸及聚酮类合成途径的前体或者延伸单位。与乙酰氧酯相比，乙酰 -CoA 在反应中具有明显的优势，因为酯与烯醇式阴离子的共振现象，使得 α- 氢的离去变得困难，这种情况下硫酯不容易形成烯醇式阴离子结构，因而，容易形成 α- 碳负离子；同时，硫酯作为离去基团比氧酯更容易脱除。

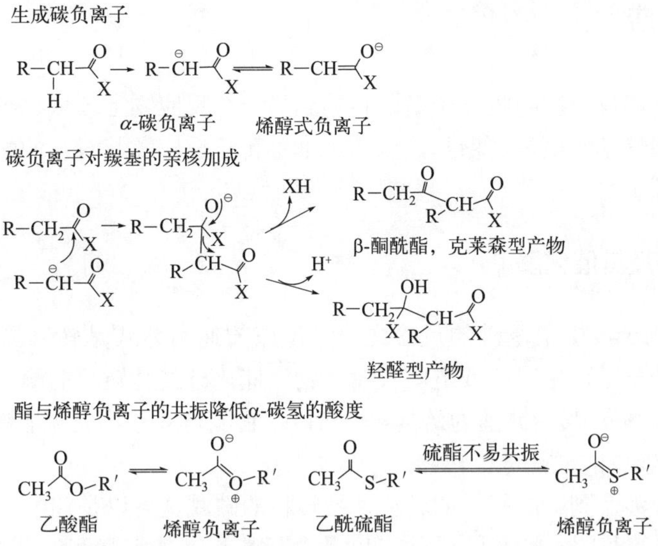

图 1-7 羟醛缩合和克莱森反应机理示意图

（5）席夫碱的形成：生物碱生物合成中的 C—N 键是通过胺与醛或酮之间缩合而成，随后脱去 1 分子水，产生亚胺或称席夫碱。反应的机理是亲核加成，由氨基氮原子作为亲核中心，进攻羰基或醛基碳形成氮正离子的 C—N 键。生成的席夫碱结构经过水解，可生成伯或仲胺产物，还可以接受其他碳负离子的亲核加成，生成胺类，如图 1-8 所示。

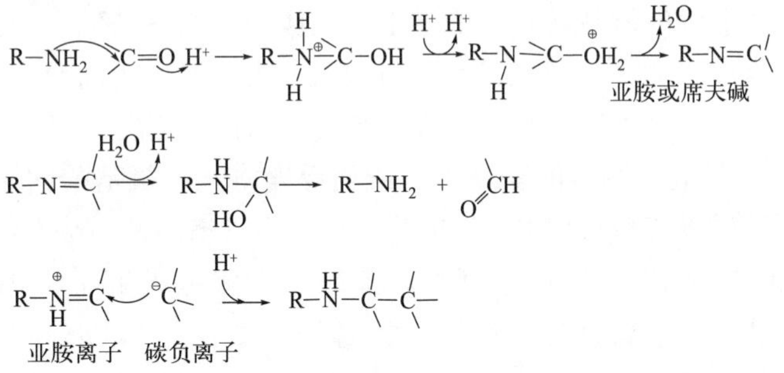

图 1-8 通过形成席夫碱生成 C—N 键的反应机理示意图

1.3.2 Wagner-Meerwein 重排及异构化反应

视频资源1-3
Wagner-Meerwein 重排及异构化反应

关于 Wagner-Meerwein 重排及异构化反应的学习可参考视频资源 1-3。

重排反应是分子内的碳骨架发生重新排列、某些原子重新结合生成结构异构体的化学反应，重排也是有机反应中的一大类。生物合成中的重排反应在萜类和甾醇合成中较为常见，许多重排的机制已得到实验证实，发现重排过程往往有碳正离子中间体的参与，通常涉及异构酶的作用，取代基由一个原子转移到同一个分子中另一个原子上的过程。

Wagner-Meerwein（W-M）重排主要包括 1,2- 氢迁移、甲基迁移、烃基迁移，以及 1,3 及以上远程迁移等。重排可以产生更稳定的碳正离子或释放环间的张力，趋向于生成更加稳定的叔碳正离子中间体，当重排释放了足够多的环间张力时，也可以生成仲碳正离子。W-M 重排的机理及实例详见拓展知识 1-11。

拓展知识1-11
W-M重排的机理及实例

1.3.3 基团转移反应

视频资源1-4
基团转移反应

顾名思义，基团转移反应就是将一个基团转移到另一个反应物上。依据被转移的基团种类，大致可以分为碳酰基、磷酰基、氨基、糖基，以及甲基等转移反应及其对应的酶。关于基团转移反应的学习可参考视频资源 1-4。

1.3.3.1 碳酰基转移及其催化酶

碳酰基转移是生物合成中最基础的反应之一，反应的通用方式是转移酶将酰基转移至另一个醇、酸或胺类反应物分子上，生成酯或酰胺代谢产物。催化碳酰基转移的酶，几乎都需要乙酰辅酶A（Acetyl CoA）作为辅酶，其活性基为巯基（—SH），它能与羧基形成硫酯键，为转移酶提供“把手”，从而方便地将底物中的酰基进行转移。

拓展知识1-12
碳酰基转移反应细节及实例

许多次生代谢反应涉及到碳酰基团的转移，被转移的碳酰基可以是乙酰、丙酰、丙二酰、3- 羟基 -3- 甲基戊二酸单酰等基团，酰基的受体可以是含羟基和氨基等基团的萜类、类黄酮、苯丙素、生物碱等。乙酰 -CoA 除了可以作为反应的底物，还是最典型的乙酰基团的供体，向含有羟基、羧基或氨基的蛋白或次生代谢产物转移乙酰基，完成乙酰化过程。关于碳酰基转移反应细节及实例详见拓展知识 1-12。

1.3.3.2 氨基转移

拓展知识1-13
转氨基反应细节及实例

转氨基反应是将氨基酸中的氨基转移至酮酸上，生成相应的氨基酸，而原来的氨基酸脱去。该类反应也是生物碱生物合成中的基本反应，负责引入氮或失去氮原子的反应。生物体内转氨基反应是在氨基转移酶催化下完成，典型的转氨基反应细节及实例详见拓展知识 1-13。

将谷氨酸的氨基转移至某一酮酸的酮基上，或相反地将某一氨基酸的氨基转移到 2- 酮戊二酸上。这类反应通常需要磷酸吡哆醛（PLP）为辅酶，反应中，氨基酸首先与 PLP 中的醛基反应生成亚胺中间体，同时，吡啶环的芳香性得以还原，亚胺再水解生成酮酸和 PLP。此反应是可逆的，PLP 的氨基也可以转移到另一个酮酸上，反应机理类似图 1-3（脱羧反应）。

1.3.3.3 磷酰基转移

图 1-9 是磷酰基转移反应的示意图，磷酰基的转移起始于一个亲核体（Y^-）向磷酰基的磷原子进攻，形成一个三角形、双金字塔结构的中间产物，三角形的顶端位置原来由一个被攻击的离子基团（X^-）占据，Y^- 的进攻，导致（X^-）脱去，四面体的磷酰基构象反转，产生最后的产物。Y- 基团常见的为羟基、氨基等，磷酰基的转移反应是生成 P—O 及 P—N 磷酰酯分子，实现“磷酸化”重要的反应。

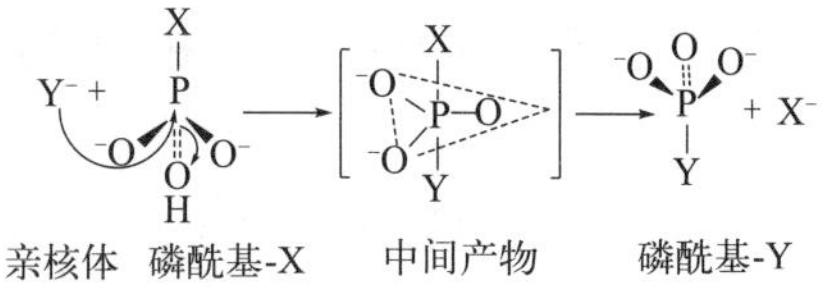

图 1-9 磷酰基转移反应机理示意图

1.3.3.4 糖基转移

通常情况下，次生代谢产物并不是以一种自由小分子形式存在于生物体内，更多可能与生物大分子结合，与糖结合形成糖苷是各类次生代谢产物常见的合成后修饰形式。糖基化的反应机理涉及糖基转移反应。糖单元的供体是尿苷焦磷酸-糖（Uridine Diphosphosugar, UDP），例如，当被转移的是葡萄糖基时，称为尿苷焦磷酸-葡萄糖（UDP-Glucose），转移过程中，发生 S_N2 亲核取代，如图 1-10 所示，反应由 1-磷酸葡萄糖和 UTP 发生双分子取代历程，由于离去基团 UDP-葡萄糖是以 α 构型连接的，生成的产物构型将发生翻转，因此，天然糖苷多呈 β 构型。糖不仅与氧相连，还可以与 S、N、C 等相连，形成相应的苷。

糖基转移酶在生物体内催化活化的糖基连接到不同的受体分子，以完成糖基化反应。一般来说，只要含有羟基，几乎常见的次生代谢产物类型似乎都有可能形成相应的糖苷。如黄酮醇、甾体、皂素以及萜类等。例如，葡萄糖基转移酶负责将葡萄糖基转移到受体分子上，形成相应的葡萄糖苷。

糖基转移酶有许多种分类方式，根据底物及产物立体化学异构性分为反向型和保留型，在糖基化反应中，反向型的糖基转移酶主要是经过一个受体对供体的 C-1 进行亲核攻击过程来完成取代反应。而对于保留型的糖基转移酶，人们往往认为需要完成两步取代反应，首先产生糖基-酶中间复合物，接着受体完成第二步取代反应；但是至今尚未发现糖基-酶这一中间复合物，而且对于糖基转移酶是否具有亲核攻击性也是众说纷纭，需要进一步研究。尽管已有十多种糖基转移酶的三维结构已经被测定，但人们对糖基转移酶受体和供体的特异选择性的分子机制还不是十分清楚，因为决定酶底物特异性的往往是一些细微的差别，所以，当酶的结构类似性极高时才能得出结论。有报道称糖基转移酶受体的结构会影响糖基转移酶对供体的选择性，糖基转移酶受体以某种强制机制首先与酶结合，使供体的结合变得容易并会影响供体选择性。

糖苷酶是特定的水解酶，分为淀粉酶、纤维素酶、半纤维素酶、果胶酶等，糖苷和多糖广泛存在于植物和真菌中，糖不仅与氧相连，还可以与硫、氮、碳相连形成相应的苷，苷元可以是生物碱、黄酮、萜类、甾体等任何次生代谢产物，糖苷的连接或水解，对次生代谢产物的溶解度影响极大。因此，在次生代谢产物的提取、分离及检测时应充分考虑糖苷酶的存在情况。一般来说，在催化反应中糖苷酶对底物糖苷键的立体构型选择性较高，特定的水解反应需要特定的糖苷酶才可以催化，例如，β-D-葡萄糖苷酶用于催化 β-D-糖苷键的水解，而 α-D-葡萄糖苷酶催化 α-D-糖苷键的水解。除此之外，糖苷水解可以在酸性、酶催化下水解，都涉及糖基的转移。从生化反应过程看，糖苷水解是糖基化成苷的逆反应。当有亲核碳参与时，糖基转移的产物可能生成碳苷，如图 1-10 所示，被酚羟基激活的芳基碳，进攻糖基上的 C，形成新的 C—C 键连接的碳苷。

1.3.3.5 甲基转移

一碳基转移酶在生物合成中，涉及甲基、甲氧基、甲酰基、某些羧基以及氨甲酰基等一个碳原子的生成。其中，甲基转移酶在生物化学中很重要，因为这类酶涉及许多生物分子的功能转换，诸如蛋白质或者肾上腺等激素分子、DNA、RNA 的活性调控有些就是通过甲基化和去甲基化实现。DNA 甲基化酶近年来特别受到关注，因为它与表观遗传学、基因的表达调控、细胞的衰老与癌变等密切相关。这类酶绝大多数需要腺苷甲硫氨酸与腺苷同型半胱氨酸为甲基供体，见图 1-5。甲氧基也广泛存在于次生代谢产物分子中，关于甲氧化反应的次生代谢产物实例详见拓展知识 1-14。

拓展知识1-14
甲氧化反应细节及实例

1.3.4 氧化-还原反应

关于氧化-还原反应的学习可参考视频资源 1-5。

视频资源1-5
氧化-还原反应

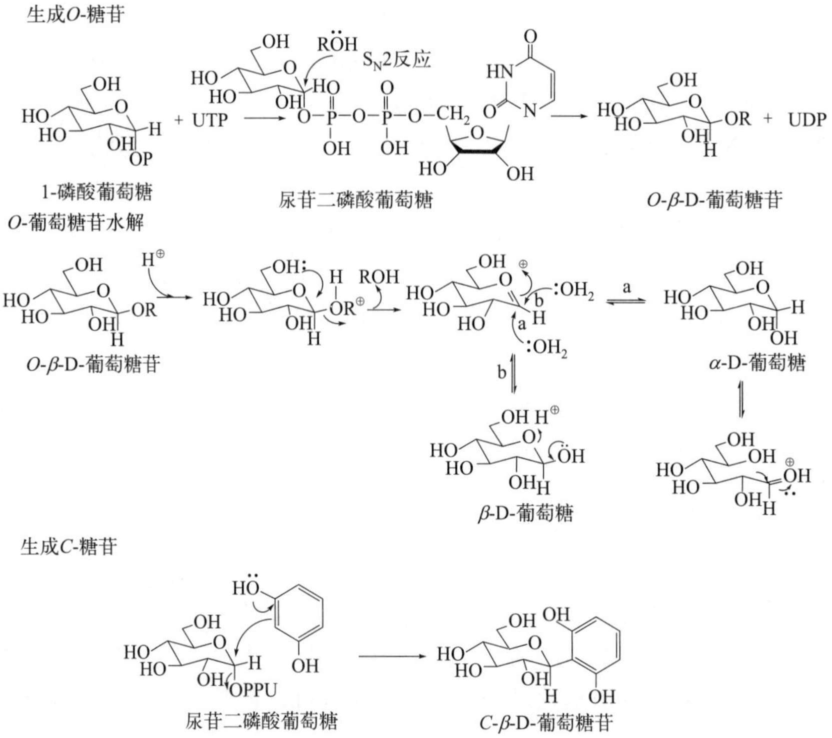

图 1-10 糖基转移反应类型及机理示意图

氧化-还原反应是生物合成中常见的化学反应，特别是在次生代谢产物生物合成的官能团修饰阶段，常常发生"氧化"反应，也有官能团的还原型修饰；同时需要还原性或氧化性的辅酶进行偶合，以维持电荷和能量守恒。生物合成中通常由辅酶Ⅰ和Ⅱ以及黄素作为电子对传递的中间体，形成电子传递链。当代谢物被氧化时，失去的电子最终的受体是分子氧（O_2），而虽然氧气的氧化还原电势较高（$E^0_{O_2/H_2O}$ =1.23V），属于强氧化剂，但氧气在溶液中的溶解度或固态表面的附着浓度都较低，因此常温下，一般物质的氧化速度较为缓慢。但在生物体内，由于辅酶因子的作用，大大提高了生物氧化的速率和反应的控制力，辅助因子除了辅酶Ⅰ、Ⅱ与黄素辅酶，许多金属离子也可以充当氧化还原酶的辅酶。生物氧化还原的酶除了前述的那些种类以外，黄素蛋白、铁硫蛋白、细胞色素、辅酶Q等是生物体常见的中间电子传递体。在"1.2.4"中已经介绍了催化氧化-还原反应的酶及其辅酶，包括脱氢酶、氧化酶、过氧化酶以及氧合酶，它们基本对应于生物合成中的常见氧化-还原反应类型。尽管人们对生物体中发生的复杂氧化-还原反应的过程目前并未彻底了解，但从化学反应的角度还是比较容易判断参与反应的酶的类型和反应的一般机制。本节从次生代谢生物化学反应的角度，通过实例介绍相关的氧化和还原反应。

1.3.4.1 脱氢氧化

脱氢反应是指从底物中消去2个氢原子，涉及醇脱氢生成醛或酮、烃脱氢生成烯烃、酚脱氢生成醌等反应。催化反应的酶一般称为"XX（底物）脱氢酶"，因反应的类型，有不同类型的辅酶，常见的有NAD^+或者$NADP^+$作为辅酶，这种情况下，反应由底物与碳相连的一个氢原子以氢负离子的方式转移至辅酶上，另一氢则形成质子转移至反应介质中。关于脱氢反应的次生代谢产物实例详见拓展知识1-15。

拓展知识1-15 脱氢反应细节及实例

1.3.4.2 氧合

氧合反应指底物分子直接加入氧的反应,包括参入一个氧及参入二个氧,分别称为单加氧及双加氧,其实酪氨酸酶和漆酶的部分作用也属于氧合的范畴,这里我们将氧合的反应分为羟化、双羟化、环氧合以及醛酮氧化四种类型。关于这四类反应所涉及的酶以及次生代谢产物实例详见拓展知识 1-16。

拓展知识1-16
四类氧合反应
细节及实例

1.3.4.3 加氢还原

加氢还原反应是指在底物中加入氢原子,使得底物中原本的不饱和键或杂原子(如氧、氮、硫等)还原成饱和键或更稳定的形式。生物体内常见的加氢还原反应主要分为醛/酮还原和烯烃还原,关于这两类反应所涉及的酶以及次生代谢产物实例详见拓展知识 1-17。

拓展知识1-17
两类加氢反应
细节及实例

1.3.4.4 酚的氧化偶联

酚的氧化偶联反应为酚类单加氧、双加氧,以及氧化成醌的系列氧化反应的后续事件,在酪氨酸酶、儿茶酚酶、漆酶等多酚氧化酶的作用下,生成的酚自由基或者活泼醌中间体,在细胞色素 P450 依赖的酶催化下,发生进一步的氧化偶联。关于该反应的次生代谢产物实例详见拓展知识 1-18。

拓展知识1-18
酚的氧化偶联
反应细节及实例

1.3.4.5 胺氧化

在生物代谢中,常见能将胺氧化为乙醛的胺氧化酶。这类酶可以分为单胺氧化酶和双胺氧化酶。单胺氧化酶在黄素核苷酸和分子氧的条件下,催化脱氢将胺转化为亚胺,然后将之水解成醛和氨。双胺氧化酶则以二胺为底物,在分子氧的作用下将一个氨基基团氧化生成相应的醛,同时生成过氧化氢和氨。产物氨基醛可经席夫碱进一步转化为环状亚胺。

1.4 生物合成调控原理

1.4.1 生物固有的调控机制

生物体每时每刻都处于自我的调节控制之下,而生物合成也不例外,生物体要利用少数的有机物和无机物合成和分解大量的生命过程中所必须物质,如蛋白质、核酸、脂肪、碳水化合物及各种次生代谢产物,没有严格的自我调节机制是不可能实现的。生物体的自我调节机制是在长期的进化选择过程中形成的,其中,酶是生物化学反应的必要条件,并且不论是初生代谢还是次生代谢都受生物自身的代谢调控机制的调节控制,这些代谢调节机制在原理上既有共性,也有个性。相对来说,初生代谢的代谢调节较为简单,而次生代谢的代谢调节则较为复杂。尽管次生代谢在近年取得了很大的成绩,但与它本身的复杂性相比,人们现在还知之甚少,因此,目前已经研究出的代谢调节机制多数以微生物初生代谢调节为主,植物次生代谢个体水平的调控还主要停留在环境因子的影响研究方面。本节主要从酶、生化反应途径、代谢网络、细胞、组织器官等不同层次综述生物体自身生物合成的调控机制。

1.4.1.1 酶水平的代谢调控

（1）酶活性的调节　对于酶来说，生物体至少有两种调节机制：一种是酶的结构水平上的调节，主要影响酶的活性；另一种是酶合成水平上的调节，即基因水平上的调节，包括基因突变和基因表达的调节，主要影响酶的数量表达。前者是一个一个较快速的，甚至即时性的调节，后一种是较长的、效应持续的调节。

① 酶结构水平上的调节：共价调节、聚合解离以及别构调节等是酶通过结构上的变化对其活性进行调节的主要方式。共价调节根据酶结构改变的可逆性，分为可逆与不可逆调节。有些酶可能在合成和分泌时是无活性的酶原形式，当功能需要时，被相应的蛋白酶作用切去一小段肽链的共价键而被活化，这种调节方式主要在一些消化酶、防御功能的酶中比较常见，它们的激活往往不是靠单个蛋白质，而是借助酶的级联体系完成，即由一个小的信号引发体系中第一酶的释放或激活，再依次导致第二个，第三个以至于第 n 个酶的大量、更大量的激活，最终完成生理功能，是一个快速的信号放大过程；酶的激活是一个蛋白质肽链水解的不可逆过程，酶原激活后不可能变为原来的酶原，因而这种形式的调节是一次性的调节，被激活的酶在完成其特定的生理功能后，能及时地从靶部位通过自身催化或组织蛋白催化作用而降解移去。

目前已知有相当数量的酶能以活化、惰性两种状态存在，它们具有不同水平的催化活性，并且这两种形式能在其他酶的作用下进行可逆互变，也就是说，它们能通过可逆的共价修饰调节其活性，可逆的共价修饰有多种类型，在代谢调节中占有很重要的地位，其中了解最多的是磷酸化/脱磷酸化、腺苷酰化/脱酰化调节、乙酰化/去乙酰化调节等。

通过聚合解离或者结合解离的调节通常是基于酶的高级结构改变进行调节，以这种方式进行活性调节的酶有寡聚糖酶以及一些在代谢中占有关键地位的酶，包括己糖激酶、磷酸果糖激酶、醛缩酶、乳酸脱氢酶、谷氨酸脱氢酶等，虽然它们结合的亚细胞部位可能不同，但它们都能根据生理功能的需要、外界条件的变化而可逆地和细胞颗粒体结合或从其上解离下来，实现对其酶活性的调节。而且这种结合与解离可在瞬间完成，因此这种调节也可能具有普遍的生物学意义。在代谢途径中起关键作用的调节酶主要受别构方式调节。别构调节研究源于反馈调节的观察，最初发现：AMP 能激活磷酸化酶 b，异亮氨酸能抑制其生物合成途径中的关键酶——苏氨酸脱水酶；类似的，CTP 能抑制嘧啶生物合成的关键酶——门冬氨酸转氨甲酰酶，而嘌呤核苷酸（ATP）却能活化它。这些抑制剂与活化剂都是相应的代谢途径的末端产物或相关产物，而作用的对象往往是这个代谢途径中的第一个酶或分支上代谢途径中的第一个酶，这种反馈性的调节概括性地称为别构调节。

别构调节是生物机体适应外界条件变化，保持系统平衡稳定，保证生命活动正常进行的一种重要条件方式。参与别构调节的物质一般都是小分子，称为效应物。这些效应物在结构上和被调节的酶的底物或产物可能相同，也可能不同，对酶的作用不同于竞争性抑制、非竞争性抑制和反竞争性抑制，因为它作用的部位不是酶的活性中心，而是调节中心。但是，这是通过和调节中心的结合，使酶活性中心的构象发生改变，从而导致酶活性的改变。受别构调节的酶一般都是寡聚酶，调节中心和活性中心的关系可通过物理或化学方法，如加热、冰冻、尿素或有机汞等处理而加以解除，称为"脱敏"。别构酶的动力学速度曲线为"S"形，不同于正常恒态酶的矩形双曲线，S 形曲线存在两个阈值，当底物浓度低于阈值时，酶反应速率随底物浓度升高较为缓慢，但超过这个阈值后，酶反应速率随底物浓度升高而迅速增大。别构酶的这种动力学特性还会因其他效应物的存在而进一步改变，有的是激活型效应物，有的起抑制作用。

综上所述，酶活性的调节应与代谢体系、生理系统一起考虑，由于代谢调节的多样性，在不同的代谢体系中，别构酶也可能有些不同，别构调节还可能和可逆的共价调节、聚合解离调节结合，共同组成各种级联系统，快速地将某种信号放大，进行代谢和生理调节。

② 酶合成水平上的调节：和其他蛋白质一样，酶的合成可以在基因复制、转录和翻译等各种水平上进行调节控制。有关方面的结果目前研究比较成熟的是原核生物的操纵子模型，真核生物的蛋白质合成调控机构与原核生物基本相同，但作用更为复杂。

③ 操纵子调节：操纵子主要包括两个部分：一是决定酶的结构和性质的结构基因，现在发现，在代谢功能上相互关联的酶，其结构基因通常集中在操纵子 DNA 链的一个或几个特定区段内，组成多顺反子；另一个是操纵基因、启动基因和调节基因等组成的调控部分。结构基因决定酶的结构与性质，但不影响酶合成的速率和量，而酶合成的速率和水平取决于调控部分。经典的操纵子模型是大肠杆菌的乳糖（Lac）操纵子和色氨酸操纵子模型。关于这两种操纵子的工作原理及代谢实例详见拓展知识 1-19，拓展知识 1-20。

> 拓展知识1-19
> 乳糖（Lac）操纵子工作原理及代谢实例

> 拓展知识1-20
> 色氨酸操纵子工作原理及代谢实例

（2）生化反应调节方式　代谢调节的基本方式是反馈调节，包括反馈抑制和反馈阻遏。前面已经描述酶合成水平上的调节会受到反馈阻遏，从连续的生物化学反应角度看，生化反应的调节方式表现为反馈抑制，反馈抑制主要有如下几种模式。

① 终产物反馈抑制：从 A 到 E 经历简单的线性代谢途径，终产物 E 的过量积累会明显抑制从 A 到 B 的反应，从而使该途径整个受到抑制，具体作用途径见图 1-11。

② 顺序抑制：从 S 到 A 的反应受控于单一的酶，这个酶受产物 C 的反馈抑制，如果通过抑制从 C 到 D 或者从 C 到 G 的反应速率，这时虽然提高了终产物 I 或者 F 的量，但中间产物 C 浓度的提高，使 S 到 A 的反应又受到抑制，这种模式称为顺序抑制式，具体作用途径如图 1-12 所示。

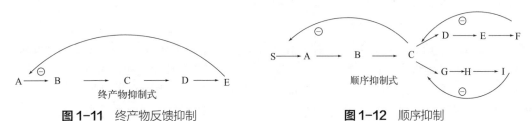

图 1-11　终产物反馈抑制　　　　图 1-12　顺序抑制

③ 积累反馈抑制：有多个分支途径存在时，某一终产物的过量可能只能部分抑制或阻遏途径中的第一个酶，图中从 A 到 B 的反应需要终产物 E、H、I 都"过量"时，它们联合抑制才显示出对整个代谢途径的抑制。具体作用途径如图 1-13 所示。

④ 同工酶的差异抑制：从 A 到 B 的反应可由多种酶催化，但它们受不同的终产物反馈抑制，即存在同工酶的现象。终产物 E、H、I 分别针对不同的酶进行抑制。具体作用途径如图 1-14 所示。

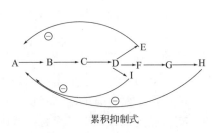
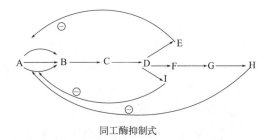

图 1-13　积累反馈抑制　　　　图 1-14　不同分支终产物对多个同工酶的抑制

1.4.1.2 细胞水平的代谢调控

（1）形成多酶复合物　细胞中的代谢系统，除极少数是以单酶催化形式外，绝大多数的酶通常以物理方式或共价方式聚集在一起形成多酶复合物或多酶蛋白，它们往往具有单酶不具有的特点，即产物从一种酶到另一种酶活性中心所需时间减少；从一种过渡态到另一个过渡态所需时间缩短；形成专一化的区域，使得一种酶的产物主要为系统本身所利用，而不为系统以外的其他酶所利用；具有网络调控的协同性等。

（2）细胞内酶的区域化　细胞中功能上相互关联的酶还可能被进一步区域化，在亚细胞结构水平上建立起相应的代谢体系或者代谢途径区划，这些代谢体系或代谢途径之间又可通过底物、辅助因子、效应物甚至酶而相互联系。

（3）细胞代谢途径的网络化　尽管每一个代谢反应都是在有限数量的酶催化下完成的，但生物体内发生的每一个化学反应绝对不是孤立的和静止的，而是相互关联、相互协调、相互制约的。如果将一个代谢物分子当作一个节点的话，节点之间的连结则是生化反应，细胞内无数个节点和连线就构成了蛋白质层次的代谢网络。代谢网络不同于结构规则、节点数和连接数量固定的有尺度网络，而是结构随机、节点数"无数"的复杂网络，把这种天然随机的"互联网"称为是生物界的一种自主调控的无尺度网络，它作为一个整体来承担细胞的物质代谢和能量代谢。

基于功能，细胞代谢网络一般分为产能反应群、生物合成反应群、多聚反应群、组装反应群四个反应群；细胞中以糖代谢为中心的载流路径被分类为向心途径、中心途径和离心途径，这三者依次首尾衔接而贯通构成代谢的三大板块，其中离心途径主要用于生物合成生命物质，既包括蛋白质、核酸、脂类等初生代谢物的合成，也包括次生代谢物的合成。代谢途径两两相接、环环相扣成为一个整体。

在处于一定环境条件下的微生物或细胞培养物中，参与代谢的物质在代谢途径及网络中按一定规律流动，形成代谢的物质流，也称为代谢流。代谢物质的流动过程是一种类似"流体流动"的过程，它具备流动的一切属性，诸如方向性、连续性、有序性、可调性等，并且可以接受疏导、阻塞、分流、汇流等"治理"，也可能发生"干枯"和"泛滥"等现象，也涉及流速和流量等问题。代谢途径作为代谢通道是有起点的，但代谢网络没有绝对的起点，也没有绝对的终点。

事实上，代谢网络一直处于对环境变动的响应之中。代谢网络的概念是虚拟的网络概念，细胞的代谢网络一直处于对环境的变动的响应之中，网络中的离心途径的终端有可能多条，而且也有汇合或分支。途径与途径之间还可能存在横向联系，涉及还原力和代谢能的平衡等。停止生长状态下的代谢通常表现为次生代谢，是生长状态下初生代谢途径的延伸，而且次生代谢途径在不同细胞空间中的选择性分布各不相同，存在明显的胞内区域化，使代谢网络更加复杂化。人类目前对代谢网络的认识只是相对的，还有待深入研究。

1.4.1.3 细胞水平的代谢网络调控

代谢网络的自主调控性、网络无尺度性决定了研究代谢调控必须着眼于各个节点连接后的一些整体性问题，诸如可调控点、调控的协调性等。

（1）调控点　所谓调控点，是指在反应系统中起调节作用的关键环节。对于一个复杂的代谢反应（图1-15），如果该反应是在一个开放系统中进行，底物不断得到补充，产物不断被移去，整个反应系统的速率将处于恒态，但就各具体反应环节而言，有的接近平衡，有的远离平衡，这时系统的调控点理论上应该是那个或那些远离平衡点的环节，通过实验测定调控点有三个标准：①该环节酶活性最低；②远离平衡点的反应，即不可逆反应；③途径的交叉点。

$$A \rightleftharpoons B \rightleftharpoons C \rightleftharpoons \cdots \rightleftharpoons G$$

图 1-15 常规代谢反应示意图

（2）调控的协调性　细胞的外界环境处于不断的变化之中，为了保持细胞内各组分的稳定，代谢反应必须能够被精确地调控，即其必须能够对外界信号产生反馈并与其周围环境进行互动，以保持胞内平衡。从细菌到高等生物的细胞都具有保持动态平衡的机制，这就是建立在正反馈与双向调节相结合的基础上的协调性调节机制。在这种机制下，两种分子相互作用的基本模式是：一种分子的激活促进第二种分子的激活，同时第二种分子低活性时促进第一种分子激活，但高活性时则抑制第一种分子的激活。尽管细胞中 DNA 的遗传结构并不随环境的变化而有很大的改变，但环境可以显著影响基因的表达，从而影响酶的组成及活性，引起代谢物浓度和代谢流的变化。细胞的代谢调控通常包括基因组及转录组水平、代谢途径及生化反应网络水平、代谢流水平、代谢生理水平等不同层次的网络化整体性调控，因此，细胞的代谢调控具有很好的协调性。

（3）复杂网络理论指导下的细胞代谢网络研究　复杂网络理论以社会网络、技术网络、生物网络（如食物网、代谢网络、蛋白相互作用网络等）等真实网络为研究对象，通过图论、统计学、统计物理、计算机模拟等方法，研究网络的结构特征、结构与功能的关系、网络的生成机制及网络演化规律等一系列的问题，为在系统水平上研究生物网络提供了数理计算平台。基于复杂网络理论的细胞代谢网络研究，或称细胞代谢复杂网络研究，多是从网络构建、网络静动态特性分析、网络控制三个方面。其中代谢通路分析、代谢通量分析、流量平衡分析等是对代谢网络控制分析的基础。细胞代谢网络的具体控制方法要结合网络的刚性、节点的主次和类型（挠性节点、弱刚性节点、强刚性节点）、网络的类型（独立型和依赖型）而有不同的控制措施。代谢组学专门针对复杂生物体系中所有小分子代谢物进行全面、高通量、无偏的研究，有助于深入认识代谢网络的结构和流向动态，通过从基因组、转录组、代谢组等不同层次的代谢网络分析，进行整体的系统的研究，使我们能更好地认识和利用细胞代谢调控过程，从而促进发酵工程、制药工业等产业的发展；代谢网络研究也是代谢工程的重要方面，而代谢工程的潜在应用几乎跨越了生物技术的全部领域。

1.4.1.4　植物组织器官水平代谢调控

植物是高等真核生物，依光合作用进行自养。植物与微生物相比，在结构上分化成不同的组织、器官等形态，细胞内有各种细胞器等亚微结构，其生理的功能依据组织、器官的不同而不同。植物形态受植物基因和新陈代谢过程的共同影响。植物体内的生物化学反应在细胞内已经固定在一定的间隔区域内，漫长的生物进化和人工选择使植物的生物合成趋于更加复杂。植物次生代谢有以下几个基本特征：

（1）许多次生代谢物常出现在植物发育的一定阶段，并不是在植物生长的任何时期都出现，例如：紫杉醇在树龄三十年以上的中国红豆杉中检出。

（2）当植物的生长受抑制时，次生代谢的合成量往往加大。

（3）与物候期有关，例如一年四季出现次生代谢物含量的动态变化。

（4）次生代谢物积累有明显的组织（器官）特异性。

（5）次生代谢产物具有广泛性和狭隘性　广泛性是指每种植物都有次生代谢产物，每种植物中又有许多种次生代谢产物；狭隘性指对于某些特定次生代谢产物只存在于某些属或有亲缘关系的属。

总之，植物次生代谢一般只限定在特定的组织和器官内，同时多数仅在植物生活的特定时期才出现，且大多受到光照、温度、营养等生理条件的影响，因此，植物中的次生代谢物质的合成调控不仅受细胞内部相关基因的控制，还很大程度上受环境因素等外界刺激因子的影响，呈现出极大的多样性，可以说次生代谢种类和产量的多样性是生物多样性在分子表型上的具体体现。许多次生代谢物产生的生理原因就是对环境的适应结果，次生代谢物的合成往往伴随着植物抗环境胁迫的能力增强，例如，合成大量抗氧化的植化成分使植物免受紫外线伤害；防止食草动物、昆虫及病原微生物的危害而产生的天然杀虫剂；产生挥发油吸引昆虫传粉等。故在植株水平上次生代谢的调控不仅涉及上述基因、酶、细胞代谢网络等层次的共性问题，还涉及次生代谢产物在植株中的合成、转运、积累部位以及细胞内外信号分子的复杂信号转导机制。

植物次生代谢信号转导的生化事件很多，国内外相关研究报道主要包括离子跨膜运输、茉莉酸甲酯（MJ）及其衍生物合成途径激活、水杨酸（SA）合成途径激活、氧化应激及活性氧（ROS）的合成积累与次生代谢合成之间的作用机制，用真菌诱导子作用也可促进次生代谢物的合成。虽然目前对 SA 和 MJ 之间相互影响的分子机理尚不十分了解，但 MJ 与 SA 以及真菌诱导子等信号途径间存在协同效应，或者拮抗作用在许多植物中得到了证实，它们是植物在外界生物的或者理化因子处理下促进次生代谢物合成的普遍早期反应。

1.4.2 人工干预生物合成的作用原理

自然条件下，生物存在固有的精巧生物合成机制，从产物生产应用的角度看，要大幅度提高目的产物产量，就必须对生物固有的合成机制实施人工干预。一般可在遗传改良和环境调控两个方面进行干预。

1.4.2.1 遗传控制

（1）诱变育种　按照生物进化规律，基因突变可以自发地发生，但这种概率太小，故在实际中需要采取措施进行诱变。可采用物理方法，也可以用化学方法，前者包括紫外线、γ-射线、快中子辐射、等离子体照射等手段；后者常用 5-溴尿嘧啶，或者亚硝胍、吖啶黄染料等作为诱变剂，这些物理和化学方法直接或间接引起 DNA 中的 A、C、G 等反应而导致基因突变。

基因突变可以发生在直接催化次生代谢产物合成的酶的结构基因上，也可能发生在启动子、转录因子、操纵子等其他部位上。前者往往导致酶的结构和性质的改变，而后者则通常引起酶的产量上升或者下降。根据酶的合成调节机制，可以从两个方面提高酶的产量：一是从诱导型转变成为组成型，即突变株在没有诱导物存在的条件下，酶的产量也能达到诱导的水平，这种突变称为"组成型突变株"；二是阻遏型变为去阻遏型，这种突变株在通常引起阻遏的条件下，酶产量也能达到没有阻遏的水平。因此，诱变育种按照作用原理不同分为组成型突变株的筛选、抗分解代谢物阻遏型突变株的筛选、抗终产物反馈抑制突变株的筛选。

（2）代谢工程　虽然环境因素极大地影响次生代谢产物的含量，但环境因素归根结底要通过基因的表达和调控起作用，如果能从基因水平对催化次生代谢途径中的一系列酶，特别是限速酶、关键酶进行人工重组，毫无疑问会加大通往目的次生代谢物的流量。因此，通过对相关酶表达水平及活性的调节来实现对次生代谢产物积累水平的调控，一直是人们的追求的方向。

限速酶、关键酶往往位于代谢途径支路分岔口或位于合成途径的下游，是次生代谢的基因工程的重要靶向。"利用 DNA 重组技术对特定的生化反应进行修饰或引入新的反应以定向改进产物的生成或细胞性能",这正是代谢工程的内涵所在,有关代谢工程的研究领域和进展,本书第 7 章有专门介绍,这里不再赘述。相关基因重组来调控特殊代谢物积累水平有很多策略,包括:利用基因重组的微生物或植物细胞对外源产物进行生物转化;增强关键酶的基因表达或活性;阻止关键酶的反馈抑制;降低竞争途径的代谢流向;增强途径中多个基因的表达或活性;降低目标化合物的分解代谢;控制途径中多个生物合成基因的转录因子,对转录因子进行修饰,可以更有效地调控次生代谢,以提高特定化合物的积累;甚至导入一条完整的代谢途径,使宿主异源表达合成新的目标物等。

（3）表观遗传控制　　表观遗传是指在染色体中 DNA 序列不发生变化的情况下,基因表达却发生了可遗传的改变,这种改变在发育和细胞增殖过程中能稳定地遗传下去。从微观角度看,引起表观遗传改变的机制有很多,包括 DNA 甲基化、组蛋白修饰、染色质重塑以及 RNA 干扰等,其中 DNA 甲基化和组蛋白修饰是近来表观遗传学领域的研究热点,在次生代谢生物合成中,它们同样扮演着重要角色,不仅影响次级代谢产物的产量,还能激活大量沉默的次级代谢产物的生物合成基因簇的表达。常见的表观遗传控制实例及研究进展详见拓展知识 1-21。

拓展知识1-21
常见的表观遗传控制实例及研究进展

1.4.2.2　环境调控

（1）生长期与合成期两段式培养　　在利用微生物或者植物细胞发酵培养生产次生代谢产物时,根据次生代谢产物一般都是在培养基中某些养分耗竭时才开始产生的特征,采用两阶段方式培养。在生长期,主要通过初生代谢活动将部分营养物质转变成细胞的构成物质,以促进细胞生物量增加为目标。当生长到一定阶段,细胞从指数生长到稳定期,细胞生长速率逐渐减速直到停止,这时细胞的代谢十分活跃,有许多次生代谢物开始进入合成阶段,这时又称为生产期或者分化期,这时可以针对次生代谢进行人工干预。两段式培养策略顺应了初生代谢与次生代谢的互作关系,实际应用中已经成为次生代谢物生产的基本培养模式之一。

（2）添加诱导物　　适用于次生代谢可诱导的酶类,选择适宜的诱导物及其浓度,可显著提高次生代谢物的产量。大量研究发现,强诱导物往往是那些难以代谢的底物类似物。常见的诱导物及其代谢实例详见拓展知识 1-22。

拓展知识1-22
常见的诱导物及其代谢实例

（3）解除目标产物生成的阻遏效应　　阻遏可以由初生代谢中分解代谢产物引起,也可因酶反应的终端产物积累而产生,因此,控制这两种产物的生成与积累常常能提高酶的产量。对于受分解代谢产物阻遏的酶来说,限制碳源,特别是避免使用易被快速利用的碳源尤为重要,实际生产中,常采用缓慢滴加并限制其他碳源供应的方式,这种做法,有时可使这类酶的酶活提高达三个数量级。

（4）打破终产物自身的反馈抑制　　生物合成中,由于生物普遍存在的反馈双向调节机制的存在,使终产物的积累反过来会抑制该反应途径的第一个酶或者分支途径的第一个酶的酶活性或者酶的合成量,即产生反馈抑制或者反馈阻遏。一般通过两条途径打破这种反馈抑制:一是在培养基内添加终产物类似物或者添加阻止终产物形成的抑制剂。例如,在培养基中加入 α-噻唑丙氨酸,可使参与组氨酸合成的 10 种酶的产量提高约 30 倍。二是采用营养缺陷型突变株,并限制其生长必需因子的供应。例如,采用大肠杆菌硫胺缺陷型突变株并限制硫胺供应,可解除与硫胺合成有关的 4 种酶的阻遏,其中硫胺素焦磷酸酶的活性可升高约 1000 倍。此外,还可以给营养缺陷型突变株供应难以同化利用的生长因子前体或者衍生物,例如,在大肠杆菌尿嘧啶缺陷型突变株的培养基中不加尿嘧啶,而供应二氢乳清酸,结果可使嘧啶生物合成有关的 6 种酶避免了终产物的反馈抑制作用。

（5）能荷调节　　生物体通过 ATP 水平来调节能量代谢,而 ATP 水平的高低主要通过磷酸盐进行外部调控，例如，在四环素、杀念珠菌素、万古霉素等生物合成中，只要发酵液中的磷酸盐未耗尽，菌丝体的生长就继续进行，这时几乎没有次生代谢物的合成；但一旦磷酸盐耗竭，抗生素合成便开始，即使抗生素的合成作用已经在进行，若向发酵液中添加磷酸盐，抗生素的合成会立刻终止。说明磷酸盐过量很少影响菌体的生长，但会明显影响许多次生代谢产物的合成，为此，在发酵生产次生代谢物中，磷酸盐通常控制在"亚适量"范围。

（6）改善细胞膜通透性，促进产物分泌　当终产物在细胞内过量积累，必定会反馈抑制相关的生物合成，因此，需要首先考虑改善细胞膜的通透性，使细胞膜变为渗漏型，生物合成的终产物不断从细胞内"分泌"到胞外，以解除终产物的反馈抑制。典型的改善细胞膜通透性的例子是谷氨酸发酵生产，通过改变细菌细胞膜的脂肪酸组成、脂肪酸含量（特别是油酸含量）、饱和脂肪酸和不饱和脂肪酸的比例以及磷脂组成和比例等因素，人为掌握这些因素的影响，也就控制了膜的通透性。

（7）添加前体　添加合适的前体，无论在微生物发酵还是植物细胞培养体系中，都取得了很好的效果。产生这样效果的原因很容易理解，因为越是复杂的次生代谢物其生物合成的"路线"越长，通过在生物生长的合适时期，添加适当浓度的前体物质，无疑可以扰动细胞现有的代谢平衡，促进前体下游的生化反应，从而提高目的物产量。

（8）微生物发酵及植物细胞培养工艺优化控制　许多环境条件可以影响甚至改变生物合成的路线或者代谢网络的布局，微生物发酵或者植物组织细胞培养过程中，必须给予生物合适的环境条件，才能促进次生代谢物的合成。为此，先要通过各种方法了解产生菌或细胞对环境条件的要求，诸如培养基组成、培养温度、pH、溶解氧的需求等，可以通过各种监测手段或取样测定菌体浓度、糖、氮消耗，产物浓度等动态变化，通过传感器在线监测发酵罐中培养温度、pH、溶解氧等参数情况，及时进行有效的控制，使生产菌（细胞）处于有利于产物合成的优化环境之中。生物固有及人工干预的生物合成调控机制归纳总结见表1-1。

表1-1　生物合成调控知识归纳

调控的层次	固有调控机制	人工调控措施
个体或组织器官水平	次生代谢产物时空特异性表达	—
酶及细胞水平	酶活性调节；酶量调节；生化反应调节；分解代谢物反馈阻遏；细胞内酶的区域化调节	碳、氮、磷营养元素调控；ATP调节；细胞膜通透性控制；酸碱度；溶解氧含量等控制；酶抑制剂及激活剂等
分子水平	途径中系列关键酶的结构基因、调控基因、转录调控、启动子等环节的调控	代谢工程、整体转录调控工程
系统或网络水平	整体化协调作用、关键点调控等	表观遗传控制；重要环境因子控制等

开放性讨论题

结合自己的科研经历或兴趣，谈谈对本课程的学习预期。

思考题

1. 次生代谢产物怎么分类？其基本的生物合成途径有哪些？
2. 什么叫关键酶？如何确定关键酶？

3. 简述生物合成的主要研究内容，其中核心内容是什么？
4. 什么是天然产物的"途径假设法"？如何通过本课程学习，学会推测某次生代谢产物的生物合成途径？
5. 生物合成至少有哪些要素？其中最核心的要素是什么？常见的辅酶有哪些？
6. 简述次生代谢合成途径最常见的底物，并简述常见的反应及酶的类型。
7. 简述可以从哪些方面对代谢进行调控？
8. 如何理解"次生代谢的酶一般是诱导酶"这句话？举例说明。
9. 解释代谢调控中的反馈抑制，并说明其与反馈阻遏的区别。

2 次生代谢产物生物合成研究方法

教学目的与要求

总体了解本课程的研究方法体系,了解多学科交叉融合的思路和方法在天然产物生物合成研究中的创新机会。

重点及难点

学会生物合成途径推测的思路,利用基本原理提出某次生代谢产物生物合成途径的假说,无细胞体系催化反应及其验证,次生代谢研究中酶的创新挖掘思路。

问题导读

1. 目前已知的次生代谢产物的生物合成途径是如何阐明的?
2. 次生代谢产物的生物合成研究相关的技术和方法主要有哪些?举例说明如何运用这些技术和方法从事次生代谢产物生物合成相关产业领域的创新创业。

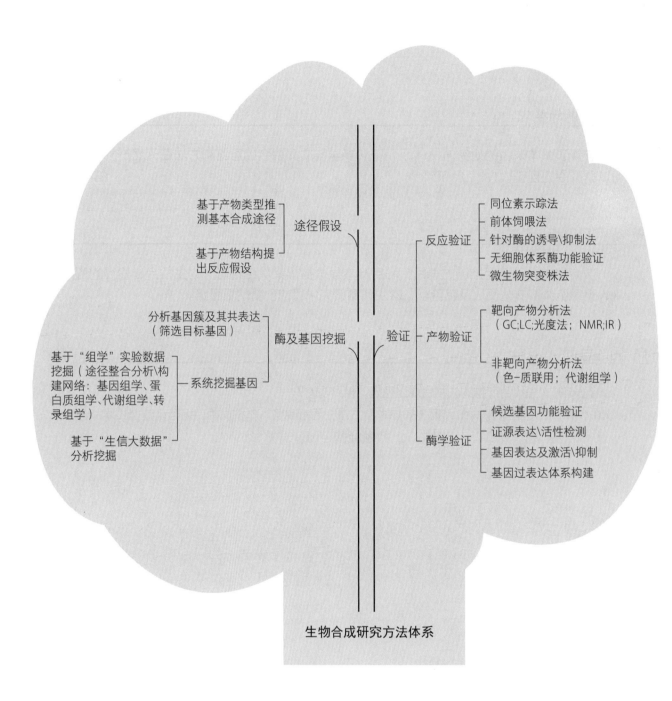

次生代谢产物的生物合成过程涉及初生代谢和次生代谢，影响因素十分复杂，一直以来，次生代谢生物合成途径及调控机理的研究都是一个非常具有挑战性的工作。本章对一些常用的生物合成研究方法进行了归纳介绍，内容包括生物合成途径及其控制的研究方法、基于系统生物学的研究方法以及次生代谢产物的分析方法等方面。

2.1 研究生物合成途径的一般方法

2.1.1 提出途径假说

阐明生物合成的途径是利用生物技术生产产物的前提，若想制造或利用某一次生代谢产物，一定离不开对其生物合成途径的深入认识，包括从初生代谢到该次生代谢产物所属类别的基本合成途径、途径的上中下游可能的关键中间代谢产物、产物分子骨架及官能团可能经历的化学反应，以及途径中的关键酶与改善产物合成可能的生物学靶向策略等。虽然天然产物种类繁多，结构复杂，但是经过20世纪以来科学研究的不断积累，现已知次生代谢的生物合成途径在一定的生物种属之间是相对保守的，各种次生代谢产物合成的途径可以归纳为几条基本合成途径。构成这些基本途径的系列反应，既遵循化学反应的逻辑，也具有生物代谢固有的特点和规律。因此，对次生代谢生物合成进行研究的第一步是提出假说，依据被研究产物的分子结构类型，提出其合理的生物合成途径的假设，特别是产物分子结构单元生物合成的上游途径。

当拟对某一个或一组代谢产物进行实验设计时，并不需要将其全部生物合成途径进行逐一实验验证，而是先合理地推测其生物合成的途径，尤其是上游相对保守途径中的反应与酶，然后具体需要解析的往往是途径的"末枝"及产物个性化的细节，其中，下游合成途径的结构修饰酶的筛选和功能研究往往是关键。实际研究中，掌握产物的化学结构、化学反应的原理以及酶学机制等都可以为合成途径的精细解析提供有用的线索。例如，依据前期对产物合成途径的推测，"勾画"出产物生成的系列反应连线图，对途径的分布有了一个粗略的"蓝图"，知道通往产物的系列反应中，哪些是限速步骤，哪些是代谢的分支途径，以及可以初步判断出拟研究的局部途径阶段所涉及的反应类型，对于判断关键酶及酶的类型十分有帮助。

次生代谢酶学的研究是开展次生代谢生物合成的重点也是难点。因为要从数万个基因中筛选出可能参与特定天然产物生物合成的候选基因是一项非常具有挑战性的工作。目前，利用生物信息学，通过理论预测的方法初筛候选基因是最常用的思路。根据未知酶和已知酶之间氨基酸序列与酶结构的相似性，对未知酶的功能进行预测，已经成为酶学研究中非常普遍的研究手段。尽管序列相似性预测不能完全找到整个酶家族中所有进化和功能的联系，但是，这种基于相似性的酶数据挖掘方法，对于缩小催化酶的筛选范围来说具有十分重要的意义。

另一方面，在任何生物体内，代谢途径不是孤立存在的，初生代谢与次生代谢的纵向交叉以及次生代谢之间的横向交汇，都增加了生物合成途径解析的难度，往往还需要从系统的角度、用网络化的手段进行生物合成途径的研究。目前，将生物信息学与各种组学技术进行"干-湿组合"，利用次生代谢途径中的基因共进化、共表达的特点，通过高通量的转录组测序分析数据等方法，可以获得生物样本在某个时刻的所有表达基因的信息，而且可以通过多个样本之间基因表达的关联分析获得基因共表达信息，这样可以进一步缩小候选基因的范围。同时，现已明确微生物同一代谢途径中的酶基因在基因组中往往是成簇存在的，在高等植物中，某些代谢途径中的酶基因也可以形成基因簇，这使得通过基因组序列测定寻找代谢途径的候选基因成为可能。对于基因组较小的物种，全基因组测序和组装是发现基因簇的有效方法。而对于基因组较大或遗传背景不清晰的药用植物，可以通过构建细菌人工染色体（Bacterial Artificial Chromosome，BAC）文库，利用途径中已知基因为靶点，筛选可能含基因簇的 BAC 文库并进行测序是一种经济可行并且快速的获得基因簇的方式。但鉴于目前已有的研究表明，多数植物次生代谢途径的基因并不形成基因簇，因此，基因簇发掘的方法在植物次生代谢途径候选基因筛选中的应用有一定的局限性。

2.1.2　同位素示踪法

同位素示踪法是解析生物合成途径最经典的方法，它常与细胞或微生物的培养方法相结合，即同位素标记前体饲喂法。饲喂在细胞或微生物培养体系中能够有效利用生物体自身"自然"的整套合成机制，转化标记底物，前体饲喂法是同位素示踪研究生物合成途径的一个重要补充方法。应用植株、根和芽培养物，解决那些在培养细胞中不能表达的某些次生代谢途径的问题，也是目前研究植物次生代谢途径的有效手段之一；另一比较便捷而有效的方法是无细胞抽提法，即将酶从细胞中提取出来，与底物共同培育，检测生成的产物，由此推导细胞中一些次生代谢产物的酶催化合成途径。

由于生物体没有区别标记化合物和非标记化合物的能力，标记化合物和非标记化合物一样，都能参与生物体的代谢变化和可能参与某种代谢产物的形成，因此，在通过测定反应中间体的同位素含量和分布情况，以判断试验化合物是否参与生物合成的过程中，为了确定放射性同位素的结合位置，还须将产物进行一系列的化学降解、分离和测定等大量工作，这是放射性同位素示踪法的缺点。近年来，人们选择利用没有放射性的稳定性同位素 ^{13}C、^{2}H、^{15}N、^{18}O 等来做示踪研究，利用稳定性同位素与相应的普通同位素的质量之差，通过质谱仪、气相色谱仪和核磁共振仪等质量分析仪器来测定，特别是 ^{13}C，可直接应用碳核磁共振仪来测定该生物合成产物或中间体的碳核磁共振谱，通过核磁共振谱的解析就可知道该示踪原子被结合到产物或中间体分子结构中的位置和分布情况。这一实验可在普通实验室进行，不仅大大简化了大量的化学降解和分析测定步骤，提高了研究工作效率，而且保障了研究人员的健康安全。

放射性同位素利用其不断地放出特征射线的核物理性质，可采用核探测器随时追踪同位素在体内或体外的位置、数量及其转变，对研究对象进行标记的微量分析，具有灵敏度高、检测方法简便、定位定量准确和符合生理条件等特点。虽然稳定性同位素比放射性同位素能获得更多信息，但其测定方法（MS 和 NMR）的灵敏度不如放射性强度的测定。因此，稳定性同位素前体必须有高的丰度及足够的数量，但这样有时会干扰真正的代谢过程，导致错误的推论。这一点与放射性前体不同，后者的前体用量几乎可以是痕量的。

在实验过程中，需要依据实验目的和实验周期长短选择合适的示踪物。如果实验周期在几天以上，则不可选择如 ^{11}C 这种半衰期只有 20min 的同位素，而应选择 ^{14}C 作为示踪剂。但是，在一些测定生理功能的实验中，如测定血容量时就应选用 ^{11}C 作为示踪剂。放射性同位素示踪实验的最后一步是将处理好的样品进行放射性测量，得到实验数据。选定放射性示踪剂的比活度必须足够大，以保证实验所需的灵敏度，但用量又要求尽可能小，以确保实验人员的人身安全。

目前，实验室主要采用晶体闪烁计数法和液体闪烁计数法测量放射性同位素。依据射线种类在仪器的选择上稍有不同。α 射线选择带有硫化锌的闪烁计数器、电离室或乳胶盒进行测定，γ 射线选用有碘化钠警示的闪烁计数器，β 射线用云母窗技术管或薄底窗钟罩形技术管的闪烁器。诸如 ^{14}C、^{32}S 这样软 β 射线，用液体闪烁测量也较为普遍，其效率可达 70% 以上，而对于 β 射线能量比 ^{14}C 低 8 倍的 ^3H 主要用液体闪烁测量装置测定。有多种测量稳定同位素的方法，如质谱法、核磁共振法、光谱法、气相色谱法、密度法和中子活化分析法，其中质谱法和核磁共振法是稳定同位素分析中最通用、最精确的方法。

同位素示踪法已经在次生代谢产物生物合成研究中成熟应用。例如，在研究抗生素生物合成时，常常饲喂特定 ^{14}C 标记的可能前体分子加入培养基中，然后提取包含产物的样品做放射性测量，以便确定 ^{14}C 同位素是否被引入了生物样品，再利用已标记的 ^{13}C 化合物做重复实验，考察 ^{13}C-NMR 所得的产物，这样能提供前体物质引入的确切位置，而无需再做降解研究，由这样所得的数据十分有利于代谢途径的验证推导。稳定同位素研究法对阐明青霉素和头孢霉素的生物合成途径起到了重要作用，当产黄青霉素在 L-［3-^{14}C, ^{15}N, ^{35}S］胱氨酸存在时生成苯甲基青霉素，在产物中这三种标记显示相同的比例，这就证明胱氨酸是青霉素的直接前体物质。当用［1-^{13}C］乙酸钠饲喂产头孢霉素 C 的微生物培养基，^{13}C-NMR 的测试分析结果表明，侧链碳原子多数来自 CH_3COO^-；而用（2S, 3S）-［^{15}N-（3-甲基）］-D-缬氨酸做实验时，则有完全的缬氨酸骨架参入青霉素 N 及头孢霉素 C。头孢菌的菌丝体悬浮液在 ^{18}O 富集的环境中摇荡，结果表明，有一个氧原子参入 C17 位置，由此可以验证，C17 的单加氧氧化来自羟化酶的参与。

2.1.3 前体饲喂法

在植物细胞培养或者微生物发酵的培养基中，添加某些可能的前体物质，观察该物质在培养（发酵）过程中的利用情况以及促进产物合成的结果，然后通过比较其合成的代谢产物的含量变化情况来推断及验证该产物的生物合成途径，这种研究方法称为前体饲喂试验法。饲喂实验简单易行，在没有合适同位素标记的前体时，可作为首先尝试的方法。通过多种前体饲喂结果的综合分析，不仅可以得到合适的前体，而且能够通过筛选获得的有效前体推测相关次生代谢产物的生物合成途径的部分信息。但是，这一试验方法的结果只能得到初步的推论，很难得出确切的结论。例如，试验中添加的特定物质所产生的效果，究竟是作为前体还是刺激作用仍不好判断，需要进一步深入研究。

为了排除分泌到培养基中的代谢产物对分析细胞在不同生长阶段胞内代谢途径及其活性的影响，常用洗净的静息细胞来代替培养液中生长的细胞，即取不同生长阶段的细胞，先洗去沾染的原培养基成分和代谢产物，然后将细胞悬浮在人工培养系统内，在一定条件下继续观察被试验的化合物对细胞代谢及代谢产物生物合成的影响。采用此方法，被试验的细胞虽然以基础原料合成某种代谢物的产量大大减少，但仍可基于添加特定的试验化合物及代谢产物的变化来判断生物合成过程中的一些反应步骤。

以上方法因细胞膜和细胞壁的通透性对试验化合物的影响，在试验过程中受到一定的限制。有的试验化合物，虽然是产物合成途径中的前体，但因受细胞壁和细胞膜通透性的障碍，或通过细胞壁和细胞膜时受细胞壁与细胞膜上酶的作用而引起降解或发生立体构型改变等，从而导致了阴性结果。所以，采用上述试验方法如果未得到预期结果，也不能说明该物质不是生物合成途径中的前体。

原生质体法就是使用溶菌酶、纤维素酶等方法脱去细胞壁，获得原生质体，然后将原生质体悬浮在高渗稳定液中，添加前体进行饲喂试验，观察其渗入结果从而分析生物合成途径的方法。此法不仅排除了细胞壁通透性障碍，而且保证了细胞内酶体系的完整性，不像无细胞抽提法由于破碎细胞而损坏酶体系，致使某些需要酶偶联的反应（如氧化还原反应）不能完成，最终得不到正确的结果。

2.1.4 针对酶的诱导或抑制方法

采用添加某种酶的抑制剂或激活剂，阻断或促进生物合成中的某一步骤，然后分离或鉴定积累的中间代谢产物和相应的终产物，由此推断生物合成过程。具体抑制剂的选择见表2-1。采用基因操作技术开展生物合成研究更为常见，通过生物合成中间途径的分析，找到生物合成的限速酶，针对限速酶基因，导入适当的细胞体系，进行超量表达或敲低表达，或者采用RNAi干扰，再根据目标代谢物产量变化情况判断及验证生物合成途径或关键酶基因。具体的分子生物学方法见本章2.1.7。

添加酶抑制剂的方法常用于验证所推测的反应途径，这种方法通过添加某种酶的特异抑制剂，来阻断途径的某一步，特别适用于从关键酶验证生物合成途径的研究，通过观测积累的中间代谢产物和相应产物的产率变化，来推断其生物合成途径。如浅蓝菌素（Cerulenin）能抑制脂肪酸生物合成中的3酮-脂酰ACP缩合酶（3-Oxoacyl-ACP-Aunthase），它使乙酰载体蛋白（Acylcarrier Protein，ACP）与丙二酰-ACP不能缩合成乙酰乙酰基-ACP，故也阻止了聚乙酰体生物合成途径。因此，可作为研究由聚酮途径所产生的次生代谢产物生物合成的专一性抑制剂。

表2-1 不同抑制剂及其作用机理

名称	作用的合成途径	抑制机理
浅蓝菌素、乙基马来酰亚胺、碘代乙酰胺	聚酮途径	抑制酰基转运蛋白（ACP）
膦胺霉素	萜类合成的非甲羟戊酸途径	抑制1-脱氧-D-木糖-5-磷酸还原异构酶
三环唑	1,8-二羟基萘、黑色素等形成途径	抑制1,3,6-三羟基萘形成柱酮醌
西奈芬净、氨甲蝶呤、氨基蝶呤、DL-乙基硫氨酸、磺胺	甲基转移过程	抑制甲基转移酶的活性剂叶酸
甲吡酮、嘧啶醇、S-3307D	作用于细胞色素P450，抑制中间产物进一步氧化	与细胞色素P450中亲脂性结构域即铁血红蛋白可逆结合
次甘氨酸、3-（十四烷硫基）丙酸、3-（辛烷硫基）丙酸	抑制多聚酮β-氧化降解	不详
无活菌素合成酶抑制剂	无活菌素合成途径	抑制无活菌素合成酶

2.1.5 无细胞体系酶试验法

无细胞体系酶法是生物合成途径中最常用的方法之一，特别适用于验证对于生物合成途径中的某步反应的推测。和同位素示踪法相比，同位素法仅从产物的角度，证明拟试的化合物在可能的生物合成历程中能否渗入代谢产物分子中去。但若要确证此生物化学过程，还必须依靠有关酶的反应来进一步验证，即主要用无细胞抽提液来进行试验。无细胞抽提液的制备方法是先用适当的方法（如超声波等处理）使细胞破裂，释放出胞内酶，再经过分离纯化得到纯酶制品。将制得的纯酶和待试物质加入到反应体系，进行酶促反应，然后检测反应体系中的底物和生成的产物浓度，判断该酶是否催化了目的产物的生物合成。

无细胞体系酶试验法的优点还在于，通过该方法可以获得有催化功能的酶纯品，对于阐明途径中的酶蛋白的结构与催化机理，以及获得酶的基因数据都是极为重要的，即所谓的功能克隆。将获得的纯酶进行氨基酸测序，反推其相应的核苷酸序列，再据此序列合成寡核苷酸探针，从cDNA文库或其他基因组文库中筛选目的基因，由此展开酶的基因的发掘和改造工作，因此，该方法在研究新物种的次生代谢中是常用方法。

有时也可通过将生物合成途径酶的基因进行异源表达，然后利用无细胞体系酶法，将异源表达的酶与底物进行体外活性实验来验证该酶的功能。理论上，所有细胞都可以用作蛋白质的表达体系，但是，最常用的有三种：大肠杆菌、麦胚和兔网质红细胞。其中，大肠杆菌表达系统可提供更高的表达量，表达产物相对更均一，被较多用于进行蛋白质的结构和功能研究，但由于是原核表达系统，其表达的蛋白质不能进行翻译后修饰，因此只能用于研究表达后不用修饰的蛋白质的功能。麦胚和兔网质红细胞都属于真核表达体系，虽然蛋白质表达产率较低，但可进行翻译后加工修饰，因此，可用于研究需要进行表达后修饰的蛋白质的功能。由麦胚和兔网质红细胞分别得到的表达体系，两者相比，后者的表达量仅微克级，而麦胚体系可高出约2个数量级。

2.1.6 微生物突变株法

2.1.6.1 阻断突变株法

将次级代谢物产生菌进行诱变处理，筛选失去生成目标产物或某步中间体能力的突变株，即生物合成的阻断突变株。这些突变株能够积累某种中间代谢产物或支路代谢产物。通过分析产生菌和突变株的代谢产物化学结构的差异及化学组成的差异，或者添加不同前体物质观察其能否恢复目标代谢物的生产能力，通过不同类型阻断突变株的共合成实验，找出这些代谢产物在合成过程中的相互关系，从中推断目标代谢产物生物合成的反应步骤，再分离其反应中的特殊酶类，进一步推断其生化反应特性。如Galm等在2004年通过基因工程手段构建了产氯新生霉素（Clorobiocin）链霉菌异戊烯基转移酶失活突变株，该突变株不能合成3-异戊烯基-4-羟基-苯甲酰（3-Prenyl-4-Hydroxybenzoyl，DMAHB）前体，不能产生Clorobiocin，添加DMAHB类似物获得了28种Clorobiocin衍生物，确定异戊烯基转移酶与Clorobiocin生物合成相关，从而明确了Clorobiocin合成途径。利用阻断突变株分析次生代谢物生物合成途径的优点是实验结果较为准确明了，方便快捷；其主要缺点是筛选突变株的工作量较大。

2.1.6.2 互补合成法（Co-synthesis）

应用两株生物合成阻断突变株，当它们单独培养时均不能产生目标代谢产物，而将它们进行混合培养则可获得某一步中间体或目标产物，通过分别提取、分离和鉴定阻断突变株积累的中间体和共合成的产物，了解其在生物合成途径中的阻断部位、顺序以及反应过程，推断目标产物的生物合成途径，此法称为互补合成法。例如，金霉素产生菌（*Streptomyces ameofaciens* Dngger）两株阻断突变株S-1308和W-5，前者可在培养基中合成中间体脱氢金霉素但不能合成最终产物金霉素；而后者仅能将脱氢金霉素转化成金霉素但不能在培养基中合成金霉素，唯有将两株突变株进行混合培养才能最终生成金霉素，由此证实四环素合成金霉素的生物合成途径需要经过脱氢金霉素中间体步骤。

2.1.7 现代分子生物学研究方法

2.1.7.1 次生代谢关键酶基因的挖掘与筛选方法

目标次生代谢产物的生物反应途径明确之后，则需要对目标关键催化酶进行挖掘和筛选，了解代谢中关键酶基因的功能及基因间相互作用，因此，分析单个基因和多个基因的突变表型及时空表达特征的技术与方法是进一步解析生物合成途径的基础。早期以酶的分离纯化为基础的酶的结构与活性功能验证的方法，因受制于检测手段和测序技术，酶的挖掘和鉴定过程较为缓慢。随着高通量测序技术的蓬勃发展，目前组学测序技术已成为主流的基因挖掘和筛选方法，适用于次生代谢产物合成基因筛选的方法主要有共表达分析法、基因簇的发掘法以及基因文库构建法等。

（1）共表达分析法 是利用大量基因表达数据库来构建基因之间的相关性，从而筛选、挖掘基因功能的一类分析方法。这种方法是依据同一个次生代谢产物生物合成途径中的基因往往共表达的原理，这是生物长期进化和自然选择的结果，因为生物这样的应答方式对信号刺激是最经济的。因此，当受到体外或体内信号刺激后，同一个途径的基因表达会同时上调或下调。利用共表达分析可以对参与某个特定途径的基因进行筛选，以缩小候选基因的范围。相关共表达的实验设计一般包含基于高通量的测序分析部分，例如，转录组学分析，设置一系列代表生物学意义或表型的样本组，获得样本在某个时刻的所有表达基因的信息，而且可以通过多个样本之间基因表达的关联分析获得更多基因共表达的信息。例如，利用茉莉酸甲酯处理菘蓝毛状根，并进行转录组测序，Li Q 在 2014 年从菘蓝（*Isatis indigotica*）中发现了 Dirigent 蛋白家族 19 个基因，并对其进行了序列特征和表达分析，为该类蛋白的进一步研究提供了基础。此外，将共表达分析与代谢物组学数据相结合的方法，可以绘制出"基因与化合物"关联性热图，筛选出特定次生代谢产物合成相关的基因。

（2）基因簇的发掘法 多年来的研究发现，参与微生物次生代谢同一合成途径的基因往往在基因组中是成簇存在的，例如合成聚酮类或者非核糖体途径多肽（Nonribosomal Peptides，NRPs）类产物的基因不仅是成簇排列，并且基因的组成与排列顺序与产物的结构有着密切的关系，这使得通过基因组序列测定寻找代谢途径候选基因成为可能。通过全基因组测序和组装是发现基因簇的有效方法，这种方法特别适用于基因组较小的微生物物种，例如放线菌和真菌等。对于高等植物而言，某些代谢途径中的酶基因也可以形成基因簇，但根据已有的知识，多数植物次生代谢途径的基因并没有发现典型的基因成簇现象。因此，基因簇发掘的方法不太适合研究植物次生代谢，目前研究植物次生代谢产物主要采用的是共表达以及下面介绍的构建基因文库的方法。

在大部分次生代谢产物生物合成基因簇中至少含有一个调控基因，由于这类调控基因是用来专一地调控基因簇中相关基因的转录，因而它们编码的产物被称为途径特异性调控子，这些途径特异的调控子是途径最基础的执行者。这些特异的调控子通常包含 DNA 结合结构域和转录激活结构域，有些还包含 ATP 结合结构域，可以通过切换与 ATP 的结合和水解形成开放型启动子复合物，因而作为"能量传感器"，在细胞体内的能量信号和次生代谢调控之间建立桥梁，由此可见，途径特异调控子是发掘基因簇的关键。

（3）基因文库构建法　构建基因文库是分离和克隆基因，特别是针对基因组庞大的高等真核生物基因的分离与克隆是很有效的手段，有了基因文库，只要有目的基因的序列信息，则可以简单地从许多克隆中筛选出所需的克隆。构建基因文库有很多种方法，包括 cDNA 文库和基因组文库、突变体库以及 BAC 文库等。

cDNA 文库是以特定的组织或细胞 mRNA 为模板，经反转录酶催化，在体外反转录成 cDNA，与适当的载体（常用噬菌体或质粒载体）连接后转化受体菌形成重组 DNA 克隆群，这样包含着细胞全部 mRNA 信息的 cDNA 克隆集合称为该组织细胞的 cDNA 文库。基因组文库是某种生物全部基因组 DNA 序列的随机片段重组 DNA 克隆的群体。用限制性内切酶切割细胞的全基因组 DNA，可以得到大量的基因组 DNA 片段，然后将这些 DNA 片段与载体连接，再转化细菌，让宿主菌长成克隆。这样，一个克隆内的每个细胞的载体上都包含有特定的基因组 DNA 片段，整个克隆群体就包含有基因组的全部基因片段总和，因此称为基因组文库。该文库以 DNA 片段的形式贮存着某种生物全基因组信息，可以用来选取任何一段感兴趣的序列进行复制和研究。材料来自生物体基因组是 RNA（如 RNA 病毒）所构建的核酸片段克隆群体，也是该生物的基因组文库。

通过找到突变体的某种表型，利用分子定向进化模拟自然选择过程，这种方法可以创造大量的突变同源基因文库，有助于研究次生代谢合成途径中酶的结构与功能的关系，探讨基因的调控机制等，被认为是改良全新蛋白质特性或调控序列的最高效的方法。按照产生突变体的方法大致可分为自发突变体库、体细胞无性系变异突变体库、理化诱变突变体库和插入突变体库四类。利用转座子标签法确定某基因的突变是否由转座子引起。由转座子引起的突变是以转座子 DNA 为探针，从突变株的基因组文库中钓出含该转座子的 DNA 片段，并获得含有部分突变株 DNA 序列的克隆，进而以该 DNA 为探针，筛选野生型的基因组文库，最终得到完整的基因。转座子标签法不但可以通过突变分离基因，而且当转座子作为外源基因通过农杆菌介导等方法导入植物时，还会由于 T-DNA 整合到染色体中引起插入突变，并进而分离基因，大大提高了分离基因的效率。

突变文库的多样性以及可靠的高通量筛选方法是提高酶的发掘工作的关键因素。传统的筛选方法如琼脂平板和微孔板筛选法存在无法精准定量或者通量低、操作耗时等缺点，近年来，荧光激活细胞分选（Fluorescence-Activated Cell Sorting，FACS）和液滴微流控分选（Droplet Entrapping Microfluidic Cell-Sorter，DMFS）等一系列高通量筛选方法的开发，大大提高了筛选的通量，可用于酶和细胞定向改造中大容量突变库的筛选。植物次生代谢生物合成后修饰酶基因通常以基因家族的形式存在于基因组中，因为候选基因数量较多，特别需要普适性的高通量技术，用以推动次生代谢的功能基因的筛选和生物合成途径解析。

BAC 文库的含义是细菌人工染色体文库，通过构建 BAC 文库，利用途径中已知基因为靶点，筛选可能含基因簇的 BAC 并进行测序，这为获得次生代谢合成途径的基因簇提供了一种经济、可行、快速的方式。特别适用于像药用植物这样基因组较大或遗传背景不清晰的物种。BAC 文库具有插入片段较大（几千个碱基至 350kb）、嵌合率低、遗传稳定性好、易于操作等优点，是进行全基因组测序、构建物理图谱、染色体步查、基因筛选及基因图位克隆的基础。例如，通过对 3 个罂粟品种进行转录组分析发现，抗癌生物碱含诺斯卡品含量较高的品种 HN1 中的一些特异基因表达较高，并与诺斯卡品的含量呈相关性，因此推测参与诺斯卡品生物合成的基因呈基因簇分布。为了验证推测，构建了 HN1 的 BAC 文库，筛选出含 10 个特异基因的 6 个 BAC 克隆，通过对这些 BAC 克隆进行测序和组装得到一个 401kb 的基因簇，并通过对这 10 个基因的功能验证，最后解析出诺斯卡品的生物合成途径。

2.1.7.2 基因多态性研究方法

植物次生代谢产物的分布与含量高低，决定了其生物种质的利用价值，而次生代谢产物的生物合成不仅受物种遗传的影响，而且受制于长期因环境驱动的自然进化导致的遗传基因变异，变异引起次生代谢催化酶或者重要的调控基因存在 DNA 位点多态性和长度多态性，致使随机群体中，同一基因位点可能存在 2 种以上的基因型。多年的研究发现，基因的多态性对次生代谢产物的合成具有显著的影响，因此，无论是在药用植物分子育种，还是在微生物次生代谢产物的发酵生产中，都需要基因多态性的研究。基因多态性的分析方法有很多，基于基因长度多态性的方法有 RFLP、AFLP、RAPD 等方法，基于 DNA 位点的多态性的方法有 DGGE、SSCP、PCR-SSP、基因芯片等方法，下面分别介绍。

（1）RFLP 法　限制性片段长度多态性（Restriction Fragment Length Polymorphism，RFLP）是指当用限制酶切割基因组时，具有多态性的基因所产生的片段数目和每个片段的长度不同，导致限制片段长度发生改变的酶切位点，又称为多态性位点。最早是用 Southern Blot/RFLP 方法检测，后来采用 PCR 与限制酶的酶切相结合的方法。现在多采用 PCR-RFLP 法研究基因限制性片段长度多态性。

（2）AFLP 法　扩增片段长度多态性（Amplication Fragment Length Polymorphism，AFLP）是基于 PCR 技术扩增基因组 DNA 限制性片段，基因组 DNA 先用限制性内切酶切割，然后将双链接头连接到 DNA 片段的末端，接头序列和相邻的限制性位点序列，作为引物结合位点的方法。限制性片段用两种酶切割产生，一种是罕见切割酶，一种是常用切割酶。它结合了 RFLP 和 PCR 技术特点，具有 RFLP 技术的可靠性和 PCR 技术的高效性。由于 AFLP 扩增可使某一品种出现特定的 DNA 谱带，而在另一品种中可能无此谱带产生，因此，这种通过引物诱导及 DNA 扩增后得到的 DNA 多态性可作为一种分子标记。AFLP 可在一次单个反应中检测到大量的片段，所以说 AFLP 技术是一种新的功能强大的 DNA 指纹技术。

（3）RAPD 法　随机扩增 DNA 多态性（Random Amplified Polymorphic DNA，RAPD）是一种通过对 PCR 产物检测分析基因组 DNA 多态性的方法。该方法利用一系列（通常数百个）不同的随机排列碱基顺序的寡聚核苷酸单链（通常为 10 聚体）为引物，对所研究的基因组 DNA 进行 PCR 扩增。随后进行聚丙烯酰胺或琼脂糖电泳分离，经 EB 染色或放射性自显影来检测扩增产物 DNA 片段的多态性，这些扩增产物 DNA 片段的多态性反映了基因组相应区域的 DNA 多态性。RAPD 所用的一系列引物 DNA 序列各不相同，但对于任一特异的引物，它同基因组 DNA 序列有其特异的结合位点，这些特异的结合位点在基因组某些区域内的分布如符合 PCR 扩增反应的条件，即引物在模板的两条链上有互补位置，且引物 3′端相距在一定的长度范围之内，就可扩增出 DNA 片段。因此，如果基因组在这些区域发生 DNA 片段插入、缺失或碱基突变，就有可能导致这些特定结合位点分布发生相应的变化，而使 PCR 产物增加、缺少或发生分子质量的改变。尽管 RAPD 技术诞生的时间很短，但其独特的检测 DNA 多态性的方式以及快速简便的特点，使这个技术已渗透于基因组研究的各个方面。分析时可用的引物数很大，虽然对每一个引物而言其检测基因组 DNA 多态性的区域是有限的，但利用一系列引物则可使检测区域几乎覆盖整个基因组。因此，RAPD 可以对整个基因组 DNA 进行多态性检测分析。另外，RAPD 片段克隆后可作为 RFLP 的分子标记进行作图分析。

（4）DGGE 法　变性梯度凝胶电泳分析法（Denaturing Gradient Gel Electrophoresis，DGGE），用于分析 PCR 产物，如果突变发生在最先解链的 DNA 区域，检出率可达 100%，检测片段可达 1kb，最适范围为 100～500bp。基本原理如下，当双链 DNA 在变性梯度凝胶中进行到与 DNA 变性浓度一致的凝胶位置时，DNA 发生部分解链，电泳迁移率下降，当解链的 DNA 链中有一个碱基改变时，会在不同的时间发生解链，因影响电泳速率变化的程度而被分离。由于本法是利用温度和梯度凝胶迁移率来检测，需要一套专用的电泳装置，合成的 PCR 引物最好在 5′ 末端加一段 40～50bp 的 GC 夹，以利于检测发生于高熔点区的突变。在 DGGE 的基础上，又发展了用温度梯度代替化学变性剂的温度梯度凝胶电泳法（Temperature Gradient Gel Electrophoresis，TGGE）。DGGE 和 TGGE 均有商品化的电泳装置，该法一经建立，操作也较简便，适合于大样本的检测筛选。

（5）SSCP法　单链构象多态性（Single Strand Conformation Polymorphism，SSCP）是一种基于单链 DNA 构象差别的点突变检测方法。相同长度的单链 DNA 如果顺序不同，甚至单个碱基不同，就会形成不同的构象。在电泳时泳动的速度不同。将 PCR 产物经变性后，进行单链 DNA 凝胶电泳时，靶 DNA 中若发生单个碱基替换等改变时，就会出现泳动变位。该方法多用于鉴定是否存在突变及诊断未知突变。

（6）PCR-SSP法　PCR-序列特异性引物分析（PCR-Sequence Specific Primers，PCR-SSP）法，这种方法根据各等位基因的核苷酸序列，设计出一套针对每一等位基因特异性的或组织特异性的引物，此即为序列特异性引物（SSP）。SSP 只能与某一等位基因特异性片段的碱基序列互补性结合，通过 PCR 特异性地扩增该基因片段，从而达到分析基因多态性的目的。

（7）基因芯片法　基因芯片法又称为 DNA 微探针阵列分析法，它是集成了大量密集排列的序列探针，通过与被标记的若干靶核酸序列互补匹配，与芯片特定位点上的探针杂交，利用基因芯片杂交图像，确定杂交探针的位置，便可根据碱基互补匹配的原理确定靶基因的序列。这一技术已用于基因多态性的检测。对多态性和突变检测型基因芯片采用多色荧光探针杂交技术可大大提高芯片的准确性、定量及检测范围。应用高密度基因芯片检测单碱基多态性，为分析 SNPs 提供了便捷的方法。

2.1.7.3　合成生物学方法用于次生代谢生物合成途径的重构与优化

合成生物学是将分子生物学在内的现代生物学工程化的前沿热门学科，合成生物学针对次生代谢产物复杂的结构和生物合成，为次生代谢产物，特别是植物次生代谢产物的生产应用提供了全新的获取途径，也逐渐成为了天然产物生物合成研究的一个重要应用方向。相关次生代谢的应用进展我们将在本书设有一章专门论述，本小节主要概述合成生物学作为现代分子生物学方法的延伸，在次生代谢途径的重构和优化研究中的方法应用。

（1）对生物合成途径重新设计与优化　从传统的分子生物学对单基因的研究，到合成生物学对整条途径中多个基因改造为基础的生物技术工程化，次生代谢产物的合成生物学应用旨在实现其途径的高效异源表达。而实现植物次生代谢物的合成生物学目标的关键之一在于：首先要在微生物中重构一条产物生物合成的途径，并进行理性设计和优化，去掉基因的冗余，构建高效的生物催化基因元件和代谢途径的基因回路，消减不必要的代谢通路和细胞能量的耗费等等。植物次生代谢产物一般都具有合成途径长、催化酶类型多等特点，部分产物存在一定的细胞毒性，这些都是导致产量提升困难的主要因素。当用合成生物学方法构建产物途径时，不一定沿用植物中原有的合成途径系列催化酶，甚至途径中的某些反应也可以重新删减或优化，新途径采取边解析边重建的方法，异源合成的目标产物也不一定局限于合成原植物中的某一个次生代谢产物，通常是以获得次生代谢物的重要前体物质为目标，这样做不仅可以解决代谢中间产物难以获取的问题，而且，通过异源途径的重构，可以为后期该中间代谢物的结构进一步修饰提供合成生物学底盘。例如，P.K.Ajikumar 等 2010 年在大肠杆菌中重构了非甲羟戊酸萜类途径合成紫杉二烯，使得其产量达到 1g/L，获得的紫杉二烯可以作为半合成紫杉醇类的工业原料或者科学研究的底物物质，因为它在红豆杉植物或细胞培养中含量极低。尽管大肠杆菌属于原核细胞，没有质体，但紫杉二烯的高产，表明构建的非甲羟戊酸萜类合成途径比较高效，该工程菌可以作为进一步研究紫杉醇官能团化的底盘细胞。类似的合成生物学方法实例还有：青蒿素生物合成中间体青蒿酸、吗啡的前体蒂巴因、丹参酮的前体次丹参酮二烯等。

（2）次生代谢酶基因功能验证　酶的异源表达是验证酶功能的基本方法，经过初筛后的次生代谢生物合成途径中酶的候选基因，需要构建合适的异源表达体系，进行酶基因功能的验证。然而，对于次生代谢酶的基因而言，目前主要存在两个制约因素：一是能够在人工培养条件下存活的微生物为数不多，据统计，仅 0.1%～1% 的微生物是实验室常规可培养的，这样就对可作为异源表达的细胞或微生物有一定的要求，目前可用于常规异源表达的系统包括大肠杆菌、酵母、拟南芥和烟草等；二是在普通实验室培养条件下，大多数次级代谢产物生物合成的基因簇并不能表达。Harvey 等开发了基于合成生物学技术平台的次生代谢酵母表达体系，通过高通量基因组测序，对异源表达宿主原有的次生代谢途径有了全面的认识，可以更清楚地了解产物的代谢过程，合成生物学的方法和技术可以使表达体系的次生代谢生物合成基因簇与其产生的次级代谢产物挂钩，通过建立一系列遗传工具箱，精确地对宿主细胞进行遗传修饰和改造，对次生代谢基因簇进行加倍或者对宿主细胞与次生代谢基因簇的适配性进行改造，不仅绕过了难以培养或无法培养的菌株，也有利于对宿主进行基因操作、优化后期的发酵条件，有利于实现工业化生产。

2.1.7.4　酶催化功能的研究方法

（1）基于 CRISPR/Cas9 系统的酶基因敲除法　成簇规律间隔短回文重复序列（Clustered Regularly Interspaced Short Palindromic Repeats，CRISPR），是微生物体内的一种天然"免疫系统"，当病毒入侵细菌时，细菌能够捕捉到外来的遗传物质片段并且将其整合到自身基因组的 CRISPR 序列中，随后通过 Cas 核酸酶精准切断病毒 DNA，抵御病毒入侵。CRISPR/Cas9 体系可在双链 RNA 指导下切割双链 DNA 的断裂，最早开始于 2012 年，发现该体系并发现其具有基因编辑的巨大潜力的两位科学家 Jennifer Doudna 和 Emmanuelle Charpentier 为此获得 2020 年诺贝尔化学奖。2013 年，张锋等发现 CRISPR/Cas9 系统可高效地编辑基因组，促使 CRISPR 系统成功地在人类细胞和小鼠细胞中实现了基因编辑，CRISPR/Cas9 基因编辑技术从此走向应用。如今该技术已风靡全球，是生命科学研究的强有力帮手，使人们可以在实验室轻松地实现基因编辑。CRISPR/Cas9 技术通过包含模拟 tracrRNA-crRNA 复合体的发卡结构作为介导 RNA（gRNA），在 gRNA 的引导下靶向基因组特定区域，并指导 Cas9 蛋白切割基因双链，形成移码突变或片段敲除，该技术可以使基因永久性的表达沉默。

（2）RNAi 技术抑制酶的表达　RNAi（RNA 干扰）技术是一种利用双链 RNA（dsRNA）来诱发转录后基因沉默的机制。在这一过程中，dsRNA 与目标 mRNA 序列特异性地互补配对，导致目标 mRNA 的降解，从而抑制了基因的表达。这种技术利用了在进化过程中高度保守的机制，确保了其在不同物种中的有效性。由于使用 RNAi 技术可以特异性剔除或关闭特定基因的表达，技术应用已比较成熟，已被广泛用于探索基因功能的方方面面，是一种常用的导致基因功能缺失的技术。RNAi 技术具有高效性、特异性和位置偏好性，而植物次生代谢常常发生转录后基因沉默，因此，

RNAi 技术在次生代谢生物合成中的研究具有优势。

（3）酶基因过表达的方法　常用的酶基因过表达方法有两种，一种是将目标基因克隆到携带有强启动子和包含有抗性筛选标记的载体上，然后转入宿主体内或细胞，由此可以获得宿主细胞较高量的目标 mRNA 转录水平和蛋白表达水平。另一种则是病毒介导的过表达系统瞬时转化技术，该技术也可以将外源基因在植物或动物体内大量表达。通过分析目标基因过表达后转基因植物的表型，便可以研究该基因的功能。针对次生代谢催化酶的基因，可以通过增加限速酶基因的拷贝数、使用强启动子等方法增强途径中关键酶基因的表达，或者针对次生代谢基因簇的激活因子，提高整条途径的生物合成速率。

2.2　研究次生代谢调控的一般方法

本节主要围绕生物自身的次生代谢调控机制，介绍次生代谢调控的一般方法，主要包括转录水平和翻译水平调控。

2.2.1　转录水平调控方法

2.2.1.1　转录因子

转录因子（Transcription Factor，TF）是起正调控作用的反式作用因子。转录因子是转录起始过程中 RNA 聚合酶所需的辅助因子。真核生物基因在无转录因子时处于不表达状态，RNA 聚合酶自身无法启动基因转录，只有当转录因子（蛋白质）结合在其识别的 DNA 序列上后，基因才开始启动转录表达。转录因子的结合位点（Transcription Factor Binding Site，TFBS）是转录因子调节基因表达时，与 mRNA 结合的区域。真核生物在转录时往往需要多种蛋白质因子的协助。一种蛋白质是不是转录机构的一部分往往是通过体外系统看它是否是转录起始所必需的。一般可将这些转录所需的蛋白质分为三大类：RNA 聚合酶的亚基，它们是转录必需的，但并不对某一启动子有特异性。某些转录因子能与 RNA 聚合酶结合形成起始复合物，但不组成游离聚合酶的成分。这些因子可能是所有启动子起始转录所必需的。但也可能仅是譬如说转录终止所必需的。但是，在这一类因子中，要严格区分开哪些是 RNA 聚合酶的亚基，哪些仅是辅助因子很困难。某些转录因子仅与其靶启动子中的特异顺序结合。如果这些顺序存在于启动子中，则这些顺式因子一般是转录机制的一部分。

2.2.1.2　表观遗传调控

表观遗传变异是指在基因的 DNA 序列没有发生改变的情况下，基因功能却发生了变化，并最终导致了表型的变化。它是不符合孟德尔遗传规律的核内遗传。表观遗传学研究内容包括 X 染色体剂量补偿、DNA 甲基化、组蛋白修饰、基因组印记等。

（1）DNA 甲基化修饰　甲基化是基因组 DNA 的一种主要表观遗传修饰形式，是调节基因组功能的重要手段。体内甲基化状态有三种：第一种是持续的低甲基化状态，例如持家基因常呈现这种修饰；第二种是诱导型去甲基化状态，例如处于发育阶段相关的基因会表现出去甲基化；第三种是高度甲基化状态。DNA 甲基化主要是通过 DNA 甲基转移酶家族（DNA Methyltransferase，DNMT）来催化。DNA 甲基转移酶分两种：一种是维持甲基化酶，DNMT1；另一种是重新甲基化酶如 DNMT3A 和 DNMT3B，它们使去甲基化的 CPG 位点（即 DNA 序列中胞嘧啶后紧连鸟嘌呤的位点）重新甲基化。

（2）组蛋白修饰　染色体的多级折叠过程中，需要 DNA 同组蛋白（H3、H4、H2A、H2B 和 H1）结合在一起。研究中，人们发现组蛋白在进化中是保守的，但它们并不是通常认为的静态结构。组蛋白在翻译后的修饰中会发生改变，从而提供一种识别的标志，为其他蛋白与 DNA 的结合产生协同或拮抗效应，它是一种动态转录调控成分，称为组蛋白密码。这种常见的组蛋白外在修饰作用包括乙酰化、甲基化、磷酸化、泛素化、糖基化、ADP 核糖基化和羧基化等，这些都是组蛋白密码的基本元素。在组蛋白修饰中，乙酰化、甲基化研究最多。乙酰化修饰大多在组蛋白 H3 的 Lys9、14、18、23 和 H4 的 Lys5、8、12、16 等位点。研究结果显示，这两种修饰既能激活基因也能使基因沉默。甲基化修饰主要在组蛋白 H3 和 H4 的赖氨酸和精氨酸两类残基上。研究也显示，在进化过程中组蛋白甲基化和 DNA 甲基化两者在机能上被联系在一起。

2.2.2　翻译水平调控方法

翻译及翻译后加工水平的调控是高等真核生物基因表达多级调控的重要环节之一。翻译的速率与细胞生长的速度之间密切相关，当细胞与促有丝分裂剂接触后，细胞的蛋白质合成就加快，然后，当细胞处于有丝分裂相时，蛋白质合成就受到抑制。参与蛋白质合成的各因子装配活力的变化是产生蛋白质合成速率改变的主要原因。翻译和翻译后水平的调控主要表现在翻译的起始、延长、蛋白质的加工修饰及定位等方面。

2.2.2.1　mRNA 翻译起始的调控

mRNA 翻译起始的调控是翻译水平调控的一个重要途径。在真核生物的卵细胞中，贮存着许多 mRNA，但在受精前它们中的大多数并不起始翻译，这些没有翻译活性的 mRNA 称为隐蔽 mRNA（Masked mRNA）。在受精后几分钟，这些隐蔽 mRNA 被活化，蛋白质合成急剧增加，以满足快速卵裂的需要。可见受精卵中一定存在着激活隐蔽 mRNA 的某种机制。有关蛋白质合成起始的机制，过去有人提出滑动搜索模型学说，近几十年来，在研究小 RNA 病毒科（Picornavirus）的脊髓灰质炎病毒等 RNA 的翻译时，针对这类无 5′帽子结构 RNA 的蛋白质合成起始，又提出了链内启动模式。在真核生物中这两种模式的翻译起始均需许多真核启动因子（Eukaryotic Initiation Factors，eIF）的参与。

（1）翻译起始因子活性的调节　蛋白质合成速度的变化主要取决于起始水平，eIF 的磷酸化调节对起始阶段有重要的控制作用。例如，eIF-2α 在特异激酶的作用下磷酸化后，使鸟苷酸交换因子（eIF-2B）与非活化状态的 eIF-2GDP 紧密结合在一起，妨碍了 eIF-2 的再循环利用，从而影响 eIF-2-GTP-Met-tRNA 前起始复合物的形成，抑制了蛋白质合成的起始。但并非所有起始因子的磷酸化都对翻译起抑制作用，如 eIF-4E 的 53 位丝氨酸的磷酸化，反而促进翻译。

（2）mRNA 链内的翻译起始　在无 5′帽子结构的小 RNA 病毒的 mRNA 中，与核蛋白体的初始结合位点在 mRNA 内部，这些病毒 mRNA 的上游有一个 450～500 个核苷酸的特异结构，称为内部核蛋白体结合位点（IRES）。IRES 3′边界含一个 AUG 信号，上游 20 个核苷酸处于一多聚嘧啶结构。核蛋白体与 IRES 的结合方式有两种：一种是核蛋白体与 mRNA 的 IRES 中 AUG 结合，滑动到下游的另一个 AUG 处开始合成蛋白质，例如，脊髓灰质炎病毒 mRNA 的翻译；另一种是 mRNA 的 IRES 3′端的 AUG 就是翻译的起动信号，而此上游第 8 个核苷酸处的另一个 AUG 信号则没有被利用，如脑心肌炎病毒 mRNA 的翻译就属于此种情况。在真核生物中，翻译的内部起动可能是从头启动受阻时的一种补偿方式。

2.2.2.2　小分子 RNA 对翻译的调控

众所周知，RNA 具有酶的活性，Lee 等在 1993 年发现有一种小分子 RNA 可对真核生物的 mRNA 起抑制作用。这样的小分子 RNA 称为 Lin-4RNA，由 Lin-4 基因编码，它能抑制一种调控生长发育的时间选择的核蛋白 Lin-14 的合成。Lin-4 基因编码 2 个小分子的 RNA，其中主要的一个长度为 22 个核苷酸，另一个则可在其 3′端延长至 4 个核苷酸。两者核苷酸序列高度保守，只要有一个碱基的变化就会失去它对 mRNA 的抑制作用。Lin-4RNA 调控翻译的机制目前尚不清楚。它可能是与 3′-UTR 相结合调控 poly A 尾长度或调控细胞骨架或调整 mRNA 在细胞中的位置，并从翻译机制中隐蔽 mRNA。总之，以前一直认为由蛋白质完成的事情，现在发现 RNA 也能完成。

2.2.2.3　反义 RNA 对翻译的调控

Simon 等在 1983 年发现了反义 RNA 对基因表达的调控作用，从而揭示了一种新的基因表达调控机制。反义 RNA（Anti-Sense RNA，asRNA）是一种含有与被调控基因所产生的 mRNA 互补的碱基序列的小分子 RNA。它能通过碱基配对与对应的 mRNA 结合，形成双链复合物，影响 mRNA 的正常修饰、翻译等过程，从而封闭或抑制基因的正常表达，起到调控作用。此外，反义 RNA 可能也会抑制基因的复制和转录。

在原核生物中，反义 RNA 可与 mRNA 5′端非翻译区结合，直接抑制翻译，也可同 mRNA 5′端编码区主要是起始密码子 AUG 结合，抑制翻译起始；还可以同靶 mRNA 的非编码区互补结合，导致 mRNA 构象的变化，从而影响 mRNA 与核糖体的结合，间接抑制 mRNA 的翻译。在真核生物中，反义 RNA 的作用方式既有与原核生物相似的一种，又有自己独特的另一种方式，即反义 RNA 可以结合在 mRNA 的 5′端上，影响加帽反应；也可以作用于 mRNA poly A 尾，阻止 mRNA 的成熟及由细胞核向细胞质的转运；还可以互补于 mRNA 前体的外显子和内含子的交界处，对 mRNA 前体的剪接起调控作用。

2.2.2.4　内含子对蛋白质的加工

20 世纪 90 年代初，发现蛋白质内含子和翻译内含子，这进一步证明了真核生物遗传信息的传递多样性和基因表达调控的多样性。蛋白质内含子是指存在于某些蛋白质前体中的一段"无活性"的氨基酸序列。该段 DNA 顺序与外显子一起转录和翻译，产生多肽链，然后从肽链中切除与内含子对应的氨基酸序列，再将与外显子对应的氨基酸序列连接起来，产生有生物活性的蛋白质，这是蛋白质的一种自我拼接现象，也是翻译后扩大遗传信息的一种方式。翻译内含子指存在于 mRNA 分子中间的一段不被翻译的核苷酸序列，它不包括 5′和 3′端的非翻译区。该段核苷酸顺序与内含子相对应，但在翻译时被"跳跃"过去了，因此，产生的多肽链不含有与该段核苷酸相对应的氨基酸序列。翻译内含子的作用目前尚不清楚，它可能与基因的表达调控有关。

2.2.2.5 翻译后酶的修饰

蛋白质翻译后修饰在生命体中具有十分重要的作用．它使蛋白质的结构更为复杂，功能更为完善，调节更为精细，作用更为专一。常见的蛋白质翻译后修饰过程有泛素化、磷酸化、糖基化、脂基化、甲基化和乙酰化等。泛素化对于细胞分化与凋亡、DNA 修复、免疫应答和应激反应等生理过程起着重要作用；磷酸化涉及细胞信号转导、神经活动、肌肉收缩以及细胞的增殖、发育和分化等生理和病理过程；糖基化在许多生物过程中如免疫保护、病毒复制、细胞生长、炎症产生等起重要作用；脂基化对于生物体内的信号转导过程起着非常关键作用；组蛋白上甲基化和乙酰化与转录调节有关。在体内，各种翻译后修饰过程并非孤立存在，而是相互连接和相互影响的，都是次生代谢调控网络的一部分。

2.3 系统生物学研究方法

系统生物学的基本思想是将生命活动过程看作一个贯穿始终的相互联系的整体，而不是作为分时孤立的许多部分的简单加合，这种基于整体观的系统生物学是当今生命科学研究的前沿热点之一，包括次生代谢的研究本身，从代谢调控到代谢工程再到如今的合成生物学，是一个从分解、还原式的研究思路向综合、整体观走向的研究。近年来，随着现代分子生物学及生物信息学的发展，从系统角度研究基因组、转录组、蛋白组和代谢组学方法实现合成生物学的工程化目标，将成为次生代谢产物代谢途径及其调控机理研究的主流。反过来，次生代谢产物的生物合成途径、信号转导、生态环境及其合成生物学等方面的研究，将为系统生物学的发展提供了广阔的研究领域。

系统生物学的研究范围非常广泛，其研究内容主要涉及系统结构的确认、系统行为的分析、系统控制规律的归纳和系统的设计。系统生物学的研究流程包括：针对选定生物系统进行实验设计，了解系统所有的组成成分，如基因、RNA、蛋白质和膜脂等；通过系统行为动力学的分析，总结系统的设计和控制规律；最后通过总结的规律来提出新的实验设计，验证系统模拟的正确性。

2.3.1 基因组学

狭义的基因组学是指以全基因组测序为目标的结构基因组学，而广义上还应包括以基因功能鉴定为目标的功能基因组学（Functional Genomics，也称后基因组学 Post-Genomics）。人类已经完成"人类基因组计划（Human Genome Project，HGP）"和"人类基因组百科全书计划（Encyclopedia of DNA Elements，ENCODE）"，对基因组学的研究已经从基因的注释为主的结构基因组学转向关注功能及精准的动态时空调控的功能基因组学的挖掘。结构基因组学代表基因组分析的早期阶段，其基本目标是构建生物高分辨遗传图谱、物理图谱、表达图谱和序列图谱。功能基因组学代表基因分析的新阶段，它是在结构基因组学提供的信息基础上，应用高通量的实验分析方法并结合统计和计算机分析方法来研究基因的功能，以及基因间、基因与蛋白质之间、蛋白质与底物、蛋白质与蛋白质之间的相互作用，从而揭示生物的生长、繁殖、发育以及代谢等规律。

2.3.1.1 次生代谢中的基因组学

次生代谢物在植物适应特殊生态环境、对抗生物或非生物压力等方面发挥着重要作用，如抵御病虫害、适应生态环境变化、诱导授粉或防紫外线灼伤等，其中许多次生代谢物是药用植物的活性成分。虽然一些基本的次生代谢途径已经阐明，但具体到产物合成的途径细节以及酶基因及其调控元件等方面，目前的研究尚处于初级阶段，大部分基因的功能还有待进一步阐明。并且，大部分药用植物的基因组并没有网上公共基因组数据资源，因此，功能基因组学方法是今后很长一段时间研究次生代谢的有效手段，特别是发现以前被忽视的次级代谢产物的生物合成途径。

2.3.1.2 基因组数据挖掘策略

进行大规模测序后，基因组数据挖掘是功能基因组学研究的首要基础。主要方法是通过生物信息学技术，并借助许多专业的网络工具进行次生代谢基因的挖掘。数据挖掘基于计算生物学算法驱动的策略，通过利用次生代谢生物合成基因的物理聚类（基因簇）、共表达、进化共存和表观基因共调节等四个方面的特性，高效发现和鉴定植物次生代谢生物合成功能基因，并且每一个旨在预测生理或代谢特性的生物信息学研究都可以被认为是基因组挖掘。对于植物次生代谢，重点的挖掘领域在产物生物合成的基因簇及其高效地识别方面；对于微生物次生代谢产物而言，更多地关注于在基因层面发现含有特定结构片段的次生代谢产物的生物合成，用于指导新化合物的发现与合成生物学技术的构建。对于次生代谢功能基因的发掘主要包括三个方面：基于编码次生代谢产物核心骨架的酶进行挖掘、基于抗性基因的挖掘以及基于系统进化进行基因组挖掘。其中，基于抗性基因的挖掘是利用次生代谢生物合成的"底层逻辑"，即生物在合成次生代谢产物的同时，为了避免被代谢产物所误伤，宿主生物进化出了能够抵抗其毒性的基因，使其能够在产生防御机制的同时完整地保存自己。通过抗性基因的挖掘，不仅可以发现更多结构多样的代谢产物，并且能够预测代谢产物潜在的生物活性及其作用靶点，为新颖药物的发现提供强有力的研究基础。

2.3.1.3 次生代谢物合成基因簇数据库

针对次生代谢物合成基因簇的数据挖掘，已经有一系列的数据库涌现，包括ClusterMine360、DoBISCUIT（Database of BIoSynthesis Clusters CUrated and InTegrated）、MIBiG 2.0、IMG-ABC、ntiSMASH Database，以及Recombinant ClustScan Database等，其中ClusterMine360作为早期的生物合成基因簇分析平台，主要汇聚了NRPs和聚酮类化合物、包含了超过300个微生物次生代谢产物生物合成基因簇的信息，这个数据库还将经实验证实的生物合成基因簇与其对应的化合物进行了链接，因此，是模块化次生代谢合成的可靠的基因资源数据库。MIBiG 2.0和IMG-ABC是由联合基因研究所（Joint Genome Institute，JGI）发布的最全面的细菌基因组数据库，包含了已知的细菌源次生代谢产物的生物合成基因簇信息，并且能够通过计算模拟预测未知生物合成基因簇的功能。MIBiG 2.0和IMG-ABC数据库还包含了来源于AntiSMASH和ClusterFinder算法模拟获得的超过100万个生物合成基因簇，作为计算预测数据集，是用户挖掘次生代谢生物合成基因簇的良好数据库资源。生物合成基因簇的最小信息库（Minimum Information about a Biosynthetic Gene Cluster，MIBiG），对大量已被研究报道的天然产物的生物合成基因簇进行了人工注释。

2.3.1.4 次生代谢基因簇挖掘的网络工具

研究者还开发出多种生物信息学工具，目的是帮助在众多的基因序列中，通过序列信息就能识别具有潜在价值的生物合成基因簇，并根据基因簇中的信息来预测其产物，最终阐明生物合成过程。常用的分析工具包括：ClustScan（Cluster Scanner）、CLUSEAN（CLUster Sequence ANalyzer）、Np. searcher、SMURF 和 Anti SMASH 等。ClustScan 是一个用于模块化生物合成基因簇的半自动注释和新型化学结构的计算机模拟预测的集成程序包。该程序包用于快速、半自动地对编码模块化生物合成酶的 DNA 序列进行注释，包括 PKS、NRPS、以及 PKS-NRPS 杂合酶。

2.3.2 转录组学

转录组学的英文名词有两个，即 Transcriptomics 和 Transcriptome，是在整体水平上对细胞中所有转录产物进行系统研究的功能基因组学分支之一，即在 RNA 水平下研究整体基因表达的变化，包括 mRNA 和非编码 RNA，转录组学分析能够建立基因组和表型组之间的联系。因为绝大多数次生代谢的基因表达具有时空差异，因而转录组学是次生代谢生物合成基因及其调控研究的有效手段，目前，转录组学常与其他组学（例如代谢组学）技术联合使用。

转录组学的研究方法经历了从差异显示、基因表达序列分析（Serial Analysis of Gene Expression，SAGE）、表达序列标签技术（Expression Sequence Tags Technology，EST）、大规模平行测序（Massively Parallel Signature Sequencing，MPSS），基因芯片等技术，到目前普遍使用的 RNA 测序技术，在研究的方法学上位于迅猛发展时期。

基于 cDNA 大规模测序产生了大量的表达序列标签 EST 数据，这对于了解特定细胞和组织的基因转录具有重要意义。SAGE 侧重于分析不同组织中的基因整体表达谱，与芯片技术相比的最大优点在于不必预先知道基因组，不受序列样本的局限。MPSS 和基因芯片都属于大规模的高通量 DNA 芯片技术，可以同时检测上千个基因的表达，这为系统分析基因和蛋白质的功能，研究系统行为提供了大量数据，而芯片技术具有技术成熟、费用低廉且快速等优点，非常适合高通量分析。RNA 测序技术结合了第二代 DNA 技术实现对 cDNA 片段直接测序，相较前面的方法技术，该技术具有几个方面突出的优势：①通过数字化信号，量化的表达结果，直接给出每个转录本片段序列；②单核苷酸的分辨率高，可以检测单个碱基的差异，对基因家族中相似基因及可变剪切造成的不同转录本的表达差异也能显示；③测定的动态变化范围宽、灵敏度高；④无需预先设计特异的探针，可以对任意物种的全基因组分析，对非模式的药用植物的研究尤为重要；⑤重复性好，所需样品少，能够同时对稀有转录本和正常转录本定性和定量。

2.3.3 蛋白质组学

蛋白质组学是对细胞或生物体内的所有蛋白质，即蛋白质组进行定性、定量研究的组学分支，属于蛋白质水平上的后基因组学研究。从基因表达到蛋白质行使功能，生物体的代谢经历了转录、翻译、翻译后修饰以及蛋白结构与功能的转换等系列复杂的过程，仅通过基因组和转录组学的研究，显然是有局限性的，蛋白质组学在大规模研究基因表达、揭示蛋白质功能、探索酶的催化调控作用等领域发挥着举足轻重的作用。然而，目前对蛋白质组的大规模高通量测试技术还不够成熟，很难实现对生物样品中所有蛋白质的一次性测定，主要的策略是差异法，着重寻找和筛选有意义的因素引起的不同样本之间的差异蛋白谱，试图揭示细胞对此因素的翻译途径、进程与本质，同时获得对某些关键蛋白的认识和功能分析。在这个策略下，使得蛋白质组学在技术上具有更高的可实现性。按照对蛋白质组研究的内容分为定量蛋白质组学、蛋白降解组学、蛋白互作组学，以及针对蛋白质序列及高级结构、蛋白质翻译后修饰（如糖基化、S 修饰、磷酸化）结构鉴定的结构蛋白质组学等。

2.3.3.1 蛋白样品的预分级制样

对样品中蛋白质组的分析首先需要将蛋白质提取和粗分离，原则是尽量选择简单的方法，以防低丰度蛋白的丢失，同时，要依据目标蛋白的性质选择合适的裂解液和预分级分离的方案，例如，对于亲水性蛋白选择裂解液Ⅰ（40mmol/L Tris），加适量的 DNA 和 RNA 酶进行溶解，然后离心收集上清，冷冻干燥后为亲水性蛋白提取物，若目标蛋白属于偏疏水性的蛋白，选择相应的裂解液提取、离心、冻干上清的方案；若目标蛋白组是亚细胞器水平的，则需要在细胞破碎处理后，经密度梯度离心，使细胞器获得分离，然后再进行蛋白组的提取和分离步骤，近年来激光捕获微解剖技术（LCM）已实现了对单一组织细胞的蛋白组样本进行预处。再比如，针对膜蛋白丰度低、偏碱性已经难以等电聚焦等特性，科学工作者已经开发出相应的提取液配方和操作步骤。总之，用于蛋白质组学分析的样品制备很重要，在开展相应的实验时，要严格按照流程制出合格的样品。

2.3.3.2 二维凝胶电泳分离与检测

二维凝胶电泳的原理一是基于蛋白质的等电点不同的等电聚焦分离，二则是按分子质量的大小进行的 SDS-PAGE 分离。复杂蛋白混合物在这样的二维平面上进行两个方向的分离，分离后的蛋白质经染色或者其他显示技术得到的图像呈现二维排列的"满天星"，每个星点代表一个蛋白质，图像经扫描和软件的图像处理，就获得了包含了一组蛋白质相对分子质量、等电点以及相对丰度三方面信息的数据。二维凝胶电泳是经典的分析多个蛋白质的成熟方法，一般在20cm×20cm的凝胶上，理论上可以分辨 10000 个蛋白质点，实际上一般得到 3000 个点左右，可见，虽然操作简单、通量也不低，但无法获得蛋白质点的序列和二级结构信息，需要借助其他手段例如 Edman 降解测序技术来实现。

2.3.3.3 生物质谱

生物质谱技术是蛋白质组学研究中最重要的分析鉴定技术，用于生物质谱分析的样品一般来源于二维凝胶电泳分离后的蛋白质点。将凝胶中的蛋白质点进行转印后，用蛋白酶酶解（水解位点在 Lys 或 Arg 的 C 端形成的肽键）成肽段，这样每个蛋白点都有若干个肽段，再对这些肽段进行质谱鉴定与分析。质谱分析的基本原理是：样品中的蛋白分子经离子源离子化后，进入精密的质量分析器，仪器按照离子的质荷比（m/z）给出分子离子或者离子碎片的数据信息，依据质谱信息，推测相对分子质量。常用于蛋白质分子分析的质谱包括基质辅助激光解吸电离 - 飞行时间质谱（MALDI-TOF-MS）和电喷雾质谱（ESI-MS）。MALDI-TOF-MS 是将分析物分散在基质分子中并形成晶体，当用激光（337nm 的氮激光）照射晶体时，基质分子吸收激光能量，样品解吸附，基质 - 样品之间发生电荷转移使样品分子电离，于是离子化的肽段从固相样本中分离出，并在飞行管中测定其分子量。MALDI-TOF-MS 具有速度快（每次分析只需 3～5min）、灵敏度高（达到 fmol 水平），可以精确测量肽段的相对分子质量等优点，但这种方法在分析前需要先将肽段进行修饰，否则，无法给出肽片段的顺序和序列，适用于分析肽段指纹图谱。ESI-MS 是利用高电场使质谱进样端的毛细管柱流出的液滴带电，在 N_2 气流的作用下，液滴溶剂蒸发，表面积缩小，表面电荷密度不断增加，直至产生的库仑力与液滴表面张力达到雷利极限，液滴爆裂为带电的子液滴，这一过程不断重复使最终的液滴非常细小呈喷雾状，这时液滴表面的电场非常强大，使分析物离子化并以带单电荷或多电荷的离子形式进入质量分析器。ESI-MS 一般和 HPLC 联用，质谱分析之前是要经过液相色谱柱分离的，这样，酶解后的肽段混合物经过 LC-ESI-MS 分析后，会得到蛋白点的肽质量指纹图谱。随着生物质谱技术的不断进步，联用的质谱仪精度和性能不断提升，通过二级质谱产生的特异序列以及质谱肽段数据库的比对和分析，能够给出肽片段的精确氨基酸序列。

2.3.4 代谢组学

2.3.4.1 代谢组学概念和研究内容

生物体内，代谢物是在核酸和蛋白质（酶）调控的基础上合成的。代谢组学就是以生物体内的所有代谢物，即代谢组为研究对象，对生物内源性代谢物质（如糖、脂类、次生代谢产物）的整体进行定量描述，及其对内因和外因变化产生的代谢产物层面的应答。一个细胞通常依赖许多代谢调节途径，而且多条代谢途径时时发生各种变化，产生各种各样的次生代谢产物。代谢组学是精确联系基因功能和组学的重要纽带，通过代谢物整体的研究，有助于进一步了解生物对营养条件及其他化学胁迫的应答，是生物体应对内外刺激后在代谢物分子层面的表型应答。代谢组学又可以作为潜在的并能囊括生物样品中所有分析物的一个研究途径，能快速有效地反映所跟踪分析的代谢物组分的消长情况，有助于深入认识代谢网络及其调控机制，为代谢物的开发利用提供了广阔发展前景。

和其他组学不同的是，代谢组学通常关注的是相对分子质量在 1000 以下的小分子代谢，同时，作为一门新发展的技术，它不同于传统的对单一或几个代谢物的研究方法，而是通过考察生物体受到刺激或扰动后（如改变某个特定的基因或环境变化）其整体代谢产物的变化或其随时间的变化，通过揭示代谢物整体的变化来研究生物体系的代谢途径和代谢网络。但是，受控于小分子代谢物的分析技术，目前对于完成代谢组学的最终目标，即"将所有给定的生物样品中小分子代谢物作为目标并进行定性和定量分析"，是没办法完成的，只能尽可能多地提取和检测各种代谢组分。因此，根据研究对象和目的，代谢组学的研究内容可分 4 个层次包括：靶向代谢物分析、代谢轮廓分析、代谢指纹分析以及非靶向代谢组学分析等。其中靶向代谢物分析和非靶向代谢组学分析的区别在于分析或跟踪的对象是否是预先设定的，化合物靶向意图不一样，所利用的分析工具会差别很大。代谢轮廓分析和代谢指纹分析更侧重于对代谢物整体的分析，前者通常预设一组和几个有代表性的代谢产物，对这些产物进行定量分析的同时，还可以依据样品的完整检测数据对样品的整体性进行定性和半定量的刻画；而代谢指纹分析的主要目的是对样品中的代谢物进行快速分类（如表型的快速鉴定等），并不强调能对其中的代谢物进行精细鉴定或定量。

2.3.4.2 代谢组学研究方法

代谢组学研究一般包括两个基本过程：一是对代谢物组进行通量的鉴定与定量；二是阐明代谢

物组变化的生物学意义。对样品中尽可能多的代谢物进行无偏的分析与鉴定是代谢组学研究的关键步骤，也是最困难和多变的步骤，主要技术手段有核磁共振（NMR）、质谱（MS）、色谱（HPLC、GC）及色谱质谱联用技术，根据样品的特性和实验目的，可选择最合适的分析方法，目前最常用的分析手段是 GC-MS、LC-MS。

（1）GC-MS 分析方法　气相色谱 - 质谱联用（Gas Chromatograpy Mass Spectrometry, GC-MS），主要优点是分离效率高、使用方便、稳定性好、总体性价比高。随着高性能仪器的不断问世，从普通的 GC-MS 到 GC-TOF/MS，再到 GC-Orbitrap/MS，分析的分辨率、准确度和灵敏度获得了大大的提升，GC-Orbitrap/MS 鉴定代谢物的平均质量偏差仅为 1.48ppm。GC-MS 分析的技术延展性比较高，用二维气相色谱与 TOF/MS 联用（GC×GC-TOF/MS）与生物信息学工具相结合，可以用于大规模代谢组学的研究。GC-MS 分析方法的瓶颈问题是衍生化步骤，特别是在非靶向代谢组学分析中使用高效、重现性好的衍生化方法是关键。另外，相对分子质量较大（>400）、难挥发、热稳定性差的代谢产物不适合使用 GC-MS 分析。

（2）LC-MS 分析方法　液相色谱 - 质谱联用（Liquid Chromatograpy Mass Spectrometry, LC-MS），凡是可以用 HPLC 方法进行分析的样品，原则上都可以使用 LC-MS 分析，可以弥补 GC-MS 对代谢物分析范围的局限性，几乎适用于所有代谢产物的分析，还包括蛋白质或多肽的分析，是代谢组学分析最有效的方法。随着高精度液 - 质联用（LC-HRMS）技术的出现，对化合物批量鉴定的效率大大提升，质量分析的偏差为 1~10ppm，使用 LC-HRMS 技术结合专业软件和数据库搜索，可以在一次分析中获得上百种代谢产物的定性定量数据。

（3）DI-MS 分析方法　直接进样质谱分析（Direct Inject Mass Spectrometry, DI-MS），不需要色谱分离，也不需要对样品进行衍生化处理，可以和 GC-MS 技术相辅相成，然而，如果要作为替代技术的话，需要解决复杂的基质效应。Shen 等在 2022 年开发出一些新的策略，例如 DI-3D-MS 数据处理的策略，利用分步多离子监测解决数据的对齐和结构注释，第一维获取和创建对齐文件，第二维 MS2 图谱记录增强的乘积离子，第三维生成在线能量 - 分辨 MS 完整的视图，这样在不进行色谱分离的情况下，也可以对代谢物组进行精细的定性定量分析。

（4）样品制备方法　由于生物体内中活性酶和代谢物的快速转化，为了获得准确的结果，用于代谢组学分析的样品需要可靠的样品预处理方法，以保证分析结果的准确性和稳定性。一般采用快速采样、淬火、分别提取胞内和胞外代谢物的制样流程。其中淬火的步骤非常关键，既要酶失活，又要保持细胞的完整性，可以使用含盐水的甘油作为淬灭剂，以防止胞内代谢物的泄漏。另外，已开发了一些自动化的设备，将培养液连续喷入充满淬灭剂的管内，并在生物反应器底物以一定的速度移动，实现采样和淬火同时进行。

（5）数据处理方法　经过仪器分析获取了大量的、多维度的数据信息，如果不对其进行合理的处理，这些复杂的数据就变得毫无意义。应用模式识别和多维统计分析等数据分析方法能够为数据降维，使它们更易于可视化和分类，从这些复杂的数据中获得有用的信息。目前，数据分析常用的两类算法是基于寻找模式的非监督方法和有监督方法。非监督方法是用来探索完全未知的数据特征的方法，对原始数据信息依据样本特性进行归类，把具有相似特征的目标数据归在同源的类里，并采用相应的可视化技术直观地表达出来，应用在此领域的常见方法有聚类分析和主成分分析（Principal Components Analysis, PCA）等。如果存在一些有关数据的先验信息和假设，有监督方法比非监督方法更适合且更有效，有监督方法在已有知识基础上建立信息组，并利用所建立的组对未知数据进行辨识、归类和预测，应用于该领域的常见方法有线性判别分析、偏最小二乘法 - 显著性分析和人工神经元网络（Artificial Neural Networks, ANN）等。

2.3.5 代谢网络的整合分析方法

生物体内发生的次生代谢产物的合成过程是极其复杂的，尽管基本的代谢途径已经研究得比较清楚了，但每个代谢产物的合成和积累其实都受到了来自自身遗传和环境中各种生物和非生物因素的影响和调控，传统的、基于"还原论"观点的研究，认为可以将生物系统分解为多个部分，如果把局部的研究清楚了，就可以把各部分还原回原来的生物系统。基于"还原论"法的研究缺乏对生物次生代谢在系统水平的协同行为的认知，也无法从整体上把握这些系统协同行为而导致的次生代谢变化的机制。系统生物学的诞生，不再将生物过程作为孤立的、静止的某一点来研究，而是从整体的视角、以定量的描述为基础，全面探索和预测生物系统内部复杂的生物化学行为。对于代谢网络，系统生物学整合了基因组学、转录组学、蛋白质组学以及代谢物组学等不同层面的数据信息，使得对代谢途径的认知从传统的途径到网络互联、对次生代谢调控的认识从粗放的代谢调控到精准的分子操控、对次生代谢的时空特异性表达从宏观观测到全局调控、对代谢产物生物合成的改造从单基因或单途径操作到合成生物学的从头构建。

2.3.5.1 基于网络的代谢途径分析方法

系统组成的关系可以用网络来表示，因此，网络分析是研究系统的统一语言。与自然界其他系统一样，研究重点就是建立合适的数学模型，使其理论预测能够反映出生物系统的真实性，因此建模过程贯穿系统生物学研究的每一个阶段。网络模型的建立是一个从假设到检验的反复过程，其成功与否在很大程度上依赖于假设的准确度高低，依据生物学的知识和代谢途径中反应的原理，可以对系统提出合理的假设，建立与实际接近的动力学模型。建模与实验数据最终通过整合，以理解和预测细胞表型。系统生物学研究行业内部通常将实验研究部分称为"湿"，将计算机模拟和理论分析称作"干"，"干-湿"结合是对系统生物学研究现状和思路的最直观的描绘。目前，基于生物体代谢网络建立的数学模型包括线性模型和非线性模型。线性模型包括通量平衡分析（Flux Balance Ananlysis，FBA）、基元通量模式（Elementary Flux Modes，EFM）和极端途径分析（Extreme Pathway，EP）。非线性模型包括生化系统理论模型（Biochemical Systems Theory，BST）和代谢控制分析模型（Metabolic Control Analysis，MCA）。

（1）FBA 分析方法的初衷只是计算代谢途径的代谢通量，而不是为了理解代谢网络的复杂性。该方法由代谢通量分析（Metabolic Flux Analysis，MFA）发展而来，基于质量守恒定理，利用优化原理来预测代谢网络中代谢资源的合理分配。FBA的方法从基于反应的角度来预测微生物基因型和表型的关系，如果在此基础上再从反应途径的角度进行分析，就能够促使人们更好地理解基因型和表型的复杂关系。

（2）EFM 基元通量模式和极端途径是很接近的概念，并且都是研究代谢网络关键结构特性的方法。一个基元模式是一个包含最少酶的集合，这些酶可以使得该模式能够在稳定的代谢通量分布状况下朝一定方向进行。极端途径除了满足基元模式定义之外，还要满足下列条件：极端途径集合 $\{P_1, P_2, \cdots, P_n\}$ 中没有任何一条途径可以写成其他途径的非负线性组合，为达到这个条件，所有可逆的内部反应都必须被分解为两个方向相反的不可逆反应，不区分内部代谢物和外部代谢物，而区分交换反应和内部反应。如果网络中所有与环境交换的反应都不可逆时，有生物学意义的基元模式集合和极端途径集合是一致的。但是，通常一个网络的交换反应中都有可逆反应存在，这样网络中的极端途径集合就是基元模式的子集。由于计算机能力的限制，目前这2种方法的应用范围不能够像 FBA 一样扩展到物种的整体代谢网络的规模而只能局限于对部分代谢网络（例如三羧酸循环）进行研究。

上述研究方法的核心是建立研究代谢网络性质的线性结构方程，这一系列的方法很少考虑生化反应本身存在的一些特性，诸如反应的动力学和热力学性质（FBA 和基元通量模式考虑反应的可逆性）、代谢途径的调控等。Michaelis-Menten 速率方程被提出用于研究生化反应的动力学特性：

$$V_p = v_{max} S / (K_m + S)$$

式中，V_p 为产物的生成速率；v_{max} 为途径中反应速率最大的那步反应的速率；K_m 为酶的米氏常数；S 为底物浓度。

数学模型的选择和设计与分析的目的相关，FBA 适合于研究生物基因型和表型之间的关系，基元通量模式适合于选取生产目标代谢物的最优路径。

（3）BST　生化系统理论模型与其他复杂体系不同，生物体系是由大量的功能各异的元件在选择性和非线性的相互作用下产生的复杂的功能和行为，属于超复杂体系。对于生化系统的建模，多年来已经开发出许多算法和软件，各种算法归根结底都是基于对生物过程中分子的相互作用及构象变化作出的理论模拟，但由于生物分子的浓度动态范围差异非常大，常规确定性的动力学不再适用，需要结合随机动力学过程对其进行描述。随机模拟算法（Stochastic Simulation Algorithm，SSA）包括直接法和第一反应法，一定程度上能反映微观体系中分子反应特征，目前已广泛应用于生物化学体系动力学的研究。建模时，先了解该途径所有反应及相互关系，构建一个生化反应的网络"蓝图"，再假设某些中间代谢产物处于拟稳态，其浓度的变化率可以视为零，找出这些中间产物的浓度分布情况，将它们从 SSA 模拟中分离出，从而达到降低系统维数的目的。经过降维处理后，实际上只对反应网络中的慢反应进行 SSA 精确模拟。关于实验研究方面，从系统的整体性考虑，尽可能多的分析构成成分，包括基因组、转录组、蛋白质组、代谢物组等及其相互作用的数据，最后完成系统数学整合。金一粟等通过系统分解 - 子系统建模 - 系统集成的整体思路，研究复杂的生物化学网络的分析方法，提出了空间自适应粒子群优化算法（Landscape Adaptive Particle Swarm Optimizer，LAPSO），用实验数据对模型参数进行辨识，成功构建了芳樟醇的转化网络模型。总之，BST 模型综合考虑了反应的动力学特性和代谢网络的计量学特性，合理的数学模型已经展示了其在指导一些次生代谢物生物合成中的巨大潜力，但相关的数学模型和应用有待于反应动力学、反应热力学、基因表达调控以及计算机软硬件等一系列知识和技术的共同发展。

2.3.5.2　次生代谢研究中的"大海捞针"术——代谢组学与基因组学的整合

2014 年来，人们在代谢组学和基因组学技术的进展极大地促进了次级代谢的研究，使得对植物、细菌和真菌中生物合成潜力的挖掘程度达到了前所未有的水平，尽管下一代测序在获得代谢组学信息（即细菌基因的存在）方面效率较高的，但这种静态基因组信息并不总是与植物、微生物的表型相联系。在此背景下，代谢组学提供了功能分子的动态信息，这些功能分子是通过代谢物、蛋白质、RNA 和表观基因组修饰的协调多生物分子系统合成的。多组学或跨组学数据的系统生物学是一个活跃的研究领域，可以加深我们对代谢物的理解。通过基因组挖掘以及分子网络工具，人类在多年前就可以实现对生物合成的产物结构进行预测，但仍有大量的生物种类及其生物合成的类型因为缺乏合适的方法学而尚未被挖掘。将基因组测序与非靶向代谢组学数据进行整合的研究，受到越来越多的关注，希望能提高结构预测和先导化合物的发现水平，同时，也能发掘更多次级代谢产物的进化模式，为致病因子提供遗传及化学标记。组学间整合的难点在于如何将不同层面的数据库进行整合，甚至要想把一个来自同一生物的基因组数据和代谢物组的代码数据进行整合都不是简单的事。为此，开发基因和代谢物化学信息相关联的数据集，包括基于模式的、加权模式的、特性策略的数据集，是当前相关领域活跃的研究方向。代谢组学和基因组学的整合策略详见拓展知识2-1。

> 拓展知识2-1
> 代谢组学和基因组学的整合策略

2.4 基于次生代谢产物的研究方法

次生代谢产物种类丰富，具有复杂的化学多样性，如何提高多组分次生代谢产物的高效提取、分离与分析，特别是如何对混合成分中的单一化合物进行结构鉴定并定量检测等课题，就成了次生代谢生物合成研究的一项不可或缺的重要环节。对于次生代谢产物的提取、分离、结构鉴定的方法与技术，可以参考天然产物化学研究的书籍和期刊文献，这里就不再详细展开，本教材着重介绍次生代谢产物的分析策略。

依据对生物样本中次生代谢成分的分析目的，可分为下面两种情况：第一，成分目标型，也称为靶向型分析，即已知该生物样品中含有某预定的代谢活性成分或已知其中某些成分的化学结构类型，从生物样品的提取液中分析检测这些目标既定的成分；第二，成分非目标型，也称非靶向型分析，即对材料或对象中物质种类、结构及含量信息事先并不知晓，希望借助分析技术来实现成分的全分析，这其实是研究的初衷或理想。事实上，现有的任何分析技术都无法实现对复杂生物样品中所有成分的无偏分析，只能做到通过多种技术联合使用，尽快能多地分析生物样品中的物质。

2.4.1 靶向代谢产物研究

代谢产物通常以混合物的形态存在于被测样品中，与此对应的、适合目标代谢产物已经锁定的检测方法有可见-紫外分光光度法（UV）、HPLC 和 GC 等方法，除了具体分析条件的选择外，最重要的工作是进行有效的样品制备，尽可能消除其中含有的无效成分或其他非检测成分干扰测定的准确度，同时提高目标成分检测的准确度和灵敏度。选用适当的方法和试剂进行分析前的提取与分离是有效制样的基础。实际中，目标代谢产物是否存在于研究的对象中仍需要进行结构确认，往往先查阅文献资料，收集该生物资源的相关资料、已知代谢产物的信息等。然后对照提取物或纯品的理化性质、HPLC 或 GC 图谱等信息初步判断其存在与否或所属的天然产物类型，进一步需要通过波谱数据判断，紫外-可见光谱（UV）、红外光谱（IR）、核磁共振（NMR）和质谱（MS）等四大光谱技术相互配合、综合应用。目前已经形成了一套完整的分析体系，在次生代谢产物的成分分析和有机化合物的分子结构鉴定中起到重要作用。

红外和紫外光谱法可以有效地反映出分子结构中有哪些官能团及共轭基团的存在，如红外光谱可以给出化合物官能团的结构信息，通过谱图中的特征基团频率可指认分子中官能团的存在，主要用于鉴定各种羰基、炔基、羟基等基团。紫外光谱主要用于提供分子的芳香结构和共轭体系信息，一般可根据紫外吸收光谱曲线最大吸收峰的位置及吸收峰的数目和摩尔吸收系数来确定化合物的基本母核，或是确定化合物的部分结构。由于红外和紫外光谱法不能给出整个化合物分子的结构，常作为天然产物结构解析和鉴定的辅助手段。质谱法近年来逐渐被广泛使用，可以获得被检测物质目标化合物的精确分子质量、碎片离子分子质量和分子结构的排序，可对物质进行独特的解析，确定分子的局部结构及全部结构；并对化合物的种类归属进行推测。四大波谱分析中，结构确认度最高的方法首推 NMR 法，氢（^1H）和碳（^{13}C）核磁共振技术（NMR）已经成为天然产物结构确认中最为重要的工具。NMR 能够提供较为复杂分子的氢及碳的类型、数目、相互连接方式、周围化学环境、空间排列的结构信息等。特别是二维 NMR 技术（2D-NMR），对未知有机化合物的结构类型甚至手性分子的确定发挥着重要的作用。由于它操作方便，推断结构准确，近年来已经成为化学、医药、生物、物理等领域必不可少的研究手段，被许多实验室采用，但核磁共振要求实验样品纯度达到 95% 以上，这需要前期对样品进行一定程度的分离与纯化。

2.4.2 非靶向代谢产物研究

当对一种新的生物资源展开研究时，其活性成分的物质基础往往不明确，即所谓的非靶向型代谢成分分析。生物样品中的次生代谢产物成分十分复杂且多样，人类已经发现的代谢产物数量估计有 20 万～100 万种，特别是植物次生代谢产物，它们在结构上复杂多变，甚至有些理化性质也千差万别，就人类目前已有的仪器分析水平，还没有一种分析能够检测所有的代谢物，这使得非靶向型代谢产物的分析方法变得非常具有挑战性，但这种非靶向型代谢物分析方法也是代谢组学研究的核心技术，包括取样、代谢物提取、分析前处理及代谢物高通量检测以及数据信息分析技术等。

为了使取样和提取过程达到快速、高效及良好的均一性和稳定性，一般将生物组织或器官用液氮快速冷冻，研磨成粉末后，迅速用提取液提取。常用的提取液有甲醇-氯仿-水、甲醇-异丙醇-水或者甲醇-水-甲酸等溶剂体系。色谱及其联用技术、毛细管电泳、NMR 等技术成为目前天然产物物质分析的主要研究技术手段，能够对样品中尽可能多的代谢物进行无偏、全面地定性和定量分析。常用的有液质联用技术（LC-MS）、气质联用技术（GC-MS）、毛细管电泳技术（CE）等，详见拓展知识 2-2。

拓展知识2-2
LC-MS,GC-MS,CE的原理及操作方法

开放性讨论题

选择一个感兴趣或与自己研究相关的天然产物，综合运用本章所学的知识阐明该天然产物的生物合成途径。

思考题

1. 举例说明，如何运用分子生物学方法研究次生代谢产物的生物合成途径？
2. 次生代谢的转录调控原理是什么？如何运用转录调控方法提高目标次生代谢产物的产量？
3. 如何采用多组学研究方法研究次生代谢产物的生物合成途径？

本章参考文献

3 萜类代谢产物及其生物合成

教学目的与要求

1. 掌握萜类的定义和分类与结构,通过多个典型萜类产物认识萜类的应用。
2. 掌握萜类生物合成上游的MVA和非MVA途径的基本前体、反应、关键步骤、关键酶,会推测萜亚类的生物合成途径,会辨识关键酶。
3. 初步了解萜类次生代谢合成相关网络的构成及与细胞代谢的联系,初步学会次生代谢的全局思维。
4. 通过学习典型的次生代谢产物的生物合成途径,可以激发学生对于生命科学领域交叉研究与应用的兴趣,增强他们从事相关研究的信心和使命感。

重点及难点

萜类化合物在生物体内的合成途径,萜类次生代谢结构多样性的生物学控制要素,从生物合成途径的角度将萜类的合成生物学、药效药理分子生物学、天然药物合成调控等领域的知识产生广泛链接,为相关创新研究打基础。

问题导读

1. 什么是萜类次生代谢产物,它们在体内如何合成的,发挥什么作用?
2. 如何利用生物技术人工调控萜类物质大量合成?
3. 列举几个典型的萜类次生代谢产物,画出它们的生物合成主要途径,并分析其中可能的关键酶,并说明理由。

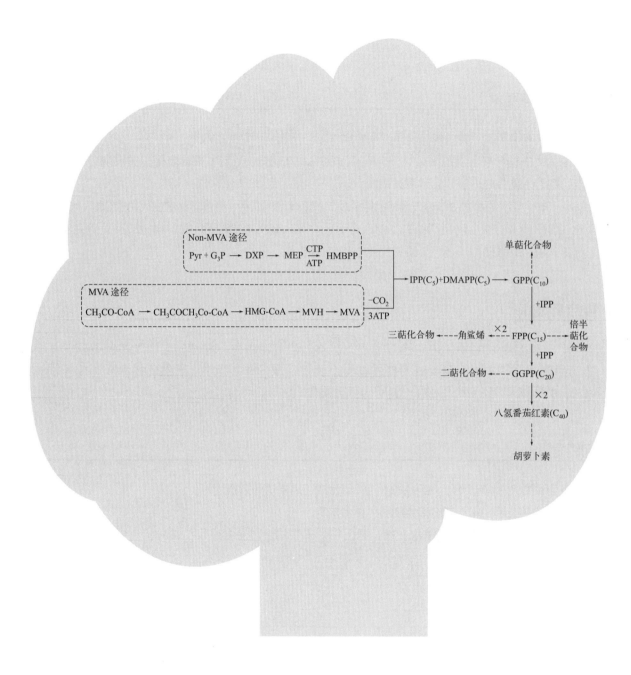

3.1　萜类代谢产物分布与分类

萜类化合物是一类骨架多样、数量庞大、生物活性广泛的重要次生代谢产物，目前已发现的萜类化合物超过55000种，这类天然产物严格遵循萜类独特的生物合成途径，形成具有规则碳骨架结构单位的众多萜类天然产物。从化学结构看，其分子中的碳骨架符合一般（C_5H_8）$_n$ 通式，其中的 C_5 单位一般可以指异戊二烯分子，萜类是由两个或两个以上 C_5 单位聚合衍生而成。在分类上，也遵循其生物合成途径的主线，依据 C_5 单位的倍数，将两个 C_5 单位的萜类化合物，称为单萜；含三个单位的称为倍半萜；含四个单位的称为二萜；依次类推，将含五、六、八个 C_5 单位的分别称为二倍半萜、三萜和四萜等。进一步根据碳环的数目，分为单环萜、双环萜、三环萜、四环萜等，对于无环开放的碳链称为链萜。例如二萜可以分为链状二萜、单环二萜、双环二萜、三环二萜、四环二萜等三级分类。萜类分子中一般含有双键，但双键数量并不固定，因此，萜类分子中氢原子的比例并不严格按照上述"8"的倍数，同时，萜类分子多数含数量不等的氧原子，因此，萜类化合物常见的官能团有醇、醛、酮、羧酸、酯及苷等。关于重要生理活性萜类的结构分类的学习可参考视频资源3-1。

早年在研究萜类化学的过程中，基于将异戊二烯加热到280℃，每个分子能因Diels-Alder加成反应而聚合成二聚戊二烯，而两个二聚戊二烯是柠檬烯的外消旋体，天然存在于许多挥发油中。进一步对许多萜类结构的确定，发现大多数萜类化合物都可以看成是异戊二烯单位聚合而成，因此，Wallach等提出异戊二烯法则，奠定了萜类化合物的定义和分类基础。但后来发现，也有较多萜类化合物的结构是无法被划分成异戊二烯单元的，并且异戊烯分子在植物中含量较低，人们很少分离出单体，因此，异戊二烯法则仅是一种经验型法则，作为萜类的结构和分类的一种经验判断是有意义的，并不代表萜类实际的生源途径。

从微生物到人类，几乎每个生物体中都含有萜类的骨架，在生命过程中发挥着重要的生理活性，与萜类化合物生物合成途径同源的类固醇脂类是动物脂质的重要组成部分，还有一些萜类产物是人类代谢健康及调控的重要生理活性成分。例如，作为细胞线粒体能量产生的电子传递分子的泛醌、绿色植物或藻类进行光合作用的叶绿素、脂溶性维生素E、A、D等，其分子的骨架或者侧链都来自于萜类的生物合成，结构详见拓展知识3-1。

据估计，植物固碳所合成的生物质中的约15%以上流向了萜类。萜类的产生对植物本身而言涉及抗逆反应，特别是抗高温诱导的细胞膜损伤，因此，植物普遍含有萜类次生代谢物，在松科、柏科、胡椒科、马兜铃科、樟科、芸香料、龙脑科、唇形科、败酱科、菊科和姜科等植物科属中萜类合成的数量和种类较高。萜类化合物也是许多天然药物的主要成分，广泛存在于挥发油（又称香精油）、植物苦味素、树脂、深色蔬菜等天然基材中，在微生物、海洋生物及某些昆虫中也存在萜类化合物。尽管各种萜类化合物在生源关系上具有密切联系，但因官能团、碳骨架连接方式差异等具有极其大的多样性，萜类的生物活性也差别较大，但大部分萜类尤其是倍半萜和二萜、三萜等已被证实具有广泛且重要的药用活性。植物萜类的存在与分布详见拓展知识3-2。

3.2　萜类代谢产物生物合成途径

3.2.1　途径总览

萜类代谢产物生物合成途径构架如图3-1所示，关于萜类次生代谢产物的生源途径的学习可参考视频资源3-2。

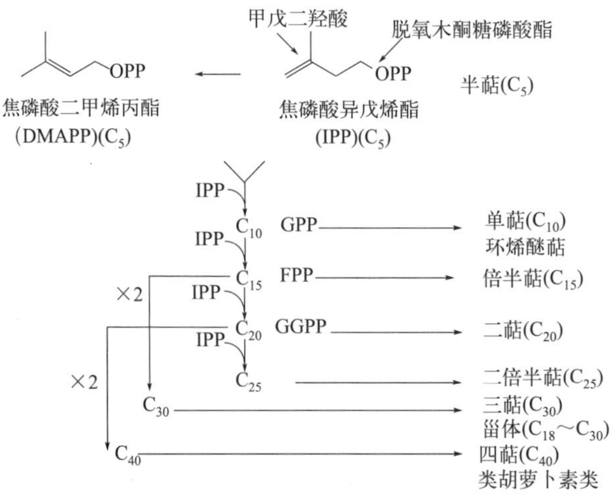

图 3-1 萜类生物合成途径构架

萜类化合物的生物合成一般要经历四个阶段，包括异戊烯焦磷酸（Isopentenyl Diphosphate，IPP）、亚萜类前体、特殊萜骨架以及官能团形成等过程。沿着这一过程，处于上游反应的代谢物，往往生源物种的特异性不高，它们或普遍存在于微生物、植物及动物中，因此，一些上游的代谢物，例如，IPP，3,3′-二甲基烯丙基焦磷酸酯（Dimethylallyl Diphosphate，DMAPP），脱氧木酮糖磷酸酯（Deoxyxylulose Phosphate，DXP），甲羟戊酸（Mevalonic Acid，MVA）等，它们并不是严格意义上的次生代谢产物，因为是次生代谢重要的起始物或者中间代谢物，而在次生代谢途径中占据重要的地位；相反，越是处在萜类合成途径下游端，产物的分子结构一般越复杂，碳架结构及官能团的独特性仅在特定种属生物中存在的特征越明显，以至于某些结构的次生代谢产物仅在特定的植物科属中存在，例如，紫杉烷目前仅在红豆杉属的植物中及其内生真菌中存在。各种文献常常提到的两条萜类合成途径，实际上关键的差异在于 IPP 合成阶段。

3.2.2 IPP 合成阶段

大量研究事实已经证明构成萜类骨架的 C_5 单位起始于 IPP 和它的同分异构体 DMAPP。1 分子的 IPP 和 1 分子 DMAPP 缩聚合成牻牛儿醇焦磷酸酯（Geranylgeranyl Pyrophosphate，GPP），由此形成单萜化合物的前体；GPP 再进而与 IPP 缩合产生其他的萜类化合物的前体（图 3-2）。目前，已经公认至少有两条途径通往萜类的生物合成，即甲羟戊酸途径（MVA）和非甲羟戊酸途径（non-MVA），甲羟戊酸在有些文献上也翻译为甲戊二羟酸。实质上，这两条途径最终都是合成 IPP，区别在 IPP 形成的反应路线不同，基于对植物细胞的研究结果，发现这两条途径分别发生于细胞质和质体等不同区域，不仅沿途的生化反应，在起始底物、中间体、催化酶、基因调控等方面也有明显的区别，这些差异对沿途催化反应的酶及其调控"零件"的设置，甚至途径的延伸都有很大影响，可以说这是完全独立的两条不同的途径。此外，这两条途径合成的萜类的类型也有明显差异，一般来说，MVA 途径主要合成某些单萜、倍半萜、三萜类，在微生物、动物、植物体内普遍存在，non-MVA 途径则主要合成单萜、二萜、四萜等代谢产物，人类没有 non-MVA 途径，在包括细菌在内的微生物中广泛存在。

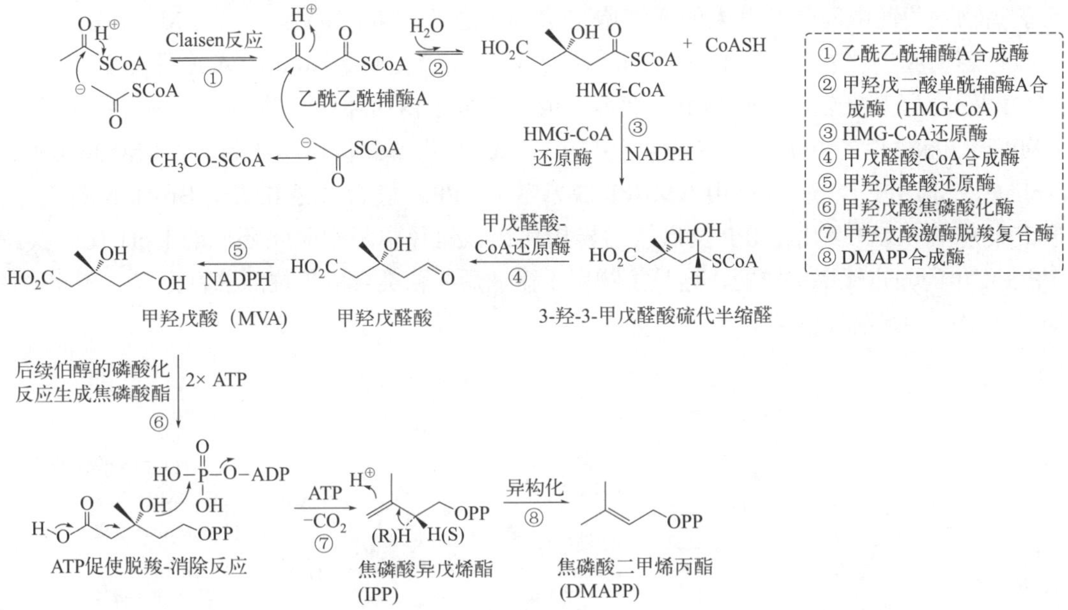

图 3-2 IPP 合成的甲羟戊酸途径

3.2.2.1 甲羟戊酸途径

甲羟戊酸途径合成 IPP 的起始底物是葡萄糖酵解过程中产生的乙酰辅酶 A，2 个乙酰辅酶 A 分子先通过克莱森反应缩合成乙酰乙酰辅酶 A，该活性中间体再与 1 分子乙酰辅酶 A 缩合，生成 3-羟基 -3- 甲基戊二酰单酰辅酶 A（3-Hydroxy-3-Methylglutary CoA，HMG-CoA），再经过两步还原生成重要的中间体甲羟戊酸，再经过 ATP 提供磷酸化基团、激酶的作用生成焦磷酸酯，其中还有一步脱羧、脱水反应，最终生成 IPP（图 3-2）。一般认为甲羟戊酸途径主要发生于细菌及动物细胞胞浆中，某些单萜、倍半萜、三萜、甾体等一般遵循该途径合成。MVA 途径中催化反应的主要酶见图 3-2，其中乙酰乙酰辅酶 A 合成酶催化该途径的第一个反应，HMG-CoA 还原酶（HMGR）是限速酶，按照关键酶的定义，它们是该途径典型的关键酶。

3.2.2.2 非甲羟戊酸途径

非甲羟戊酸途径同样起始于葡萄糖酵解所产生的中间代谢产物，只不过利用的是丙酮酸和 3-磷酸甘油醛为"原料"，中间经过焦磷酸硫胺素（Thiamine Pyrophosphate，TPP）做介体，经 1- 脱氧 -D- 木酮糖 -5- 磷酸酯（1-Deoxy-D-Xylulose-5-Phosphate pathway，DXP）和 2-C- 甲基 -D- 赤藓醇 -4-磷酸（Methylerythritol 4-Phosphate Pathway，MEP）等关键中间体的合成及还原反应，这些中间体直接是 C_5 骨架，后续没有发生脱羧作用，焦磷酸化是在 CTP 和 ATP 共同作用下又经历了环化、脱水等多步反应生成 IPP（图 3-3）。这条途径发生在细胞的质体中，某些单萜、二萜、类胡萝卜素等被认为通过该途径合成。non-MVA 途径中催化反应的主要酶见图 3-3，其中 TPP- 依赖的丙酮酸脱羧酶及 DXP 合成酶催化该途径第一个反应，因此该两种酶合为该途径的关键酶。另外，MEP 合成酶催化 DXP 上 C4 位的甲基向 C3 位迁移，同时将 C4 位的酮基还原为羟基，最终生成的 MEP 是一个异构和还原双功能酶，该酶有时也称为 DXP 还原异构酶，同样是该途径的关键酶，non-MVA 途径也称为 DXP 或 MEP 途径。

除了底物、关键中间体及发生的亚细胞定位不同之外，Non-MVA 途径与 MVA 途径在底物水平焦磷酸化等反应步骤方面也有较大区别。在形成了 MEP 之后，Non-MVA 途径分别通过 CTP 和 ATP 在 C1 及 C3 羟基上生成磷酸酯键，然后形成一个分子内的环状二磷酸酯产物（图 3-3），随后消除 CMP 形成标志性的中间体 4-羟基-3-甲基-丁烯-2-焦磷酸 [(E)-4-Hydroxy-3-Methylbut-2-Enyl Diphosphate，HMBPP]，最后再由 HMBPP 脱水生成 IPP。值得注意的是，Brock N L 等在 2013 年的研究发现 HMBPP 转化为 IPP 及后续的异构化在该途径中是由氧化还原酶 IspH 几乎以 IPP 和 DMAPP 5∶1 的固定比率完成的，这是生物用于微调后续萜类合成单位的独特方式，在此途径 IPP 的异构酶（IDI）并不是必需的。

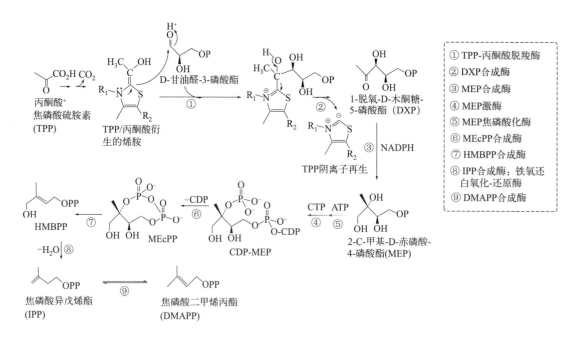

图 3-3 IPP 合成的非甲羟戊酸途径

3.2.3 碳骨架延伸形成二级萜类前体

3.2.3.1 GPP、FPP、GGPP

在碳链延伸反应的第一步，首先是 DMAPP 失去二磷酸酯基团，形成 C1 位碳正离子，然后 IPP 上的 C4 位烯键作为亲核端，从顺位同侧进攻 DMAPP 上的 C1 位碳正离子，形成新的 C—C 键，同时，电子重排后在 IPP 的 C3 位形成新的碳正离子，进一步消除邻位氢，形成 GPP 中的第二个烯键（图 3-4），GPP 作为单萜的共同前体。在上述反应中，相当于 DMAPP 的"头"与 IPP 的"尾"发生加成反应，类似地，生成的 GPP 也可以取代 DMAPP，再与 IPP 分子"首尾"相接形成加成-消除反应生成 FPP，FPP 既可以作为倍半萜的共同前体，衍生出倍半萜类，也可以发生二聚生成三萜的前体，还可以继续与 IPP 发生连接生成二萜的前体 GGPP。像 FPP 一样，GGPP 也可以二聚生成四萜的前体（图 3-4 和图 3-5）。已知萜类碳链的延伸主要是在立体选择性的异戊二烯基转移酶作用下完成的。

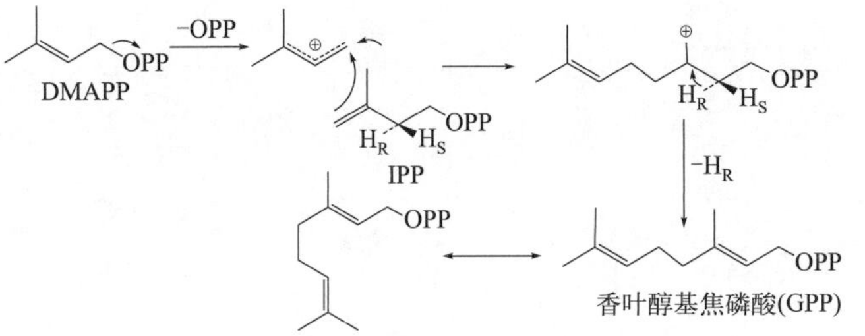

图 3-4　GPP 的形成反应

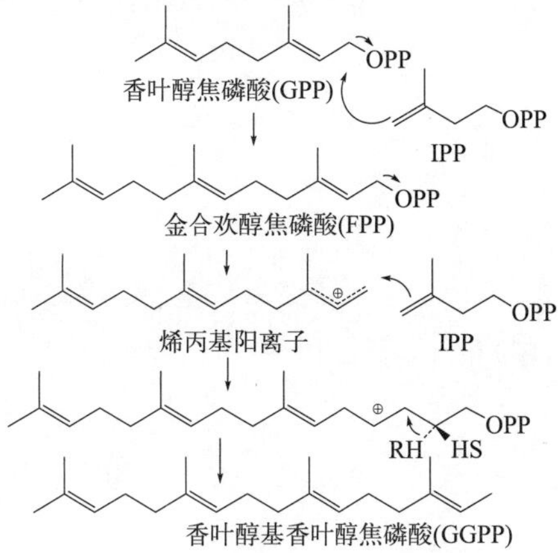

图 3-5　FPP 和 GGPP 生成示意图

3.2.3.2　角鲨烯和八氢番茄红素的生成

角鲨烯是三萜及甾体的共同前体，不同于前述 GPP、FPP 及 GGPP 的生成，两个 FPP 分子通过"首-首"相接的方式缩合生成角鲨烯，中间形成的前角鲨烯焦磷酸酯（Pre-Squalene Diphophorate，Pre-SPP）经过烷基迁移、碳-磷酸酯键断裂、电子重排等中间体形成较为稳定的碳正离子中间态，最后生成角鲨烯（图 3-6）。角鲨烯合酶需要二价金属离子（例如 Mg^{2+}、Mn^{2+}），以及 NADPH 作为辅因子。

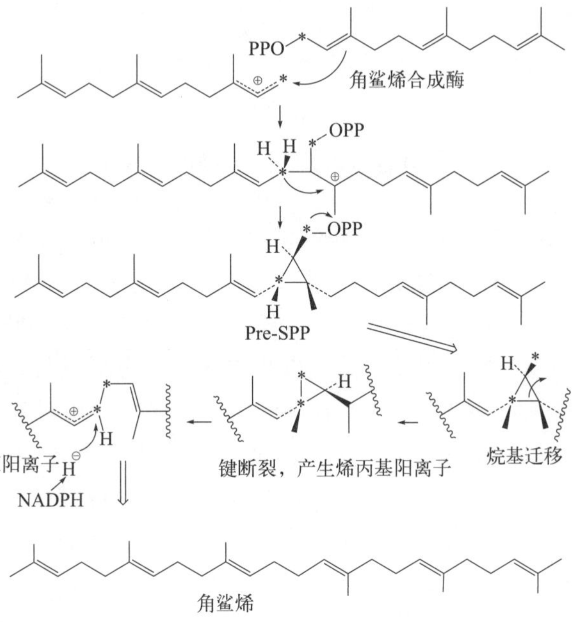

图 3-6　角鲨烯的生物合成途径

纯净的角鲨烯分子最初是从鲨鱼肝油中分离得到，后来发现在老鼠肝脏及酵母中都有存在，某些微生物也可以合成角鲨烯。在实际应用中，角鲨烯可以作为是一种性能优良的功能油脂，具有极强的抗氧化、清除自由基作用，还具有类似红细胞的摄氧功能，生成活化的氧化角鲨烯，由血液循环输送到机体组织后释放出氧，从而增强机体组织对氧的利用能力。同时，角鲨烯具有渗透、扩散和杀菌作用，人体皮肤分泌物中的角鲨烯和甾醇可维护皮肤柔软滑润。因此，角鲨烯被广泛应用于

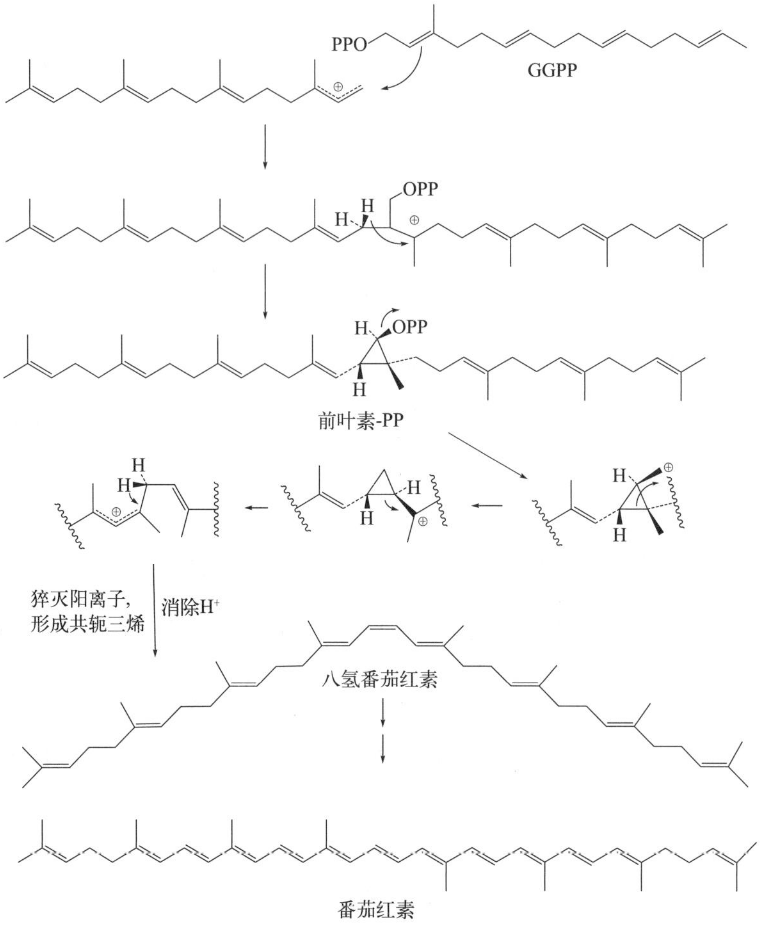

图 3-7 番茄红素的生物合成途径

化妆品、医药及食品等领域。可利用这些系统研究角鲨烯在三萜及甾体生物合成中的应用。

四萜的共同前体一般认为是八氢番茄红素，由 GGPP 形成二聚体生成，反应的机理几乎与角鲨烯一样，通过"首-首"相接，中间形成前八氢番茄红素焦磷酸（Prephytoene Diphosphate，Pre-Phytoene-PP），经历 C—O 键断裂、电子重排、碳正离子中间态形成八氢番茄红素，也就是四萜的骨架。八氢番茄红素合成酶催化 GGPP 向四萜骨架的生成，该酶与角鲨烯合成酶的相同之处都在于活性都是高度依赖于二价金属离子（例如 Mg^{2+}、Mn^{2+}）的辅助，只是四萜和三萜合成途径中最大的不同在于中间生成的烯丙基阳离子的猝灭过程。在角鲨烯的合成过程中，烯丙基阳离子从 NADPH 上得到一个氢；而在番茄红素的合成中，烯丙基阳离子失去一个质子并在分子中心形成一个双键，从而形成了一个短的共轭三烯链。这个三烯体系可以阻止底物发生环化反应，对于四萜骨架，接下来发生一系列从三烯体系的两端交替除去氢原子的去饱和反应，使得共轭体系得以延长，最终从八氢番茄红素生成番茄红素（图 3-7）。延长的 π-电子共轭体系使得类胡萝卜素化合物显示一定的颜色，通常是黄色、橙色或者红色。

目前已有几百个不同结构的类胡萝卜素化合物被分离鉴定，人类膳食中广泛含有类胡萝卜素类，最基本的功效是具有抗氧化作用，并且类胡萝卜素分子之间存在功效上的相乘作用，是开发新型健康或功能食品的热门成分。某些四萜类也参与光合作用，但它们的存在不仅限于植物或藻类，在非光合作用的植物组织、真菌和细菌当中，也广泛分布。

3.2.4 碳链环合形成三级萜化合物组骨架

3.2.4.1 单萜

GPP 作为所有单萜的共同前体，通过多样的反应方向，生成各种单萜类化合物。首先，GPP 可以直接去磷酸化形成链状单萜衍生物，如香叶醇、橙花醇等；其次是 GPP 可以通过分子内成环，形成骨架多样的单萜衍生物，包括单环、双环、环烯醚萜等三级萜化合物组。GPP 首先消除部分或全部 OPP 基团，中间经过碳正离子历程，然后经过分子内电子重排或双键构型反转或进一步被氧化，衍生出结构多样的单萜骨架，如图 3-8 所示。反应的方向取决于酶的种类和催化特性，其中开链单萜的形成主要涉及 GPP 磷酯酶、$NADP^+$ 依赖的脱氢酶，以及 NADPH 依赖的单加氧酶等，最终产物可以是烃、醇、酮、醛，也可以是酯等。环烯醚萜是单萜中结构骨架较为特殊的一组，分子内含有一个环戊烷与一个六元氧杂环的并合结构，环烯醚萜骨架在某些植物中会进一步代谢，环戊烷环开裂，形成裂环环烯醚萜。另外，六元氧杂环上的甲基也可能被氧化，当深度氧化为羧基后，易发生脱羧而失碳（图 3-8），在这种情况下，相应的天然产物分子骨架不再是 10 个碳原子，如果不了解生物合成途径，往往难以对这些天然产物进行分类，环烯醚萜类次生代谢产物在天然药物中比较多见。

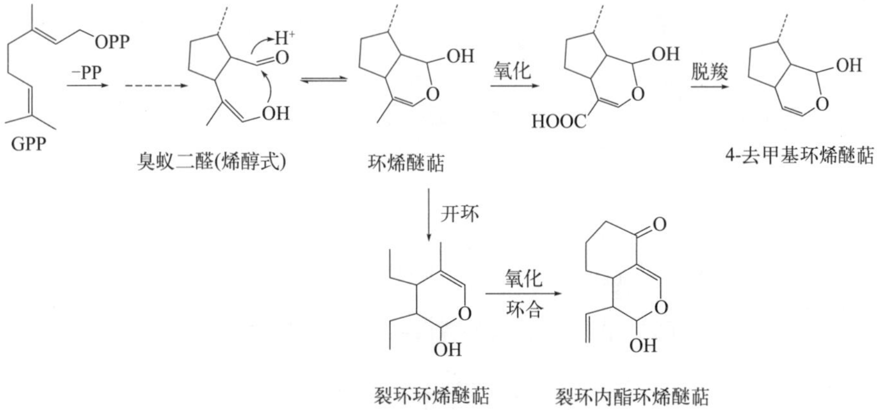

图 3-8 环烯醚萜的生物合成

单萜化合物是许多调料和香料中挥发油的组成成分，常见单萜分子结构见图 3-9。来源、活性或用途汇总于表 3-1。

3.2.4.2 倍半萜

法尼烯基焦磷酸（FPP）为倍半萜类的前体，FPP 可以像 GPP 那样，转化为链状或者环状的倍半萜衍生物。同时，由于增加了链的长度，双键的数量也相应增加了一个，FPP 成环的模式也增加，由此产生的倍半萜结构多样性比单萜增加，常见有单环、双环和三环及以上的倍半萜衍生物。与单萜形成的反应一样，碳正离子历程可以解释大部分常见倍半萜骨架的形成，如图 3-10 所示。在生成倍半萜类产物时，碳正离子的猝灭可以通过失去质子，也有通过水分子的加成反应生成含羟基的产物，如图 3-10 中的没药烯和没药醇的合成。青蒿素是最典型的倍半萜次生代谢产物，是疟原虫的有效杀灭剂，抗疟效果优于金鸡纳系列，并且对人体无毒副作用，我国屠呦呦老师也在青蒿素发现中做出了卓越贡献，2015 年被授予诺贝尔生理学或医学奖，青蒿素的生物合成途径见图 3-11。

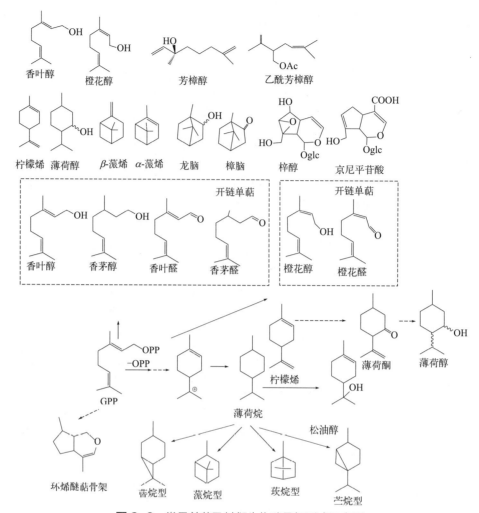

图 3-9 常见单萜及其衍生物碳骨架形成示意图

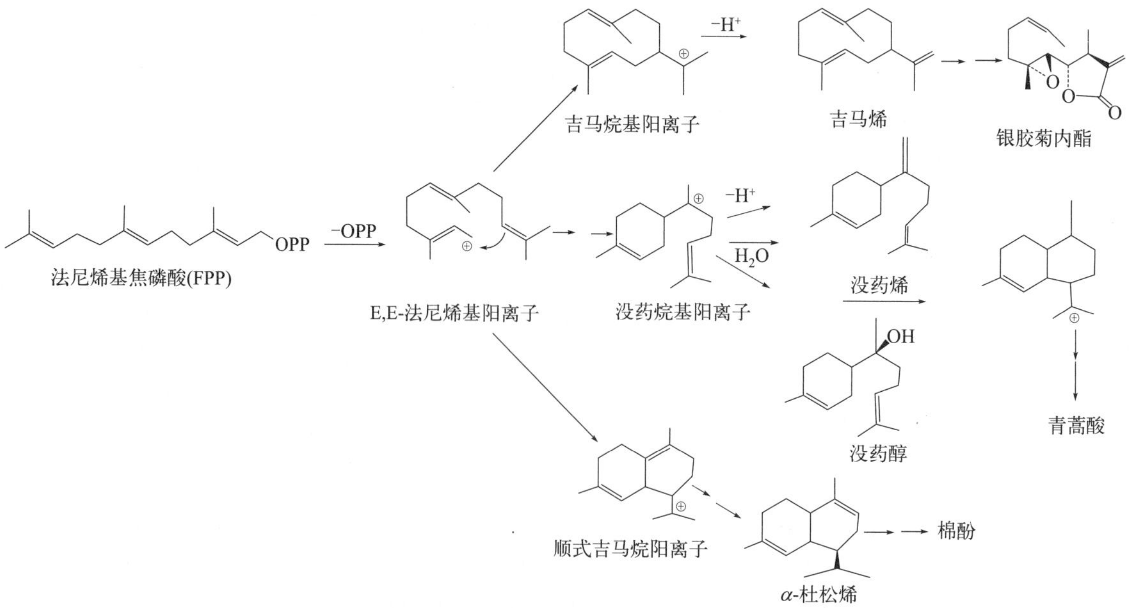

图 3-10 常见的倍半萜衍生物骨架生物合成途径示意图

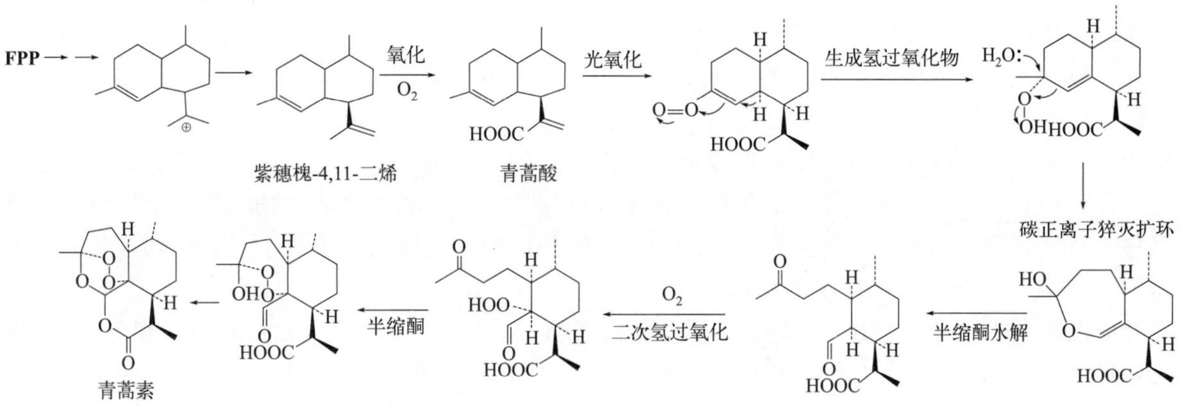

图 3-11 青蒿素的生物合成途径

3.2.4.3 二萜

含 20 个碳原子的天然产物分子遵循二萜的生物合成途径产生，二萜广泛分布于植物界，植物分泌的乳汁、树脂等，尤以松柏科植物最为普遍。许多二萜的含氧衍生物具有多方面的生物活性，如紫杉醇、穿心莲内酯、银杏苦内酯、雷公藤内酯、甜菊苷等都具有较强的生物活性，成为临床广泛使用的药物或者药物成分。除植物外，菌类代谢产物中也发现有二萜，从海洋生物中也有为数较多的二萜衍生物。

二萜的共同前体是香叶基香叶酯焦磷酸（GGPP），它是由 FPP 加成 1 个 IPP 分子后生成的。同样是萜烷磷酯酶水解产生碳正离子中间体，导致 GGPP 发生多模式的环化反应，经过 Wagner-Meerwein 重排反应可生成多种骨架不同的二萜，如图 3-12 所示。

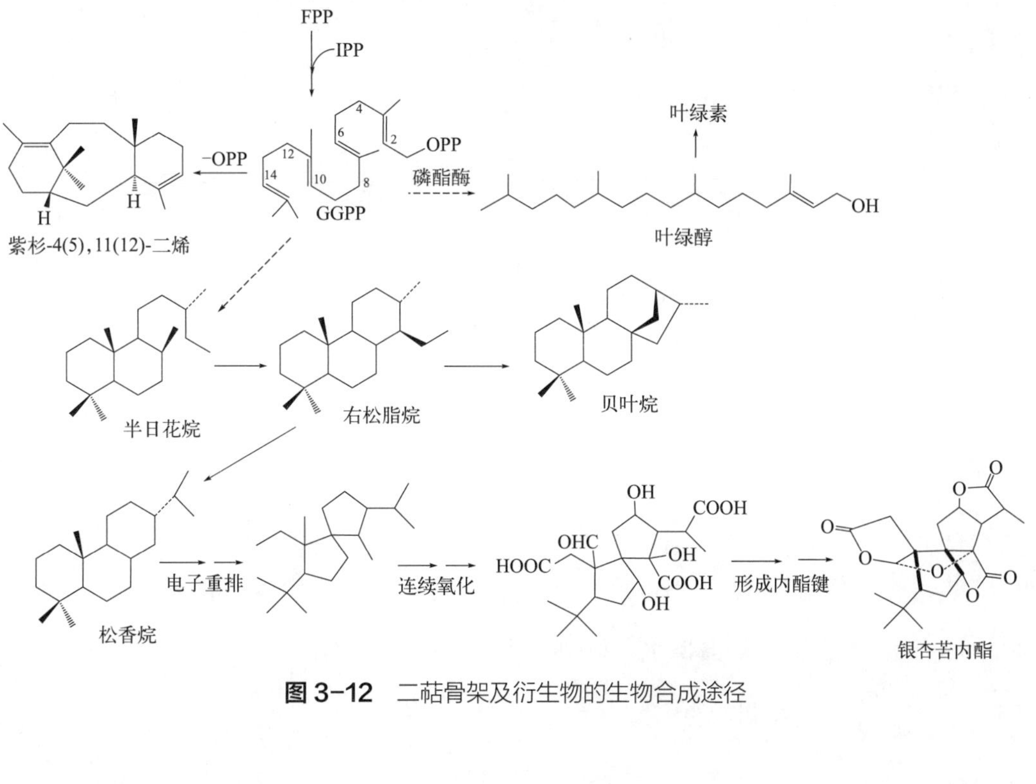

图 3-12 二萜骨架及衍生物的生物合成途径

紫杉醇是从红豆杉属植物中分离得到的一个重要的天然抗肿瘤药物,其中独特的6-8-6母核被称为紫杉烷母核,母核上不同位次上常见羟基、乙酰基、苯甲酰、酮基及其他,取代基的种类、位置、数量、立体结构以及D环的有无等,衍生出极其多样的可能的分子结构,目前已报道的紫杉烷类约有600多种,但紫杉烷目前只在红豆杉属植物及其内生真菌中被发现。由于分子结构的复杂性,化学合成收率太低,化学合成法不具商业化生产的价值。同时,紫杉醇及其类似物主要通过含量相对较高的某些红豆杉品种的可再生枝叶提取分离,利用合成生物学生产紫杉醇及其类似物的研究正如火如荼。所有生物法来源的紫杉醇生产效率的提高都依赖于对其生物合成途径及调控的认识。目前,已经探明的紫杉醇生物合成途径如图3-13所示。紫杉醇的生物合成经历萜类合成通用的四个阶段,IPP来源于DXP途径,紫杉烷母核直接来源于GGPP,C_{13}侧链N-苯甲酰-苯丙异丝氨酸骨架则来源于苯丙烷途径,碳骨架上的羟基和酮基由细胞色素P450酶系的单加氧酶催化,C2、C4、C10、C13位上的酰基由相应的单加氧酶和随后的酰基转移酶至少两步催化完成。

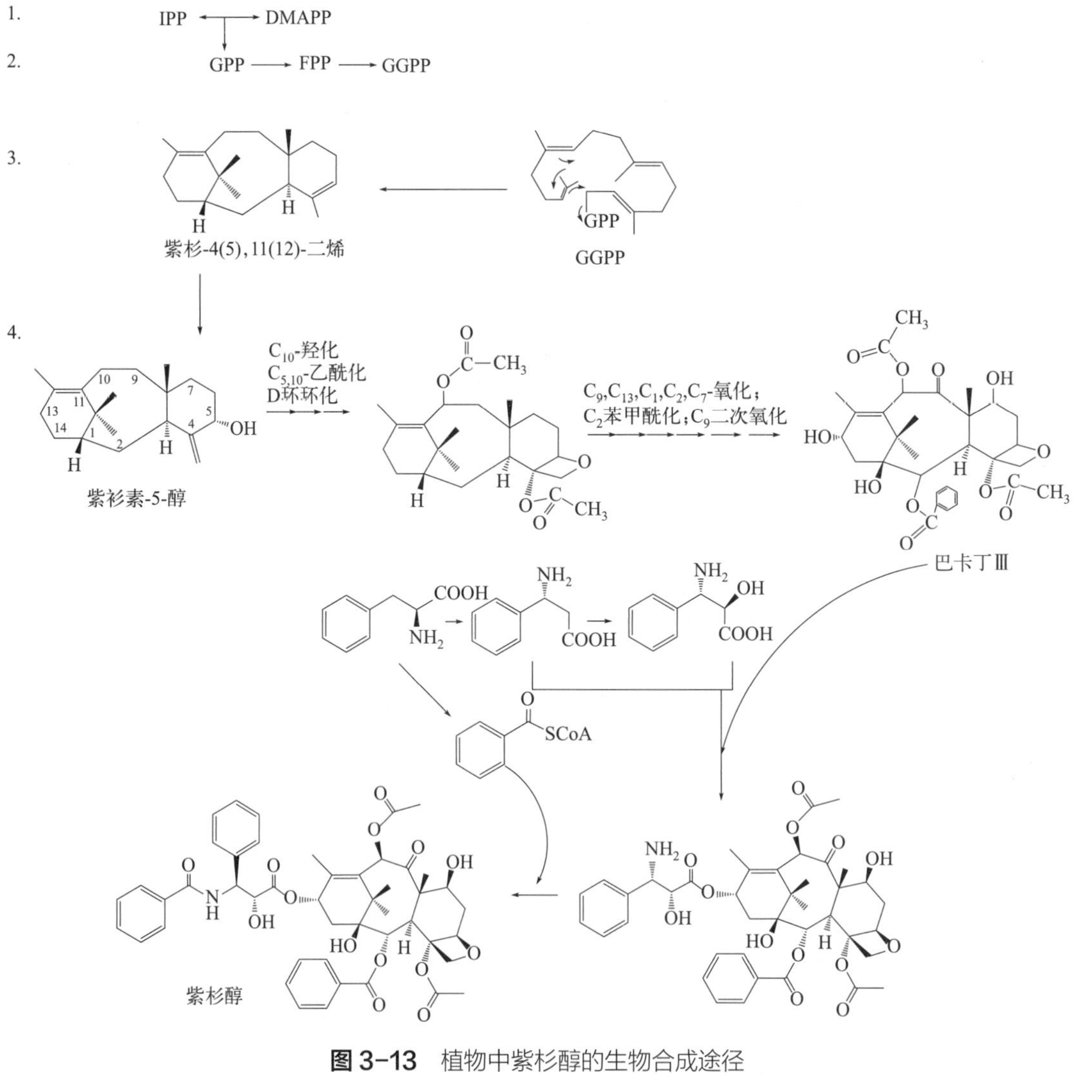

图3-13 植物中紫杉醇的生物合成途径

3.2.4.4 三萜

两个 FPP 分子通过首 - 首相连的方式缩合生成角鲨烯，这是三萜生物合成的基本前体。角鲨烯可以通过分子内电子重排通过"全椅式"构型直接生成部分三萜骨架，例如，四氢曼醇、二翅蝶醇、脱马拉 -20,24、二烯等，更常见的是角鲨烯在氧气分子和 NADPH 等辅因子参与下，通过黄素酶催化氧化为 2,3- 氧化角鲨烯，该中间产物在酶表面相应的位置被固定并经过适当折叠，再经过一系列的环化、甲基及氢的 Wagner-Meerwein 跃迁重排（W-M 重排），形成多环三萜结构的阳离子中间体，其中原甾烷基阳离子较为稳定，正电荷的迁移及电子的重排有多种模式。动物和真菌中，形成常见的羊毛甾烷型；在植物中，模式变化较多。例如，可以形成葫芦素型、达玛烷型、环阿屯醇型等，依据天然产物化学对三萜的分类，有开链、四环、五环三萜之分，上述角鲨烯属于开链；达玛烷、葫芦烷、羊毛甾醇、环阿屯醇等属于四环三萜，由四环的达玛烷基阳离子还可以衍生出各类五环三萜，碳骨架变化中 W-M 烷基、甲基迁移为主要反应，碳正离子猝灭主要通过消除质子及水合的方式（图 3-14）。

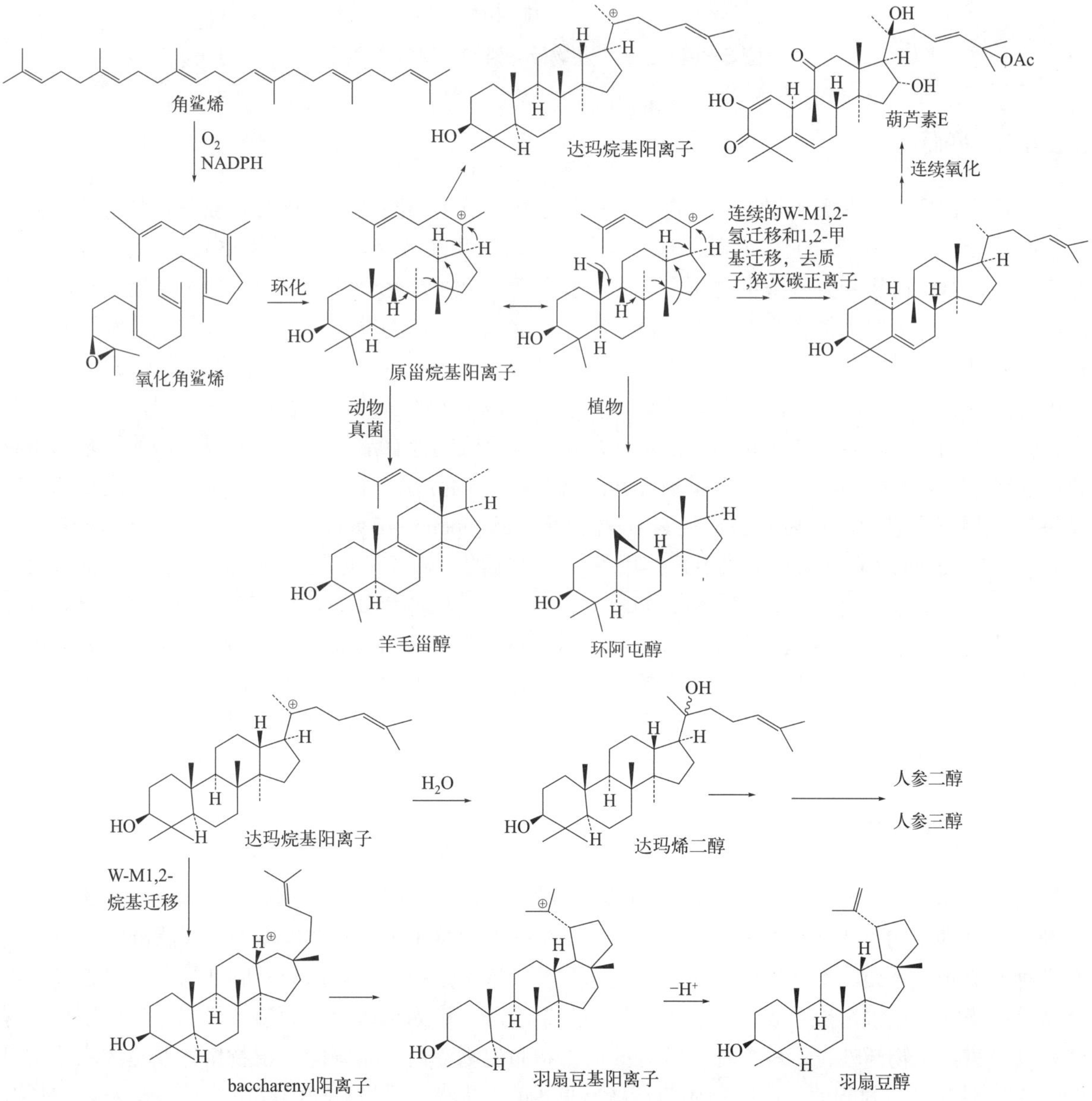

图 3-14

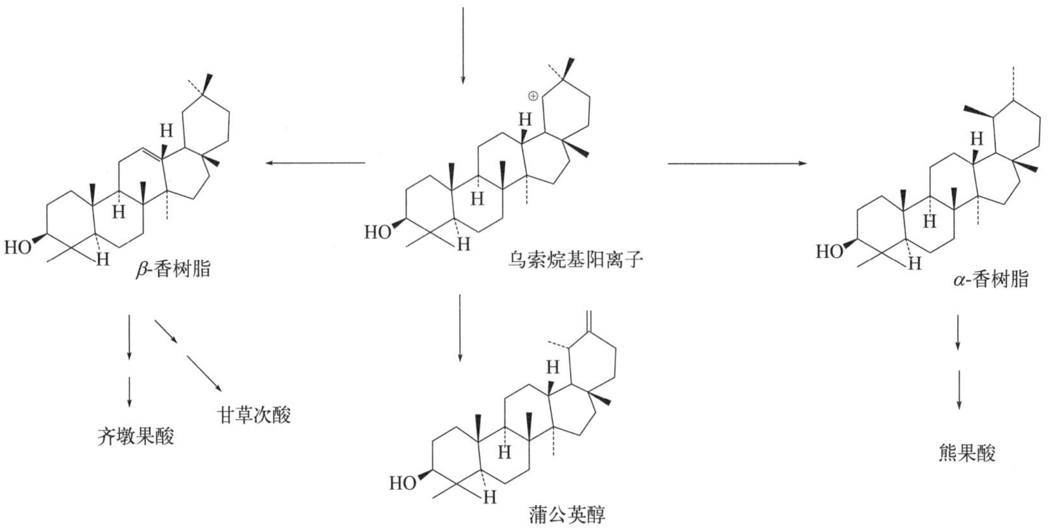

图 3-14 三萜衍生物碳骨架的生物合成途径

3.2.4.5 四萜

四萜化合物主要指类胡萝卜素化合物，目前已有几百个不同结构的化合物被分离鉴定，常见的有番茄红素、胡萝卜素、玉米黄素、叶黄素、虾青素以及辣椒红素等（图3-15）。这些化合物参与光合作用，对于植物和某些微生物而言，类胡萝卜素可以通过光合细胞器有效地扩展吸收光谱的范围，这非常有利于保护植物或藻类因光诱导而导致的氧化损伤的发生。一些除草剂就是利用其可以抑制类胡萝卜素的生物合成，促成杂草失去氧化损伤的保护作用。人类自身不能合成类胡萝卜素，必须通过外界摄入。膳食中广泛含有类胡萝卜素类，最基本的功效是具有抗氧化作用，并且类胡萝卜素分子之间存在功效上的相乘作用，是开发新型健康或功能食品的热门成分。类胡萝卜素的生物合成途径示意图见图3-16，从八氢番茄红素到番茄红素，经历了连续的去饱和反应，这是在相应的脱氢酶作用下完成的，然后在番茄红素 δ- 环化酶（Lycopene δ-Cyclase，LCYE）或者番茄红素 β- 环化酶（Lycopene β-Cyclase，LCYB）作用下，四萜链的末端发生环化，由失去质子引发叔碳正离子的产生，随后碳正离子与另一个相邻的双键亲电加成形成环烯体系，烯键分布有三种方式，由 β 环的形成进一步氧化生成玉米黄素、堇黄素、藻褐素、辣椒红素等，ε- 环形成 α- 胡萝卜素，进一步氧化生成叶黄素等。虾青素是一种常见的存在于海洋动物中的类胡萝卜素，为甲壳类、贝类以及红色鱼肉类色素的主要成分，其生物合成主要因为这些动物不能合成胡萝卜素，当食入含类胡萝卜素的食物后，经过体内代谢结构改造而产生。

3.2.4.6 甾体及其皂苷

甾体是结构被"修剪"了的三萜，具有基本的环戊烷并多氢菲的四环稠合结构，其基本骨架来源于三萜的生物合成途径。与三萜相比甾体分子骨架中少了3～9个碳原子，因此甾体 C_{21}～C_{29} 有多种碳原子数骨架。甾体母核上常易形成糖苷键，特别是植物甾体的天然存在形式一般都是以甾体糖苷的方式，在水溶液中表现为表面活性，产生泡沫，称为甾体皂苷。甾体及其皂苷的结构多样性极其丰富，生物活性也多种多样，常见的动物和微生物体内的胆固醇、植物甾醇及甾体皂苷常见 C_{27}～C_{29} 骨架，胆固醇的代谢产物如胆汁酸常见为 C_{24} 骨架，某些植物中存在的强心苷为 C_{23} 骨架，

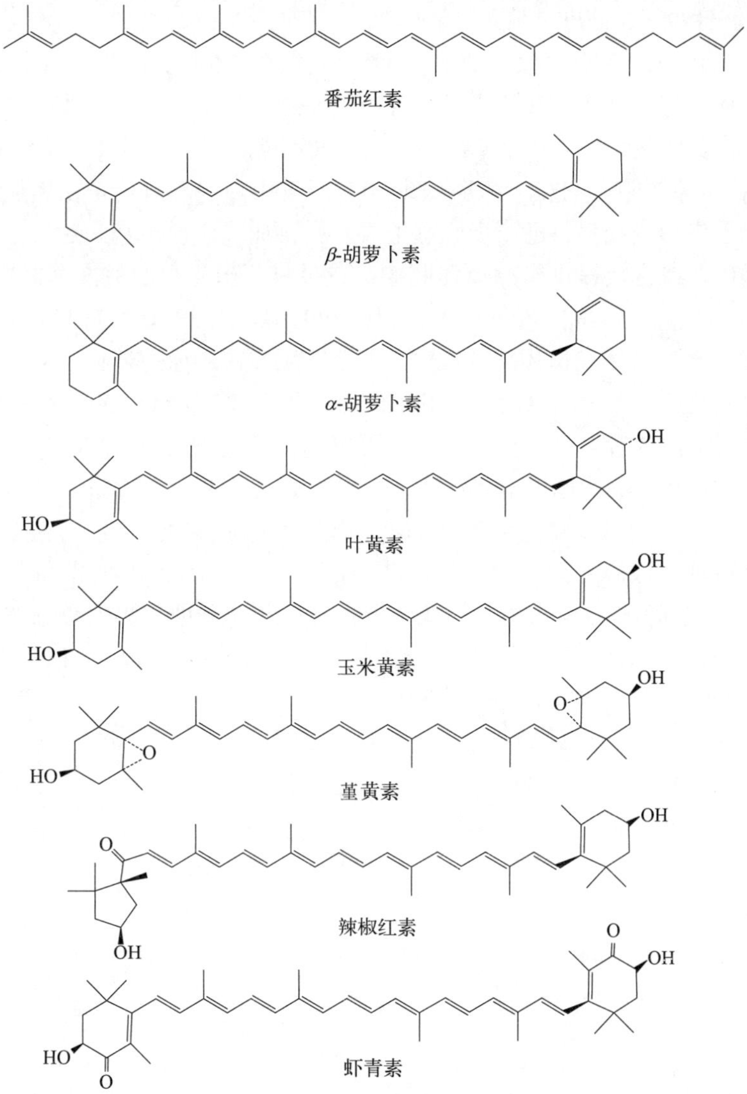

图 3-15 常见的四萜代谢产物结构式

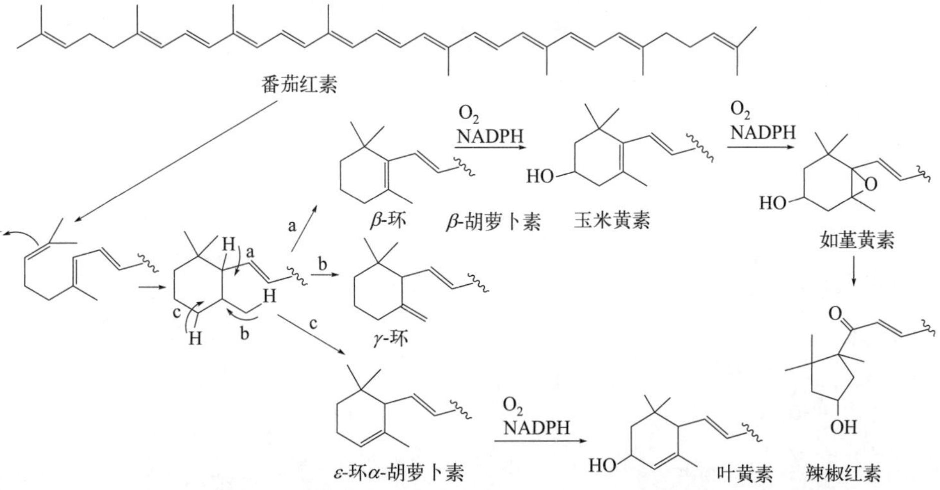

图 3-16 植物类胡萝卜素萜类的生物合成途径示意图

甾体激素如孕激素、性激素、糖皮质激素等常见 C_{21} 骨架（图 3-17）。甾体及其皂苷一般具有优良的生理调节作用，有些具有诱人的制药价值，目前，甾体药物以及半合成的产物在制药行业中占重要地位。

胆固醇包含甾体的基本骨架，其从头生物合成主要经历三萜途径。具体地，在动物体内，由羊毛甾醇经过系列氧化及脱羧，失去一个 C14 位和二个 C4 位的甲基，再经过位于 C24 和 C25 的双键还原，并且形成 $\Delta 5,6$- 双键取代 $\Delta 7,8$- 双键（图 3-17）。其中，甲基氧化是在单加氧酶系连续作用下由分子氧提供氧原子先形成羟基、进一步脱氢生成醛、再加氧成为羧基，这一系列氧化反应中，还原力由 NADPH 提供，或直接提供氢给甾体底物，或吸收分子氧中的另一个氧原子形成活性羟基，进攻醛基碳原子成为羧基，形成的羧基在单加氧酶和 NADPH- 细胞色素 P450 还原酶共同作用下，以 CO_2 的形式脱去，形成去甲基甾体。双键的还原由 NADPH 还原酶催化，双键迁移包括烯丙基异构化反应、一个脱氢反应和一个还原反应，其中的每一步氧化 - 还原反应，都是 NADPH 作为辅酶。

动物将食物中摄取的或者自身从头合成的胆固醇进一步代谢为胆汁酸，也可以经孕烯醇酮和黄体酮生成皮质激素类甾体。其中胆固醇骨架中碳原子个数的缩减可以通过多种方式，对于生成胆汁酸的反应，主要是胆固醇侧链末端氧化为羧基，再经过与脂肪酸类似的 β- 氧化反应，以丙酰辅酶 A 的形式脱去三个碳而生成胆汁酸类的骨架，其中涉及辅酶 A 和 ATP 的参与，分别提供底物活化必需的基团和能量。胆固醇向 21- 甾体的转化主要涉及碳裂解酶催化胆固醇侧链中异己醛基的脱除（图 3-17），生成的 21- 甾体常见的反应为单加氧及脱氢形式的氧化反应，和萜类官能团修饰类似，单加氧一般在 NADPH- 细胞色素 P450 酶系催化，氧气分子作为另一个底物，脱氢一般伴随着羟基变为酮基的反应，该类型反应的辅酶一般是 $NADP^+$ 或者 NAD^+。某些微生物和植物，也可以转化胆固醇。例如，从胆固醇的 C16、C26 和 C22 位单加氧后的中间体出发，可以发生分子内的环合导致新增加 E 和 F 环，生成薯蓣皂苷的甾体骨架；某些微生物也可以从羊毛甾醇出发，经过和胆固醇相似的甲基氧化脱除及烯键的生成和异构，产生甾体的代谢产物，如麦角甾醇（图 3-17）。

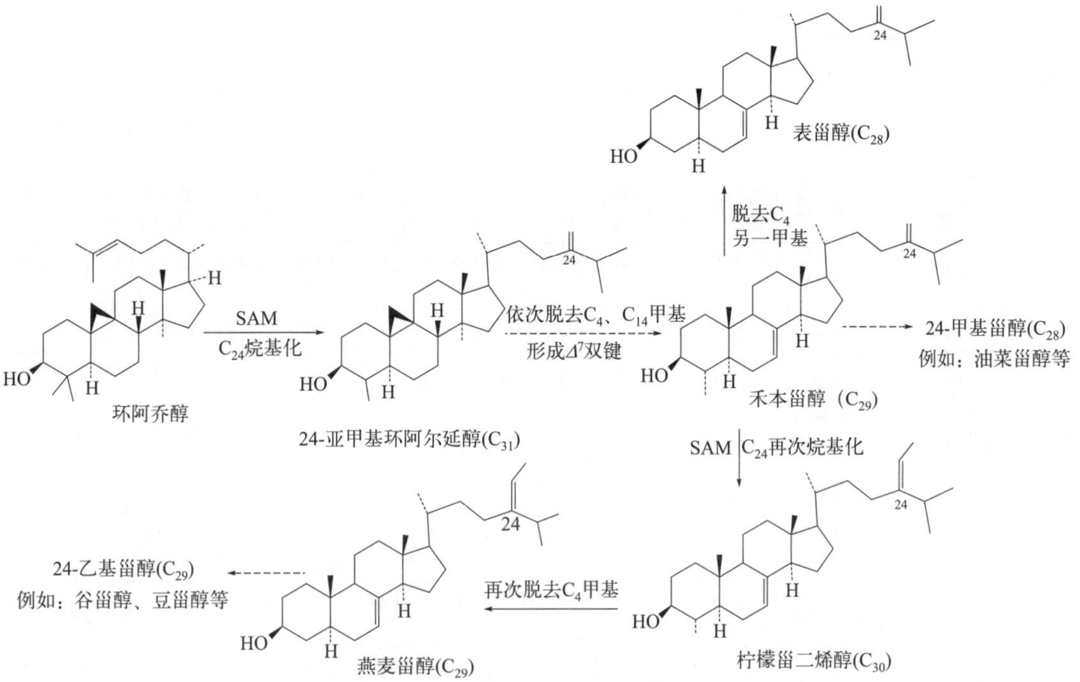

图 3-17 从三萜到胆固醇、甾体合成途径示意图

比较特别的是，麦角甾醇虽然碳骨架是 C_{28}，但实际上羊毛甾醇侧链 C24 位上的甲基是由 S-腺苷甲硫氨酸（SAM）提供了甲基，催化这一反应的甾体烷基化酶需要在 SAM 介导下，在含有 Δ^{24}-双键的甾体底物上甲基化产生一个碳正离子，该碳正离子经过氢迁移并在 C24 位失去一个质子，生成 24-亚甲基支链结构，再经过还原或烯丙型异构化转变为 24-甲基。类似的植物中油菜甾醇和表甾醇中的 24-甲基侧链都是基于此过程生成。进一步，24-亚甲基结构的甾体还可以再经过还原、甲基化及异构化过程生成 24-乙基产物，例如柠檬甾二烯醇、燕麦甾醇、豆甾醇、谷甾醇等。

3.3 典型萜类次生代谢产物举例

典型的萜类次生代谢产物分子结构见图 3-18，名称、来源、活性应用等归纳见表 3-1。

表 3-1 典型的萜类次生代谢产物举例

分类	名称	分子式	来源[①]	活性或应用[②]
单萜-链萜	香叶醇（牻牛儿醇）	$C_{10}H_{18}O$	广泛存在于香茅、玫瑰、香叶、柠檬草、薰衣草等芳香精油中	抗炎、抗氧化、抗癌及神经保护作用。用于美容护肤、推拿油、名贵香精、食品添加等
	橙花醇	$C_{10}H_{18}O$	与香叶醇互为顺反异构体，天然共存于香茅、玫瑰、香叶、柠檬草、薰衣草等芳香精油中	抗炎、抗氧化、抗癌及神经保护。用于美容护肤、推拿油、名贵香精、食品添加等
	芳樟醇	$C_{10}H_{18}O$	薰衣草、金银花、橘皮及柴胡等草药芳香精油	抗菌、抗病毒、防腐、镇定；用于美容护肤、解热类中药、推拿油等
单萜-单环	柠檬烯	$C_{10}H_{16}$	广泛存在于柑橘属、开花植物、针叶及其他香料植物挥发油中	抗菌、镇咳、镇静、舒缓、放松等；用于化妆品、药品
	薄荷醇	$C_{10}H_{20}O$	薄荷、沙枣等植物挥发油	抗炎、解热、免疫调节等；用于食品、药品、化妆品

续表

分类	名称	分子式	来源①	活性或应用②
单萜-双环	蒎烯	$C_{10}H_{16}$	广泛存在于松柏科、蔷薇科、姜科、番茄枝科、唇形科等植物挥发油中	抗真菌、镇咳剂（祛痰），可作为精油的基础底料之一，化工原料等，用于食品、药品、化妆品
	龙脑	$C_{10}H_{18}O$	广泛存在于蔷薇科、姜科、番茄枝科、唇形科等植物挥发油中	抗菌、驱肠虫、解痉剂、兴奋、止痛、诱导发汗等，用于食品、药品、化妆品
	樟脑	$C_{10}H_{16}O$	樟树、樟树罗勒、迷迭香等的木质或叶片的挥发油中	强心、防腐、驱虫等，用于皮肤用药，家居用品及化工原料
环烯醚萜	栀子苷	$C_{17}H_{24}O_{11}$	栀子	清胆利尿，用于轻泻药配方
	梓醇	$C_{15}H_{22}O_{10}$	地黄、毛蕊花、金盏花、西藏胡黄连等	清胆利尿、降糖，用于轻泻、糖尿病用药配方
	桃叶珊瑚苷	$C_{15}H_{22}O_{9}$	车前草、毛蕊花、金盏花、西藏胡黄连等	清胆利尿、促尿酸排泄，用于轻泻、痛风用药配方
	斑蝥素	$C_{10}H_{12}O_{4}$	芫菁干燥虫体，红娘子、青娘子	抗肿瘤、抗病毒、抗菌剂；止痒、促进毛发生长等；抗肿瘤药品、育发类保健用品
倍半萜	金合欢醇	$C_{15}H_{26}O$	芳香精油，在柠檬草、香茅等精油中含量较高	杀菌、灭害虫、抗炎；用于香薰、保健品
	银胶菊内酯	$C_{15}H_{20}O_{3}$	龙牙草、裸穗豚草、云南含笑等	抗肿瘤、抗菌、抗真菌，用于治疗偏头痛（血管舒缩性头痛）
	没药醇	$C_{15}H_{26}O$	甘菊，脂杨等	消炎、抗菌、抗溃疡等，用于药品、化妆品
	青蒿素	$C_{15}H_{22}O_{5}$	黄花青蒿	抗疟原虫
	棉酚	$C_{30}H_{30}O_{8}$	棉籽油	抗肿瘤、抗菌、抗病毒抗生育，用于制备药品
二萜	植物醇	$C_{20}H_{40}O$	白饭豆，裙带菜，原蚕沙等	用于维生素K和E的合成
	银杏内酯A	$C_{20}H_{24}O_{9}$	银杏叶、白果	抑制癌转移的细胞毒性、血小板聚集抑制剂及受体拮抗剂、神经保护剂；平喘，昆虫拒食剂，用于药品制备
	紫杉醇	$C_{47}H_{51}NO_{14}$	红豆杉属植物	抗肿瘤，用于药品治疗卵巢癌、乳腺癌、肺癌和鼻咽癌等
	福斯高林	$C_{22}H_{34}O_{7}$	毛喉鞘蕊花	降血压、保护心脏，用于心血管治疗药物，还用于腺苷酸环化酶的药理学工具药
三萜-四环	人参皂苷	$C_{48}H_{82}O_{18}$	人参、西洋参	止痛、抗疲劳、双向调节；用于中药综合调理
	灵芝酸C	$C_{30}H_{48}O_{7}$	灵芝	抗组胺；用于药物配方
	泽泻醇A	$C_{30}H_{50}O_{5}$	泽泻	抗高血脂；用于中药配方
	雪胆乙素	$C_{30}H_{48}O_{7}$	雪胆，罗锅底等	抗菌、降血脂等；用于药品及护肤品
三萜-五环	齐墩果酸	$C_{30}H_{48}O_{3}$	广泛存在于植物源食品和植物药	抗肿瘤、抗炎、强心利尿、降血糖、护肝；用于药品、保健品
	甘草次酸	$C_{30}H_{46}O_{4}$	甘草	抗肿瘤、抗炎、抗菌、肾上腺皮质激素样作用、抗溃疡、减少血清胆红素和提高尿中胆红素的排出量、抑制甲状腺功能、减少基础新陈代谢；用于药品、化妆品、保健品
	熊果酸	$C_{30}H_{48}O_{3}$	广泛存在于植物源食品和植物药	抗肿瘤、抗炎、退热、降血脂、护肝；用于药品、保健品
	积雪草酸	$C_{30}H_{48}O_{5}$	积雪草	促进新的结缔组织生成、促进伤口愈合和表皮角质化，用于药品、化妆品

续表

分类	名称	分子式	来源①	活性或应用②
甾体皂苷	胆固醇		人与动物组织细胞	动物组织细胞所不可缺少的重要物质，参与形成细胞膜、合成胆汁酸、维生素D以及甾体激素等，过多的胆固醇会引起代谢性疾病
	薯蓣皂素	$C_{27}H_{42}O_3$	薯蓣，黄姜等	抗高血脂、雌激素样活性；主要用于甾体激素的半合成
	麦角甾醇	$C_{28}H_{44}O$	阿里红，白屈菜，冬虫夏草，茯苓，灵芝等	真菌细胞膜中的主要固醇，可抑菌、抗肿瘤，增强人体抵抗疾病的能力，其合成是抗真菌药物的设计靶点，也可以作为维生素D_2的合成原料
	油菜甾醇	$C_{28}H_{48}O$	油菜	植物生长激素，对植物抗逆有重要作用，但不经细胞核内受体，而是通过细胞膜表面受体传递信号。还具有皮肤抗炎、保湿等作用。用于科学研究及化妆品
四萜	番茄红素	$C_{40}H_{56}$	番茄，及其他深色蔬菜和水果	抗氧化；食品、化妆品和药品添加
	玉米黄素	$C_{40}H_{56}O_2$	玉米，黄色蔬菜和水果，某些微生物也可以合成	包含视黄醇结构，作为对抗衰老相关的药品、化妆品、保健品添加
	β-胡萝卜素	$C_{40}H_{56}$	胡萝卜，广泛存在于其他黄、橙、绿色蔬菜水果中	人体合成维生素A的原料，抗氧化，作为药品、化妆品、保健品添加
	虾青素	$C_{40}H_{52}O_4$	海鲜产品，一般认为是虾、贝、鱼在摄入类胡萝卜素后的代谢产物，某些微生物也可以合成	抗炎、抗氧化；用于药品、化妆品、保健品添加
	辣椒红素	$C_{40}H_{56}O_3$	红辣椒	促进能量代谢，抗氧化；用于食品、药品、化妆品添加剂

① 信息来源于中国天然产物化学信息库。
② 信息来源于 DrugBank 网络数据库。

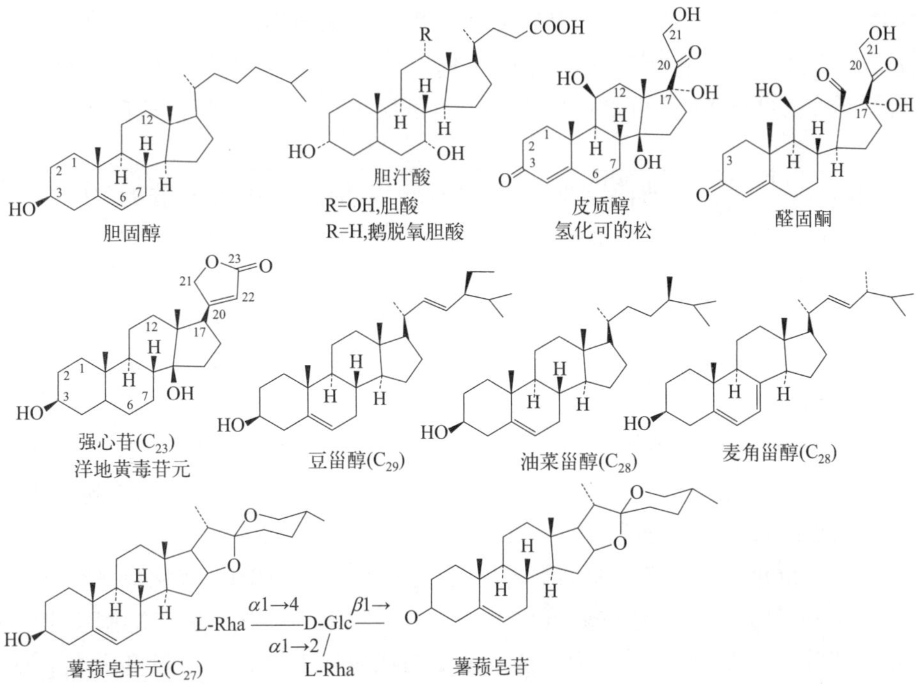

图 3-18 常见甾体结构举例

3.4 萜类生物合成的分子生物学概述

依据萜类生物合成途径的四个阶段，萜类合成酶也在沿途中发挥相应的作用，其中，途径的第一和第二阶段的酶，涉及萜类共同前体的产生，尤其是 MVA 及 non-MVA 途径的关键酶 HMGR、DXP 合成酶、MEP 合成酶以及 GPP、FPP 合成酶等在萜类的生物合成中至关重要，对关键酶及其基因研究中已有较多综述，这里仅就途径的第三和第四阶段催化具体萜类产物合成的主要酶系进行概述，这些酶系主要包括萜烯合成酶以及萜类产物官能团化修饰酶，后者以细胞色素单加氧酶为主，这类酶也是导致萜类产物多样性的分子基础。

3.4.1 萜烯合成酶

3.4.1.1 萜烯合成酶的底物、种属和组织特异性

萜烯合成酶通常也称为环化酶，因为此类酶的产物通常为环化结构。萜类合成酶家族成员众多，可分为 6 个亚科，同一亚科的萜类合成酶在氨基酸序列和功能上至少具有 40% 的同源性，但合成的萜类产物差异极大。萜类合成酶因其功能上的复杂性和多样性，最终与保守的异戊烯转移酶在进化上产生分离。异戊烯转移酶催化 2 个底物分子之间碳链的连接，而萜类合成酶催化 1 个底物分子内部的环化反应。不同的异戊烯转移酶催化底物的区别在于异戊二烯基的基团长度，对底物的立体结构无要求，催化过程中酶的立体化学结构或产生的萜类多聚体的长度都很少变化；萜类合成酶则对底物的立体结构具有专一性，要求催化反应的中间产物具有特异性。

用不同大小的烯丙基焦磷酸作为底物做异源表达实验，结果表明单萜、二萜和倍半萜等三类不同的萜类合成酶具有不同的底物特异性。单萜和二萜合成酶对底物的特异性要求高，仅能分别接受 GPP 和 GGPP 为底物，虽然倍半萜合成酶可以接受 GPP 为底物，而不是 GGPP，但表达效率低，只能形成简单的柠檬烯。这可能因为在自然生态条件下，GPP 在质体中含量高，而细胞质中的 FPP 合成酶及倍半萜合成酶与 GPP 是分离的状态，不太可能接触 GPP，因而没有区分这些不同底物的进化要求。

萜烯合成酶对底物并非严格的特异性，即一种酶可以催化一种或多种底物生成某一种或多种产物，但萜烯合成酶的催化功能或者活性具有比较明显的种属和组织特异性。对天然产物成分分离纯化时发现，许多萜类往往来源于特定的种属或特定的物种，这其实与萜烯合成酶的基因表达及其调控特异性有关。例如，紫杉烷类的生物合成至今仅在红豆杉属植物及其内生真菌中发现，相应的紫杉二烯合成酶（TXS）是 GGPP 衍生为紫杉烷分支途径的第一个酶，是紫杉烷骨架形成的关键酶，目前为止，TXS 只在红豆杉属植物及细胞中被克隆，而与红豆杉亲缘关系较近的植物中尚未被发现。王帅等在 2016 年的研究中从香榧本地转录组中找出并克隆得到与 TXS 同源性最高的基因 *TgrTSL1*，经原核表达对该基因进行功能分析，发现该基因不具有紫杉二烯合成酶编码基因的功能，与香榧及体外重组酶的代谢产物分析结果一致。

萜类产物的合成位点具有细胞或亚细胞选择性特征。在细胞中的合成位点既包括质体外也包括质体内。例如，董娟娥等在 2009 年的研究中发现甾醇类和倍半萜类一般在细胞质中合成，而类胡萝卜素、二萜和叶绿素 K_1 则在质体中合成，泛醌在线粒体中形成，一些单萜挥发油在大多数的报道中是合成定位于质体，但也有些是在细胞质中合成。其实如果从萜类的生物合成途径角度看，

这些亚细胞合成特点是容易理解的。因为萜类代谢物合成的上游 MVA 途径和 non-MVA 途径在亚细胞的定位存在差异，前者催化的系列酶一般分布在细胞质，通过实验观察发现 MVA 途径合成的萜类产物（部分单萜、倍半萜及三萜）往往在细胞质中被检测到，也说明上游 IPP 的合成支路与下游相应的萜烯合成酶在基因表达与调控上应该存在某种更紧密的联系，但这方面目前仍缺乏充足的实验证据，仅仅是依据实验现象的合理推测。同样，经过 non-MVA 途径合成的单萜、二萜和四萜类产物往往存在于细胞的质体中，说明相应的上下游的酶系也是紧密联系并有明确的亚细胞定位的。

次生代谢往往集中在植物幼嫩、代谢旺盛的生长组织中，例如，嫩叶、花蕾、根尖等组织或器官中，但不同种类植物发生次生代谢的器官往往不同，使得各自天然药物有其独特的入药组织或者器官，并且次生代谢产物合成后可在原处积聚或转化，也可转运至他处贮存，结果使它们在不同植物体内的分布状况各异。液泡和叶绿体通常储藏亲水性的次生代谢产物，苯丙烷和黄酮类常储藏在叶绿体中，一些脂溶性的次生代谢产物则储藏在细胞膜内，单萜或倍半萜等挥发油类产物往往储藏于特殊的油腺细胞中，这类细胞是植物腺毛的特化，分布于叶、茎或花瓣表面。总之，亚类萜产物的合成与相关酶在植物组织器官的定位有关，即使存在于某一植物中，也可能仅存在于某一类器官、组织、细胞或细胞器中，并受到独立的调控。

3.4.1.2 萜烯合成酶编码基因的结构和序列特征

植物的萜类合成酶是由一个共同的祖先进化而来，因为它们有相似的反应机理、保守的基因结构和序列特征。不同类型萜类合成酶似乎发生了一连串内含子的失去和某些基因内部序列的丢失。根据内含子和外显子的类型可将植物中萜类环化酶基因分为三类：①类基因通常含有 12~14 个内含子。该类基因通常具有 11~14 个内含子和 12~15 个外显子。②类基因通常含有 9 个内含子和 10 个外显子，是松类植物萜类合成酶基因的特有类型。③类基因通常含有 6 个内含子和 7 个外显子。仅在被子植物中参与次生代谢的单萜、倍半萜和二萜合成酶中存在，其内含子在所有植物萜类合成酶中都是保守的。

因为各种萜类在细胞中的合成部位不同，对应的亚类萜合成酶的大小、结构各不相同。通常由 550~850 个氨基酸组成，分子质量为 50~100kDa。例如，单萜合成酶通过氨基端的信号肽定位于质体，而倍半萜合成酶定位于细胞质中，因而单萜合成酶一般由 600~650 个氨基酸组成，比倍半萜合成酶多 50~70 个氨基酸。大多数二萜合成酶又比单萜合成酶长出大约 210 个氨基酸，这是由于内部多出一个插入片段。在所有二萜合成酶中，该插入片段位于氨基端活性结构域，在序列和位置上相当保守，可能与环化机理有关，但不直接起催化作用，而可能与稳定、结合和控制有关。萜类合成酶的氨基酸序列比较结果提示所有的萜类环化酶应有相似的三维结构。已有几个萜类合成酶的晶体结构通过 X 线-衍射等方法得到阐明。如烟草中的表-马兜铃酸合成酶，是由 α-螺旋、环状、片状、拐角等立体结构片段组成，序列中含有两个明显的结构域，一个是氨基端结构域，其结构上类似糖苷键水解酶；另一个是羧基端结构域。酶的活性中心是羧基端结构域中的疏水性袋状结构，其富含芳香基团而呈疏水性质，有利于底物的疏水性烃基部分进入和结合。该结构有两个并列的 Mg^{2+} 结合位点和一个焦磷酸基的结合位点。活性中心开启时，两个 Mg^{2+} 并列在袋状活性结构的入口处的两边，301 位到 305 位的天冬氨酸富集区 DDXXD 是萜类合成酶中普遍存在的保守序列，并推测它们是与必需的二价金属离子结合的位点。活性中心的入口处的一些环状结构和氨基酸残基的氨基随机排列且具柔性，有利于与 FPP 的疏水性法尼基相结合。另一个 Mg^{2+} 和两个保守的精氨酸在催化反应中起稳定离子化后焦磷酸负电荷的作用。活性中心的许多芳香族氨基酸也是保守的，它们通过产生 π 电子络合物的中间产物来稳定碳正离子，天冬氨酸的羧基与中间产物的质子移位

（去质子和异位质子化）有关。活性中心的化学修饰研究表明，半胱氨酸、组氨酸、精氨酸在单萜合成酶中是必需的，并在裸子植物和被子植物的萜类合成酶中处于不同的位置和发挥不同的作用。

（1）单萜合成酶　该类产生非环化、单环和二环的烯类、醇类和二磷酸酯的产物。张长波在2007年的研究发现，在裸子植物和被子植物中分离出的单萜合成酶性质有所不同，前者的单萜合成酶的催化反应都需要一价金属阳离子（如K^+）以及二价阳离子（Mn^{2+}或Fe^{2+}）的参与，最适pH值偏碱性。例如，从樟树叶片中克隆到一个香叶醇合酶基因 *CtGES*，在体外原核表达此酶后，发现可以特异利用GPP生成香叶醇，催化反应以Mg^{2+}和Mn^{2+}为辅酶，并且发现 *CtGES* 基因在基因组中为单拷贝，只存在于叶的油腺细胞中。

（2）倍半萜烯合成酶　该酶催化FPP生成倍半萜的反应。从黄花蒿中分离到一个倍半萜烯合酶（*E*）-*β*-法呢烯合酶，编码该酶的基因开放阅读框1746bp，编码574个氨基酸（66.9ku），此酶的氨基酸序列与其他被子植物倍半萜烯合酶氨基酸序列的相似性为30%～50%，体外重组大肠杆菌表达此酶的产物可催化FPP形成单一产物 *β*-法呢烯，反应最适pH值为6.5，Mg^{2+}、Mn^{2+}或Co^{2+}为辅酶。倍半萜烯、单萜烯以及部分二萜烯合成酶在催化底物（GPP、FPP、GGPP）时，碳正离子的形成是由金属离子引起焦磷酸基团离去而产生，因此，把这类酶划分为Ⅰ型萜烯合成酶。Ⅰ型萜烯合成酶包含有2个高度保守区，主要负责底物的结合与催化，其一是天冬氨酸残基富集区DDXXD（E），第二个为D XXXXE区，合并定义为 *α* 结构域，这2个保守区负责结合3个镁离子及引起底物焦磷酸基团的离去。

（3）二萜烯合成酶　二萜烯合成酶的起始底物为GGPP，产物为各种二萜烷或烯，普遍认为反应的历程经历了碳正离子中间体，形成碳正离子既可以像单萜和倍半萜那样由金属离子引起，也可以经过环氧化或碳碳双键质子化作用引起焦磷酸基团离去而形成，后者作用的酶称为Ⅱ型萜烯合成酶，包括二萜烯和三萜烯合成酶都属于这类型的酶。形成了碳正离子之后，再环化形成阳离子中间产物，最终通过质子猝灭或捕获亲核产物后进一步环化形成一系列的二萜。Ⅱ型萜烯合成酶在序列上的保守区为DXDD，中间的天冬氨酸残基作为质子供体促使起始碳正离子的形成，其结构域分别定义为 *β* 和 *γ* 结构域，后者负责焦磷酸基团的离去。

二萜烯合成酶往往是双功能的，既可以催化萜烯生成的Ⅰ型反应，也可以催化Ⅱ型的反应。例如，Brock等于2013年发现半日花烷类二萜合成酶，同时包含 *α* 和 *β* 两个保守区域，其催化GGPP生成松香二烯时反应包含了两种类型的反应机理，绿色荧光融合蛋白检测表明，它定位于细胞质体中。与此相似，紫杉二烯合成酶，是紫杉烷类生成的关键酶，催化GGPP生成紫杉二烯，属于Ⅰ型萜烯合成酶。

萜烯合成酶不仅生成萜烯产物，还可以催化异戊烯基的转移。刘天罡课题组在2020年通过实验证实萜类合酶可以有条件作为芳香族异戊烯基转移酶，具有底物及产物杂泛性。他们用含有倍半萜合酶基因 *AaTPS* 的重组菌株，通过体外反应和酶促动力学实验证实了萜类合酶 AaTPS 具有芳香族异戊烯基转移酶的功能。而且发现其活性偏好受pH值影响，在中性pH值条件下主要发挥萜类合酶功能，而在碱性环境下能够以多种芳香族化合物和DMAPP为底物合成异戊烯基芳香族产物。进一步，实验证实这种芳香族异戊烯基转移酶功能广泛存在于真菌来源（FgGS，FgFS，CgDS等）和植物来源（TXS，紫杉二烯合成酶）的Ⅰ型萜类合酶中，证明了该功能的普遍性。

3.4.2　细胞色素P450单加氧酶

细胞色素P450（CYP450）是广泛存在于真核生物细胞内的、与内质网、线粒体、质体、高尔基体等细胞器膜结合的一类具有混合功能的血红素氧化酶系。余小林等在 2004 年的研究表明，经典的 CYP450 在催化中心有高度保守的 FxxGxRxCxC 的结构域。CYP450 因其还原型与 CO 结合在 450nm 处有最大的吸收而得名。CYP450 酶系包括至少两个功能域，一是辅酶 NADPH/NADH 结合及电子转移至黄素蛋白或者铁硫蛋白或者 NADPH-CytP450 还原酶；二是催化结构域，接受电子的 CYP450 将电子传递给氧然后再氧化底物。萜类生物合成的第四阶段涉及各种官能团的形成，其中，萜类骨架上羟基、酮基、醛基、羧基、酯键以及某些烯键的形成都与 CYP450 酶系有关，是萜类化学多样性进一步演化的主要反应，从现有的大量基因组学数据分析也表明，不同的萜烯合成酶与细胞色素 P450 家族的酶组成基因对、共同存在于植物萜类合成中的概率比想象中要大得多。同时，据统计植物中超过 93% 的萜类化合物含有两个及以上的氧原子，这些氧要么以羟基、酮基、酰基、环氧等形式存在，是 CYP450 酶继萜烯形成之后对底物催化的产物，因此，CYP450 在萜类合成中扮演着关键的角色。依据氨基酸的同源性，将 CYP450 酶进行分类，一般将大于 40% 的归为同一基因家族，同源性大于 55% 的归为同一亚家族。目前，植物中已有 127 个 CYP450 家族被发现，按照系统发育树上的分类，又被分为 11 个簇，其中 CYP51、CYP74、CYP97、CYP710、CYP711、CYP727、CYP746 等为单家族，CYP71、CYP72、CYP85、CYP86 等为多家族，但是 CYP450 的这些分类只能代表进化关系，与其所属的功能无必然的联系。

3.4.2.1 参与单萜和倍半萜氧化的 CYP450 酶基因

马莹等在 2020 年的研究表明迄今已发现大部分单萜和倍半萜羟化或者进一步氧化的 CYP450 酶属于 CYP71D 基因家族，并且当底物结构越相似，P450 酶对底物的特异性不断降低，催化功能具有底物杂泛性。柠檬烯、薄荷醇和香芹酮等环状单萜化合物羟化修饰的 P450 酶均属于 CYP71D 亚家族，并且多具有底物杂泛性。例如，薄荷（*Mentha haplocalyx*）中 CYP71D13、CYP71D15 以及 CYP71D18 等能够催化（+，−）- 柠檬烯羟基化，其中 CYP71D18 催化（+）-（4R）- 柠檬烯产生包含不同旋光性 C6 位羟基化产物、C1,2 位氧桥产物和 C3 位羟基化产物等 5 种同分异构体。典型的倍半萜青蒿素生物合成途径的 P450 酶 *CYP71AV1*，是一个多功能催化酶，能够连续氧化紫穗槐二烯生成青蒿醇再生成青蒿醛，最后羧化生成青蒿酸。进一步研究发现，CYP71AV1 的催化功能具有底物杂泛性，能够催化双氢青蒿醇氧化生成双氢青蒿醛。

3.4.2.2 参与二萜氧化的 CYP450 酶基因

参与二萜氧化的 CYP450 酶分属不同的家族和亚家族。例如马莹等在 2020 年的研究中发现丹参酮骨架结构次丹参酮二烯至铁锈醇以及催化鼠尾草酸合成的酶属于 CYP76A 家族，其他催化松香烷型二萜生物合成中的单加氧反应似乎都属于该家族。紫杉二烯是紫杉醇及其他紫杉烷化合物生物合成的重要中间体，从紫杉二烯到最终形成紫杉醇需要至少经过 C1、C2、C4、C5、C7、C9、C10、C13 等八个位点的有效羟化，目前仅已有 C2、C5、C7、C10、C13 以及羟化旁路 C14 位对应的羟化酶基因被解析。系统分析已从红豆杉属植物中鉴定出紫杉醇生物合成羟化酶的基因，可以发现它们均隶属于 CYP725 家族，其中 C10、C13 以及 C14 羟化酶在常见的数据库（例如 KEGG）中可以明确地查到它们所属的亚家族分别为 CYP725A1、CYP725A2 和 CYP725A3，其余的还不能明确它们所属的亚家族信息。尽管人们对紫杉醇合成中如此多的羟化酶的基因已经克隆，但大部分羟化的顺序仍不清楚，仍有较多 CYP450 酶功能需要发掘。就催化特性而言，只有 C5 的羟化很明确是紫杉烷母核上的首个羟化位点，紫杉二烯 -5- 羟基酶同时也负责催化 C4（5）的双键转移到 C4（20）位置上，从而生成 5α- 羟基 - 紫杉 -4（20），11（12）- 二烯。由于底物及催化酶基因明确，紫杉二烯 -5- 羟基酶也是现今利用合成生物学技术实现紫杉烷化合物异源合成应用最多的羟化酶。

余龙江课题组前期利用 RNA-seq 技术对中国红豆杉细胞进行了转录组测序分析，从中共发现了 266 个细胞色素 P450 酶基因序列，在大部分植物中独有的 CYP 亚家族在转录组中均有发现。从已知的几个羟化酶基因特征进行分析，发现这些羟化酶基因均存在细胞色素 P450 典型保守特征，例如，分子质量约 54～57kDa，血红素结合域在位于第 420 个氨基酸左右具有 PFG 序列，在第 410 个氨基酸处有氧化还原结合模体 PERF 或 PSRF，在第 440 个氨基酸处必有半胱氨酸 C，而第 360 个氨基酸处存在 EXXR 盐桥。对 266 个片段进行亚家族分类，发现归属于 CYP716 和 CYP725 两个亚家族，基因片段共 35 个，包括了 GenBank 中登入的 18 个全长基因及 17 个未知功能的 CYP 450 家族基因，因此，对紫杉烷羟化酶基因的分子生物学研究今后仍有较大的发掘空间。

3.4.2.3 参与三萜氧化的 P450 酶基因

三萜代谢产物结构类型很多，主要包括羊毛甾烷型、达玛烷型、葫芦烷型、齐墩果烷型、乌苏烷型以及羽扇豆烷等亚型，三萜骨架进一步转化为甾体结构，衍生出甾体代谢产物。无论是三萜还是甾体其分子骨架上的羟基、酮基、糖苷键等都需要经过单加氧氧化反应，因此，CYP450 在三萜和甾体的结构多样性及活性形成过程中发挥重要作用。田荣等在 2021 年的报道称参与三萜生物合成的 CYP450 酶主要归属于 CYP51、CYP71、CYP72、CYP85、CYP716 等家族。

CYP51H 属于单子叶植物特有的亚家族，是目前发现的唯一参与三萜类骨架修饰的亚家族，负责对五环三萜的骨架进行修饰。CYP71 是植物最大的 P450 家族，有很多亚家族，包括研究报道较多的拟南芥中的 CYP71A16，在酵母中表达该酶时，发现可以催化三萜 C23 位的羟化。甘草中 CYP72A154 是参与甘草酸生物合成的关键 P450 酶，连续催化 11- 羰基 -β- 香树脂醇经三步氧化反应生成甘草次酸，进一步经过糖基转移酶修饰形成甘草酸（苷）。苜蓿中发现的多种 CYP72 亚家族酶，包括 CYP72A61、CYP72A63、CYP72A67、CYP72A68 等，它们共同参与齐墩果酸型三萜骨架的单加氧反应，其中 CYP72A61 被体外实验证实，为 C22 位羟化酶，能将 24- 羟基 -β- 香树脂醇转化为大豆皂酚 B，CYP72A67 和 CYP72A68 分别为齐墩果酸 C2 和 C23 位的氧化酶。CYP85 是个多家族簇，其中的 CYP87、CYP88、CYP716、CYP708 广泛参与参与三萜骨架的修饰。例如，在五加科植物刺楸（*Kalopanax septemlobus*）中发现的 CYP716A94、豆科植物紫苜蓿（*Medicago truncatula*）中的 CYP716A12、桔梗科植物桔梗（*Platycodon grandiflorus*）中的 CYP716A141 等来自多种科属的 CYP716A 亚家族 P450 均被验证具有 β- 香树脂醇 C_{28} 氧化酶功能。朱灵英等在 2019 年的报道称罗汉果中发现的 CYP87D18 是个多功能酶，对葫芦二烯及其衍生物的 C11 位均有氧化活性，将该基因在酵母中表达，发现可以连续氧化葫芦二烯醇的 C11 位生成 11- 羟基葫芦二烯醇和 11- 羰基葫芦二烯醇。

开放性讨论题

1. 举例展示萜类生物合成研究的最新进展。
2. 有人提出：人体脂质代谢的异常和肠道菌群密切相关。学了本章内容，你觉得最有可能涉及哪些物质的共代谢？查阅近几年的文献，完成一篇 2000 字左右的小综述。

思考题

1. 简述萜类合成的 MAV 和 non-MAV 途径的主要反应及特点,并明确关键酶和关键的中间体是哪些?用相关软件画出途径前体及关键中间体的分子式,如 ChemDraw 等。
2. 概述萜类天然产物的分类依据,并指出萜类生物合成前体有哪些?
3. 列举三个萜类次生代谢产物,依据结构推测其生物合成途径及其关键酶。

本章参考文献

4 聚酮类代谢产物及其生物合成

教学目的与要求

1. 掌握聚酮类生物合成途径来源的主要次生代谢产物的结构与天然产物化学分类,通过多个典型聚酮类产物的结构辨识C_2途径合成的次生代谢产物,了解典型聚酮类的在制药、生物代谢等研究中的应用,扩大学生对天然产物生物技术的认知。
2. 掌握聚酮类次生代谢产物在生物合成上游的基本前体、反应、关键步骤以及关键酶,理解并掌握聚酮合酶的模块化组成、催化特点及合成反应机制。
3. 对于大环内酯类产物,掌握并理解其产物结构与酶的功能模块间的密切关系,学会从酶的模块推测产物一级结构或者依据产物结构推测酶的结构域组成。
4. 通过典型聚酮类次生代谢产物的生物合成学习,提升对脂肪酸生物合成的认知,激发学生从事生命科学交叉与合成生物学创新的信心和使命感。

重点及难点

聚酮类产物与脂肪酸在生源关系上的异同比较;聚酮类次生代谢结构与聚酮合酶的强关联及机制推演;多不饱和脂肪酸生物合成途径的推测;通过聚酮途径合成的植物源芳香环次生代谢产物特征;将聚酮类与脂肪酸、萜类等次生代谢产物进一步广泛连接,为相关创新研究打基础。

问题导读

1. 什么是聚酮类产物?植物源的聚酮和微生物源的聚酮有什么不同?它们在体内如何合成?
2. 微生物源的聚酮产物往往具有独特优良的利用价值,如何利用生物技术让微生物大量合成某一目标聚酮产物?
3. 列举几个典型的聚酮类次生代谢产物,说明它们的生物合成底物、延长单位、主要反应、酶的结构域组成,以及催化聚酮合成时的机制。

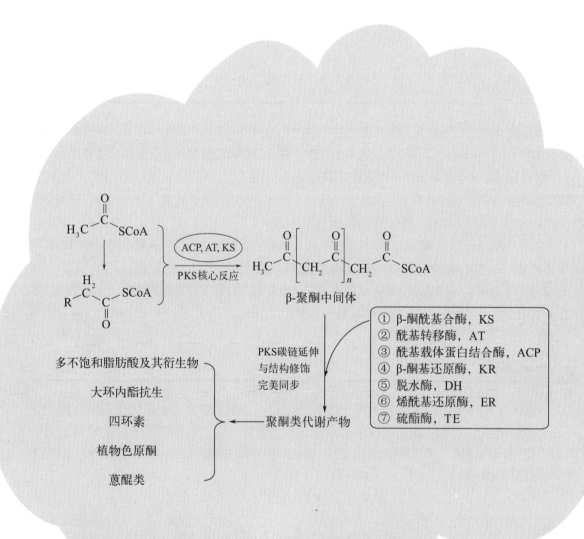

4.1 源于聚酮途径的次生代谢产物

聚酮化合物是指由乙酰辅酶 A 为起始物，通过乙酸（C_2）单位的缩合反应、经由多聚-β-酮链中间体，最后合成结构和功能多样化的代谢产物。聚酮途径合成的次生代谢涉及结构及功能多样的天然产物，目前已发现了不少于 10000 种聚酮化合物，而由之衍生出的新产物更是难以记数，包括稀有脂肪酸及其衍生的脂类、大环内酯类抗生素、四环素类、芳香族醌类等。它们可以由植物产生，如月见草中的 γ-亚麻酸、具有良好增强免疫功能的紫锥菊有效成分二烯-二炔烷基酰胺类化合物，和紫松果菊中的主要成分二烯-二炔烷基酰胺化合物、天然药物成分大黄酸及其蒽酮、类黄酮部分骨架等都是通过聚酮途径合成的，因为蒽醌类代谢产物另有一章专门介绍，本章侧重介绍微生物合成的醌类产物。细菌、真菌等低等生物也可以产生各种结构多样的聚酮类次生代谢产物，例如，具有抑制细菌的红霉素和四环素、抑制真菌的灰黄霉素和两性霉素、杀灭寄生虫的阿维菌素类，以及具有抗癌的埃博菌素等，有些抗真菌聚酮化合物同时还具有免疫抑制剂的活性（如雷帕霉素）都可以从聚酮途径合成，这些代谢产物结构详见拓展知识 4-1。这些聚酮代谢产物如今已被广泛地应用于医药、畜牧和农业。聚酮类代谢产物在生物合成上独特的机制，聚酮合酶所具有的可塑性为生物技术操控生物合成提供了巨大的可能性，在化学结构和酶蛋白基因的关联规律为深入研究次生代谢催化的分子机制、分子识别和蛋白质的相互作用提供了空前的契机，使人们方便地通过组合生物合成及合成生物学方法来获得新的"天然产物"。无论是对已成熟产品的产量提升还是新活性天然产物的发现，对生物合成途径的认识无疑都是"万丈高楼"的地基。关于聚酮类次生代谢产物的结构及分类的学习可参考视频资源 4-1。

4.2 聚酮类代谢产物生物合成中的主要反应

聚酮合成途径一般分为两阶段：第一阶段形成多聚-β-酮中间体，生成适当长度的聚酮体，第二阶段为碳链官能团的修饰与骨架延伸同步进行，最终碳链的长度取决于硫酯酶的特异性。关于聚酮类次生代谢产物生源途径的学习可参考视频资源 4-2。

第一阶段所进行的典型反应是克莱森缩合反应，乙酰辅酶 A 是最常见的底物，其他丙酰、异丙酰、丙二酸单酰辅酶 A 等含 $C_2 \sim C_4$ 的短链脂肪酰辅酶 A 也是常用的底物。以底物乙酰辅酶 A 为例，反应起始由 2 分子的乙酰基辅酶 A 经克莱森缩合生成乙酰乙酰辅酶 A，然后与下一个乙酰辅酶 A 分子重复克莱森缩合反应，得到适宜长度的多聚-β-酮，每经过一次缩合反应，碳链按 C_2 为单位逐渐增加，这一过程的逆反应过程为脂肪酸代谢过程的 β-氧化反应。在聚酮生物合成中，乙酰辅酶 A 往往先在辅酶生物素和 ATP 的作用下生成丙二酸单酰辅酶 A，由其作为延伸单位进行后续的聚合。乙酰辅酶 A 经羧化后 α-H 的离去活性增加，更容易产生 α-C 强亲核基进攻另一个分子的羰基碳发生缩合反应，在缩合的同时丙二酸中的羧基以 CO_2 的形式消除离去，因此，丙二酸单酰辅酶 A 参与的聚酮缩合过程中，每经过一次缩合，会释放一分子 CO_2，伴随着碳链增加 2 个碳原子而不是 3 个（图 4-1）。此过程中，生物素作为 CO_2 的载体，在丙二酸单酰辅酶 A 的生成和缩聚反应起着关键的作用，乙酰辅酶 A 羧化酶（ACC）催化从乙酰辅酶 A 向丙二酸单酰辅酶 A 的合成（图 4-2），它是生物素依赖的酶，因为 ACC 是丙二酸单酰辅酶 A 参与的聚酮生物合成途径中的第一个酶，是限速酶，因此也是聚酮途径涉及最多的关键酶之一。

聚酮途径涉及的反应包括酰基辅酶 A 活化羧酸、醇醛缩合形成聚酮链骨架、环化或者芳香化、加氢还原、脱氢氧化、脱水、硫酯键形成与水解、糖基化等，按照酶的功能域，催化聚酮合成的结构域主要参与的酶见图 4-1。其中，硫酯酶负责将聚酮产物的酰基与结合蛋白形成的硫酯键断裂，或水解或再结合辅酶 A，释放出产物分子，一旦硫酯酶作用之后，聚酮体碳链一般不再继续延伸，因此，聚酮碳链的长短主要是由硫酯酶决定的。聚酮途径的两个阶段并没有明显的分界，实际上，很多聚酮代谢产物分子中官能团及骨架的形成和碳链延伸过程是不可分割的整体，按照"模块化"的方式进行，催化聚酮生物合成的酶是多功能复合酶，简称聚酮合成酶（PKS），不同种类的代谢产物其生物合成的模式既有相似的地方也有明显的区别，依赖于 PKS 的类型和特性。

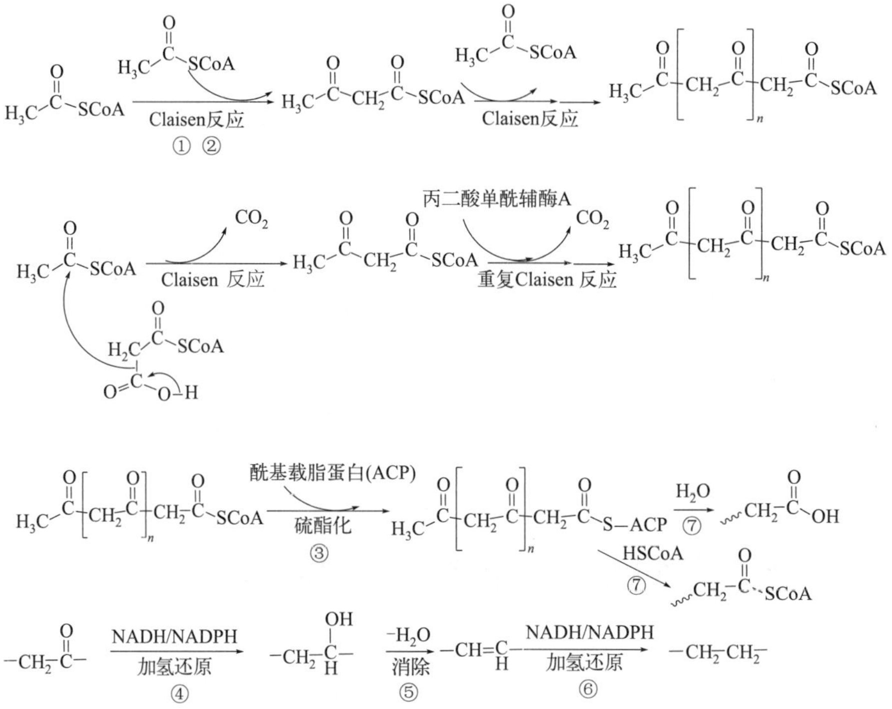

① β-酮酰基合酶，KS
② 酰基转移酶，AT
③ 酰基载体蛋白结合酶，ACP
④ β-酮基还原酶，KR
⑤ 脱水酶，DH
⑥ 烯酰基还原酶，ER
⑦ 硫酯酶，TE

图 4-1 聚酮途径中的主要反应及酶

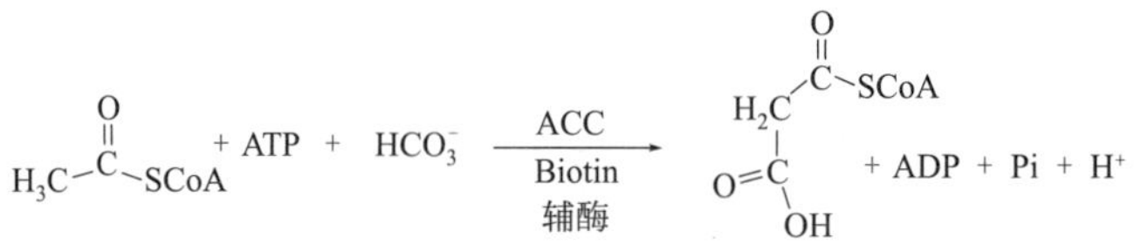

图 4-2 乙酰辅酶 A 生成丙二酸单酰辅酶 A 的反应（ACC：乙酰辅酶 A 羧化酶，Acetyl-CoA Carboxylase）

4.3 典型聚酮类代谢产物生物合成途径实例

4.3.1 脂肪酸生物合成途径

脂肪酸是生物体内中性脂肪、磷脂及糖脂的主要成分，生物合成饱和/不饱和脂肪酸的途径在生物界是相对保守但也保留一定的种属特异性，动植物脂肪酸中超过半数为含双键的不饱和脂肪酸，并且常是多双键不饱和脂肪酸，简称多不饱和脂肪酸（PuFAs）。细菌脂肪酸很少有双键但常被羟化，或含有支链，或含有环丙烷的环状结构。哺乳动物和人体不能合成亚油酸和亚麻酸，花生四烯酸是哺乳动物细胞的重要信号及膜构建分子，可以由亚油酸合成，但花生四烯酸在植物中含量很少（图4-3）。亚油酸、亚麻酸在植物中含量丰富，是人生长所必需的，需要由食物供给，故称为必需脂肪酸。月见草、黑醋栗、紫草、琉璃苣等植物中，富含亚油酸和 γ- 亚麻酸，可作为人体不饱和脂肪酸的良好来源。此外，一些深海鱼类、藻类、微生物等可以利用亚油酸脱饱和后的 α-亚麻酸合成十八碳四烯、二十碳四烯/五烯（EPA）、二十二碳五烯、六烯酸（DPA/DHA）等，这些 PuFAs 近年来被发现具有重要的生理、药理调节功能，是各类保健品追逐的热点脂肪酸。例如，DHA 有很好的健脑功能，并对阿尔茨海默病、异位性皮炎、高脂血症有疗效；EPA 能使血小板凝聚能力降低，使出血后血液凝固时间变长，从而降低心肌梗死发病率等；EPA 还可降低血液黏度、提高 HDL-C（优质胆固醇）的浓度，同时降低 LDL-C（劣质胆固醇）的浓度，因此 EPA 被认为可能对心血管疾病有良好的预防效果。这些 PuFAs 除了可以从深海鱼油产品及摄入沙丁鱼、乌贼、鳕鱼等食物中获得外，现在也可以通过工业发酵的途径。对脂肪酸生物合成途径的认识不仅对于提高植物油品质、工业发酵生产 PuFAs 有直接的指导，对聚酮类代谢产物生物合成途径及生物学调控更有"先导"作用，实际上，聚酮类与脂肪酸的生物合成在底物、反应、催化模式、反应机制及调控等方面都是相同和相似的。

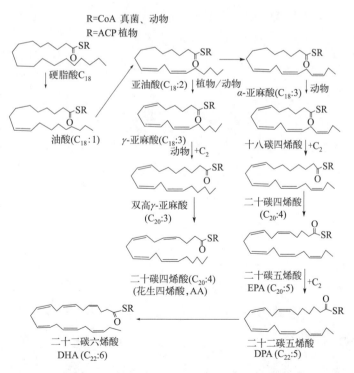

图4-3 常见不饱和脂肪酸的生物合成途径

脂肪酸的合成通常经历三个阶段，首先是 $C_{16} \sim C_{18}$ 饱和脂肪酸合成（合成软脂酸/硬脂酸），然后是脱饱和生成油酸，进一步再进行碳链延伸同时发生多位点的脱饱和。饱和脂肪酸的合成和聚酮合成途径几乎相同，由乙酰辅酶 A 为起始物，丙二酸单酰辅酶 A（Mal-CoA）为延伸单位，Mal-CoA 又是由乙酰辅酶 A 经乙酰辅酶 A 羧化酶在生物素和 ATP 的辅助下生成。Mal-CoA 分子中 α-H 被羧基取代后更容易生成 α-C 亲核试剂，更容易对另一分子中的羰基发生亲核进攻发生缩合反应，反应中生物素也作为 CO_2 的载体，双向催化 CO_2 的结合与释放。Mal-CoA 作为延伸碳链的重要单元贯穿脂肪酸的碳骨架形成，每次循环碳链延长两个碳原子，直到获得适宜长度、碳原子数为偶数的饱和脂肪酸（图 4-4）。图中 ACP 为酰基载体蛋白的缩写，其中的磷酸泛酯巯基乙胺是酰基结合的关键点，类似于 CoA 结构，作为一个灵活的"长臂"，乙酰 CoA 和 Mal-CoA 被 ACP 结合固定，酰基转移酶（AT）负责将前端的产物送到酶的催化中心进行缩合，缩合催化酶（KS）通过其中的半胱氨酸与底物或中间体的酰基结合，在酶催化部位与延伸单位 Mal-CoA 发生缩合同时脱羧，形成一个单位的碳链延伸。形成的聚酮体紧接着在酮酰还原酶（KR）、脱水酶（DH）、酰烯还原酶（ER）的顺次催化下发生还原，将延伸的 C_2 链修饰成为饱和的烷基（图 4-5），再发生下一轮的碳链延伸与还原，直到遇到了硫酯酶（TE），碳链产物从 ACP 结合键断裂形成自由的脂肪酰 CoA 或者脂肪酸，现在已明确，上述这些酶不是自由存在于基质中的，而是作为酶的功能域，脂肪酸合成酶（FAS）因此是多酶复合物，目前的研究认为 FAS 是二聚体，可以同时合成两条软脂酸链。

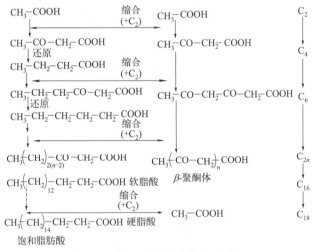

图 4-4 饱和脂肪酸生物合成途径

目前，发现了约 200 多种不饱和脂肪酸，研究和应用较多的还是 UsFA，不饱和脂肪酸中碳-碳双键通常在距甲基端 C3、C6、C9（ω-3、ω-6、ω-9）等位置，虽然不饱和脂肪酸的生物合成途径不仅限于图中所示的两条，但从生物化学的角度看，生物体内的不饱和脂肪酸主要来源于外源或从头合成的饱和脂肪酸，通过相应烷基去饱和作用生成，脱氢过程中氧作为电子转移的受体，一个氧原子接受来自每生成一个双键脱离的两个 H 原子从而生成水，另一个氧接受来自 NADPH 或 NADH 的两个氢，因此，脱饱和酶的辅酶仍是还原型辅酶，脱饱和酶一般都是细胞色素还原酶家族成员，这类酶在催化特性上是严格底物特异性的，在不同生物种属间存在差异，哺乳动物体内一般都有 Δ9 脱饱和酶，其为细胞色素 b5 还原酶，可以利用硬脂酸底物生成油酸。

4.3.2 含芳香环的聚酮产物

某些芳香族天然产物也可以通过聚酮途径合成，这些产物目前发现有苯乙酮或甲基苯甲酸、大黄酸类蒽醌以及类黄酮的 A 环骨架等。图 4-6 提供的是苔藓酸和间三酚苯乙酮的生物合成途径，由乙酸辅酶 A 起始，经过 3 次 mal-CoA 作延伸单位的缩合生成多聚 -β- 酮酯中间体，进一步通过 A、B 两种折叠方式成环，后续再进行还原和烯醇异构化形成不同的芳环骨架。聚酮途径合成的芳环代谢产物碳骨架一般具有偶数碳的特征，例如，C_6+C_2 或者 $C_6+C_1+C_1$ 的类型（图 4-7），与莽草酸及桂皮酸途径形成的产物结构上略有差别。

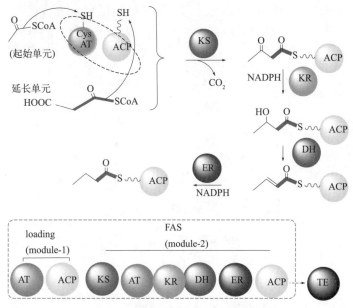

图 4-5 脂肪酸生物合成途径中的反应历程

注：酰基载体蛋白结合酶（ACP）；酰基转移酶（AT）；β- 酮酰基合酶（KS）；β- 酮酰还原酶（KR）；脱水酶（DH）；烯酰基还原酶（ER）；硫酯酶（TE）。

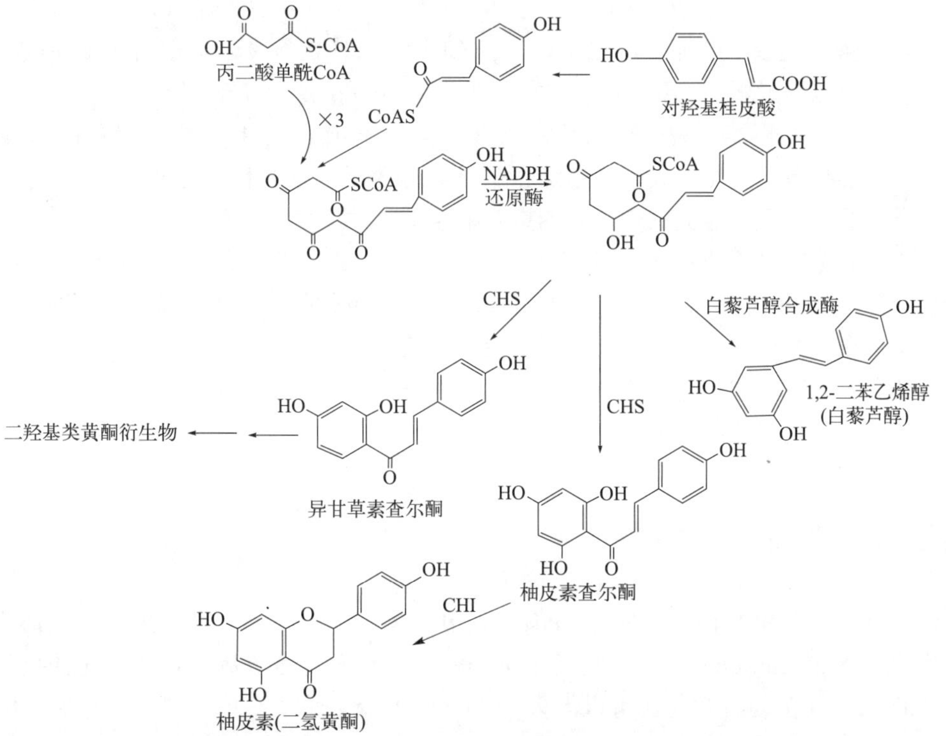

图 4-6 黄酮类通过聚酮与桂皮酸的复合途径合成

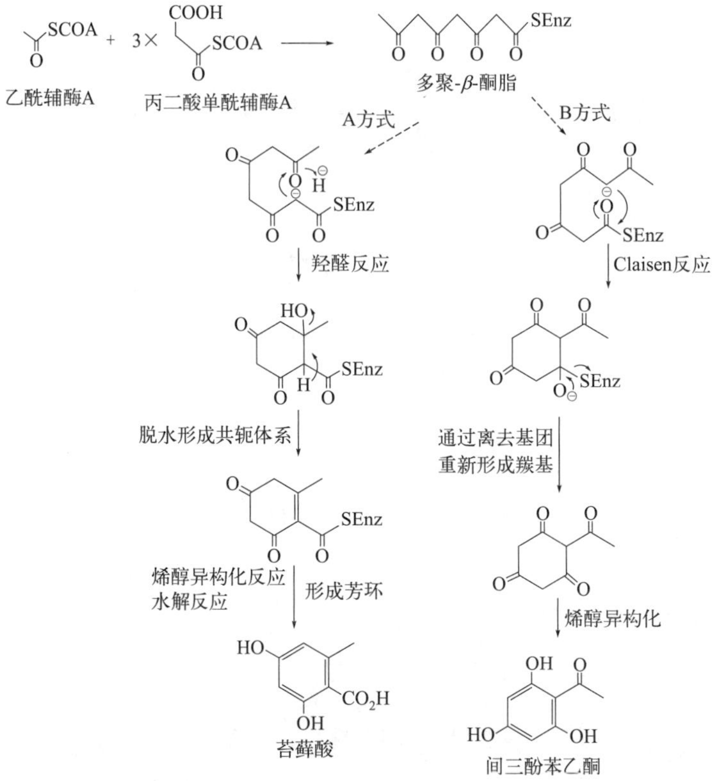

图 4-7 部分芳香环代谢产物生物合成的聚酮途径

黄酮类和芪类天然产物的生物合成是通过复合聚酮和桂皮酸途径而来，聚酮途径提供了黄酮的 A 环骨架，反应时以 4-羟基桂皮酸 CoA 为起始，与 3 分子丙二酸单酰辅酶 A 连续缩合生成多聚 β-酮中间体，环合可以通过羟醛缩合，也可以通过 Claisen 反应进行环合，前者生成黄酮类骨架查尔酮，进一步衍生出包括黄酮、二氢黄酮、黄烷、原花青素、花青素等亚类（图 4-6），后者则生成芪类，例如白藜芦醇等，后续相关途径细节将在第 6 章另行介绍。从桂皮酸 CoA 到查尔酮或者二苯乙烯衍生物，虽然有多步的化学反应，但这也是在多酶复合物催化下完成的，因此，查尔酮合成酶（CHS）、二苯乙烯合成酶等是类黄酮合成的重要限速酶。

部分蒽醌类天然产物的是通过聚酮途径合成的，图 4-8 是大黄酸及大黄酸甲醚的生物合成途径，以乙酰辅酶 A 为起始单位，以丙二酸单酰辅酶 A 为延伸单位，经过 8 次聚合，形成八聚中间体，通过环化分别形成大黄酸和大黄素甲醚及其衍生物。还有一部分蒽醌是通过莽草酸与萜类途径的复合生成的，例如，茜草素型蒽醌的生物合成途径是由异分支酸提供了 A、B 两环，由萜类途径合成的 IPP 形成 C 环（详情见第 5 章）。

4.3.3 四环素的生物合成途径

四环素是从微生物链霉菌属（*Streptomyces*）中分离鉴定的一类广谱抗生素，包括四环素、金霉素、土霉素（Oxgtetracycline）等。20 世纪 60～70 年代曾经是临床上广为应用的抗生素，因为对革兰氏阳性及阴性菌均有效，还可以有效治疗衣原体、支原体、布鲁菌和立克次体等微生物感染。四环素类的抗菌机理更多针对的是细胞壁，主要是抑制细菌蛋白质合成，作用于核糖体 30S 小

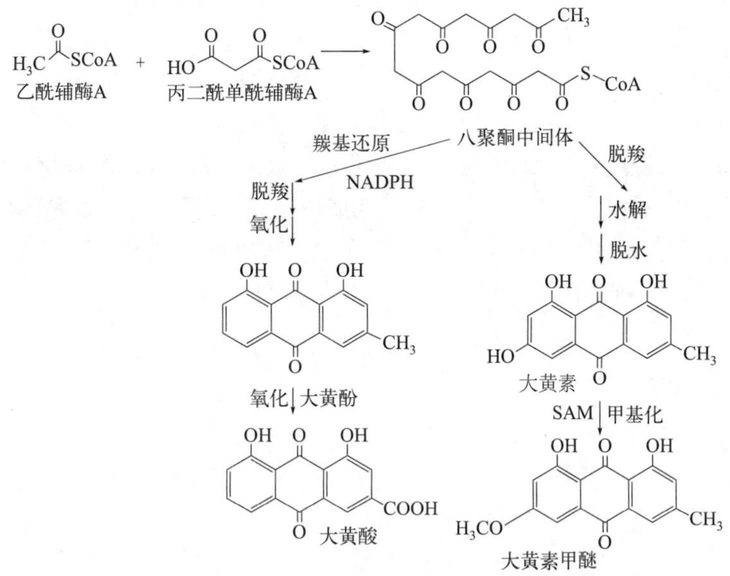

图 4-8 聚酮途径合成蒽醌类的系列反应示意图

亚基，干扰密码子的识别等途径，对人体的副作用相对较小。但四环素类药物也存在明显的副作用及耐药性现象，通过口服和注射外，还可以通过滴剂和皮肤局部给药等方式，可以减少副作用，充分发挥其广谱的抗菌效果。四环素类也有一些抗肿瘤药物，例如，柔红霉素和多柔比星是临床广泛用于白血病、淋巴癌和其他各种实体瘤的药物，主要作用于细胞的 DNA，通过细胞毒性抑制肿瘤细胞生长。

四环素类的生物合成途径主要涉及丙二酸单酰辅酶 A 的系列反应，先生成丙酰胺辅酶 A，再由后者作为起始单位和丙二酸单酰辅酶 A 经过 8 次缩合，形成聚酮体，经分子内环化后形成酶联蒽酮中间体，后续经过甲基化、水解、氧化、氯化等步骤，生成线性四环蒽骨架的代谢产物（图 4-9）。

4.3.4 红霉素的生物合成途径

大环内酯是聚酮途径合成的一类最典型和最有研究价值的代谢产物，临床上已被用于抗生素、抗癌及免疫调节剂等，一般含有 12～16 元的内酯环，环上有甲基、羟基、羰基、糖苷等多种多样的取代基，红霉素是这类代谢产物的典型，也是认识聚酮类生物合成途径及机制的"窗口"。

红霉素分子含有一个十四元的内酯环，商品红霉素主要成分是红霉素 A，同时也含有红霉素 B 和 C 的混合物，红霉素的这三个单体都是从 6-脱氧红霉素内酯 B（6-DEB）经过聚酮后修饰途径获得，6-DEB 的合成是通过典型的聚酮途径（图 4-10）。起始单位为丙酰辅酶 A，延伸单位为甲基丙二酸单酰辅酶 A，碳链的立体化学特性由延伸过程中的缩合反应和还原反应决定，聚酮合成酶（PKS）包括了缩合反应的酮酰基合成酶（KS）、酮酰基还原酶（KR）、脱水酶（DH）、烯酰基还原酶（ER）等多种催化结构域，各负其责催化相应产物分子形成的反应，硫酯酶（TE）负责控制碳链的长度，经过约 6 轮的缩合，TE 将形成的链状中间体从酰基结合的 ACP 硫键切断，链状分子释放后酰基端与链状分子的开始端的羟基形成内酯键，完成 6-DEB 的合成。从对 6-DEB 的生物合成途径的剖析，可以发现产物骨架及其上的主要官能团与 PKS 上特有的催化结构域是直接对应的，碳链按照延伸单位所提供的异丙基依次延伸，其中主链上每轮延伸增加 2 个 C，支链增加 1 个 C，形成红霉素大环内酯独特的多甲基大环内酯，PKS 呈现"模块化"的催化特性，每个模块至少包括 ACP，AT 和 KS 结构域，除此之外，每个模块上特有的基团修饰结构域决定了产物分子的结构细节。例如，6-DEB 分子中 C-3,5,11,13 位上的羟基应该对应于 PKS 相应模块的 KR 酶，而 C-9 位保留了聚合后的羰基，说明该模块的 PKS 上缺乏 KR，C-7 位上形成的是烷烃对应于其 PKS 上应该包含 KR、DH、和 ER 三种催化酶域。在聚酮产物形成之后，仍可能发生基团的再修饰，例如 C-6 和 C-12 位上的羟化，以及 C-3 和 C-5 位上的羟基依次糖苷化反应，另外还有糖基侧链的特定修饰，最终生成红霉素 A、B、C（图 4-11）。

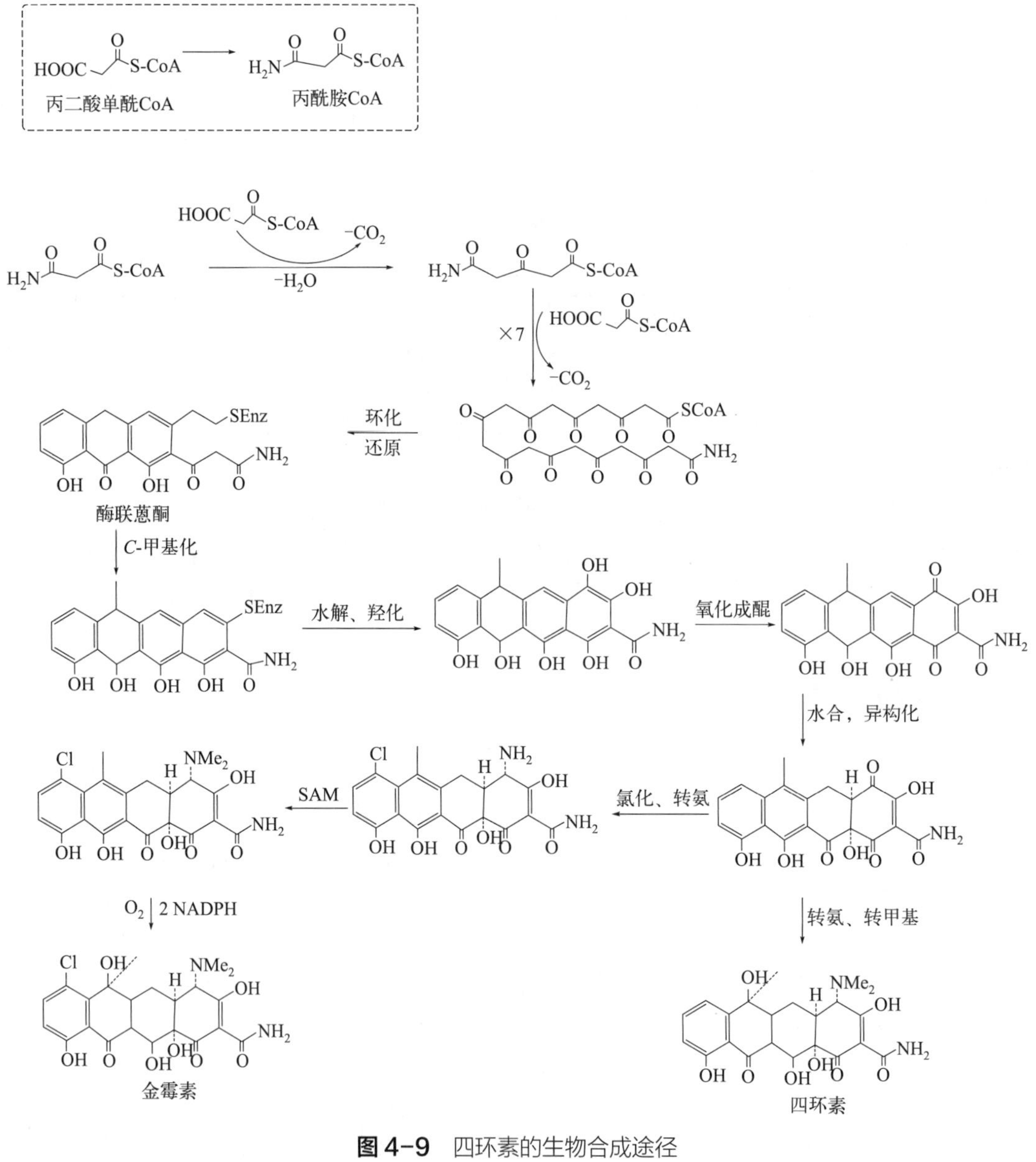

图 4-9 四环素的生物合成途径

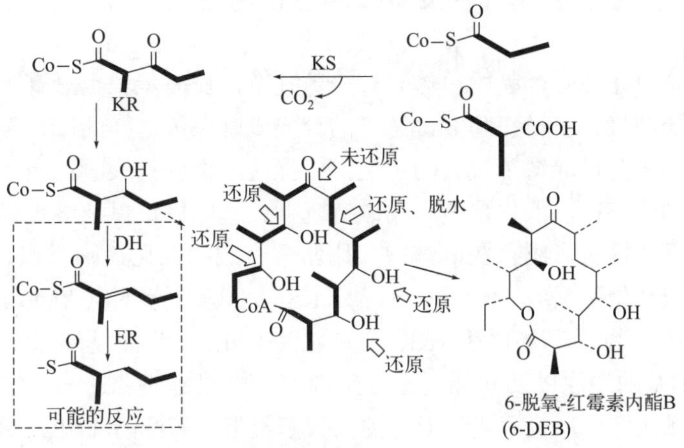

图 4-10 脱氧红霉素内酯 B 的生物合成途径

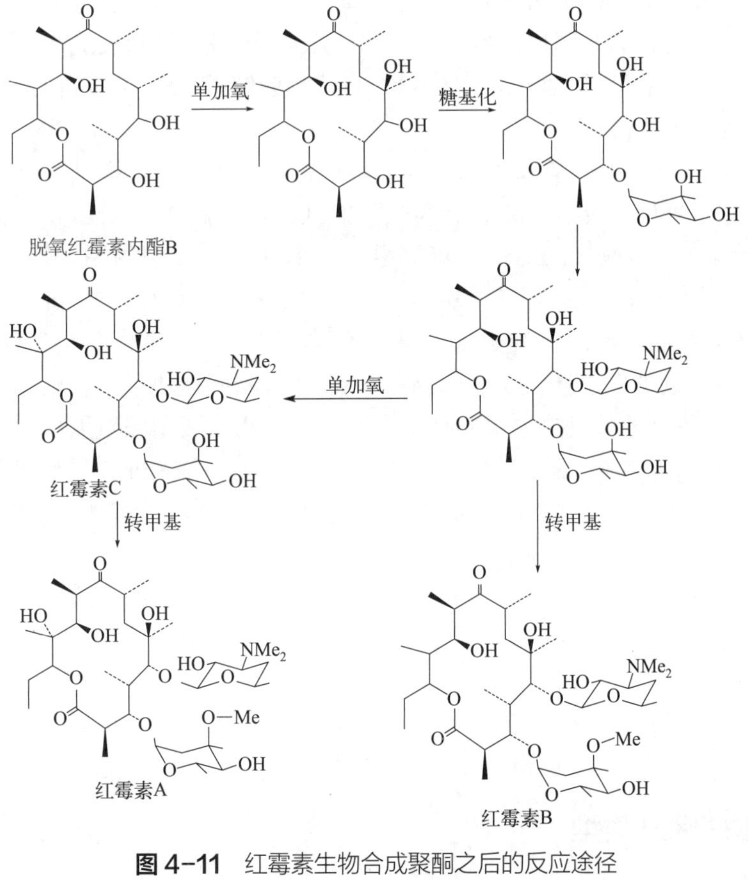

图 4-11 红霉素生物合成聚酮之后的反应途径

4.4 聚酮的模块化生物合成机制及其酶学基础

4.4.1 聚酮的模块化生物合成机制及多酶复合物组成

从聚酮类的生物合成途径看，起始单体只有少数几个，反应步骤也只有可数的几步，但已经发现的聚酮类化合物种类却极其多样，那么，怎样的合成机制保证这样的产物多样性？目前对微生物聚酮类生物合成机制的研究已取得了较大的进展，已探明了微生物聚酮次级代谢产物的生物合成基因呈现典型的成簇排列的特征，催化聚酮产物碳链延伸、基团修饰以及终止延伸等反应的聚酮合成酶（PKS）是以多酶复合物的形成存在，与饱和脂肪酸合成的催化机制类似（图 4-11），PKS 中负责酮酰缩合的酶结构域至少包括 β-酮酰基合成酶（KS）、酰基转移酶（AT）、酰基载体蛋白（ACP）三个结构域，另外存在 β-酮酰基还原酶（KR）、脱水酶（DH）、烯酰基还原酶（ER）等可变结构域，负责将缩合后的 β-酮基的还原以及和邻近碳发生脱水生成双键或者进一步加氢生成饱和烃链，因此，这些可变的结构域决定了形成聚酮骨架上的取代基类型。硫酯酶（TE）负责将聚酮中间体从与 ACP 连接的硫酯键处切断，使聚酮反应终止，因此，有 TE 的结构域模块对应着聚酮链反应的完成，决定了聚酮发生的缩聚合单元的数量，即决定了聚酮碳链的长度。这些功能域在组成空间及排列上高度有序，并精巧地相互配合，共同催化延伸碳链及特定骨架形成的过程，碳链每延伸一次的多酶复合区域称为一个"模块"，模块的线性顺序与其催化的延伸单位在聚酮化合物中的顺序有着严格的对应关系。从多酶复合物的基因层面看，编码特定产物合成相应的 PKS 的结构基因、调节基因、耐药性基因和转运蛋白等都集中位于染色体基因簇的一段连续区域，编码 PKS 中每个碳链延伸的酶模块的基因也称为一个"模块"。

如图 4-12 所示，反应由丙酰辅酶 A 作为起始单位，甲基丙二酸单酰辅酶 A 作为延伸单位，通过 6 轮缩合生成红霉素生物合成的关键中间体 6-脱氧红霉素内酯 B（6-DEB），催化 6-DEB 生成的酶为脱氧红霉素内酯 B 合成酶（DEBS），该酶由 6 个模块按预定的顺序排列，对应于每一轮的缩合及 β-位上生成的基团类型。例如，在模块 1 上除了 AT、KS、ACP 结构域外，另包含 KR 结构域，对应的中间产物为 β-羟基产物，依次类推，随着碳链延伸，与 ACP 连接的硫酯端 β-位出现有羟基、酮基或者烃基等不同的官能团类型，严格对应于 PKS 相应模块所包含的结构域类型，产物结构与 PKS 模块组成这种一一对应的关系，是聚酮类产物生物合成中很重要的生物化学特性，也是可被人为生物技术操作的关键。对于其他聚酮类产物，尽管结构和 PKS 催化机制稍有不同，但所有类型的聚酮合酶（PKS）都包含 AT 和 KS 结构域，大部分会包含 ACP，但对于部分 PKS，ACP 并不是必需的。

聚酮次生代谢调控可以发生在转录水平，除了受特异的途径专一性调节因子调控外，还受到底物供应的限制，因为聚酮生物合成的底物或延伸单位最终还是来源于乙酰辅酶 A，正因为乙酰辅酶 A 是细胞初生代谢的核心节点，因此，对于微生物来说，胞内初生代谢和能量代谢的状态都会影响其聚酮生物合成的方向和通量。

4.4.2 聚酮合酶的催化类型

聚酮合成酶（PKS）是参与聚酮化合物生物合成的关键酶。PKS 通常以脂酰-CoA 为底物，通过多次 Claisen 脱羧缩合过程产生聚酮类化合物，通常作为脂类、大环内酯、部分芳环等次生代谢

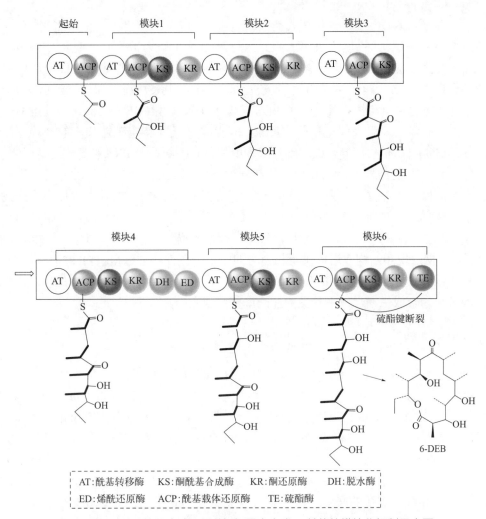

图 4-12 PKS 催化合成 6- 脱氧红霉素内酯 B 前体的模块化机制示意图

产物生物合成中的重要中间体,其过程与脂肪酸合成类似,但也有显著的不同。根据 PKS 的组成特点和催化机理,分为 PKS Ⅰ、PKS Ⅱ、PKS Ⅲ型等三种类型。

4.4.2.1 PKS Ⅰ型

Ⅰ型 PKS 主要是以模块形式存在的多功能酶,该多功能酶由几条多肽组成,每一条多肽都分别携带有参与聚酮生物合成所必需的各种酶的结构域,每一模块含有一套独特的、非重复使用的催化功能域,例如 KS、AT、ACP 等,模块中非重复使用的结构域具有精巧的空间排列顺序,使得碳链延伸时脂酰的转移、Claisen 缩合等系列操作在 ACP 上的泛酸乙酰巯基的"长臂"上有序高效地进行,生物合成的反应顺序与模块内结构域呈线性对应关系。Ⅰ型 PKS 主要催化合成大环内酯类、多烯脂肪酸类及聚醚类化合物。6-DEBS 就属于典型的 Ⅰ 型 PKS,是目前研究和报道最多、研究较为透彻的一种聚酮合酶。红霉素最早从糖多孢红霉菌(*Saccharopolyspora erytherus*)中被分离鉴定。从该微生物中分离出多种十四元大环内酯类抗生素,包括红霉素 A、B、C、D、E、F,临床上广泛应用的是红霉素 A。它们都包含 6-DEB 核心结构,6-DEBS 是研究最为清楚的 Ⅰ 型 PKS,其他催化大环内酯类代谢产物生物合成的 PKS 一般都属于 Ⅰ 型,例如参与雷帕霉素、阿维菌素、多杀菌素、埃坡霉素等的 PKS 与 6-DEBS 的催化模式类似。

Ⅰ型 PKS 最初发现在细菌来源的聚酮化合物生物合成中较为常见，早期曾将 PKS 结构域是否可被重复使用分为Ⅰ型 PKS 和Ⅱ型 PKS，Ⅰ型 PKS 为非迭代型，Ⅱ型为迭代型。后来发现，某些真菌类中存在的 PKS，其模块内的结构域基因簇与Ⅰ型 PKS 相同，但其仅包含一个在碳链合成过程中重复使用的模块，把这种类型的 PKS 定义为迭代Ⅰ型 PKS。其催化特性类似于脂肪酸合酶，每一结构域被多次地用来催化相同的反应，直至形成某一特定碳链长度的产物。绿色链霉菌（*Streptomyces viridochromogens*）合成阿维拉霉素中的苔藓酸结构的 PKS 被证实是迭代Ⅰ型。

正是 PKS 模块酶的结构域组成和顺序的特异性，决定了对底物的特异性，进一步决定了Ⅰ型 PKS 对起始单位和延长单位的选择，而 PKS 每个模块上还原结构域的种类则使聚酮产物得到不同程度的还原，这两方面共同决定了最终合成的聚酮化合物的分子结构，特别是碳链的长度、组成特征以及官能团的位置和类型等，产生结构各异多样性的产物。了解Ⅰ型 PKS 生物学及催化特性，可以为聚酮化合物发现和结构改造提供了相当大的技术可塑性，通过模块内或模块间基因的合理重组，设计出新基因（簇）组成或新的生物合成途径，最终可控生物合成预想中的代谢产物分子，这也是Ⅰ型 PKS 作为合成生物学应用备受关注的重要原因之一。

4.4.2.2　PKS Ⅱ型

Ⅱ型 PKS 由几个离散的、可分离的多肽构成的多酶复合物，包含可重复使用的结构域。Ⅱ型 PKS 催化的最大特性在于催化结构域的可重复性使用，类似于脂肪酸合酶，每一结构域被多次地用来催化相同的反应，直至形成某一特定碳链长度的产物，但与Ⅰ型迭代型有所不同的是，碳链延长之后，会有酮基还原酶 KR、环化酶 CYC 以及芳香化酶 ARO 等系列催化步骤，最终形成多环的芳香族聚酮产物。例如，四环素、苯乙酮等部分芳族衍生物，以及大黄酚衍生物的生物合成就是通过Ⅱ型 PKS 酶催化而来。Ⅱ型 PKS 在碳链延伸时产物通常保留了 β- 位上的酮基，PKS 缺乏还原性结构域，导致 β- 聚酮中间体的产生。和Ⅰ型 PKS 相比较，Ⅱ型 PKS 在起始单位和延长单位的选择方面变化不大，通常为乙酰辅酶 A 或其他极短链脂肪酰辅酶 A，Ⅱ型 PKS 酶催化下产物的结构多样性主要是来自聚酮链合成后的还原、芳香化过程的修饰。

Ⅱ型 PKS 主要包含 KSα、KSβ 以及 ACP 三个结构域，尽管缺乏 AT 结构域，但仍具有酰基转移酶的活性。通过对结构域的部分组合发现，KSβ 部分决定了产物链的长度，KSβ 也被称为链长因子（Chain Length Factor，CLF），而 KSα 实际上起到的是酮合酶的作用。因为Ⅱ型 PKS 催化链的延长主要以丙二酰 CoA 为底物，每轮脱羧缩合反应的同时，伴随着聚酮化合物链增加两个碳单元。与Ⅰ型 PKS 的链长因子 KSQ 相比，Ⅱ型 PKS 的链长因子 CLF 的 KS 结构域类似，主要的区别是 KS 的活性中心残基半胱氨酸被高度保守的谷氨酰胺代替，这个氨基酸对这一结构域的脱羧酶活性及 C—C 键的形成具有重要的作用，但确切机制仍然不是十分清楚。

从技术层面看，因为Ⅱ型 PKS 产生的 β- 多聚酮中间体具有高度的反应活性，会产生基因控制之外的多种环化产物，因此，人们对Ⅱ型 PKS 合成产物结构的控制远不如Ⅰ型 PKS。

4.4.2.3　PKS Ⅲ型

Ⅲ型聚酮合成酶由可重复使用的同源双亚基蛋白组成，以查尔酮合成酶为典型，该类酶有时也称为查尔酮型聚酮合酶。上述两种 PKS Ⅰ和Ⅱ型迥然不同的是，PKS Ⅲ型酶不依赖于作为酰基载体的 ACP 及其上的 4'- 磷酸泛酰巯基乙胺，而是直接作用于游离的酰基 -CoA，并由一个活性位点催化脱羧、缩合、环化、芳香化等一系列反应。此外，在基因的进化关系上，Ⅲ型 PKS 与其他 PKS 相距甚远。

查尔酮合成酶基因（CHS）广泛存在于高等植物中，作为一个超基因家族，不同成员的表达模式不尽相同。CHS 基因的表达具有种属器官特异性，还与植物组织功能分化有着一定的联系，同时，还受外界环境因素的影响，UV、白光、机械损伤、激发因子、抑制因子、病菌等的诱导均有可能启动相关 CHS 基因的表达。因此，查尔酮合成酶基因的功能往往与植物抗逆、开花呈色、花粉萌发等密切相关。CHS 基因广泛存在于苔藓类植物、蕨类植物、裸子植物和被子植物中，而且基因序列相对比较保守，用于进化分析具有十分重要的意义。通过对两种蕨类植物松叶蕨（*Psilotum nudum*）和问荆（*Equisetum arvense*）的 CHS 基因序列进化树的构建，发现除十字花科、豆科和禾本科外，大部分的 CHS 基因分布在不同分支上，认为 CHS 差异形成与被子植物的生活史、生活环境、花的特性等的多样性有关。

庞子萱等在 2021 年报道了紫花苜蓿（*Medicago sativa*）CHS 蛋白有四个催化相关的保守残基，分别是 Cys164、Phe215、His303 和 Asn336，这四个氨基酸残基在所有发现的Ⅲ型 PKS 中均保守，对Ⅲ型 PKS 催化机制的揭示起到重要作用。其中 Cys164 是聚酮链形成过程中的亲核活性位点，His303 和 Asn336 在丙二酰-CoA 的脱羧反应中起重要作用，而 Phe215 可能在聚合酮链延伸过程中起了底物导向作用。

开放性讨论题

简述聚酮类合成生物学的最新进展，简要说明聚酮类天然产物当前研究热点。

思考题

1. 归纳聚酮类天然产物生物合成途径的特征与催化机制。
2. 比较脂肪酸与 6-脱氧红霉素的生物合成途径的异同。
3. 比较聚酮途径与 MVA 途径的异同。
4. 举例说明，聚酮类天然产物的模块化合成机理与生物合成设计。

5 莽草酸与桂皮酸衍生物及其生物合成途径

教学目的与要求

1. 掌握莽草酸与桂皮酸生物合成途径合成的主要次生代谢产物的结构与天然产物化学分类，清楚苯甲酸衍生物、简单苯丙素、香豆素、木脂素、木质素等天然产物在其生源途径上的关系，了解植物多酚的结构分类。
2. 掌握莽草酸及桂皮酸生物途径上游的基本前体、反应、关键步骤以及关键酶。
3. 通过典型芳香族及苯丙烷结构的次生代谢产物的生物合成学习，提升对复杂多样的天然产物结构的系统性理解，扩大学生对生物合成的认知。

重点及难点

莽草酸途径中段的分叉式演进及沿途的多种重要的中间产物结构；莽草酸途径与桂皮酸途径的关系；莽草酸途径与聚酮途径在合成芳香族次生代谢产物上的异同比较；桂皮酸途径的关键酶和反应类型；桂皮酸途径合成次生代谢产物的多样性衍生规律。

问题导读

1. 什么是莽草酸途径？莽草酸途径的氨基酸产物主要有哪些？
2. 什么是桂皮酸途径？桂皮酸途径的起点氨基酸是什么？桂皮酸途径沿途主要产生哪些次生代谢产物？
3. 苯甲酸衍生物、简单苯丙素、香豆素、木脂素等的生物合成途径之间有何关系？

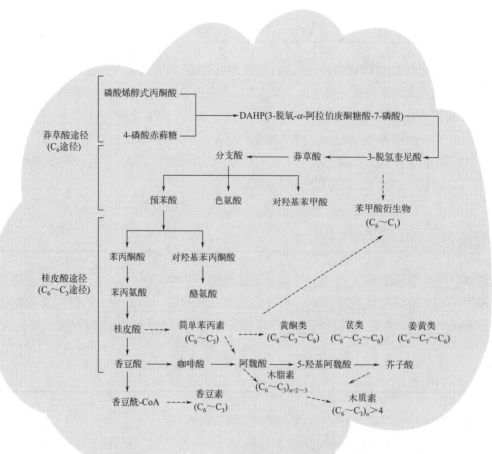

5.1 莽草酸生物合成途径及其常见代谢产物

莽草酸途径是微生物和植物合成芳香族氨基酸较为保守的途径，也是含芳环天然产物的重要来源途径之一。莽草酸途径始于糖酵解的中间产物磷酸烯醇式丙酮酸（PEP）和磷酸戊糖途径的中间代谢产物 4-磷酸赤藓糖（E4P），经过缩合反应生成 7 碳分子 3-脱氧-α-阿拉伯庚酮糖酸-7-磷酸（DAHP），中间经过 3-脱氢奎尼酸（3-DHQ）、3-脱氢莽草酸（3-DHS）、莽草酸（SKA），再经过 5-烯醇丙酮酰莽草酸-3-磷酸（EPSP）、分支酸（CRA）、预苯酸（PPA）、苯丙酮酸直至合成苯丙氨酸、酪氨酸（图 5-1）。该途径反应步骤较多、路线偏长，并且沿途有多个分支途径，衍生出邻氨基苯甲酸、色氨酸等其他重要的氨基酸，也包括奎尼酸、莽草酸、苯甲酸等的次生代谢衍生物（图 5-2）。关于莽草酸次生代谢产物的生源途径的学习可参考视频资源 5-1。

视频资源 5-1 莽草酸次生代谢产物的生源途径

3-DHS 是莽草酸途径延伸的重要枢纽，一方面，奎尼酸到 3-DHS 以及 3-DHS 到 SKA 之间的转化都是可逆反应，催化转化的酶也是双向催化的酶。例如莽草酸脱氢酶（SDH）双向催化 3-DHS 和莽草酸之间的转化，NADP（H）作为辅酶，反应途径的调控与对逆境的适应密切相关，茶树中

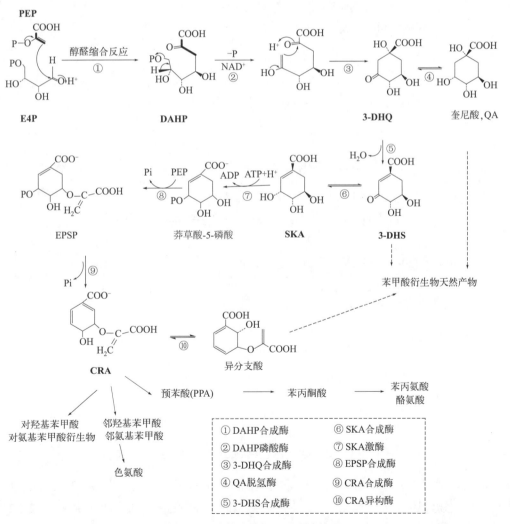

图 5-1 莽草酸途径 I 反应路线图

的3-脱氢奎尼酸脱水酶（DHD）/SDH作为莽草酸途径重要的双功能酶，很可能参与茶树响应逆境胁迫的机制。另一方面，SDH还可以催化生成没食子酸，该途径被认为是植物没食子酸的主要来源途径，分子间的多点酯化可以进一步衍生为鞣花酸等聚合可水解的鞣质。3-DHS还可以通过脱水反应生成原儿茶酸及其衍生物（图5-3），总之，在合成莽草酸的沿途有较多的分支途径，若以提高莽草酸的通量为目标，这些都是副反应途径，对于植物而言，生成这些所谓"副产物"的反应可能是植物对环境刺激的代谢响应。

从莽草酸到分支酸再到预苯酸，以及到芳香族氨基酸（苯丙氨酸、酪氨酸、邻氨基苯甲酸、色氨酸等）的合成是莽草酸途径到次生代谢的重要承接途径。在莽草酸激酶和EPSP合成酶作用下，生成了莽草酸与PEP的结合产物，再经过1,4-消除反应脱去磷酸而生成CRA，途径进一步再次产生多个分支途径，产生系列重要的氨基酸以及次生代谢产物。

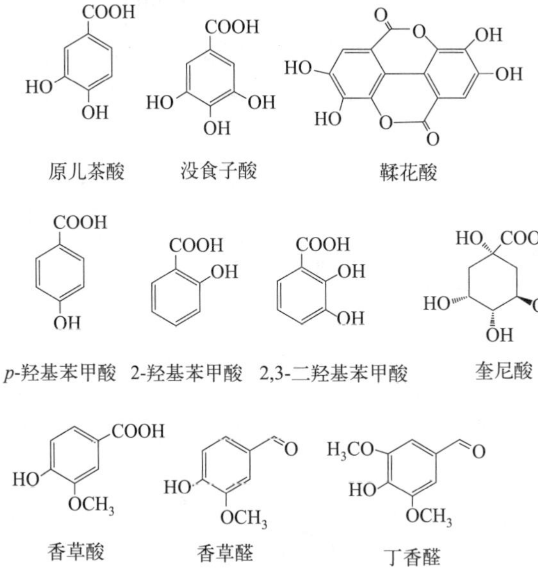

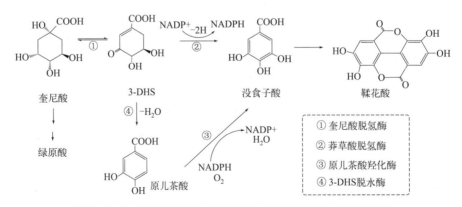

图5-2 莽草酸途径合成的常见苯甲酸衍生物

图5-3 3-脱氢莽草酸生成苯甲酸或奎尼酸衍生物的反应途径

分支酸异构酶可以将分支酸转化为异分支酸，PEP侧链可以通过分支酸C3位上C—O键断裂生成水杨酸衍生物，还可以通过水解异分支酸侧链消除PEP，进一步脱氢和异构化生成2,3-二羟基苯甲酸衍生物（图5-4）。

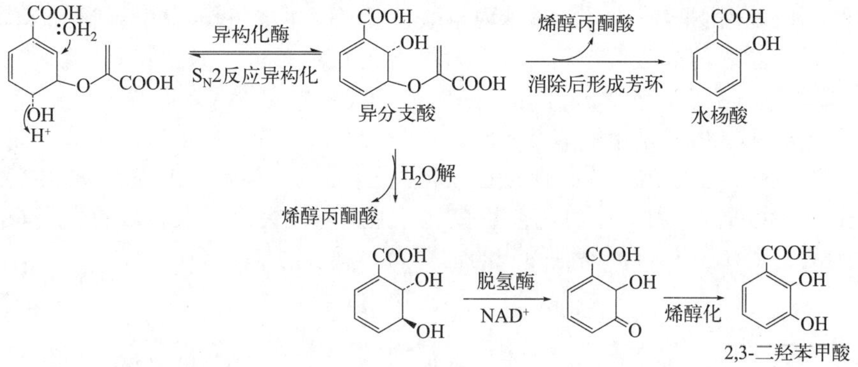

图 5-4 由异分支酸直接合成的苯甲酸衍生物路线图

除了异分支酸支路，分支酸之后的代谢主要包括三条途径，分别涉及对羟基（氨基）苯甲酸衍生物、邻氨基苯甲酸及色氨酸，以及预苯酸和苯丙氨酸/酪氨酸的生物合成途径（图 5-5），这些途径在植物和微生物中普遍存在。其中，分支酸变位[EC 5.4.99.5]催化预苯酸的生成，而邻氨基苯甲酸合成酶[EC 4.1.3.27]催化邻氨基苯甲酸以及之后的色氨酸的合成，因而这两个酶是常见芳香族氨基酸生物合成途径中的重要酶。

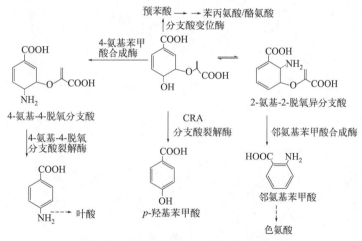

图 5-5 分支酸下游的主要生物合成途径

上述途径中涉及的对羟基苯甲酸、水杨酸、2,3-二羟基苯甲酸、原儿茶酸、没食子酸等苯甲酸天然产物体现了莽草酸以及分支酸衍生物羟基取代模式的一些特征，例如，单羟基位于侧链官能团的对位、邻位，二个或三个羟基取代时处于相邻的位置，这与聚酮（C_2）途径合成的苯环产物不同，后者常见间位多羟基取代。另外，莽草酸途径生成的苯甲酸衍生物往往是 7 个碳的骨架，而聚酮途径往往是 8 个。这些衍生物的分子结构特征可以帮助推测其生物合成途径。还有一些苯甲酸的衍生物，例如，香草酸、丁香酸（图 5-2）等，它们是经过桂皮酸途径降解而来，具体细节见 5.4。

邻氨基苯甲酸的合成及代谢是分支酸的另一个延伸途径，邻氨基苯甲酸既是 L-色氨酸生物合成的前体（图 5-6），又可以通过色氨酸代谢而生成，这两个氨基酸是植物构建相应生物碱结构的基本单元。

分支酸经预苯酸生成 L-苯丙氨酸和 L-酪氨酸的途径是莽草酸途径下游最重要的分支，这一途径因生物体不同而异，同一生物体也可以因酶的活性差异而存在产生多种产物的可能性（图 5-7）。尽管预苯酸在生成芳香族氨基酸时有多个产物，这个过程所经历的反应可以归纳为脱羧芳构化、转氨以及苯环上的单加氧等三种类型，这三类反应在不同的合成途径中发生的次序也不尽相同。分支酸转化为预苯酸是在分支酸变位酶催化下完成的，预苯酸在脱羧酶作用下，脱去 C1 位的羧基，不同种属的脱羧酶生成苯丙酮酸或者对羟基苯丙酮酸，转氨酶可以将预苯酸转化为前苯丙氨酸或前酪氨酸，同样，上述两个苯丙酮酸可被转氨酶催化为相应的氨基酸。微生物和植物中的 L-苯丙氨酸和 L-酪氨酸可以如图 5-7 所示的那样经独立的途径生成，也可以经由苯丙氨酸经苯丙氨酸羟化酶直接进行转化生成，其中 PLP 是指磷酸吡哆醛，它是转氨及脱羧反应的辅酶。值得注意的是，动物体内缺乏莽草酸途径，经食物或体内代谢途径获得的 L-苯丙氨酸或者 L-酪氨酸会在酪氨酸酶作用下生成 L-多巴（L-DOPA），用于体内儿茶酚胺、肾上腺素或去甲肾上腺素的合成，同时，多巴还可以深度代谢为黑色素（图 5-8），酪氨酸酶的辅酶为四氢生物蝶呤（BH_4）。

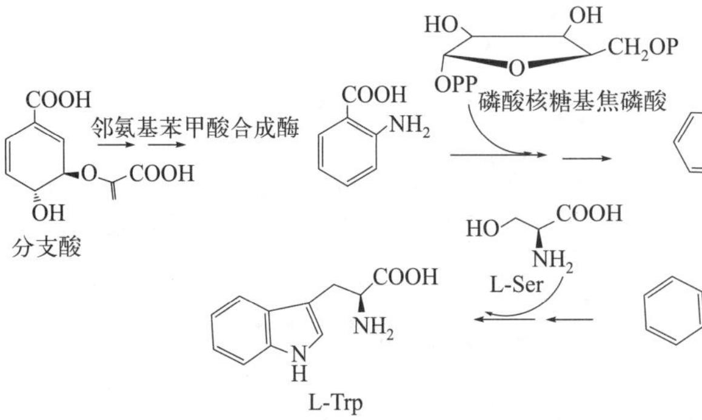

图 5-6　由分支酸合成色氨酸的反应路线

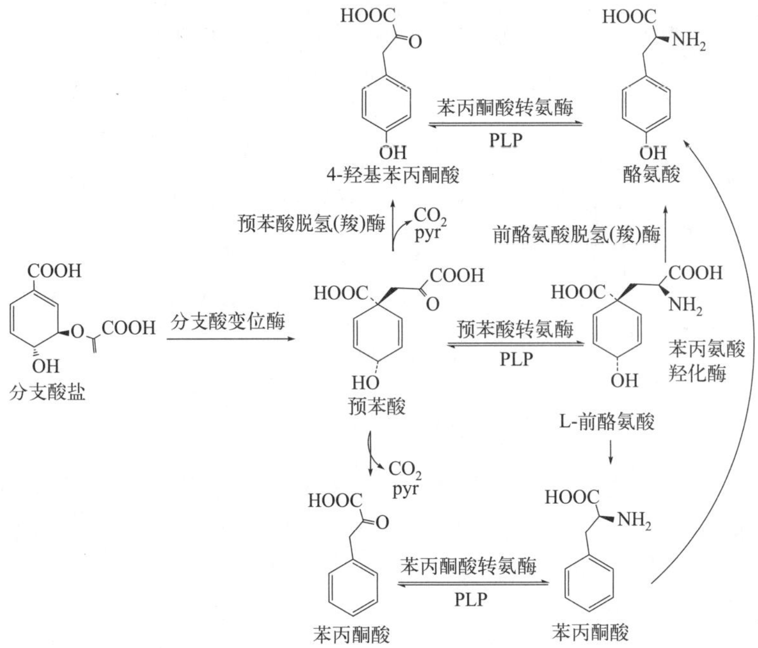

图 5-7　莽草酸途径Ⅱ（分支酸-预苯酸-苯丙氨酸）反应路线图

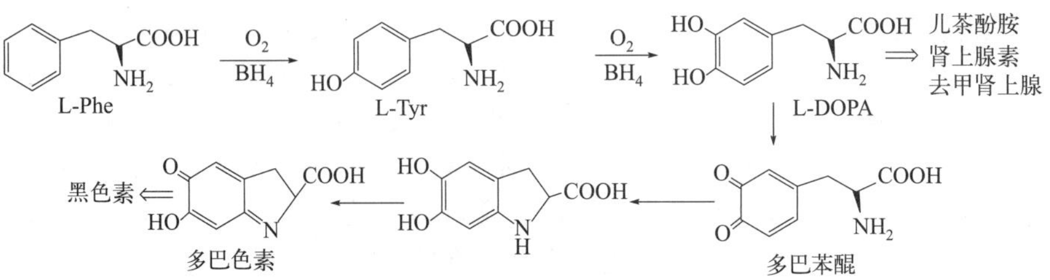

图 5-8　L-苯丙氨酸在动物体内的代谢途径

5.2 桂皮酸衍生物概述

桂皮酸衍生物泛指含 $C_6 \sim C_3$ 结构单元的代谢产物,在天然产物化学的分类体系中,桂皮酸衍生物涉及苯丙素类和类黄酮等大类天然产物,依照包含的 $C_6 \sim C_3$ 单元数以及分子骨架的结构特征,苯丙素进一步可划分为简单苯丙烯(烷)、香豆素以及木脂素类,自然界中最重要的 $C_6 \sim C_3$ 聚合体是植物合成的木质素,可以看作是聚合度更高的木脂素,类黄酮类将在第 6 章专题介绍,本章主要介绍苯丙素类及其天然产物。关于桂皮次生代谢产物的生源途径的学习可参考视频资源 5-2。

> 视频资源5-2
> 桂皮酸次生代谢产物的生源途径

5.2.1 简单苯丙烯(烷)类代谢产物

桂皮酸和对羟基桂皮酸是最简单的 $C_6 \sim C_3$ 单元的苯丙烯酸,类似结构的衍生物都归于此类,它们的化学结构一般仅包含一个 $C_6 \sim C_3$ 单元,丙基作为苯环上的特征取代基,侧链上的官能团通常是醇、醛或者酸,常见的此类代谢产物分子结构及名称见图 5-9,其中 p-香豆酸也叫 4-羟基桂皮酸或 p-羟基桂皮酸。植物中,上述结构可以以游离态形式存在,但通常更多是以结合态存在,苯丙酸通常以酯的形式存在,例如,绿原酸、苯丙烯葡萄糖苷、芥子酸胆碱等(图 5-9)。

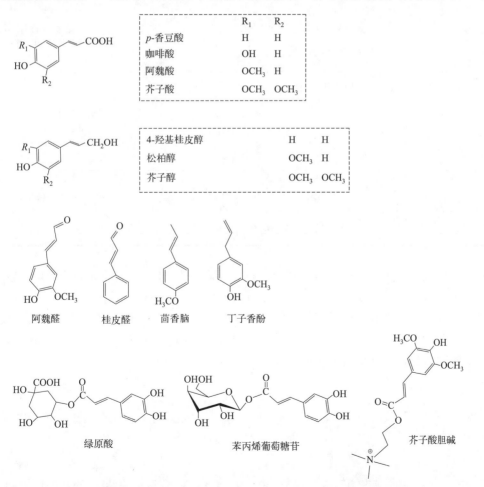

图 5-9 常见简单苯丙烯(烷)类天然产物分子结构式

5.2.2 香豆素

香豆素因最早从豆科植物香豆中分离而得名,从结构上看,香豆素是指包含 α-吡喃酮或称苯并 α-1,2-吡喃酮母核的一类天然产物,其中内酯键是由顺式邻羟基桂皮酸发生分子内酯化产生的,香豆素母核碳原子编号规则及类别见表 5-1,香豆素母核之外,常常出现呋喃环或吡喃环,进一步产生简单香豆素、呋喃香豆素、吡喃香豆素、异香豆素及其他香豆素等亚类。

表 5-1 简单香豆素类化合物

名称	结构式或特征	代表性化合物及存在的生物
苯并 α-吡喃酮	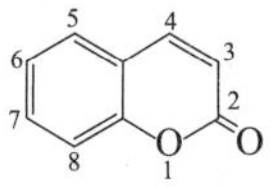 (结构图)	
简单香豆素	C5~C8 位上有简单取代基的香豆素,这些取代基一般为羟基、甲氧基、亚甲二氧基、异戊烯基,取代基通常在 C7、C6 和 C8 位上	伞形花内脂,白蜡树树皮等;柠檬油素,枸橼果实
呋喃香豆素	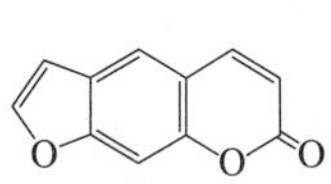 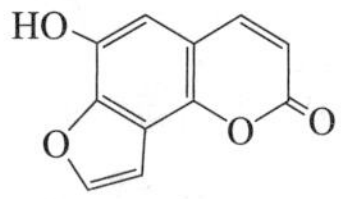 (结构图)	补骨脂内酯,补骨脂;6-羟基白芷内酯,白芷
吡喃香豆素	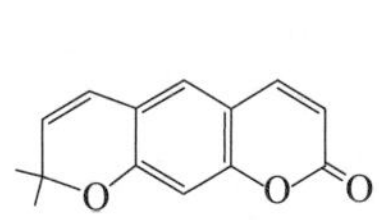 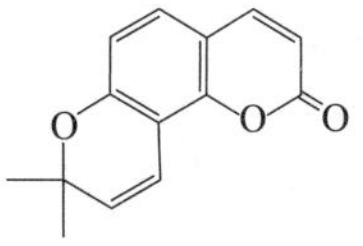 (结构图)	花椒内酯,芸香科柑橘属植物根;邪蒿内酯,伞形科邪蒿根
异香豆素	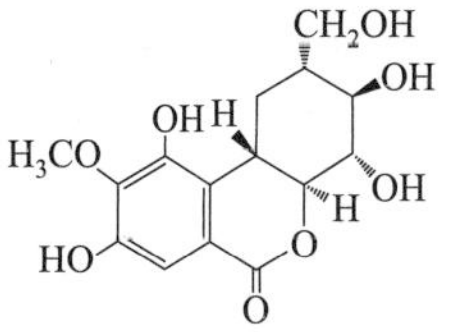 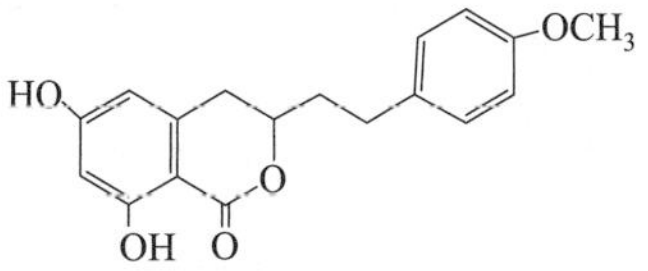 (结构图)	岩白菜内酯,岩白菜;仙鹤草内酯,仙鹤草
其他香豆素	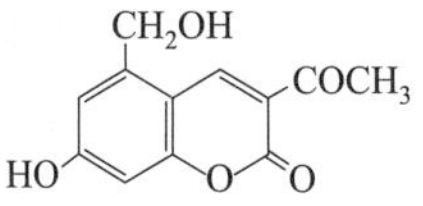 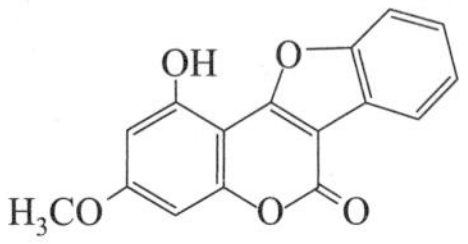 (结构图)	亮菌甲素,假蜜环菌 (*Armillariella tabescens*);蟛蜞菊内酯,旱金莲

香豆素类广泛分布于植物中,其中在伞形科/伞形花科、芸香科、桑科等植物中尤为普遍,且香豆素类型最为丰富;其次在菊科、豆科、兰科、茄科、木樨科和瑞香科植物中也含量较多;单子叶被子植物中仅有少数含有,裸子植物中仅在柏科的刺柏属、罗汉柏属及松科的松属少数种中也有发现。某些微生物中也有发现香豆素的存在,例如假蜜环菌 (*Armillariella tabescens*) 中的亮菌甲素、真菌中的黄曲霉素、链霉菌中的新生霉素等(图 5-10)。

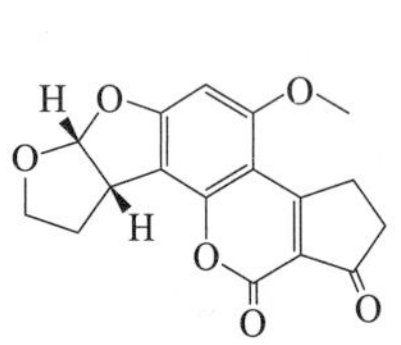

黄曲霉毒素 B_2 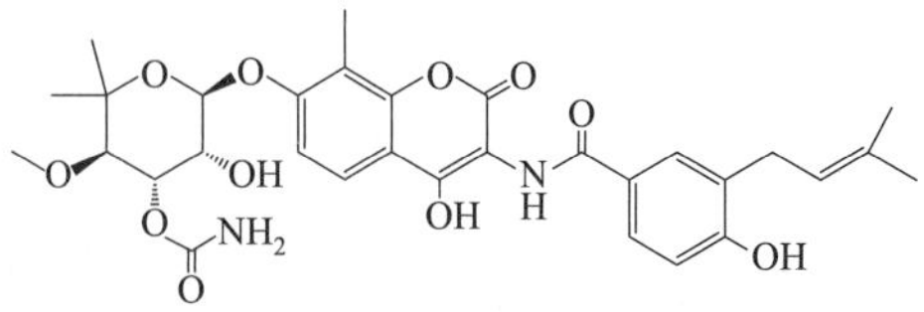   新生霉素

图 5-10 微生物合成的香豆素类代谢产物举例

含香豆素的天然产物一般都有较强的吸收紫外线的性质，因而具有光敏作用，过量暴露会引起光植皮炎性晒斑，但适量合理的利用，可以用于治疗白癜风。例如，作为线性呋喃香豆素结构的补骨脂素、花椒毒素、佛手内酯等，在医学上做内服和外用的药物，用于促进白斑病患者白斑处皮肤色素沉着。

香豆素因为含内酯键的缘故，对光照和酸或碱环境比较敏感，容易发生水解开环，一般在酸性条件下内酯键较稳定。有证据表明有些香豆素是通过采后植物与微生物相互作用下形成的。因为植物中原本含有（E）-2-香豆酸和（Z）-2香豆酸葡萄糖苷，在收割时，被微生物糖苷酶水解，进一步内酯化生成香豆素（图5-11）。2-羟基香豆素可以和微生物降解产生的甲醛发生羟醛反应，进一步聚合生成双香豆素。双香豆素具有显著的抗凝血活性，实验表明，双香豆素可以引起家畜体内出血，严重的会导致死亡。由双香豆素作为先导化合物，开发出抗凝血药物华法林，多年来一直是首选灭鼠农药。香豆素因其生源途径是桂皮酸途径的分支之一，在植物中，香豆素会与简单苯丙烯、木脂素、黄酮类化合物伴生，在中草药、植物佐料及某些蔬菜水果中广泛存在，鉴于双香豆素的抗凝血隐患，尤其是对小动物来讲，喂食植物的提取物中可能存在致死剂量的双香豆素，做相关药理实验时应充分考虑这一安全性问题。

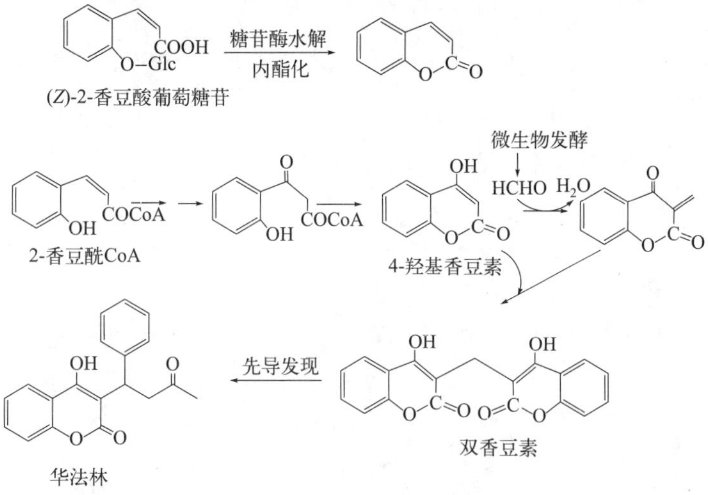

图 5-11 微生物转化香豆素及其衍生物的反应途径举例

5.2.3 木脂素与木质素

作为以 $C_6 \sim C_3$ 基本单元为构架的代谢产物，自然界中以植物木质素最为普遍，一般将包含3个及以上 $C_6 \sim C_3$ 单元的酚聚合物称为木质素。木质素广泛存在于植物纤维素微纤维周边的基质中，具有提高植物细胞壁强度的作用。构建木质素的 $C_6 \sim C_3$ 单元通常为4-羟基桂皮醇、松柏醇及芥子醇，单体间通过碳-碳键、醚键等在单元上的苯环或侧链上任意位置连接，因此，不像纤维素或其他生物大分子，木质素是结构是非均质性且具有网状结构的复杂天然高分子。木脂素可以理解为低聚态的木质素，通常包含2个 $C_6 \sim C_3$ 基本单元，很多木脂素具有药用生物活性，是一类重要的次生代谢产物。

依据构成木脂素的苯丙素结构单元之间的共价结合类型，木脂素可以分为木脂素和新木脂素两大类。其中，木脂素指的是两个苯丙素单元通过侧链进行偶联，通常以 8,8′ 连接形成的二聚体最为常见。如图 5-12 所示，松脂素、叶下珠脂素、邻甲氧基甘油酯 β- 松柏醚、脱氢双松柏醇、牛蒡子素等均属于这一类木脂素。此外，五味子乙素和鬼臼毒素的分子结构中既有侧链连接，也有苯环之间的链接，因此也归入这一类。新木脂素类指以苯环间或者苯环与侧链连接的二聚体，可以衍生出联苯类、苯并呋喃类、双环辛烷类、苯并二氧六环类等多样化学结构，例如，从鳞毛蕨中分离得到的 8- 表鳞毛蕨酸属于苯并呋喃类；从水飞蓟中分离的水飞蓟素是苯并二氧六环类；存在于厚朴皮中的厚朴酚是联苯结构的木脂素。从樟叶胡椒中分离得到的具有抗凝血作用的樟叶素分子由其中一个单元的侧链与另一个单元的苯酚通过氧原子连接。

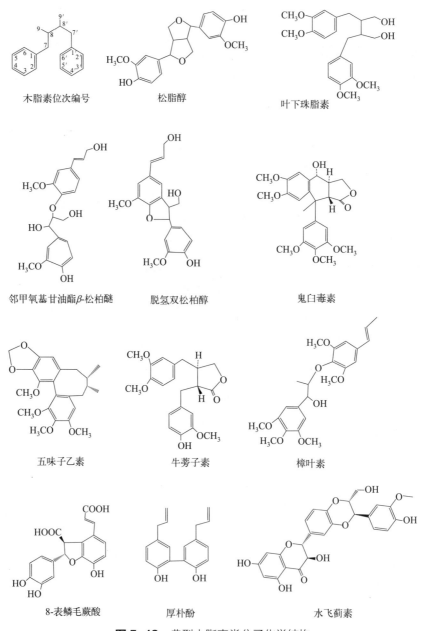

图 5-12 典型木脂素类分子化学结构

人体对木脂素的生物利用度普遍较低，膳食摄入的木脂素会被肠道微生物转化，有趣的是，一些转化产物被证明具有药用活性，这可能是此类产物对人类发挥健康益处的普遍作用途径。例如，肠二醇和肠内酯有雌激素样活性，具有降低素食者乳腺癌发生率的功效。研究发现异松树脂肠二醇和肠内酯是从开环异松树脂醇二葡萄糖苷经过肠道微生物菌群作用转化而生成，其转化反应见图5-13。

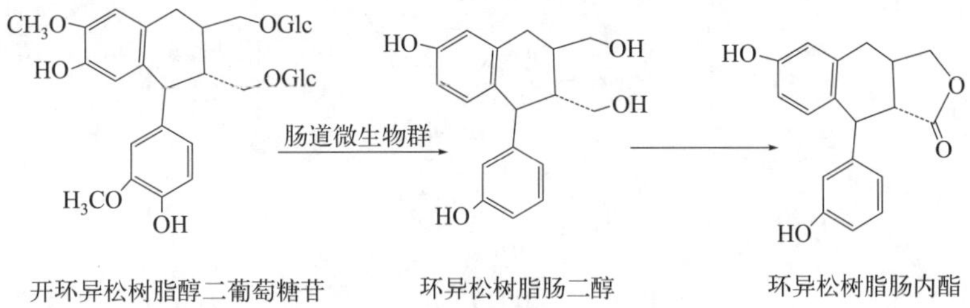

图 5-13 典型木脂素的生物合成反应

5.3 桂皮酸生物合成途径

5.3.1 桂皮酸途径概要

桂皮酸途径是以莽草酸途径产生的 L-苯丙氨酸和 L-酪氨酸为前体，将莽草酸途径进一步延伸，生成具有 $C_6 \sim C_3$ 基本单元结构的次生代谢途径，主要发生于植物界，因生成的桂皮酸（苯丙烯酸）是该途径的标志性产物而得名。桂皮酸途径的第一步将苯丙氨酸（或者酪氨酸）上侧链的氨基脱除，这个反应是在解氨酶催化下完成的，依据底物分为苯丙氨酸解氨酶（PAL）和酪氨酸解氨酶（TAL），解氨反应的结果是直接生成桂皮酸或 4-羟基桂皮酸（对香豆酸）。对于植物而言，绝大多数包含的是 PAL，少数禾本植物存在利用酪氨酸底物的 TAL，对应生成对香豆酸。但植物更多的是将生成的桂皮酸进一步在苯环 C4 位上发生羟化，生成对香豆酸，NADPH 依赖的细胞色素 P450 芳环单加氧酶负责这步催化反应，该酶一般是 CYP73A 家族。生成的桂皮酸或对香豆酸在桂皮酰辅酶 A 连接酶（CL）作用下，生成相应的酰基辅酶 A，作为进一步生成香豆素、类黄酮、姜黄素等衍生途径的前体（图 5-14）。还可以直接被还原、甲基转移等官能团修饰，生成多样的简单苯丙素或者作为木脂素生成的结构单元。

值得注意的是，上述桂皮酸途径的反应顺序除了解氨反应外，其他反应并不一定严格按照这些反应的顺序，例如，酰基-CoA 产物也可以发生在咖啡酸合成之后，生成的咖啡酰-CoA 进一步衍生为含邻二羟基的类黄酮或其他苯丙素产物。苯丙素芳环上的甲氧基反应一般都是以腺苷甲硫氨酸（SAM）为甲基供体，在相应的桂皮酸-O-甲基转移酶催化下完成。

从各种苯丙烯酸到苯丙烯醇或其他苯丙素衍生物，一般要经过至少两步还原，中间经历醛中间体，反应细节见图 5-15 所示。有时生成的醛中间体不再发生进一步的还原，在生物体内积累下来，从香料植物中分离到的芳基醛类天然产物，就属于这种情况。

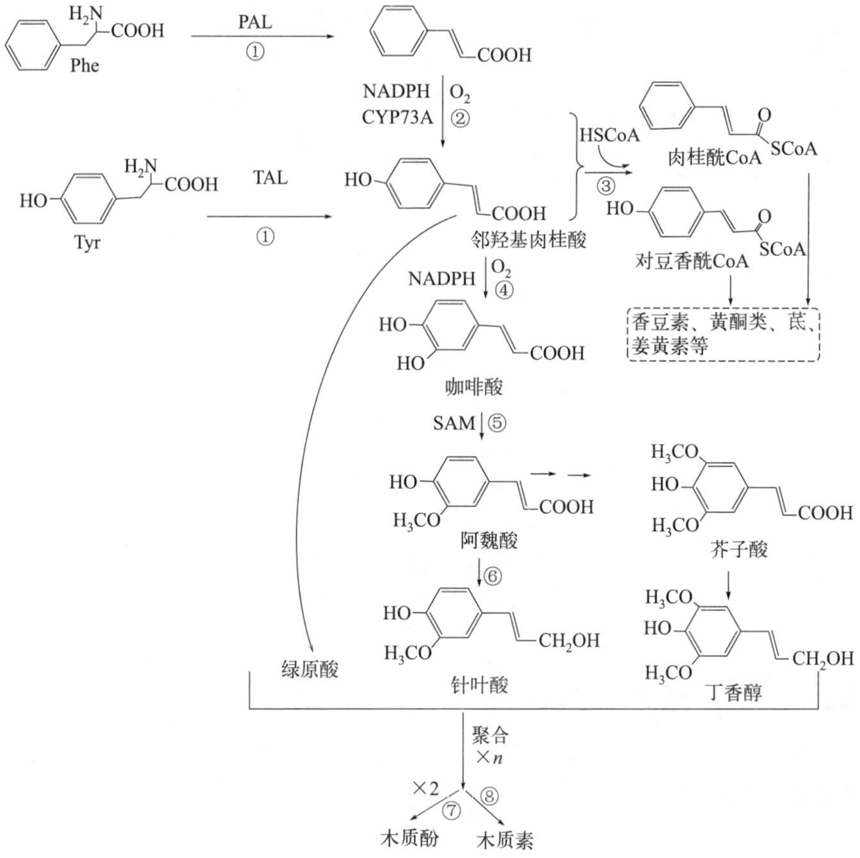
Phe
PAL
①
COOH
NADPH
O_2
CYP73A
②
HSCoA
③
肉桂酰CoA
SCoA
Tyr
TAL
邻羟基肉桂酸
对豆香酰CoA
香豆素、黄酮类、芪、姜黄素等
NADPH
④
咖啡酸
SAM
⑤
阿魏酸
芥子酸
⑥
绿原酸
针叶酸
丁香醇
聚合
×n
×2
⑦
⑧
木质酚
木质素

① 苯丙氨酸\酪氨酸解氨酶,PAL	⑤ 咖啡酸-3-*O*-甲基转移酶(COMT)
② P450芳环单加氧酶	⑥ 松柏醇合成酶
③ 桂皮(香豆)酰CoA连接酶(CL)	⑦ 木脂素合成酶
④ 咖啡酸合成酶	⑧ 木质素合成酶

图 5-14 桂皮酸途径合成的主要产物及其反应类型

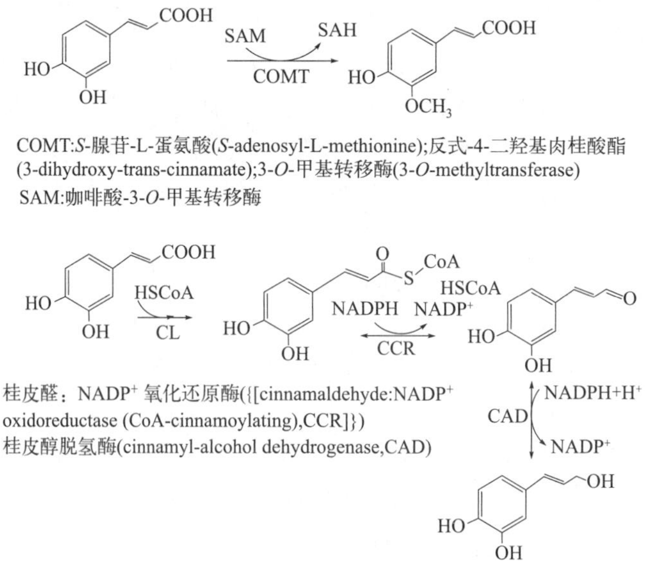
SAM
SAH
COMT
COMT:*S*-腺苷-L-蛋氨酸(*S*-adenosyl-L-methionine);反式-4-二羟基肉桂酸酯(3-dihydroxy-trans-cinnamate);3-*O*-甲基转移酶(3-*O*-methyltransferase)
SAM:咖啡酸-3-*O*-甲基转移酶
HSCoA
CL
NADPH
NADP+
HSCoA
CCR
NADPH+H+
CAD
NADP+
桂皮醛：NADP+ 氧化还原酶({[cinnamaldehyde:NADP+ oxidoreductase (CoA-cinnamoylating),CCR]})
桂皮醇脱氢酶(cinnamyl-alcohol dehydrogenase,CAD)

图 5-15 桂皮酸途径中相关还原、转甲基反应示意图

5.3.2 经桂皮酸途径合成苯甲酸衍生物

多条途径可以合成苯甲酸衍生物代谢产物，包括聚酮途径、莽草酸途径中的 3-脱氢莽草酸以及分支酸等可以衍生出各具特征的 $C_6 \sim C_1$ 产物，通过桂皮酸途径的降解也可以合成 $C_6 \sim C_1$ 天然衍生物，这是苯甲酸类生物合成的第三条途径，见图 5-16。该途径以 $C_6 \sim C_3$ 桂皮酸衍生物结构单元为前体，在侧链双键处断裂，因而消除了 2 个碳原子而生成。研究者提出了两种反应的机理：一是通过类脂肪酸 β-氧化，二是逆羟醛反应。前者反应途径中，桂皮酰-CoA 的双键先与水分子发生加成引入羟基，随后羟基被氧化为酮羰基，β-酮酰-CoA 再经过逆 Claisen 反应，消除乙酰-CoA，生成苯甲酰-CoA 衍生物，然后水解切除 CoA，获得相应的苯甲酸，这个机制已被普遍接受，但也有一些实验证据表明还有另一个历程，即逆羟醛反应途径。逆羟醛途径不涉及 CoA 的结合，也是先经历双键水分子加成，生成的羟基桂皮酸经过逆羟醛反应，切除 2 个碳原子后生成苯甲醛衍生物，再进一步氧化为苯甲酸类。不仅对-香豆酸，苯环上不同取代基的阿魏酸、芥子酸也都可以发生类似的反应，生成相应的 $C_6 \sim C_1$ 衍生物，存在于许多植物中的香草醛被认为是通过逆羟醛途径合成的。对于某些具体的苯甲酸衍生物，在生物体内的合成途径一般是复杂且多变的，例如，水杨酸（邻羟基苯甲酸）衍生物，在微生物体内可以直接由异分支酸合成。在植物体内合成途径有多种：可以通过先经莽草酸合成苯甲酸再发生邻位羟化；另一种可以先发生 2-位羟化，再通过本节描述的桂皮酸降解途径合成。

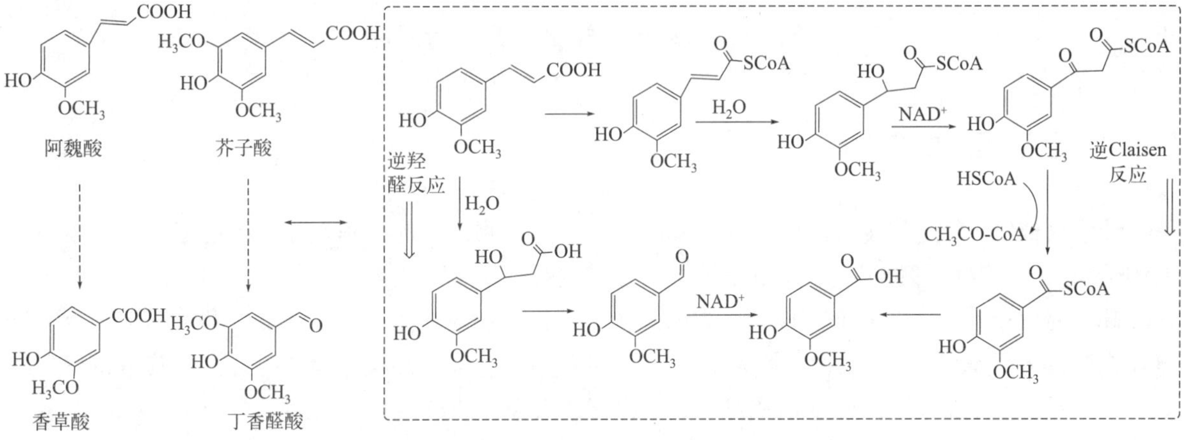

图 5-16 桂皮酸生成 $C_6 \sim C_1$ 衍生物的降解途径

5.3.3 木脂素和木质素的生物合成途径

木脂素和木质素的基本单元是 4-羟基桂皮醇、松柏醇、芥子醇等，这些单体的生成是通过苯丙烯酸侧链的还原获得（图 5-14），其中从酸到醛再到醇的还原反应，是在辅酶 NADPH 供氢体的过渡下完成，实际上，苯丙烯酸在结合了 CoA 形成桂皮酰-CoA 后，这一系列反应在生物体内更易发生，这是因为桂皮酰-CoA 中的 CoA-S 基团比羧基上的—OH 更容易离去，有利于 NADPH 依赖的酶催化反应的发生。生成的系列桂皮醇类单体，其分子易失去单电子而在不同位置产生相对稳定的自由基，进一步通过自由基的偶联反应，生成二聚或多聚体，已知木脂素和木质素的合成是在过氧化酶催化下，经历自由基偶联历程合成，不同的单体、自由基的种类以及偶联反应的多种可能性是木脂素、木质素结构多样性和负责性的来源，但这些生物合成产物如何定向、反应又是如何控制等，目前并不很清楚，图 5-17 给出了由松柏醇合成木脂素的可能反应。

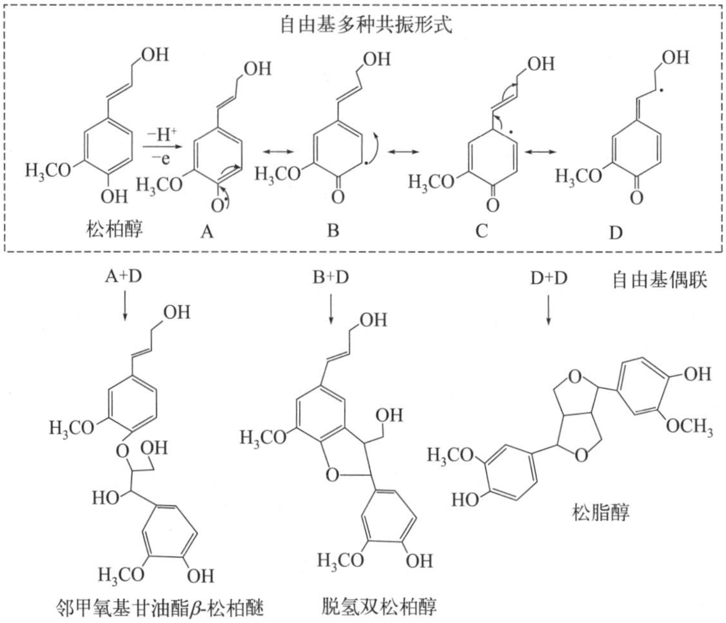

图 5-17 木脂素合成的反应原理示意图

5.3.4 香豆素的生物合成途径

桂皮酸或对-羟基桂皮酸的邻位有羟基取代时，它与侧链上的羧基发生分子内酯化，形成香豆素的结构单元，其中邻位羟基桂皮酸需要先将原来的反式结构变为顺式结构，使得苯丙烯酸的羧基与羟基空间上相互接近，从而实现分子内的酯化。从化学反应的角度看，烯键的顺反异构以及酯化可以在光照及酸碱性环境下比较容易发生，在生物体内，需要在酶的作用下实现，见图 5-18。因此，桂皮酸/酸类邻位引入羟基以及发生分子内酯化等系列生化反应是香豆素合成的关键步骤。然而到目前为止，香豆素合成途径的前几步关键步骤存在多种假说，实际上该途径尚未被阐明。例如，C-2 位（邻位）羟化反应，一般认为是在 C-4 位羟化之后在叶绿体中发生，如果叶绿体中缺乏肉桂酸-4-羟化酶时，C2H 可以将桂皮酸直接转化为邻羟基桂皮酸。大部分情况下是先生成对香豆酸，C-4 位与 C-2 的羟化产物生成的顺序对香豆素生物合成途径的走向有很大的影响，如果先经过 C-2 位羟基生成邻羟基桂皮酸，则会经过糖基化中间体，之后在光照下发生非酶顺反异构，生成顺式邻羟基桂皮酸之后再形成内酯，合成香豆素的结构；7-羟基香豆素是天然香豆素的主要结构类型，其合成途径则是经过香豆酰-CoA 中间体，在香豆素合成酶作用下形成内酯键而产生相应香豆素的结构母核（图 5-18），再进一步衍生为常见的香豆素衍生物。

天然香豆素有包含呋喃及吡喃环的亚型结构，研究表明，这些类型是在香豆素母核形成之后再结合异戊烯骨架，经氧化环化的机理，生成呋喃环或吡喃环，香豆素化合物 C-5、C-8 位或其他位上常出现的羟基是在随后的反应中经 P450 芳环单加氧酶催化下生成，有时会进一步在甲基转移酶作用下将羟基转变为甲氧基，图 5-19 展示了几个典型的呋喃线型香豆素，包括花椒毒素和佛手内酯等化合物的生物合成途径。有趣的是，该途径至少三个反应都涉及 NADPH 参与的氧化反应，但是，反应的机理不同，产物的基团改变差异也很大，从脱甲基软木花椒素到异紫花前胡内酯的反应中，氧化首先发生在异戊烯侧链的烯键上，形成环氧结构，然后由香豆素 C-7 位上的羟基氧原子做亲核剂进攻异戊烯侧链，形成了呋喃环；由异紫花前胡内酯到线型呋喃香豆素，氧化导致自由基中间态的生成，进一步消除一分子水使得侧链以丙酮的形式离去，其他吡喃型香豆素母核的合成见图 5-20。

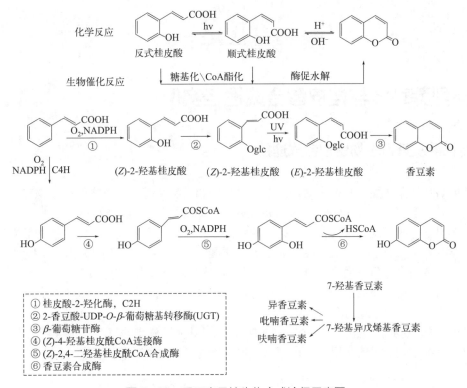

图 5-18　香豆素母核生物合成途径示意图

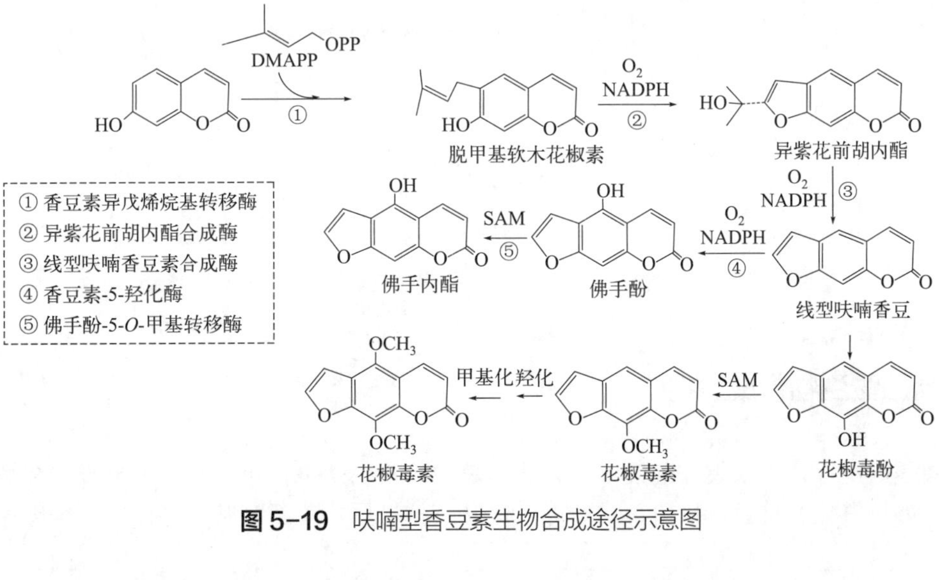

图 5-19　呋喃型香豆素生物合成途径示意图

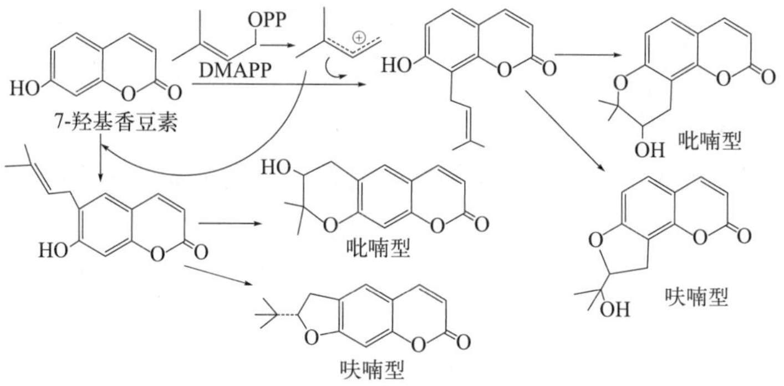

图 5-20 香豆素亚类的衍生途径

5.4 典型莽草酸与桂皮酸合成途径实例

5.4.1 水杨酸及其衍生物生物合成途径

水杨酸即邻羟基苯甲酸，是一个结构简单但对植物和人类都有用的植物或微生物代谢产物。冬青油是杜鹃花科植物葡白珠（*Gaultheria procumbens*）的挥发油，主要成分水杨酸甲酯是其镇痛功效的有效成分，柳树中分布广泛的水杨苷是柳树皮起解热镇痛作用的有效成分，以水杨酸衍生物为先导研发的解热化学药物阿司匹林，其化学名称叫乙酰水杨酸，已有几个世纪的应用，自 1993 年以来，不断发现了阿司匹林的"老药新用途"，比如发现阿司匹林对血小板聚集有抑制作用，能阻止血栓形成，临床上用于预防短暂性脑缺血发作、心肌梗死等病症，平时低剂量服用以降低心脑血管患病风险。水杨酸类代谢产物也是植物的信号分子，诱导植物开花、生长发育以及抗病等相关蛋白或次生代谢物的合成。水杨酸类的生物合成途径有多个，微生物体内可以由异分支酸直接合成（图 5-4），而在植物中，既可以通过莽草酸衍生的苯甲酸直接羟化，也可以通过桂皮酸的降解途径合成（图 5-21）。

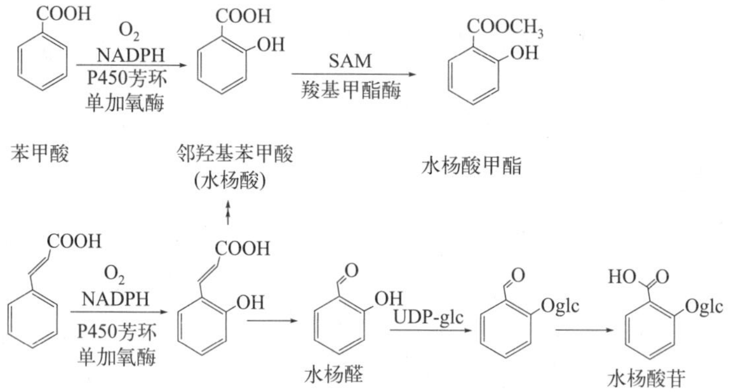

图 5-21 水杨酸衍生物生物合成途径

5.4.2 绿原酸生物合成途径

绿原酸是广泛存在于水果、蔬菜以及天然草药中的植物次生代谢产物，因为具有多种重要的生物学功能，如抗氧化、抗炎、抗菌、抗病毒、保肝、抗糖尿病、降血脂、降血压、神经保护、提高免疫力、改善肠道微生物失调以及肠屏障保护等作用，绿原酸目前已成为重要的膳食多酚之一。相对其他天然产物，绿原酸具有较为简单的分子结构，它是咖啡酸与奎尼酸的羟基酯化后的产物，因此，仅从分子结构就可以比较容易地反推其生物合成经过莽草酸及其延伸的桂皮酸途径。然而，绿原酸在植物中具体的合成途径却呈现出多样性，至少有三条可能的途径，见图 5-22，这三条途径的主要差异在于咖啡酰的生成及酯化机理的不同，其中有较多的证据表明途径一的存在，因为这一途径特异的基因 HQT（羟基香豆酰 CoA：奎宁酸羟基转移酶）在越来越多的实验中被证实。但是，在有些物种中还存在其他绿原酸合成途径的实验证据，例如，在拟南芥中发现 CYP98A3 羟化酶，它同时可以将莽草酸酯基和奎尼酸酯的 *p*-香豆酸的 C3 位引入羟基，所以推测绿原酸也可能如图 5-22 的途径二，不经过莽草酸的酯化及水解中间过程，直接由对-香豆酰-CoA 和奎尼酸酯化，然后再完成 C3 位的羟化。另外，通过同位素示踪法，发现红薯根的绿原酸合成存在羟基化桂皮酰-D-葡萄糖和 D-奎宁酸之间的酯基转移反应，分子生物学研究也分离到 HCGQT（羟基桂皮酰奎尼酸转移酶），说明酯化也可以经过糖基化中间体，有人认为这可能是绿原酸在细胞内的一种再循环途径。

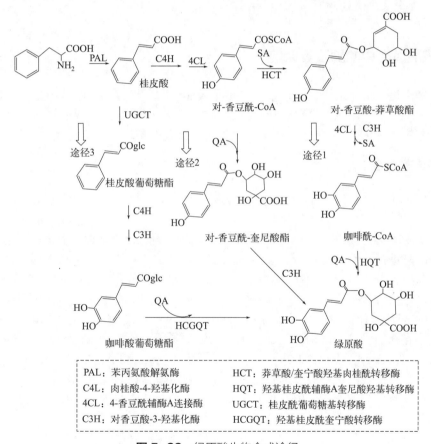

图 5-22　绿原酸生物合成途径

5.5　莽草酸与桂皮酸途径的酶学基础

莽草酸途径是合成苯丙氨酸、酪氨酸和色氨酸以及其他芳香族氨基酸和代谢产物的重要途径，也是桂皮酸次生代谢途径的上游，因为莽草酸途径在哺乳动物中不存在，只能由植物和微生物合成，因而，人类必须依靠外来的食物获得这些途径合成的必需氨基酸和次生代谢产物。

5.5.1 莽草酸途径关键酶及调控

从莽草酸的生物合成途径的系列反应看，位于上游的 DAHP 合成酶、3-DHQ 合成酶以及 SDH 是限速酶，因而是关键酶。若以生成芳香族氨基酸苯丙氨酸（或酪氨酸）、邻氨基苯甲酸，以及色氨酸为目标代谢物，合成途径的关键酶除了上述之外，还包括催化分支酸进入芳香族氨基酸合成途径的双功能酶，即：分支酸变位酶 - 预苯酸脱水酶和分支酸变位酶 - 邻氨基苯甲酸合成酶等，它们分别将上游生成的分支酸分流到生成苯丙氨酸或酪氨酸途径或者生成到邻氨基苯甲酸和色氨酸的支路。在大肠杆菌中过表达这些基因的突变体，可显著提高相应氨基酸的产量。大肠杆菌 DAHP 合成酶有 3 个同工酶，分别是 AroG、AroF、AroH，它们分别受 L- 苯丙氨酸、L- 酪氨酸和 L- 色氨酸的反馈抑制，其中起主要催化作用的是 AroG 和 AroF。此外，细胞中还存在负调控转录因子，例如转录因子 TyrR 对 DAHP 合成酶基因 *aroF*、*aroG* 和 *aroL* 以及 L- 苯丙氨酸和 L- 酪氨酸合成途径中 *tyrB* 的表达都起负调控作用，敲除 *tyrR* 可以显著提高莽草酸途径中上述关键酶的表达。另一个转录因子 *trpR* 对 L- 色氨酸的合成也起负调控作用。

5.5.2 桂皮酸途径中的酶及其调控

桂皮酸途径沿途生成无数个代谢产物，包括了天然产物一级分类中的苯丙素类、黄酮类，还有一些其他类型的酚酸类，因此，可以将桂皮酸途径想象为从苯丙氨酸（或酪氨酸）这个"点"出发的生物催化反应的"进化树"，位于上端的是为数有限的几个酶，在整个途径中的作用也最大。

5.5.2.1 苯丙氨酸解氨酶

苯丙氨酸解氨酶（Phenylalanine Ammonia-Lyase，PAL）催化苯丙氨酸途径中的第一步反应，是桂皮酸途径的中心酶。该酶在行使催化功能时，不需要辅助因子参与，通过一个非氧化脱氨基作用把苯丙氨酸转变成桂皮酸和氨。从化学反应平衡看，而当过量的氨存在时，且 pH 值为 10～10.5 时，PAL 催化逆反应的进行，即生成 L- 苯丙氨酸。目前发现几乎所有的绿色植物中都含有 PAL，但不同来源的 PAL 结构、分子质量等均不尽相同。总的来说 PAL 分子质量约为 240～330kDa，可解离为 55～85kDa 的亚基，全酶为 4 个相同亚基构成的四聚体。不同植物中 PAL 的氨基酸组成不同，PAL 的活性中心部位具有脱氢丙氨酰基的亲电中心。PAL 没有单一的 K_m 值，一般在 10^{-4}～10^{-2}。

有些植物中存在对苯丙氨酸和酪氨酸都可以利用的苯丙 / 酪氨酸解氨酶 {Phenylalanine/Tyrosine Ammonia-Lyase，PTAL，[EC：4.3.1.25]}，有研究者比较 PAL 和 PTAL 氨基酸序列上的关键差异，发现 121L 和 F123H 位点的氨基酸残基发生双变异，可能会影响 PAL/PTAL 的蛋白质高级结构，进而改变与酪氨酸底物结合的能力。PAL 的抑制剂有许多种类，常见的是桂皮酸、对 - 香豆酸等该酶的产物，还有上游分支途径的某些氨基酸，例如组氨酸、色氨酸等也可以抑制 PAL 的活性。PAL 是一种诱导酶，可受到多种因素的诱导，如低温、机械损伤、病原菌感染、光、毒素处理、昆虫取食等都可以诱导 PAL 基因的表达。

5.5.2.2 桂皮酸 -4- 羟化酶

桂皮酸 -4- 羟化酶（C4H）需要氧气参与且依赖 NADPH，属于 CYP73A 家族成员（KEGG），酶的编号为 EC 1.14.14.91，它催化苯丙烷类合成途径的第二步反应，在桂皮酸的对位上催化位置特异性的羟化反应，将反式桂皮酸催化生成对 - 香豆酸。C4H 是第一个被鉴定的植物 P450 芳香族底物单加氧酶，也是第一个被克隆和确定功能的植物 P450，具有高度的底物特异性，不同的植物中 C4H 具有一定的保守性，在系统进化树中通常聚为一个分支。许多植物中的 C4H 基因已被克隆并进行了功能验证，例如，苦荞、烟草、羽衣甘蓝、茶树等。姚胜波等从茶树中克隆了 C4H 的基因序列全长，包括开放阅读框（ORF）长 1 518bp，编码 505 个氨基酸，推测蛋白分子质量为 58.15kDa，理论等电点为 9.29。利用基因组步移技术克隆得到该基因上游 1 840bp 的启动子序列。该启动子区域除了分布有 TAAT-box 和 CAAT-box 等基本转录元件外，还存在多个诱导型和组织特异型的顺式作用元件。实时荧光定量 PCR 结果表明该基因在芽、叶、茎、根中都有表达。

5.5.2.3 4- 香豆酰 -CoA- 连接酶

4- 香豆酰 -CoA- 连接酶（4CL）作用于苯丙烷类代谢途径中的第三步反应，催化各种羟基桂皮酸与辅酶 A 结合生成相应的硫酯，生成的硫酯进一步衍生各种末端产物，桂皮酸途径从此处开始分流无数，因植物品种及环境条件的不同，衍生出各种特殊的产物类型或亚型。

5.5.2.4 桂皮酸途径中的多酶复合物

杜丽娜等报道称，苯丙烷代谢途径、类黄酮和异黄酮合成支路的系列酶均以类似基因簇的形式存在于一定的"代谢频道"。例如，拟南芥细胞中的查尔酮合成酶（CHS）、查尔酮异构酶（CHI）、黄烷酮 -3- 羟化酶（F3H）和二氢黄酮醇还原酶（DFR）等各个酶之间相互联系，这些酶在空间上呈现球形排列，CHS 不仅与 CHI 紧密相连且均结合在内质网膜上，而且还与 F3H、DFR 等相连，其中 F3H、C4H、阿魏酰 -5- 羟基化酶等细胞色素 P450 酶多充当细胞膜"锚"的作用，将相关的酶组装固定在内质网膜上，这些酶共同形成多酶复合体，组成途径的"代谢频道"。

除了上述关键酶，苯丙素类的次生代谢产物合成途径还有一些酶在产物的多样性衍生中发挥重要作用。例如，C3′H 主要催化 4- 香豆酰莽草酸酯或者奎宁酸、4- 香豆酸等的 C3 位的羟基化，不同物种来源的 C3′H 能够接受不同的底物进行 C3 位或者 C3′位羟基化生成绿原酸、迷迭香酸等及其下游产物，表现出一定的底物杂泛性。通过保守序列分析、共表达分析，确定 C3′H 是属于 CYP98 家族的 P450 酶。木脂素类衍生过程也有 C3′H 的参与，同时，还包括咖啡酸 -3-O- 甲基转移酶（COMT）、桂皮酰 -CoA- 还原酶（CCR）、阿魏酰 -CoA-5- 羟化酶（F5H）以及桂皮醇脱氢酶（CAD）或咖啡醇脱氢酶等，目前并不确定是否这些酶组成多酶复合物，也不清楚它们催化底物的选择性条件，但从木质素的含量与组成看，抑制 PAL、C4H、CCR、CL 酶，木质素整体含量降低，如果抑制 COMT 和 F5H 酶，木质素的组成中会选择性的减少，具体是相应的松柏醇、芥子醇等的结构单元减少，由此说明，这些酶同样是木脂素及木质素生物合成途径中的重要限制因素。

开放性讨论题

若想通过合成生物学方法生产对羟基桂皮酸，应如何该构建产物合成途径？并指出该合成途径中的关键酶。

思考题

1. 归纳莽草酸途径的底物、关键代谢中间产物、反应、酶及辅酶。
2. 归纳桂皮酸途径的关键代谢中间产物、反应、酶及辅酶。
3. 举两个实例，推测 $C_6 \sim C_1$ 和 $C_6 \sim C_3$ 结构的次生代谢产物的生物合成途径。

本章参考文献

6 黄酮类代谢产物及其生物合成

教学目的与要求

1. 掌握类黄酮次生代谢产物的亚结构、天然产物化学分类以及生物合成途径的关联，了解类黄酮天然产物在植物多酚中的分类和地位。
2. 掌握典型类黄酮次生代谢产物生物合成途径中的反应、关键步骤以及关键酶，学会依据类黄酮结构快速推测其生物合成途径。
3. 了解非典型类黄酮次生代谢产物的生物合成途径，扩大植物次生代谢产物生物合成的认知，提升对复杂多样的天然产物结构的系统性理解。

重点及难点

类黄酮结构与分类及相互间的差异点；聚酮途径与桂皮酸途径的复合；类黄酮各亚类的衍生途径；白藜芦醇、姜黄素等非黄酮类产物与黄酮类在生物合成途径上的联系。

问题导读

1. 什么是类黄酮，分为哪些亚种类？类黄酮对人类健康有哪些益处？
2. 类黄酮各亚类在结构上有何异同？类黄酮是通过什么途径合成以及相互间衍生有何规律？
3. 芪类和姜黄素这些非C_6~C_3~C_6骨架的次生代谢产物在生源途径上为什么可以归为类黄酮？

6.1 黄酮类代谢产物分布与分类

> 视频资源6-1 黄酮类次生代谢产物结构分类

黄酮类又称类黄酮天然产物，是植物中分布最广、对人类的健康营养影响最普遍的次生代谢产物，虽然是次生代谢产物，几乎每个植物个体都会有它们的存在，这些次生代谢产物既可以是游离态也可以通过与糖结合成苷的形式存在，分布在植物的不同组织器官中，一般在花、叶、果实等组织中，多为类黄酮苷，而在木质部坚韧组织中，则为游离的苷元形式存在。对植物来说，类黄酮在植物的生长、发育、开花、结果以及抵御异物的侵入起着重要的生理或生态作用。关于黄酮类次生代谢产物结构分类的学习可参考视频资源6-1。

从化学结构上看，黄酮类化合物具有 $C_6 \sim C_3 \sim C_6$ 的骨架结构，分别对应于 A、C、B 三个环，其中 A 和 B 环为苯环，C 环是与 A 环以苯并吡喃环的方式连接。根据 C 环部分的成环、氧化、取代方式的差异，黄酮类化合物可分为黄酮类、黄酮醇类、异黄酮类、查耳酮类、花青素类、噢哢类或者橙酮以及上述各类的二氢衍生物等多个亚类，主要分类及结构特点见表6-1。类黄酮化合物通常在 A 环及 B 环上包含有羟基、甲氧基、糖苷等，依据取代基的种类、数量和位置等的不同，衍生出结构多样的类黄酮代谢产物。黄酮类化合物的化学命名规则主要从亚类结构类型、碳原子编号、取代基种类等方面考虑，实际上，对于常见的类黄酮化合物往往也结合它们的俗名一起混用。例如，槲皮素化学名称为 3',4',5,7-四羟基黄酮醇-3，如果 C-3 位上是半乳糖苷，既可以称为 3',4',5,7-四羟基黄酮-3-O-半乳糖苷，也可以简单用俗名叫金丝桃苷，类似的对于常见的黄酮类天然产物，俗名使用更普遍。黄酮苷的糖基结合位点通常为 C-3 位和 C-7 位，糖基常见的有葡萄糖、鼠李糖、半乳糖，还有芸香糖等二糖。

表6-1 黄酮类化合物苷元的主要结构类型

亚型	基本结构	亚型	基本结构
黄酮		二氢黄酮	
异黄酮		二氢异黄酮	
黄酮醇		二氢黄酮醇	
黄烷-3-醇		黄烷-3,4-二醇	
花色素		双苯吡酮	
查尔酮		二氢查尔酮	
噢哢（橙酮）		异噢哢	

黄酮类化合物对人体具有广泛的生物学活性，例如，具有抗菌、消炎、抗突变、降压、清热解毒、镇静等基本作用，在预防和治疗冠心病、糖尿病、高血压等心脑血管及慢性代谢病方面，在抗癌防癌、保持健康方面显示多方面的优良功效，受到越来越高的关注。黄酮类化合物一般含有多个酚羟基，可以清除自由基、抗体内外氧化自由基的伤害，被认为是黄酮类化合物具有多种生理功能的基本生物学基础。

黄酮类化合物对于植物生理生态有特殊的作用，包括植物对光的吸收、花果的颜色、防御微生物侵蚀等方面，与黄酮类化合物的存在有密切关系。有些黄酮类化合物在植物生化反应过程中对酶的活性有抑制作用，从而可以作为植物生长调节剂。还有些在植物抵抗鸟类啄食植物或者引诱昆虫进行传粉与种子传播等方面也发挥着分子媒介作用。虽然植物中黄酮广有发现，但存在最集中的还是被子植物，其中豆科、蔷薇科、芸香科、伞形科、杜鹃科、报春花科、苦苣苔科、唇形科、玄参科、马鞭草科、菊科、蓼科、鼠李科、冬青科、桃金娘科、桑科、大戟科、兰科、莎草科以及姜科尤为富集。黄酮类在植物各个部位的含量差异比较大，一般地上部分含量大于地下部分，花和叶中的含量大于茎的含量，有些花中的含量可高达44%以上。对于同一种植物而言，随着季节的不同，黄酮类化合物含量也不尽相同。一般开花季节达到最高以后，逐渐减少，在阳光充分的地区生长的植物相对较高，含量最多的是黄酮醇，而二氢黄酮、查尔酮等含量较少。黄酮化合物含量的变化反映出它们的生物合成具有时空特异性，除了种属因素外，会受到光照强度、季节、温度、湿度、酸碱度等多种环境因子的影响。

6.2　黄酮类代谢产物生物合成途径

关于黄酮类次生代谢产物生源合成途径的学习可参考视频资源6-2。

通过大量同位素示踪实验证实，黄酮类化合物的生物合成是由聚酮和桂皮酸两条基本次生代谢途径复合衍生而来。以桂皮酰-CoA或对-香豆酰-CoA为起始单元，以丙二酸单酰-CoA为延伸单元，经过3轮二碳单位延伸，经过环化首先生成的是查尔酮，然后经查尔酮异构酶（Chalcone Isomerase，CHI）作用生成二氢黄酮，再由二氢黄酮衍生出各亚类次生代谢产物。由此可以将黄酮类生物合成分为两个阶段：一是聚酮途径合成查尔酮的阶段，二是由查尔酮进一步反应生成二氢黄酮、再进一步衍生的阶段。反应的细节可以参考KEGG网站，综合期刊文献及该网站的信息，归纳出类黄酮的生物合成路线框架图，见图6-1。生成的二氢黄酮中A环上C-7位的羟基是聚酮中间体环化后保留的，有些C-5上也带有羟基，有些产物在此位点却没有羟基取代，这取决于发挥作用的CHS的特性。二氢黄酮分子中的B环4′位上的羟基来自于桂皮酰起始物，但作为起始物的不仅限于桂皮酰，对-香豆酰以及咖啡酰辅酶A都可以作为黄酮类合成的起始物，因此，生成的二氢黄酮产物可以呈现2~4个羟基不等的结构，生成官能团多样的产物（图6-1）。类黄酮化合物更多的结构多样性则来源于二氢黄酮之后的衍生步骤，反应有多种可能的走向，生成黄酮类的亚型，除了苯环上的羟基化反应顺序不固定外，其他的生成顺序还是有一定的规律的，正如图6-1所展示的那样，一般按照查尔酮-二氢黄酮-异黄酮\黄酮\黄酮醇的顺序来合成。

查尔酮合成酶（CHS）是类黄酮生物合成途径中的关键酶之一，催化查尔酮聚酮中间体的碳链延伸及环化过程，它属于PKS酶的一种类型，不同物种及不同生境状态下，CHS的表达及活性会有多样性的表现，导致不同结构查尔酮的产生。例如，二羟基、三羟基查尔酮以及查尔酮糖苷的生成，其中二羟基或者三羟基查尔酮在查尔酮异构酶（CHI）作用下生成相应的二氢黄酮，柚皮素和圣草酚是最常见的被进一步作为底物衍生出各黄酮亚类结构的二氢黄酮化合物。类黄酮生物合成反应中的辅酶物质比较特殊，除了常见的NADPH作供氢或电子受体之外，α-酮戊二酸（AKG）也被用作辅因子

视频资源6-2
黄酮类次生代谢产物生源合成途径

参与反应。从 KEGG 数据库收录的类黄酮合成途径酶的数据中，可以推测类黄酮亚类系列重要酶对辅酶的偏好性，似乎 B 环上羟化、C 环 C4 位酮基还原以及花青素的还原过程一般使用 NADPH 作为辅酶，而涉及黄酮醇、黄酮、花青素直接合成的酶则使用 AKG 作为辅酶，例如，F3H、FLS、ANS 等一般是 AKG 作为电子传递介体辅助酶完成加氧或脱氢的反应。AKG 通常是含单核铁原子的双加氧酶的辅助因子，上述 F3H、FLS、和 ANS 都属于双加氧酶，一般认为具体反应机理如下：由类黄酮底物和 AKG 组成双底物，酶将分子氧中的两个氧原子分别给两个底物，类黄酮被氧化的同时，AKG 也被氧化脱羧生成琥珀酸同时释放 CO_2，AKG 依赖的双加氧酶同时也需要亚铁离子作辅因子，产生一个与酶结合的铁氧复合物，然后，由抗坏血酸再将这一复合物还原，具体反应见图 6-2。

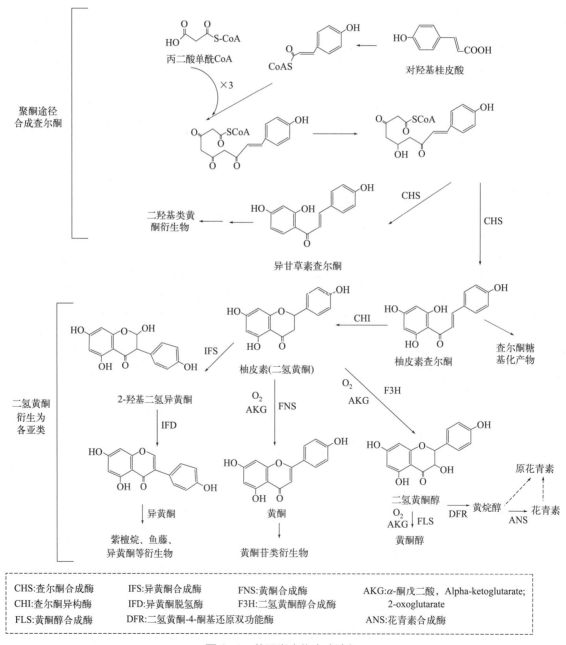

图 6-1 黄酮类生物合成途径

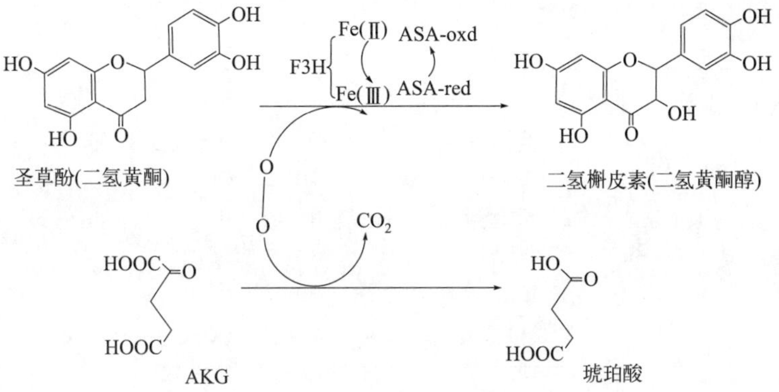

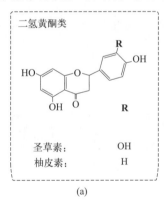

图 6-2 α-酮戊二酸（AKG）依赖的黄酮类合成双加氧酶的反应机理示意图（以 F3H 为例）

另外，二氢黄酮醇的 C_4 酮基可在 DFR 酶作用下还原生成黄烷 3,4-二醇，由该类产物也称无色花青素，其进一步脱去 C4 位上的氧，成为黄烷-3-醇类（如儿茶素）；还可以在 C2 位上单加氧，然后脱水生成花青素类；无色花青素还可以进行分子间的自由基历程的缩合反应，形成原花青素及其他复杂的单宁高聚多酚，但反应历程相当复杂，相关的酶（例如原花青素合成酶等）目前鲜有报道。

6.3 典型黄酮类代谢产物生物合成途径实例

6.3.1 典型黄酮类代谢产物结构式

典型黄酮类代谢产物结构式见图 6-3。

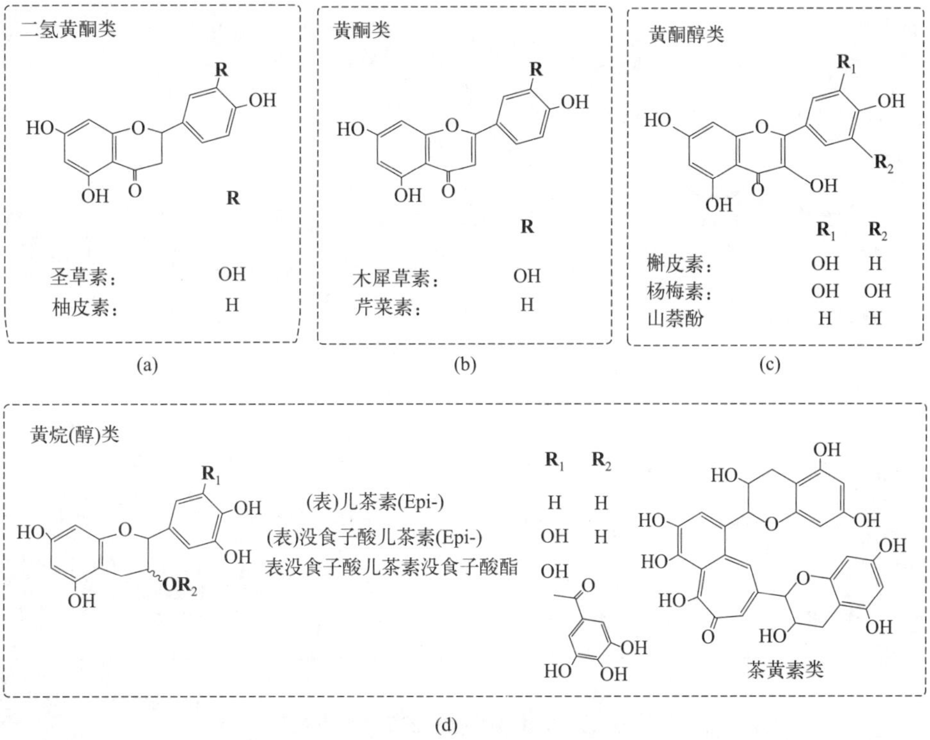

图 6-3

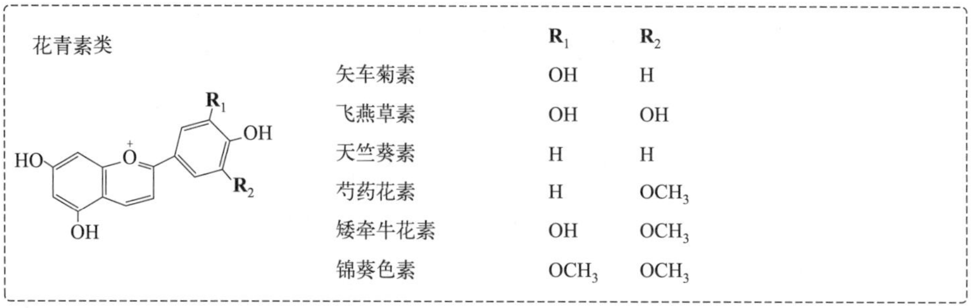

图 6-3 典型黄酮类代谢产物结构式

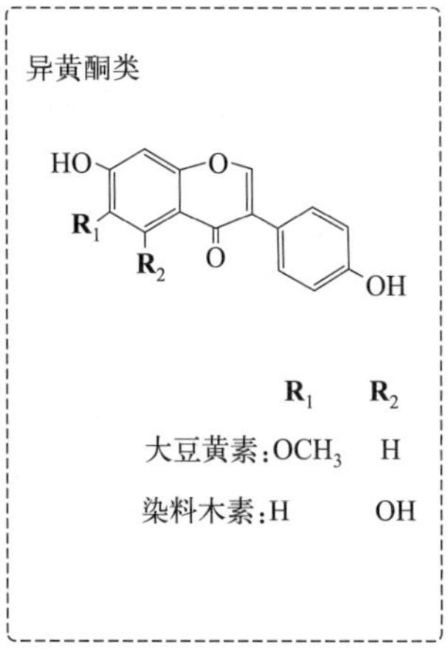

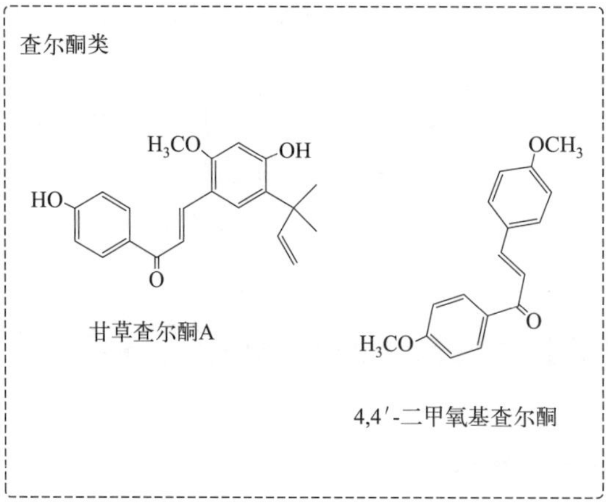

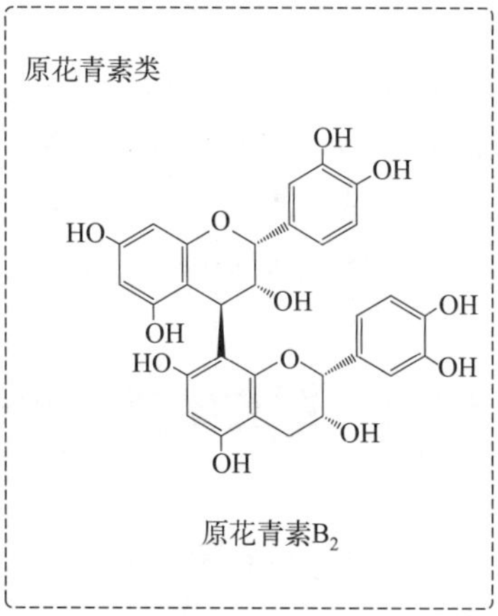

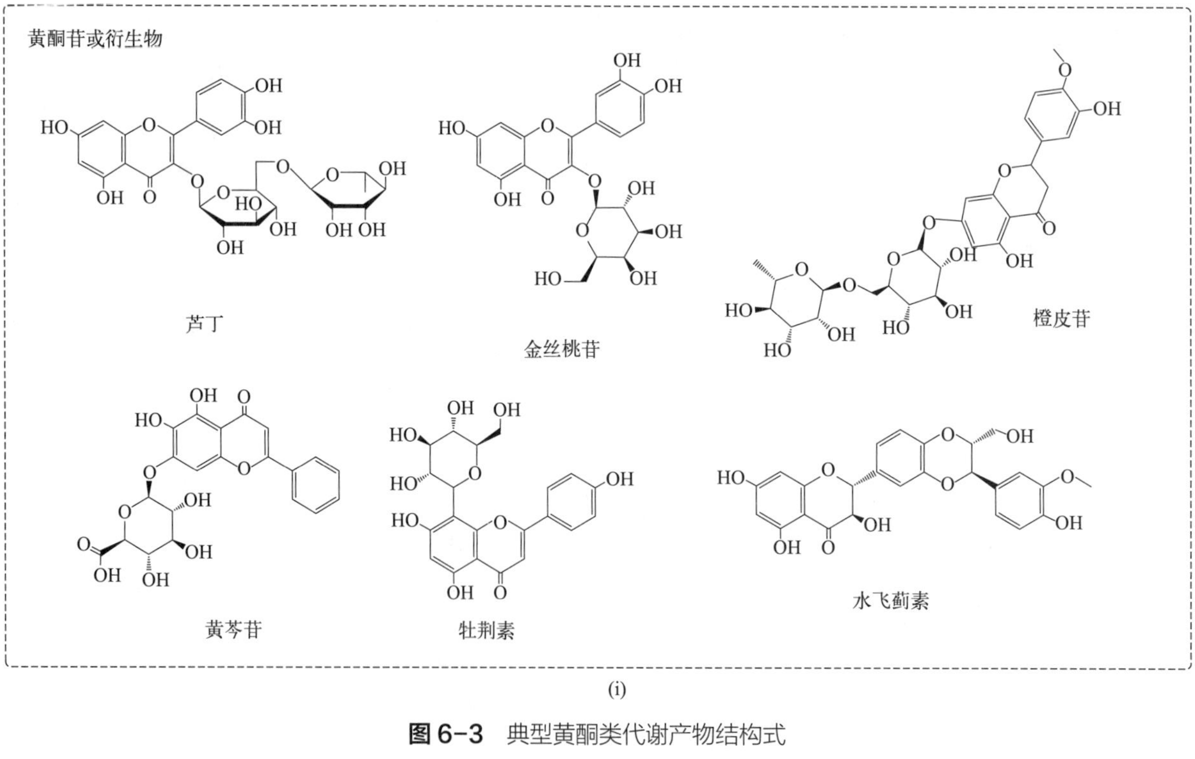

6.3.2 黄酮类代谢产物生物合成途径及亚类间的途径联系

以柚皮素的衍生为例，生成多种四羟基黄酮亚类代谢物的生物合成途径见图6-4，产物包括槲皮素、儿茶素、矢车菊素等最常见的类黄酮化合物，生成这些类黄酮亚型结构化合物的沿途反应主要以氧化反应为主，包括B环上C3'位的羟化（F3'H）、C环上C2,3位的脱氢（FLS）、C3位羟化（F3H）以及脱氢-脱水合并的花青素合成（ANS）等，反应的顺序并不是固定不变的，例如，柚皮素也可以不经C3'位羟化，而直接生成4',5,7-三羟基二氢黄酮醇-3（二氢山柰酚），再到山柰酚，之后再经C3'位羟化生成槲皮素。从反应可以比较清楚地判断参与催化反应的酶的类型。例如，F3'H负责将B环C3'位上引入羟基，该反应被认为是NADPH为辅酶的氧化反应，因此，F3'H酶实际上是NADPH依赖的细胞色素P450 CYP75A或者CYP75B1家族的芳环单加氧酶，与桂皮酰转化为对-香豆酰或者咖啡酰的酶同属一个家族，尽管如此，这类酶对底物具有较强的选择性，因而是具有底物特异性的酶。

类黄酮在植物中大部分以糖苷的形式存在，例如，水果、荞麦以及芸香中含量丰富的芦丁是槲皮素的芸香糖苷，柑橘属果皮中含量丰富的橙皮苷是二氢黄酮的新橙皮糖苷，它们因为对人类健康有不可替代的好处，是所谓的维生素P的典型代表，花青素通常也是以糖苷的方式存在。糖苷的生物活性和苷元相比相差不是特别大，但普遍比苷元的水溶性增加，从而有利于肠道吸收。植物体内的糖苷是通过相应的糖基转移酶作用下，键的生成以UDP化糖基为糖供体、游离黄酮苷元为糖受体，可直接将糖基转移至相应的位点，在黄酮类生物合成的后修饰中发挥重要的作用，进一步产生多样性的类黄酮代谢产物，见图6-5。

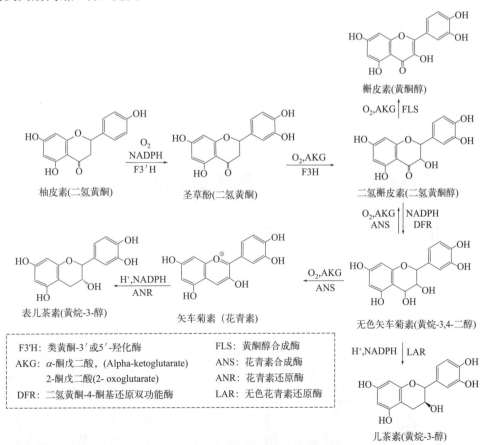

图6-4 从柚皮素到多种四羟基黄酮亚类代谢物的生物合成途径

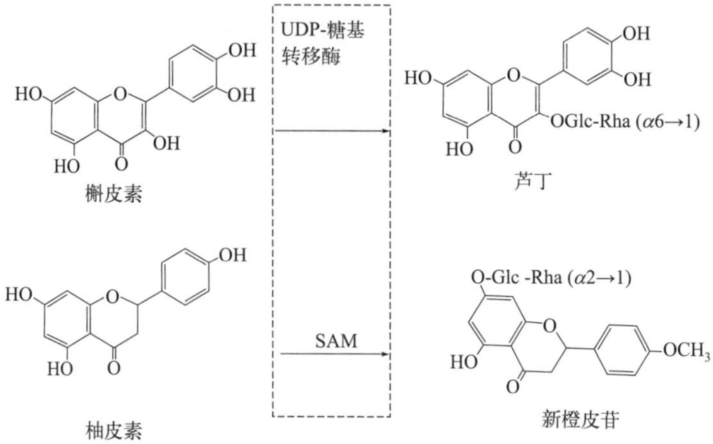

图 6-5　类黄酮除羟基外的常见官能团修饰反应举例

异黄酮亚类的结构特点是 B 环从 C2 位被转到 C3 位，该过程被证实由异黄酮合成酶（IFS）所氧化催化，它是 NADPH 依赖的细胞色素 P-450 酶，反应机理主要涉及酶作用下，使二氢黄酮 C3 位产生稳定自由基，然后发生 B 环的迁移，羟化酶提供羟自由基将 C2 自由基猝灭，生成羟基取代物，再进一步发生脱水，生成异黄酮，见图 6-6。

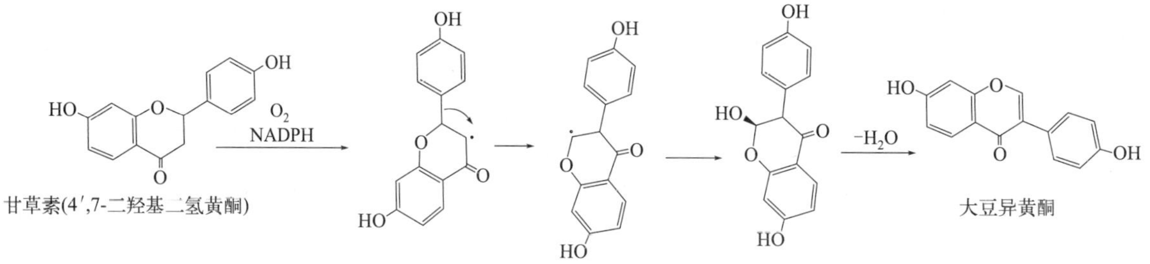

图 6-6　异黄酮生物合成反应示意图

6.4　类黄酮代谢产物生物合成的酶学基础

6.4.1　类黄酮合成酶及其编码基因结构分析

6.4.1.1　查尔酮合成酶

查尔酮合成酶 [Chalcone Synthase，CHS EC 2.3.1.74] 是植物类黄酮生物合成主干途径中的第一个酶，反应以桂皮酰 CoA 或香豆酰 CoA 为底物，以丙二酰 CoA 为延伸单位经过三轮脱羧和 Claisen 缩合反应，催化类黄酮代谢物的共同前体查尔酮的合成。CHS 本质上是 PKS 酶，且归属于Ⅲ型 PKS，这类酶的结构与功能特性见本书第 4 章相关内容。CHS 基因序列最早由 U.Reimold 等于 1983 年报道，此后，来自各种植物的 CHS 基因相继公布，所有已报道的 CHS 基因都属于多基因家族，在结构上非常保守，除金鱼草的 CHS 基因 AMCHS 含有 2 个内含子外，其余的 CHS 均只包含 1 个内含子和 2 个外显子，并且这个内含子的序列位置均相同，位于第 65 位的半胱氨酸密码子内第一和第二位碱基之间（以欧洲赤松 *Pinus Sylvestris* 的 PSCHS 为标准）其长度从几十碱基对到几千碱基对不等。王金玲等在 2000 年中的研究发现，可用 CHS 基因外显子 2 代表全基因进行分析系统生物学研究。

6.4.1.2 查尔酮异构酶

查尔酮异构酶（Chalcone Isomerase，CHI）是催化查尔酮合成二氢黄酮的酶，反应涉及类黄酮 C 环的环化，但该反应在 CHI 不存在时也可以自发进行，推测 CHI 并非限速酶，从途径尺度看，CHI 更多的作用在于有效地配合与衔接上游 CHS 及下游 FNS、F3H、和 IFS 等酶，控制着反应中间体的识别与释放，对于 CHS 的种属特异性有重要作用，决定了不同种属植物合成类黄酮的代谢流向，因此，CHI 无论是蛋白序列还是三维结构在不同的植物之间具有严格的种属特异性。

6.4.1.3 NADPH 依赖的还原酶

类黄酮合成途径中，涉及 C-4- 酮基或羟基还原的酶，一般都属于 NADPH 依赖的还原酶家族，例如，DFR、LAR、ANR 等催化合成黄烷 3,4 二醇和黄烷 -3- 醇的合成，反应见图 6-4。催化异黄酮 2,3 位加氢反应的酶以及进一步形成 C4 脱氢环化的酶，例如异黄酮还原酶（IFR）和维生素 B_6 依赖的还原酶（VR）等，都属于该类酶。在 KEGG 数据库中 [EC1.1.1.219]、[EC1.1.1.234]、[EC1.17.1.3] 等都属于该类酶。研究发现，DFR 的氨基酸序列决定了其底物的种类，不同物种中 DFR 与底物的结合区域是高度保守的，第 134 位的氨基酸残基直接决定底物的特异性。

6.4.1.4 细胞色素 P-450 单加氧酶（羟化酶）

羟化酶主要负责 B 环上氧化引入羟基，包括黄酮、黄烷、异黄酮等底物分子 B 环上催化单加氧的反应，例如 F3′H、F3′5′H、I2′H（异黄酮 C-2′位羟化酶）等都属于该类酶，是一类细胞色素 B_5 单加氧酶，虽然反应仍需要 NADPH 作为辅酶，但无论是催化反应机理还是酶的生物学类型都与上述 NADPH 还原酶不同。同时，从二氢黄酮到异黄酮的反应历程中，经历 B 环迁移和 C2,3 位的脱饱和，后者为氧化 - 还原反应，实际上两步反应在生物合成途径中是一步酶促反应，催化此反应的异黄酮合成酶（IFS）也属于此类酶。另外，虽然 NADPH 在此类酶反应中也充当供氢体，但生化反应的类型明显不同，细胞色素 P-450 单加氧酶是一类氧化酶，氧气分子是反应底物之一，催化反应时分子氧中的一个氧原子传给黄酮底物，另一个氧原子与 NADPH 提供的氢原子结合，再从媒介中结合一个质子，形成水分子，相关反应原理见本书 1.2.4 及 1.3.4 相关内容。KEGG 数据库中记载了大量此类酶，底物很广泛，不仅限于类黄酮化合物。类黄酮生物合成中的 P-450 多具有底物杂泛性，也就是能够催化多个结构相似底物的同一位点，此类酶典型的有黄酮 -3′- 羟化酶（F3′H）[EC1.14.14.82] 和黄酮 -3′, 5′- 羟化酶（F3′5′H）[EC1.14.14.81]，F3′H 不仅可以催化芹菜素生成木犀草素，也可以催化其他类似底物在 C3′位引入羟基。同时，相同亚家族的 P-450 蛋白多能够催化黄酮类化合物的同一位点，具有较强的家族专一性，F3′H 一般属于 CYP75Bs 亚家族，F3′5′H 属于 CYP75As 亚家族，I2′H 属于 CYP81E1 亚家族，而催化黄芩素 C6 和 C8 位的羟化酶分别是 CYP82D1.1 和 CYP82D2。

6.4.1.5 α- 酮戊二酸依赖的双氧化酶

类黄酮生物合成中的有些氧化 - 还原反应不同于上述两种类型，而是经历双加氧反应机理。例如，催化类黄酮 C 环 C-3 位羟化和 C-2,3 位烯醇互变的 F3H、FLS 以及 ANS 等酶，反应至少有三个底物，即某些结构类型的黄酮或黄烷、2-酮戊二酸（AKG）和氧分子。反应过程中，分子氧将两个氧原子分别给类黄酮底物和 AKG，前者生成黄酮（烷）醇 -3 等，后者氧化脱羧生成琥珀酸和 CO_2，已知催化此类反应的酶是 AKG 依赖的双加氧酶家族，辅酶亚铁离子最常见，辅酶与酶结合形成铁氧复合物，维生素 C 负责铁氧复合物的还原循环。F3H 催化黄烷酮在 C3 位置上的羟基化反应，合成二氢黄酮醇，是合成黄酮醇、花青苷和原花色素的共同前体。不同植物中的 F3H 对底物有一定的偏好性，因此，F3H 酶活性对于类黄酮化合物代谢途径不同分支的流量分配发挥着重要作用。FLS 催化二氢黄酮醇发生去饱和反应，生成相应的黄酮醇、琥珀酸盐、二氧化碳和水。从紫罗兰（*Matthiola incana*）和矮牵牛（*Petunia hybrida*）等植物中提取的 FLS 酶活性研究发现，其酶活性依赖酮戊二酸、亚铁离子和抗坏血酸等辅助因子，酶活性最适 pH 值 6.5～7.0，受 EDTA 抑制。不同植物来源或不同 FLS 家族成员编码的蛋白酶活性和底物偏好性差异显著，这种差异是黄酮醇种类多样和含量差异的重要原因，同时，从类黄酮生物合成的整体性看，黄烷醇、花青素、异黄酮等途径支流与黄酮醇是竞争关系，过高的 FLS 活性会导致其他竞争途径通路的减弱。因此，FLS 的基因表达、酶活性和底物偏好性等特性影响着该支路代谢流的强弱，调控着不同黄酮醇的组成与含量，也关系到植物体系中黄酮醇合成支路对代谢流的竞争能力。

6.4.2 类黄酮生物合成途径中系列关键酶的细胞定位

前面述及，类黄酮化合物具有多种亚类结构，由 C 环的结构差异衍生出查尔酮、二氢黄酮、黄酮、黄酮醇、异黄酮、黄烷 -3- 醇、花青素等多种分类，分别对应于 CHS、CHI、FNS、F3H、IFS、FLS、LAR、ANS 等关键酶，这些酶是导致产物结构多样性的主要原因。所有类黄酮的起始底物来自桂皮酰或香豆酰 CoA 和丙二酰 CoA，前者来源于苯丙氨酸 - 桂皮酸途径，因此，除了类黄酮合成主干途径中的 CHS 及 CHI 外，PAL、C4H 以及 4CL 等酶也是类黄酮生物合成上游途径的重要酶。多年来的研究，人们对类黄酮生物合成中的分子生物学有了一定的认识，基于对多种花和种子的突变，分离鉴定了一系列类黄酮生物合成途径中编码酶及其调控的基因，途径中绝大部分酶的编码基因和调控基因已经通过突变方法获得确认，对这些关键酶的细胞定位也有一定的认识。目前，对玉米、拟南芥（*Arabidopsis thaliana*）、金鱼草（*Antirrhinum majus*）及矮牵牛中的类黄酮合成基因研究最为系统，尽管拟南芥中包含的类黄酮化合物及其合成酶基因的结构和种类与其他植物种属可能不同，但生物合成途径是保守的，可以通过基因功能和生物学分类寻找相似的基因。理论上推测，途径中的系列酶应该以多酶复合物的形式聚集存在，这样更有利于多步反应底物或中间体的传递，并且也有利于通过某些特殊次生代谢产物的合成对细胞内外环境产生快速响应。亚细胞定位的实验研究发现，CHS、PAL 以及类黄酮糖苷转移酶（Flavonoid Glycosyl Transferase，UFGT）位于细胞质，具体连接在内质网的粗糙面，按照催化功能结构域呈现线性排列，与类黄酮代谢物分子中其他官能团合成的膜蛋白酶（例如 C4H 和 F3'H 等）通过弱相互作用，松散聚集在内质网表面，确认了它们是与膜相关的多酶复合体，但基因及蛋白结构域的精细结构及催化机制仍有待研究。同时，用分子和产物共定位手段研究发现，类黄酮在细胞内的合成部位不一定是积累部位，例如，花青素被发现积累在液泡中，由谷胱甘肽 -S- 转移酶（GST）和 ATP- 依赖的谷胱甘肽泵转运子负责转运，不同植物 GST 基因差异很大，但都具有将类黄酮代谢物固定在液泡中的功能。表 6-2 列出了拟南芥中类黄酮合成系列酶基因的遗传定位，利用模式生物中类黄酮合成酶的基因信息，为人们研究其他植物中相关基因提供了有用的线索，这是继基因突变性状表型法之外发掘类黄酮生物合成基因的有效手段。

表 6-2　拟南芥中类黄酮合成酶基因的遗传定位

酶	染色体编号	基因相对位置
CHS	5	7050kb（MAC12）
CHI	3	21000kb（T15C9）
F3H	3	19600kb（F24M12）
F3'H	5	4400kb（F13G24）
FLS	5	FLS1：4700kb（MAH20）
DFR	5	23800kb（MJB21）
ANS*	4	16900kb（F7H19）
LAR*	1	26800kb（T13M11）

注：ANS 也叫无色花青素双加氧酶（Leucoanthocyanidin Dioxygenase，LDOX）；LAR 也叫无色花青素还原酶（Leucoanthocyanidin Reductase，LCR）。

6.4.3　植物类黄酮生物合成的基因调控

植物类黄酮的生物合成途径由一系列结构基因和调节基因协同完成，CHS 基因的表达受多种内外因素的调控，人们发现在 CHS 基因启动子区找到了一些作用元件。这些元件以其与转录因子之间的相互作用，决定了 CHS 基因的表达方式受发育和内外因素的复杂调控。与 CHS 基因表达相关的顺式作用元件和反式作用因子已陆续被发现，如 ACE 元件、H-box、富含 AT 元件、沉默子（Silencer）P 区（Box P），以及 Box Ⅰ 和 Box Ⅱ 等。调节基因主要指转录因子，目前在类黄酮生物合成中发现的主要包括 MYB、bHLH、WD40 以及 NAC 等。

6.4.3.1　转录因子 MYB

MYB 蛋白在调控类黄酮生物合成途径中起着关键作用，但对不同的植物结构基因和类黄酮代谢物合成的影响有所不同。Zhai 等在 2016 年的研究中从梨果实中克隆了 3 个候选 MYB 转录因子，分别为 PbMYB10b、PbMYB9、PbMYB3，并通过过表达和 RNAi 瞬时检测进行功能验证。结果表明，PbMYB10b 作为花青素支路以及原花青素合成途径的具有显著的激活作用；PbMYB9 是梨果实类黄酮生物合成所必需的，也是原花青素、花青素和黄酮醇途径的激活剂；PbMYB3 是 PbMYB10 的潜在调节因子，PbMYB3 的同源基因 MdMYB3 过表达可以激活果实中 CHS、CHI、UFGT、FLS 几个类黄酮途径基因的表达，因此推测这几种 MYB 转录因子可能是梨果中类黄酮生物合成的关键调控因子。Tian 等在 2017 的研究中发现海棠叶片中 McMYB12a 主要通过与花青素生物合成基因启动子的结合来上调花青素生物合成基因的表达，而对原花青素生物合成基因的调控作用仅为次要；McMYB12b 则优先结合原花青素生物合成基因的启动子。从生物合成途径分析，黄烷-3-醇、花青素、原花青素三者呈现"三角形"的通路模式（图 6-1），花青素可以看作是黄烷-3-醇合成原花青素的另一条支路中间体，由此可见，海棠中的 McMYB12a 和 McMYB12b 通过表达的自调节来平衡和调控花青素积累。

6.4.3.2　转录因子 bHLH

bHLH 是转录因子最大的家族之一，在类黄酮化合物的生物合成调控中发挥着重要作用。苹果 MdMYB16 与 MdbHLH33 形成同源二聚体并相互作用，对花青素合成发挥网络调控作用。葡萄转录因子 VvbHLH1 基因上调不仅可增加类黄酮化合物含量，还可以提高其他植物对非生物胁迫的耐受性；矢车菊中，CcMYB6-1 显著上调黄酮 -3- 羟化酶（CcF3H）和二氢黄酮醇 -4- 还原酶（CcDFR）等两个启动子的活性，刺激花青素积累，与 CcbHLH1 共同浸染后，其活性明显增强，并且与 MYB 转录因子协同参与调控花青素的生物合成。

6.4.3.3 转录因子 WD40

WD40 基因编码一类 WD40 蛋白，WD40 蛋白又称 WD40 结构域蛋白，是真核生物中的一个大基因家族，该蛋白也是植物体内调节类黄酮的三大转录因子之一，它主要通过结构域与其他蛋白（例如 TTG1）发生互作，以此来行使它的调控功能。例如，Liu 等在 2020 年的研究中发现苹果中 WD40 的相互作用蛋白被分离鉴定，当 MdTTG1 基因在拟南芥中过表达时，类黄酮途径下游所需的生物合成基因上调，酵母双杂交实验和双分子荧光互补试验验证了 MdTTG1 基因通过与 bHLH 蛋白相互作用来调节花青素的合成与积累。

6.4.3.4 其他转录因子

N- 乙酰半胱氨酸（NAC）植物类特有的一种转录因子超家族，该转录因子由一个保守的 N 端结构域和高度可变的 C 端转录激活域组成，在植物生长发育过程中起着重要作用。苹果 MdNAC52 基因转录水平在苹果着色过程中升高，与花青素的积累正相关。Jiang 等在 2019 年研究发现，MdNAC52 通过结合 MdMYB9 和 MdMYB11 的启动子促进花青素的生物合成。荔枝 LcNAC13 转录因子可以直接结合花青素生物合成相关基因（LcCHS1/2、LcCHI、LcF3H、LcF3H、LcDFR、LcMYB1）的启动子，抑制其转录。同时 LcNAC13 与 LcR1MYB1 发生相互作用，导致 LcNAC13 的负作用逆转，说明 LcNAC13 和 LcR1MYB1 可能在荔枝果实成熟过程中协同调控花青素生物合成。另外，在 Shi H T 2018 年的研究中发现拟南芥锌指转录因子（ZAT6）水平被 H_2O_2 诱导激活，调节 AtZAT6 的表达对花青素和总黄酮的浓度均有正向影响。AtZAT6 通过与 CHI、F3H、DFR、MYB12 和 MYB111 基因的启动子结合，直接激活了这些基因的表达，MYB12 和 MYB111 的激活上调了 CHS 和 F3H 酶基因的表达，表明 AtZAT6 通过直接与几个参与花青素合成的基因启动子结合，在 H_2O_2 激活的花青素合成中发挥重要作用。

6.5　相似途径合成的非黄酮代谢产物

芪类也称为苯乙烯衍生物，可以看作是类黄酮合成途径的分支产物，虽然遵循着与类黄酮相似的反应模式，甚至可以利用相同的底物，但生成不同的产物，这类产物的结构特点是两个苯环通过乙烯基共价连接。白藜芦醇是典型的芪类天然产物，存在于多种水果和天然植物药中，具有抗氧化、抗炎、抗衰老、抗癌及心血管保护等作用，是天然产物药效药理研究的热点分子，也是植物体在逆境或遇到病原侵害时的化学防疫分子。天然存在的芪类常有甲氧基、异戊烯基、糖基化产物，这些在生物合成途径中可以被清晰地反映。图 6-7 是依据 Jeandet 等 2021 年发表文献整理的白藜芦醇及其衍生物的生物合成途径，其中芪类合成酶（STS）类似于类黄酮的 CHS 酶，从反应途径看存在相互竞争的关系，在很多存在白藜芦醇的植物中也存在大类各式各样的类黄酮化合物，说明 STS 和 CHS 也可以在同一植物中共存，植物是如何协调这二条或多条途径的，尚不清楚。

白皮杉醇是白藜芦醇进一步羟基化的产物（图 6-7），近年来的研究表明，白皮杉醇具有多种促进健康的活性，如抗衰老、抗癌、抗糖尿病、抗炎症、抗肥胖、抗氧化以及保护血管、肾脏和神经的辅助功能。而且，在很多研究中，白皮杉醇表现出优于白藜芦醇的药理学潜力。和白藜芦醇经常共生于各种可食用的植物中，例如蓝莓、葡萄、百香果和花生中，为阐明水果的营养保健功效提供了良好的科研线索。

姜黄素主要存在于姜科及天南星科植物的根茎中，姜黄素具有降血脂、抗肿瘤、抗炎、利胆、抗氧化等功效。另外，也有科学家发现姜黄素可辅助治疗耐药结核病。其分子含有7碳侧链的桂皮酰衍生物，相应的生物合成途径见图6-8。

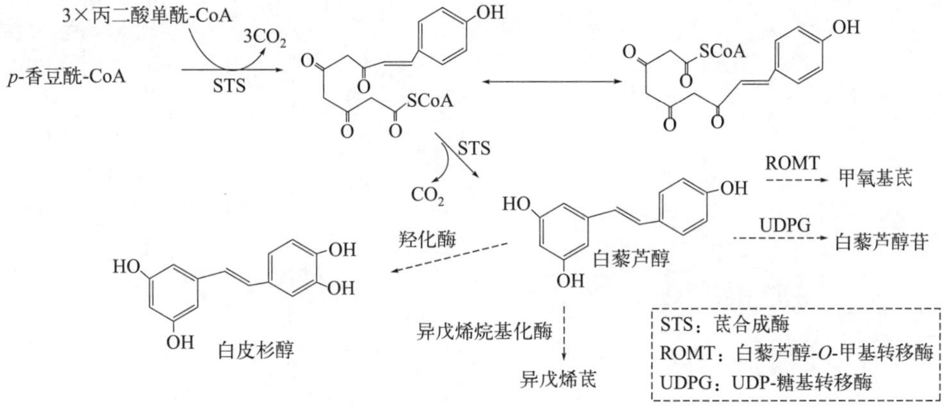

图6-7 白藜芦醇及其衍生物的生物合成反应

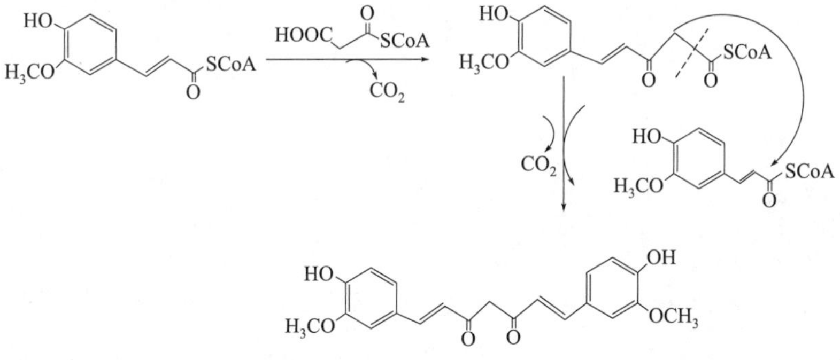

图6-8 姜黄素的生物合成途径示意图

开放性讨论题

1. 类黄酮次生代谢产物的苯环上常有多个羟基位点，这些羟基反应、催化酶及辅酶是完全相同的吗？试从生物合成的角度分析。
2. 如果要提高某个黄酮类化合物的产量，在生物合成途径上应如何强化？

思考题

1. 归纳类黄酮生物合成途径的关键底物、中间产物、反应、酶及辅酶。
2. 简述黄酮类次生代谢产物的生物合成途径"向后"衍生的规律，并说明与芪类的异同。
3. 画出白藜芦醇、姜黄素的生物合成途径。

7 生物碱与非核糖体途径多肽类生物合成

教学目的与要求

1. 掌握NRPs类微生物次生代谢产物的生物合成途径、机制以及与产物结构的关联，比较NRPS与PKS的异同。
2. 握β-内酰胺类抗生素中典型青霉素的生物合成途径中的反应、关键步骤以及关键酶，并学会依据生物合成途径推演出该产物的生产调控网络图。
3. 从生物合成途径了解生物碱的结构与分类，扩大植物次生代谢产物生物合成的认知，提升对复杂多样的天然产物结构的系统性理解。

重点及难点

NRPs类产物结构与其生物合成途径及酶的构成间的联系；NPRS与PKS的异同比较及其杂合途径；按生物合成途径对生物碱进行分类；生物碱的化学结构与生物合成途径的归纳演绎。

问题导读

1. 什么是氨基酸途径？该途径主要合成哪些次生代谢产物？
2. 什么是β-内酰胺类抗生素，是通过什么途径合成？如何有效地对其生物合成进行调控？
3. 青霉素的抗菌机理是什么？为什么病原菌会对青霉素产生耐药性？
4. 什么是生物碱？按照生物合成途径可分为哪些类型？

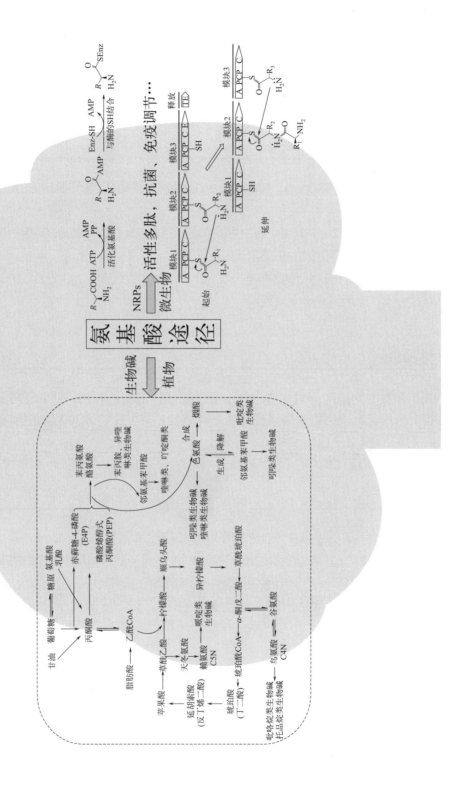

7.1 生物碱的分布与分类

生物碱是一类天然的含氮代谢产物，在传统的天然药物化学中，将生物碱的定义为：来源于植物为主的生物合成产物，分子含负氧化态氮原子，多数具有氮环结构，大部分呈碱性。这些结构或性质上的描述并不是绝对的，例如，有的生物碱的氮原子不在环内，如麻黄碱；有的生物碱几乎无碱性，如秋水仙碱等。为了排除蛋白质、氨基酸、核酸等常见的生物大分子以及一些低分子胺类、氨基酸、肽类、维生素和硝基化合物等，也可以将生物碱的定义进一步明确为存在于生物体内、含负氧化态氮原子、具有环状或非环状结构的次生代谢产物。

生物碱广泛存在于自然界，尤其是集中在植物界，除地衣类和苔藓类植物外，几乎所有植物中均发现有生物碱。例如，防己科、罂粟科、夹竹桃科、毛茛科、豆科、马钱科、茄科以及单子叶植物中的百合科、石蒜科、兰科、裸子植物中的红豆杉、三尖杉科、麻黄科及羊齿植物中的石松科、木贼科、卷柏科等的一些植物中普遍有生物碱分布，少数菌类植物也含有生物碱。生物碱也存在于少数动物中，如中药蟾酥中的蟾酥碱（此化合物也分布于植物中），麝香中的麝香吡啶和羟基麝香吡啶 A、B，加拿大海狸香腺中的海狸碱等。

生物碱药用活性明显而多样，常见的中草药很多是以生物碱为有效成分。例如，黄连中的小檗碱具有抗菌消炎作用；萝芙木中的利血平具有降压作用；长春花中的长春碱和长春新碱、喜树中的喜树碱等具有抗癌作用；麻黄中的麻黄碱具有镇咳平喘作用；罂粟中的吗啡具有镇痛作用。生物碱用途相当广泛，是当今寻找抗肿瘤、解痉镇痛、抗菌消炎、止咳平喘和心脑血管疾病药物的重要天然资源。

生物碱的分类方法有多种，从生物合成的角度，以其中的氮原子及其邻近碳骨架的生源途径及化学结构相结合进行分类较易理解和记忆。本教材以生物合成途径将生物碱分为鸟氨酸类、赖氨酸类、邻氨基苯甲酸类、苯丙氨酸类、色氨酸类以及其他来源类等 6 种类型。

7.2 典型生物碱的生物合成途径

7.2.1 来源于鸟氨酸的生物碱

由鸟氨酸衍生的生物碱在植物中广有分布，主要包括含吡咯环、莨菪烷以及吡咯里西啶等化学结构的生物碱。在植物体内，L-鸟氨酸主要由 L-谷氨酸生成，而在动物体内，它是构成尿素循环部分的非蛋白质氨基酸，它在精氨酸酶的催化下由 L-精氨酸生成，具体反应路径见图 7-1，鸟氨酸为生物碱提供了一个 C_4N 结构单元的吡咯环体系，该 C_4N 结构单元可以构成简单吡咯类和莨菪烷生物碱的组成部分。

古豆碱和红古豆碱是含有吡咯烷结构的简单生物碱，存在于许多植物如曼陀罗、莨菪、烟草和古柯等植物中。古豆碱或红古豆碱本身的药物活性不明显，但因为是莨菪烷生物碱的生物合成前体，无论是研究还是半合成利用都有很大的利用价值。例如，通过化学改造，将红古豆碱与乙酰苦杏仁酰氯反应，生成红古豆苦杏仁酰酯，其有类似阿托品类物质的散瞳、抑制腺体分泌、降压等作用。颠茄、曼陀罗、莨菪、古柯等植物中更典型的是含有独特的莨菪烷生物碱结构，也称托品烷类，主要以托品烷酯的形式，包括左旋莨菪碱、东莨菪碱、山莨菪碱以及樟柳碱等单体，其中前两者应用最多，是最重要的药用天然生物碱种类，临床使用的药物阿托品为莨菪碱的外消旋体，莨菪碱与乙酰胆碱竞争副交感神经受体，归类为抗胆碱类药，药理作用似阿托品，具有止痛解痉功能，但毒性较大，具有致幻作用，临床应用较少。东莨菪碱也有类似作用，利用其对中枢神经的镇静作用，临床上在非常小剂量下用于控制昏动症，用于镇静、扩张毛细血管、改善微循环以及抗晕船晕车等。另外含有莨菪烷的代谢产物中还包含了一类"毒品"级的生物碱，即来自古柯植物的可卡因，因可卡因能产生药物依赖性的欣快感，是我国命令的违禁药物，其作为先导开发的类似物，临床上用于局麻药。

典型吡咯生物碱的生物合成途径见图 7-2。吡咯衍生物的生物合成主要涉及吡咯环 C2 位的亲核加成、环化形成托品烷骨架、托品酮还原以及与其他途径来源的酰基代谢物进行酯化等反应步骤，其中 C2 位的亲核加成可以看作是乙酰辅酶 A 为延伸单位的两次聚酮反应链的延伸，托品烷骨架形成过程有多种成环方式，可以脱羧生成不带甲酯官能团的产物（例莨菪碱），也可以不脱羧生成可卡因等的结构，还可以直接脱去 CoA 基团还原为甲基生成古豆碱。另外，来源于苯丙氨酸代谢的

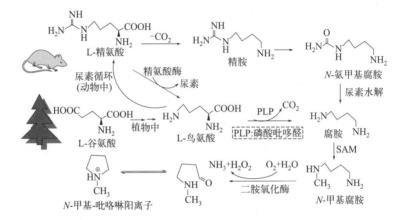

图 7-1 鸟氨酸衍生为吡咯环骨架的生物化学反应

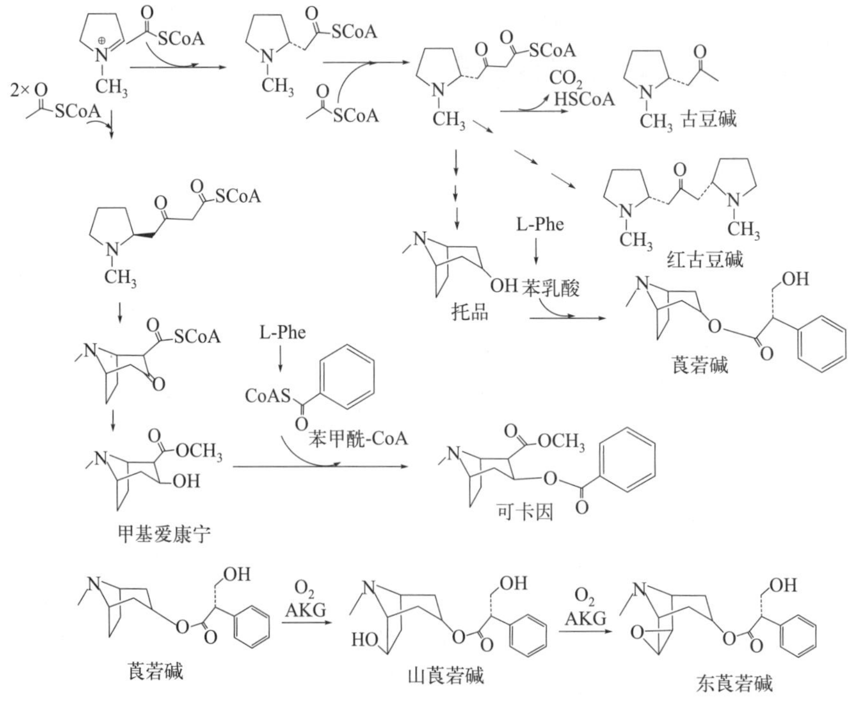

图 7-2 典型吡咯生物碱的生物合成途径

途径，生成的产物苯乳酸或苯甲酸等可以进一步与莨菪醇酯化，形成各自的产物。莨菪碱与山莨菪碱、东莨菪碱的转化是 AKG 辅助下的双加氧酶催化的氧化反应，具体细节类似于第 6 章类黄酮的相关羟化反应机理。

7.2.2 来源于赖氨酸的生物碱

L-赖氨酸是 L-鸟氨酸的同系物，以 L-赖氨酸为前体，经过一系列生化反应，可以生成哌啶、喹诺西里丁以及吲哚里西丁类生物碱，其途径与鸟氨酸的过程相似，也是先由赖氨酸经过氧化、脱羧、环合生成四氢吡啶、哌啶阳离子等 C_5N 基本结构单元，赖氨酸脱羧后保留的不是 α-氨基氮原子，而是 ε-氨基氮原子，之后再汇合其他途径合成多样的生物碱结构。与鸟氨酸途径的主要区别在于，赖氨酸比鸟氨酸多一个亚甲基，因此合成以包含六元哌啶环的生物碱结构为核心，包括含有简单哌啶结构的石榴碱及其衍生物、胡椒碱、山梗菜酮碱等；包含喹诺西里丁的金雀花碱和羽扇豆碱及其衍生物分子；包含吲哚里西丁结构的苦马豆碱、澳粟精胺等生物碱。结构如图 7-3，图 7-4，图 7-5 所示。

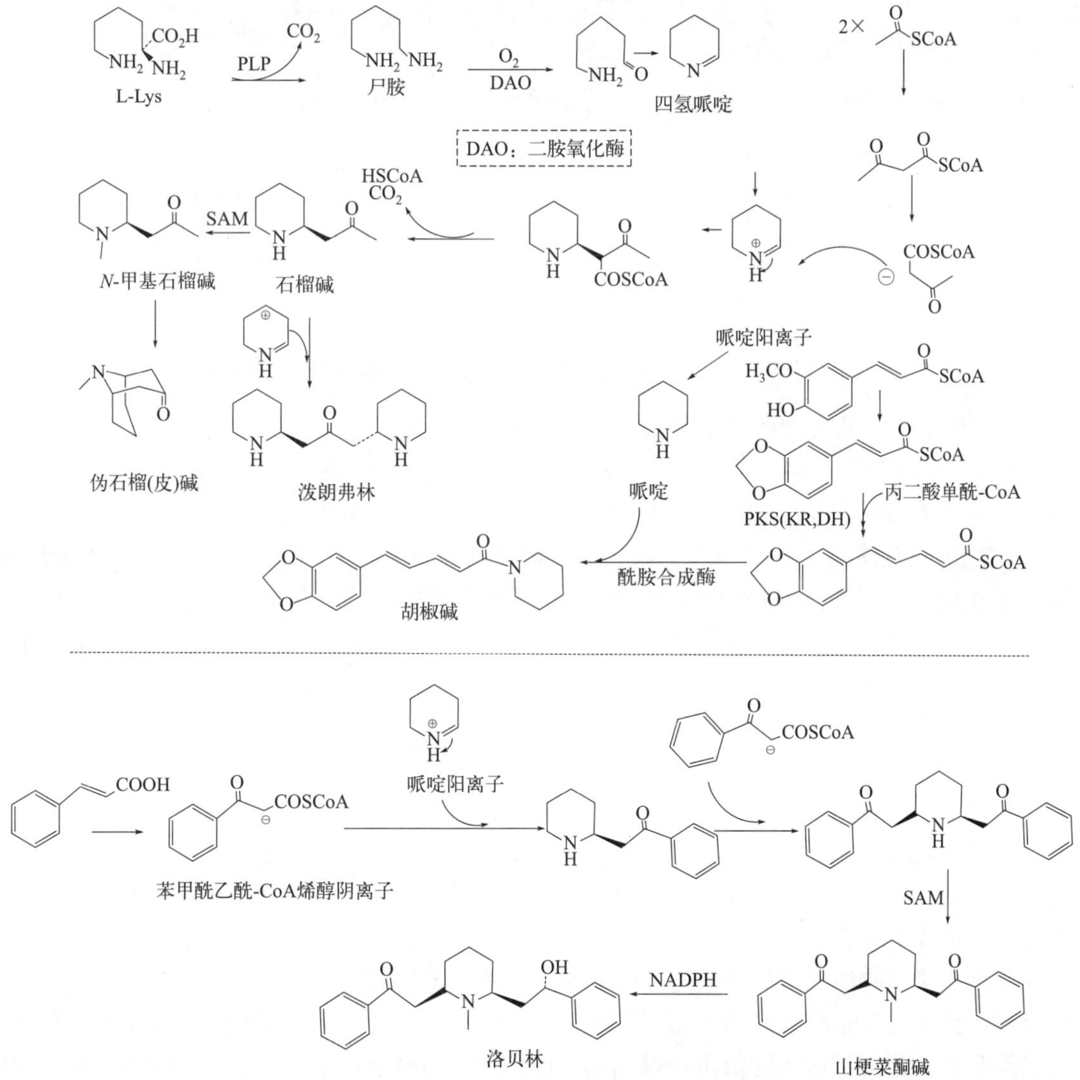

图 7-3 赖氨酸途径合成简单哌啶生物碱的反应

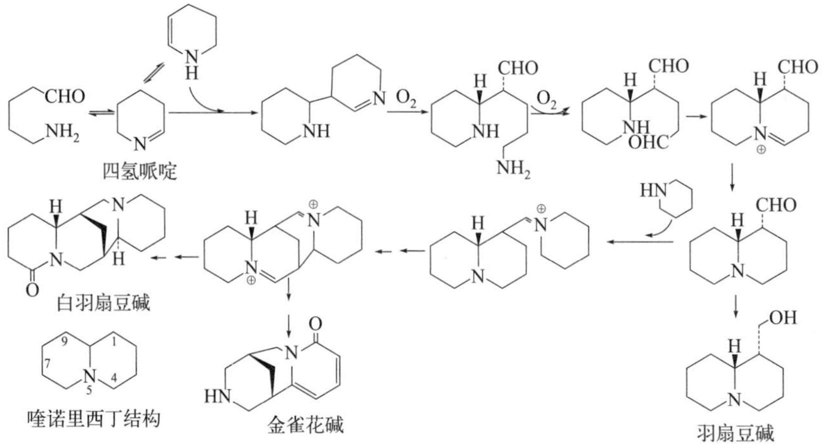

图 7-4 由赖氨酸途径合成喹诺里西丁结构生物碱反应示意图

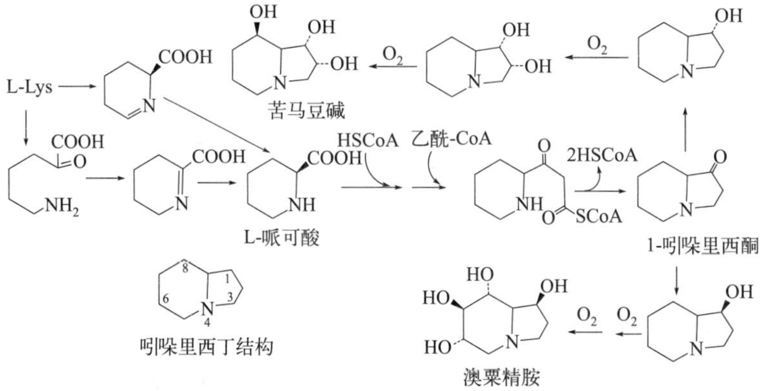

图 7-5 由赖氨酸途径合成吲哚里西丁结构生物碱反应示意图

如图 7-3 所示，赖氨酸在磷酸吡哆醛（PLP）辅助下发生脱羧反应，生成尸胺，经二胺氧化酶（DAO）作用生成戊胺醛产物，经环合生成四氢吡啶，这是一个活泼的中间体，易失去质子生成哌啶阳离子，来自聚酮途径的乙酰乙酰辅酶 A 的 α- 碳负离子与哌啶阳离子 C2 位发生亲核进攻，进一步水解脱羧生成石榴碱、N- 甲基石榴碱、伪石榴皮碱等石榴皮中具有抗绦虫活性的生物碱成分。哌啶阳离子还可以与阿魏酰 -CoA 衍生物反应，生成具有酰胺结构的胡椒碱，其是调味品黑胡椒中的刺激成分之一，现代药理研究发现胡椒碱具有抗癫痫作用。哌啶阳离子也可以和桂皮酰衍生物反应，当桂皮酰异构化生成苯甲酰乙酰时，烯醇负离子可以与其发生亲核加成，进一步经水解脱羧，生成哌啶的苯乙酮衍生物，例如山梗菜碱，临床上用于治疗新生儿窒息和一氧化碳中毒引起的窒息，还用来缓解哮喘和支气管炎症等。

喹诺里西丁生物碱主要分布于豆科植物中，食草动物不啃食这些植物，因为这些植物中含有较高的毒性喹诺里西丁类生物碱，有的对人类也有致毒性。羽扇豆生物碱是羽扇豆中的毒性成分，它的结构相对简单，金雀花碱是金莲花属植物中的一种有毒成分，含有经修饰的三环结构，相关的生物合成途径如图 7-4 所示。

吲哚里西丁类生物碱在生物合成途径的上游，赖氨酸不是生成 C_5N 哌啶产物，而是未脱羧的甲基哌啶结构，经与乙酰辅酶 A 结合形成吲哚里西丁的结构，经过系列的氧化，引入了多个羟基，生成产物苦马豆碱和澳粟精胺，这类生物碱因为可以抑制参与糖蛋白生物合成的特殊糖苷酶，表现出抗艾滋病毒的活性，相关的药物研发受到重视。相关的生物合成途径如图 7-5 所示。

7.2.3 来源于邻氨基苯甲酸的生物碱

该途径主要生成喹唑啉类、喹啉和吖啶酮类生物碱。邻氨基苯甲酸是莽草酸途径中分支向 L-色氨酸生物合成过程中一个重要分支氨基酸，因此也参与合成吲哚类生物碱。在此转化过程中，邻氨基苯甲酸脱羧，只有 C_6N 骨架保留在吲哚生物碱结构中。同样，邻氨基苯甲酸本身也可作为生物碱的前体，将全部骨架保留在结构中，参与生物合成过程。在哺乳动物中，L-色氨酸有时被降解成邻氨基苯甲酸，但此途径在植物中并不常见。鸭嘴花是一种可用于治疗呼吸系统疾病的植物，而鸭嘴花碱是其具有支气管扩张作用的活性成分，它属于喹唑啉类生物碱。有多条途径可以生成喹唑啉类生物碱，对骆驼蓬的研究表明，鸭嘴花碱可以由邻氨基苯甲酸生物合成而来，而结构中吡咯烷环部分来源于鸟氨酸。邻氨基苯甲酸上的氮原子对吡咯啉阳离子亲核攻击，然后生成酰胺，产生鸭嘴花碱骨架。但在鸭嘴花中并不存在上述合成途径，而是以 N-乙酰邻氨基苯甲酸和天冬氨酸为生源前体的生物合成过程生成。上述具体合成途径如图 7-6 所示。

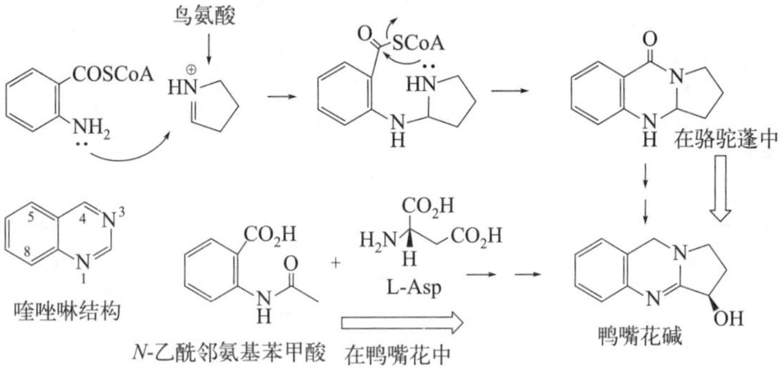

图 7-6 鸭嘴花碱生物合成途径

含喹啉结构的生物碱种类较多，例如，金鸡纳中的奎宁、奎宁丁、金鸡纳定和金鸡纳宁等，是人类最早发现和利用的抗疟天然药物分子，也是氯喹、羟氯喹等化学药物发现的先导分子。另外一些有重要抗癌作用的天然产物，如喜树碱及其衍生物等，其分子内也含有喹啉结构骨架。但金鸡纳碱和喜树碱是由色氨酸为前体进行生物合成的，具体的反应见"7.2.5"章节部分。而从邻氨基苯甲酸出发，通过与乙酸/丙二酸等的 C_2 途径复合，更直接的合成喹啉环体系，图 7-7 所示的部分喹啉类生物碱就是按此途径合成的。

白鲜碱和茵芋碱是存在于中药白鲜根中的清热解毒有效成分，具有抗菌、抗炎、抗癌、免疫调节等多种功效，用于内服外用治疗皮肤湿疹、瘙痒及心肺功能疾病的方药配方，这些生物碱在芸香科植物日本茵芋中也有分布。此类喹啉生物碱的生物合成途径被认为是经过邻氨基苯甲酸与聚酮以及异戊烯等复合途径合成，类似的生物合成途径还有吖啶类生物碱，见图 7-7 所示。分布于 *Melicope fareana* 植物中的蜜茱萸生物碱、山油柑（*Acronychia baueri*）植物中的阿克罗宁以及芸香中的芸香吖啶酮，具有多方面的药用价值，它们的分子中的吖啶酮生物碱结构来源于邻氨基苯甲酰与丙二酸单酰辅酶 A 形成聚酮中间体，之后芳环上的羟基、甲氧基等基团的生成与苯丙素和类黄酮类似，这里不做赘述。

7.2.4 来源于苯丙氨酸或酪氨酸的生物碱

苯丙氨酸或酪氨酸不仅是桂皮酸途径的起始物，也衍生其他许多重要生物碱。首先，苯丙氨酸和酪氨酸分子中的苯乙胺与一个活泼的羰基形成 Schiff 碱，再通过 Mannich 反应而形成苯胺类与简单四氢异喹啉类、苄基四氢异喹啉类、苯乙基四氢异喹啉类、吐根碱类以及石蒜科生物碱类等，因此这类生物碱按结构又可以大致分为这五个亚类，具体结果如图 7-8 所示。

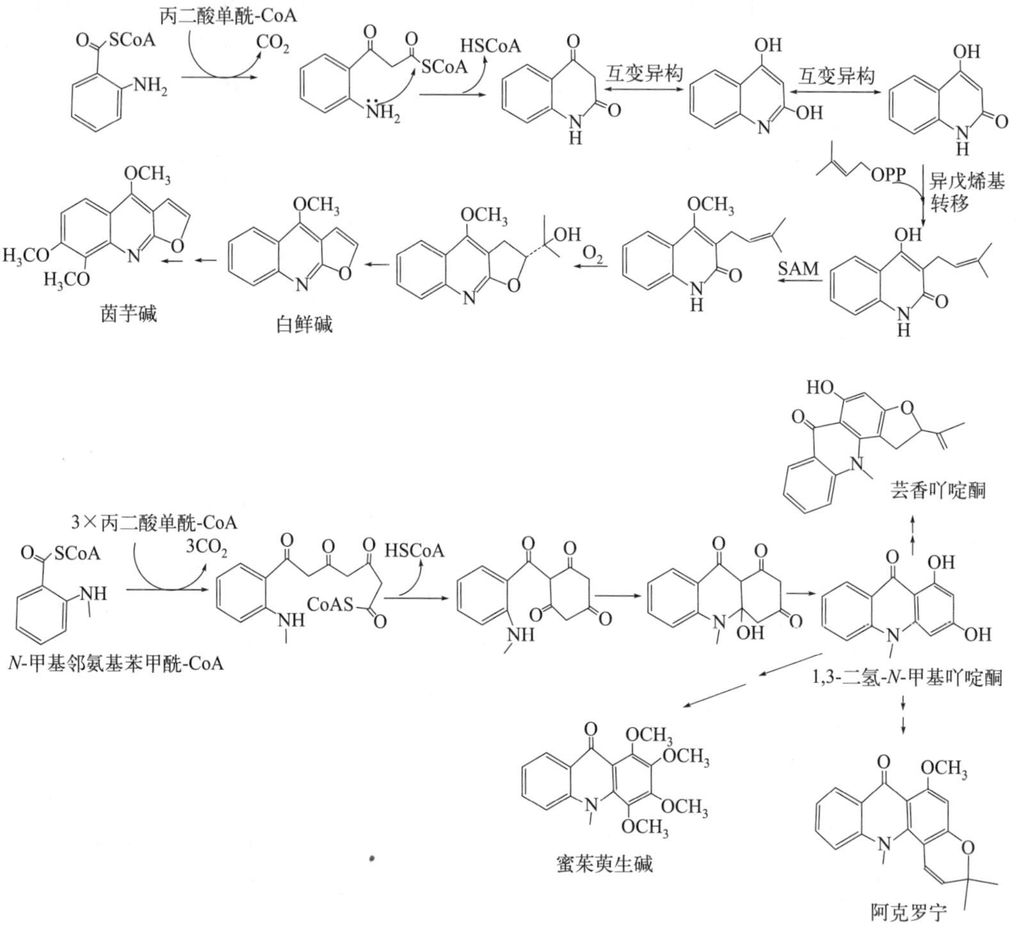

图 7-7　由邻氨基苯甲酸生成白鲜碱等喹啉生物碱和芸香吖啶酮类的反应途径

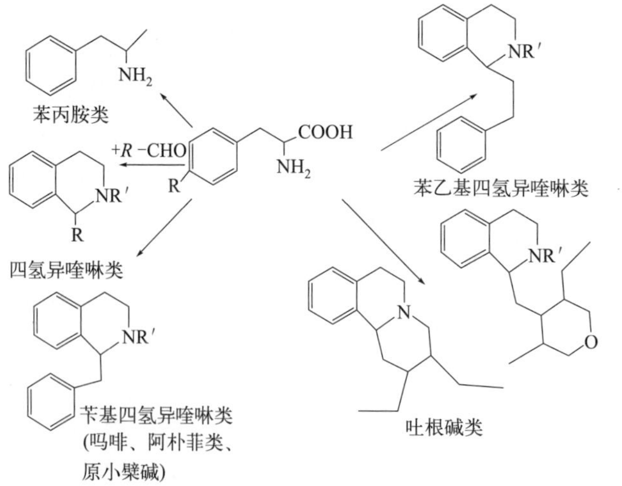

图 7-8　由苯丙氨酸（或酪氨酸）生物合成的生物碱亚类

麻黄（*Ephedra sinic*）是我国特产且闻名世界的一种植物源中药，据药典记载，早在2000多年前就用麻黄干燥草质茎入药，作发汗和止咳平喘药，而麻黄根具有固表止汗的功效，并沿用至今。麻黄碱和伪麻黄碱是麻黄中一类主要活性成分，分子药理研究表明麻黄碱具有收缩支气管平滑肌、收缩血管、兴奋大脑皮层等作用。麻黄碱的化学结构是简单的苯丙胺类，其生物合成的前体是苯丙氨酸，经过桂皮酸降解途径先生成苯甲酰-CoA，再结合丙酮酸生成苯丙酮胺，经过酮基还原和 N-甲基化最后生成麻黄碱，麻黄碱生物合成途径见图 7-9 所示。

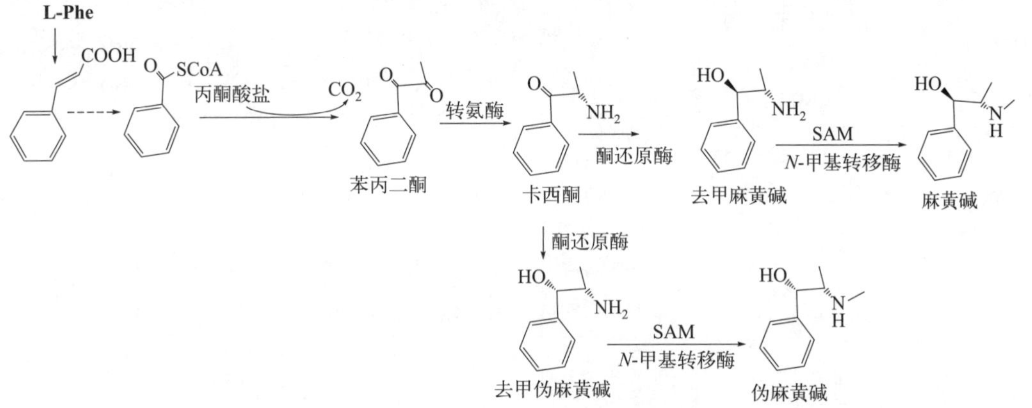

图 7-9 麻黄碱等典型苯胺类生物碱的生物合成途径

L-酪氨酸通过脱羧反应即可生成简单苯乙胺衍生物酪胺，再经酚羟基甲基化为甲氧基生成麦芽碱。麦芽碱存在于大麦中，可抑制种子发芽。由左旋多巴脱羧可生成多巴胺，多巴胺再转化为去甲肾上腺素和肾上腺素等典型的儿茶酚胺类产物。去甲肾上腺素是哺乳动物的神经递质，而肾上腺素是动物在应激状态时由肾上腺分泌的"对抗"或"回避"激素。这两个化合物由多巴胺一次经 β-羟基化和 N-甲基化反应合成。仙人掌中的多巴胺芳环经羟基化和 O-甲基化反应生成麦斯卡林，该生物碱是一种神经活性物质，具有致幻作用。由苯丙氨酸（或酪氨酸）生成上述生物碱的生物合成途径见图 7-10。

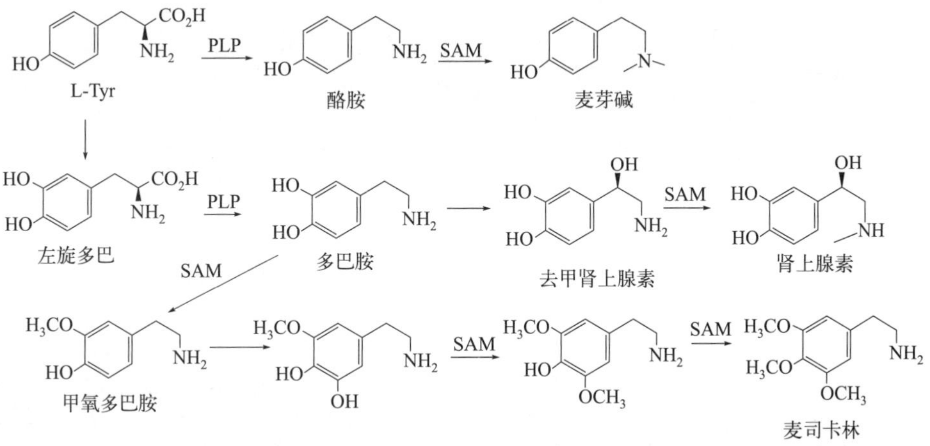

图 7-10 从 L-酪氨酸到苯乙胺生物碱的反应

苄基四氢异喹啉骨架是苯丙氨酸/酪氨酸途径合成的一类重要生物碱亚类，它们中具有许多重要药用活性的生物碱，如乌药碱、罂粟碱、吗啡、小檗碱等，由酪胺到多巴胺，生成的苯乙胺与苯丙氨酸上游苯丙酮酸的氧化降解产物苯乙基单元进行反应，生成苄基四氢异喹啉骨架，例如乌药碱等，再通过进一步氧化还原、甲基化、重排等反应，衍生出多种的生物碱产物，结构如图 7-11 所示。由两个或多个苄基四氢异喹啉单元可以通过酚的氧化偶联机制，结合为以醚键连接的双苄基四氢异喹啉，如图 7-12 所示的粉防己碱的合成途径，及苯环间 C—C 连接的产物，后者最常见的为蒂巴因、吗啡、可待因等，其中网状番茄枝碱是进一步合成吗啡及小檗碱等的关键中间体，相关生物合成途径见图 7-13。

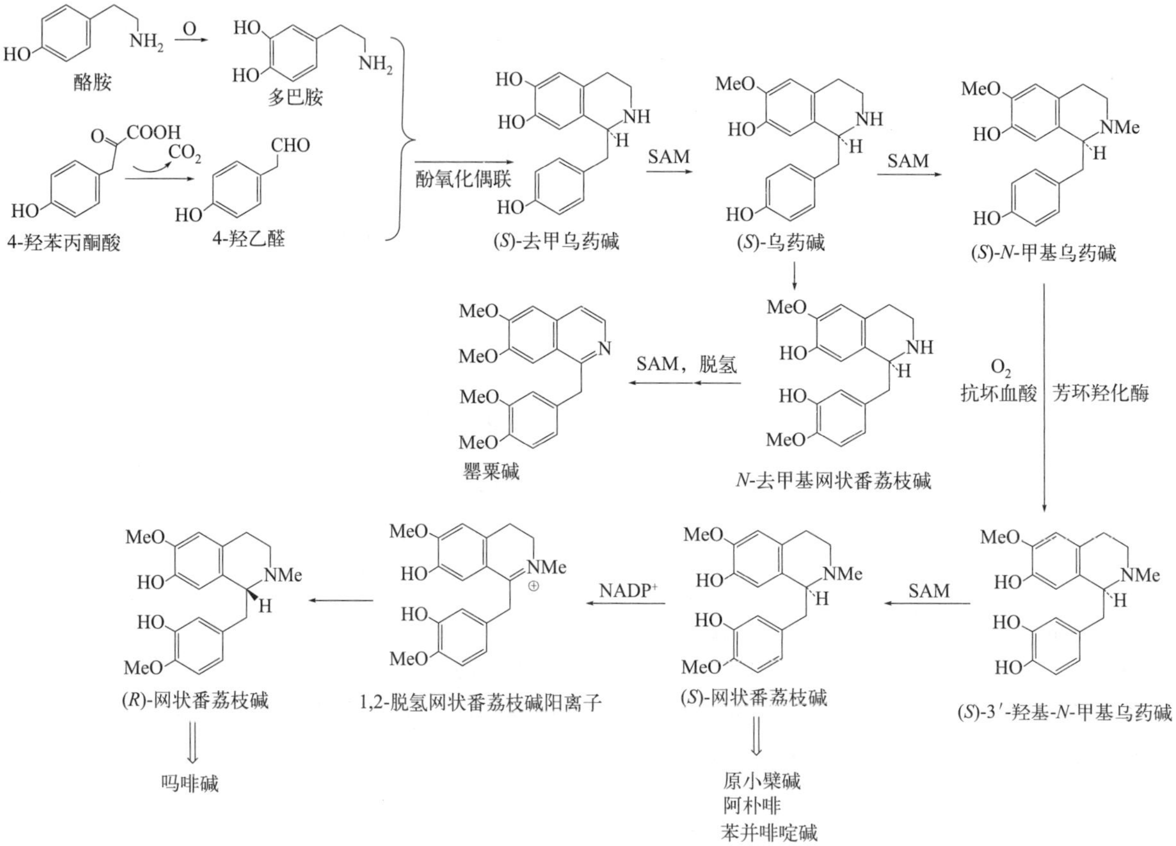

图 7-11 酪胺生成苄基四氢异喹啉类生物碱的反应路线

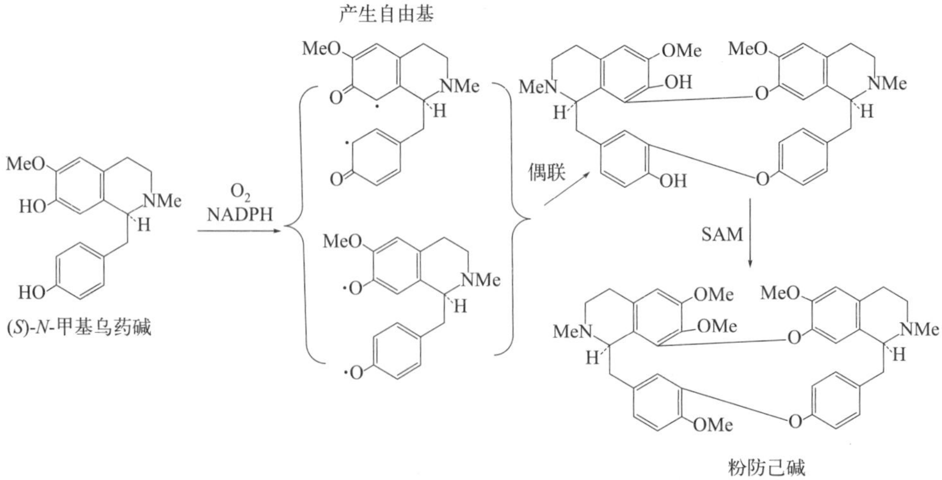

图 7-12 通过醚键偶联的双苄基四氢异喹啉实例

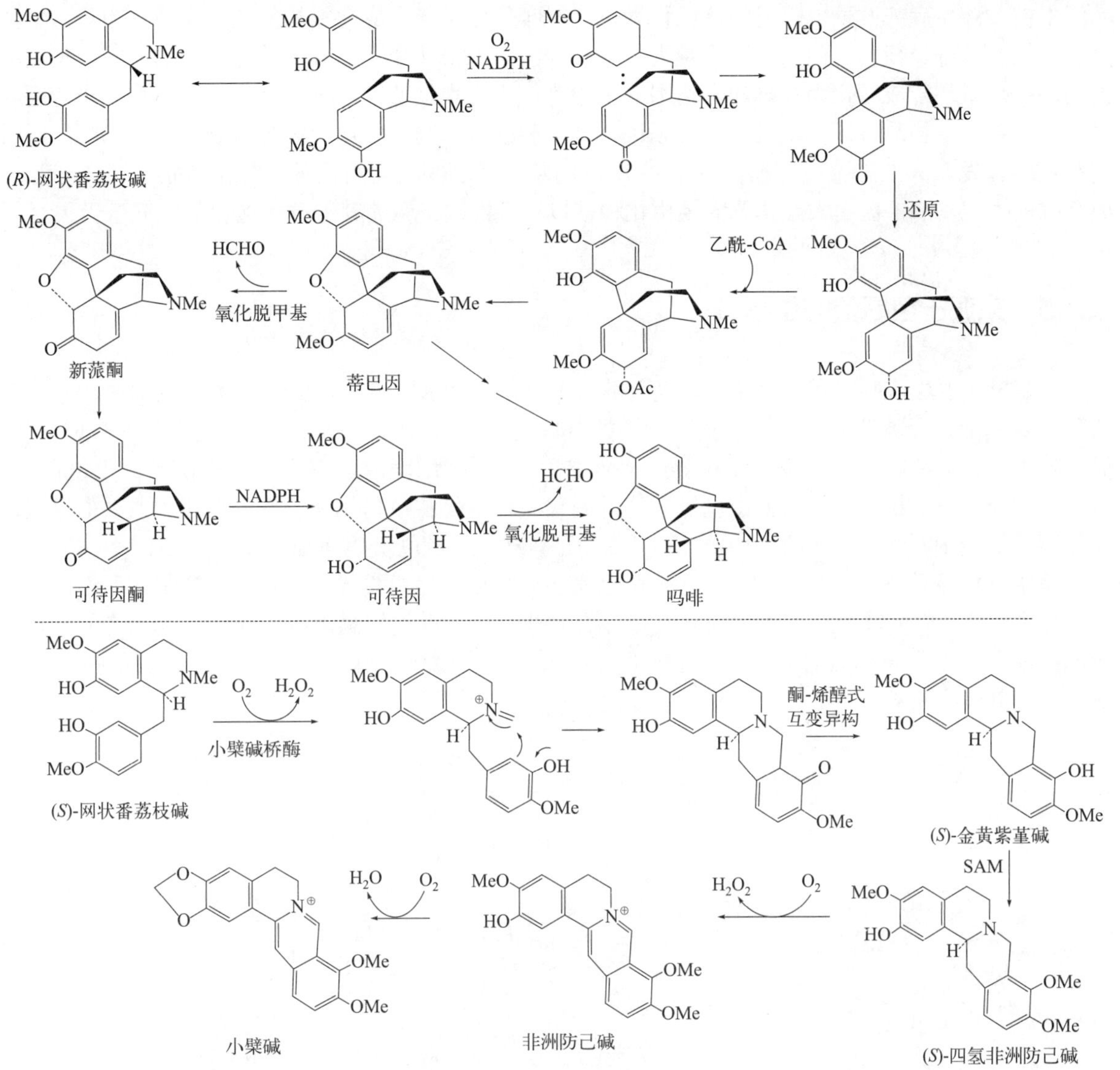

图 7-13 网状番荔枝碱作为重要中间体合成吗啡类和小檗碱类的反应示意图

大部分生物碱具有明显的生物活性，是天然药物的有效成分，但每个生物碱分子的药效及药物作用有所不同，例如，上述提到的粉防己碱，具有阻断钙离子通道的作用，对心脏有负性肌力、负性频率和负性传导作用，其降压时无反射性心率增快，并有肌松、解热、镇痛和抗炎作用，因而是良好的心血管疾病治疗候选药物。吗啡、可待因、和蒂巴因等是罂粟果中的主要生物碱，罂粟果提取物浸膏称为鸦片，含总生物碱25%左右，其中吗啡在鸦片中含量约4%～21%，可待因和蒂巴因含量相近，约0.5%～2.5%。鸦片自古以来就被药用，具有止痛、催眠、麻醉、和镇咳的作用，其中分离后的吗啡是强效止痛和麻醉剂，可待因相对于吗啡含量较少，但大多数可待因可以由吗啡半合成获得，可待因在肝脏中被去甲基生成吗啡，产生吗啡样镇痛作用，但用量仅需要吗啡的十分之一，并且几乎不产生吗啡的欣快感，因而，可待因是临床上用得较多的吗啡类药物。但吗啡和可待因都有成瘾性，长期吸食者无论从身体上还是心理上都会对吗啡产生严重的依赖性，造成严重的毒物癖，从而对自身和社会均造成极大的危害，作为药物也是在被严格限制下使用的。蒂巴因的镇痛作用教小，但有较高的致惊厥毒副作用，因此，蒂巴因一直是鸦片来源的吗啡类药物生产的废弃品而不被关注。后来发现，蒂巴因可以作为生产吗啡类化学半合成药物的原料，合成疗效更好、成瘾性较低的吗啡类药物，例如，以吗啡为先导开发的丁丙诺菲和羟吗啡酮等化学药，同时，使用蒂巴因进行化学半合成转化为吗啡和海洛因非常困难，产率也很低，这一特点激发了人们寻求含吗啡类成分合理的植物品种。发现大红罂粟蒴果中含较高的蒂巴因，但可待因含量低且不含吗啡，经过实验证实，发现大红罂粟中存在如图 7-13 所示的从可待因酮到可待因的还原酶，但缺乏下一步生成吗啡的去甲基酶，因而大红罂粟的规模化种植以及蒂巴因来源的其他替代途径的研究备受关注。

7.2.5 来源于色氨酸的生物碱

色氨酸主要生成吲哚类、麦角胺以及部分喹啉类的生物碱。首先，L-色氨酸是含有吲哚环结构的芳香氨基酸，经莽草酸途径由邻氨基苯甲酸合成而来，它可以作为众多吲哚生物碱的合成前体。简单吲哚生物碱色胺及其 N-甲基衍生物、N,N-二甲基衍生物和简单羟基化衍生物，如 5-羟色胺（血清素）广泛分布于植物中。它们由色氨酸通过脱羧、甲基化和羟基化等一系列反应生成，但这些反应的顺序会随着最终产物和生物体的不同而有所差异。5-羟色氨酸在哺乳动物的组织中也广有分布，是中枢神经系统中的神经递质，它是由色氨酸羟基化，然后脱羧生成。裸头草辛和西洛西宾是从"魔法蘑菇"中分离的致幻作用的裸头草碱有效成分，在严格控制下可以作为癌症患者的疼痛及焦虑缓解剂，这类生物碱的生物合成是由色氨酸起始，先脱羧，再经 N-甲基化、羟基化等反应生成，其羟基发生磷酸化生成西洛西宾，具体途径如图 7-14 所示。

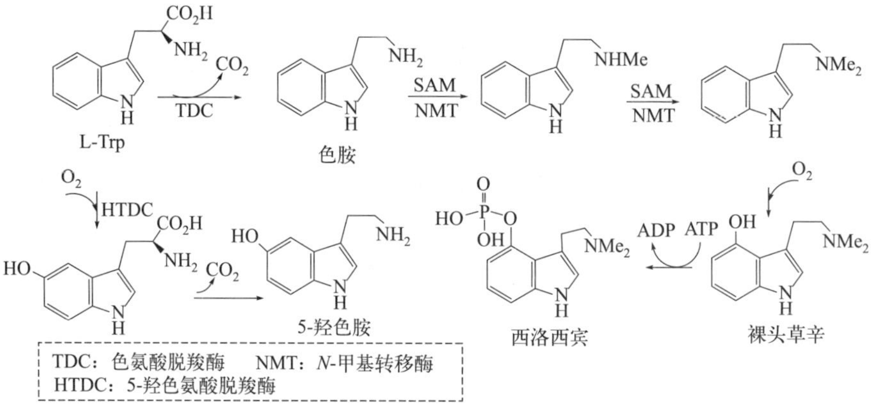

图 7-14 色氨酸合成色胺及其衍生物的生物合成途径

金鸡纳树（*Cinchona calisaya*）是原产于南美洲的高大树皮，17 世纪人们就发现用金鸡纳树皮煮水服用可以很好地控制当时在欧洲及其他地方流行的疟疾，随后从其中分离出四种生物碱，即奎宁、奎尼丁、金鸡纳定和金鸡纳宁，它们占金鸡纳总生物碱的 30%～60%，结构上彼此很接近，其中奎宁和奎尼丁、金鸡纳定和金鸡纳宁互为对映异构体，抗疟效果最好的是奎宁，其余三种有一定的副作用，因为天然奎宁分离难度大资源也有限，以奎宁为先导研发的化学药氯喹和羟氯喹一直是奎宁的替代品，一定程度缓解奎宁来源短缺的问题，直到 20 世纪 80 年代青蒿素的诞生，极大地缓解了天然奎宁资源短缺、毒副作用以及喹啉类抗疟药物的耐药性，改写了人类抗疟的历史。如今金鸡纳生物碱的抗疟应用已经越来越少，但由色氨酸生物合成喹啉类生物碱的反应类型和机理，给科研工作者研制相关新药提供了许多有用的线索。图 7-15 展示了色氨酸途径合成奎宁类和喜树碱的生源途径。

喜树碱及其衍生物是从中国的喜树（珙桐科）中分离出来的一类喹啉生物碱。经临床试验证明喜树碱具有广谱的抗肿瘤活性，抗癌机制主要是抑制 DNA 拓扑异构酶 I 的活性，从而抑制癌细胞的生长。喜树碱还具有抗致病性原虫的活性，例如布氏锥虫和杜氏利是曼虫，可以导致昏睡病，喜树碱可以抑制病原虫的 DNA 拓扑异构酶 I。但是喜树碱毒性和难溶的性质限制了它的应用。在喜树碱生物合成途径中，分子结构的非色氨酸部分来源于异胡豆苷的环烯醚萜片段，在其合成途径的早期，原来的酯键水解后与仲胺形成酰胺键，形成系列中间体，再经烯丙基异构化和糖苷键断裂生成喜树碱，关于喜树碱的具体合成途径如图 7-15 所示。

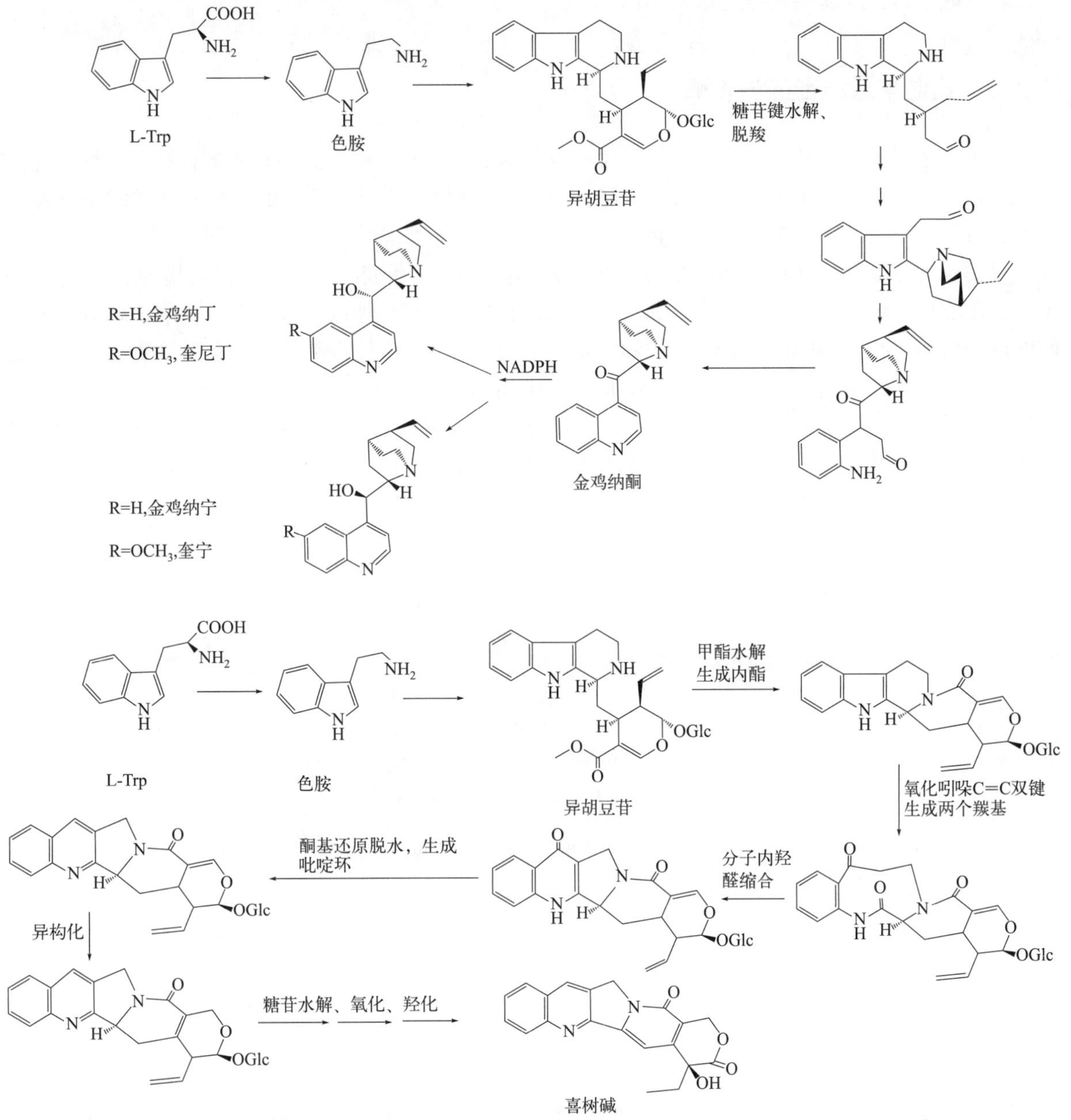

图 7-15 由色氨酸生成金鸡纳及喜树碱等喹啉类生物碱的生物合成途径示意图

萜类与色氨酸的吲哚骨架复合也是相关生物碱常见的生物合成途径，对应的产物最典型的是来自长春花植物的长春碱与长春新碱，长春碱及其衍生物已经用于白血病的化疗，是目前临床上在用的抗肿瘤药物。长春花中还含有较多其他生物碱，大部分和长春碱一样，其分子中拥有双吲哚骨架，分别对应于长春质碱和文多灵结构单元。在植物生物合成中，长春质碱是由色胺和单萜前体

GPP 合成的开环番木鳖苷复合生成异胡豆苷，再经一系列分子内化学键重排而产生，进一步在过氧化物酶的催化下发生氧化反应生成过氧化物，碳-碳键断裂，过氧化物基团离去，形成易被亲核进攻的阳离子中间体产生文多林，因为文多林的吲哚核的 C-5 因 C-6 上的甲氧基和吲哚氮原子激活，作为亲核反应物与长春质碱发生偶联反应，然后再 NADPH 的参与下，二氢吡啶环发生 1,4-氢化加成反应，再经羟基化反应和还原反应最终生成长春碱，长春新碱与长春碱的结构仅一个基团的差异。长春碱生物合成途径见拓展知识 7-1。

拓展知识7-1
长春碱生物合成途径

7.2.6 其他来源途径的生物碱

除了上述常见的氨基酸来源，生物碱还可以从烟酸、嘌呤、萜类、甾体等多种途径。烟酸也称尼克酸、维生素 B_3，对应的尼克酰胺是辅酶 I 和 II 分子骨架的一部分，烟酸途径合成的生物碱结构一般较简单，例如，葫芦巴碱、蓖麻碱等，典型的产物在烟草中分布较多，例如尼古丁、去甲烟碱、毒藜碱等。烟酸的体内有多条来源，在动物体内，L-色氨酸经犬尿素途径氧化为 3-羟基氨基苯甲酸，然后苯环氧化开裂，氨基氮引入环中生成吡啶环，最终形成烟酸。在植物中，烟酸则由 3-磷酸甘油醛和 L-天冬氨酸经另一种途径合成而得。但两种途径最终都经喹啉酸脱羧生成烟酸。烟草中典型的生物碱及烟酸的生物合成途径如图 7-16 所示。

嘌呤是生物体内一类基础的含 N 分子，由嘌呤发生代谢可以合成相应结构的生物碱，例如，咖啡因、可可豆碱等主要分布于茶科、茜草科、仙人掌科植物的生物碱的生物合成途径就与腺嘌呤、

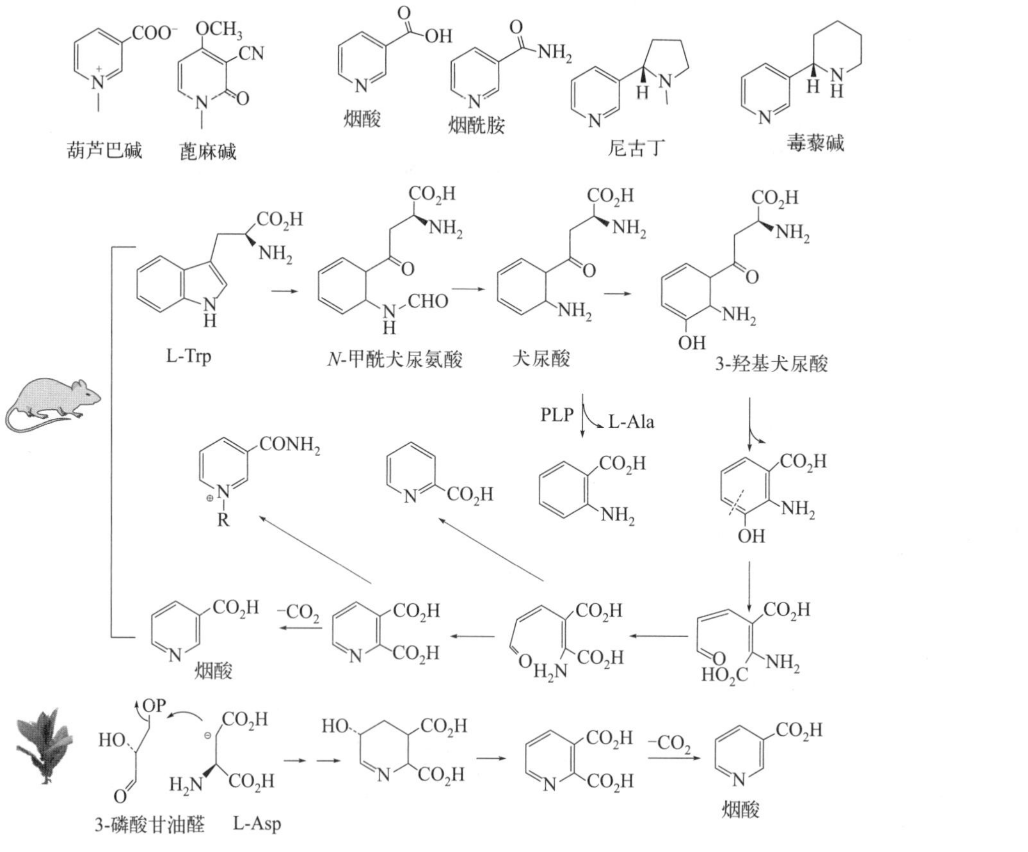

图 7-16 烟草中典型的生物碱及烟酸的生物合成途径

鸟嘌呤联系密切。嘌呤环主要来源于初生代谢，而嘌呤类生物碱可以由 5′- 单磷酸黄苷经旁路途径进行甲基化反应，并脱掉磷酸生成 7- 甲基黄苷，然后脱掉糖基，再在氮原子上发生连续的甲基化反应，生产可可碱和咖啡因，此过程中，若甲基化顺序不同，则可以生成茶碱（图 7-17）。

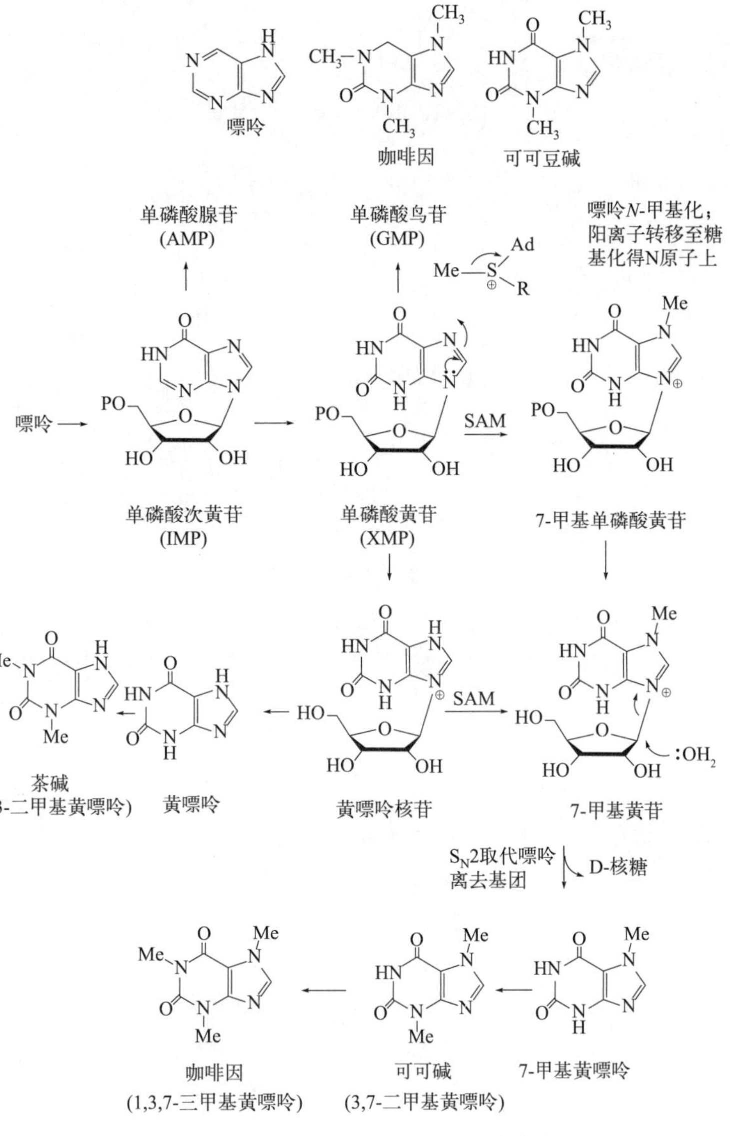

图 7-17 嘌呤类生物碱的生物合成途径

有些生物碱分子，因为有着其他生源途径的碳骨架特征，例如，萜类的 C_5 倍数、聚酮的 C_2 延伸规律等，由此推测该类生物碱其并非直接来源于某氨基酸途径，而是先遵循萜类或其他类型生物合成途径，在合成基本骨架后，再通过各种方式引入氮原子。有些萜类生物碱有属于这种情况，例如单萜的猕猴桃碱、肉苁蓉碱、龙胆碱；属于倍半萜的石斛碱；属于二萜类的乌头碱、关附甲素等，见图 7-18。猴桃碱分子骨架来源于单萜合成途径，即以香叶醇为起始物经分子内电子重排生成二醛，随后生成中间体臭蚁二醛的异构体，再发生转氨反应，将醛基氧转变为氨基从而引入氮原子，最后经还原与甲基化反应生成 β- 斯克坦宁碱。同时，如果成环反应产物还可以进一步的氧化脱氢生成猕猴桃碱。

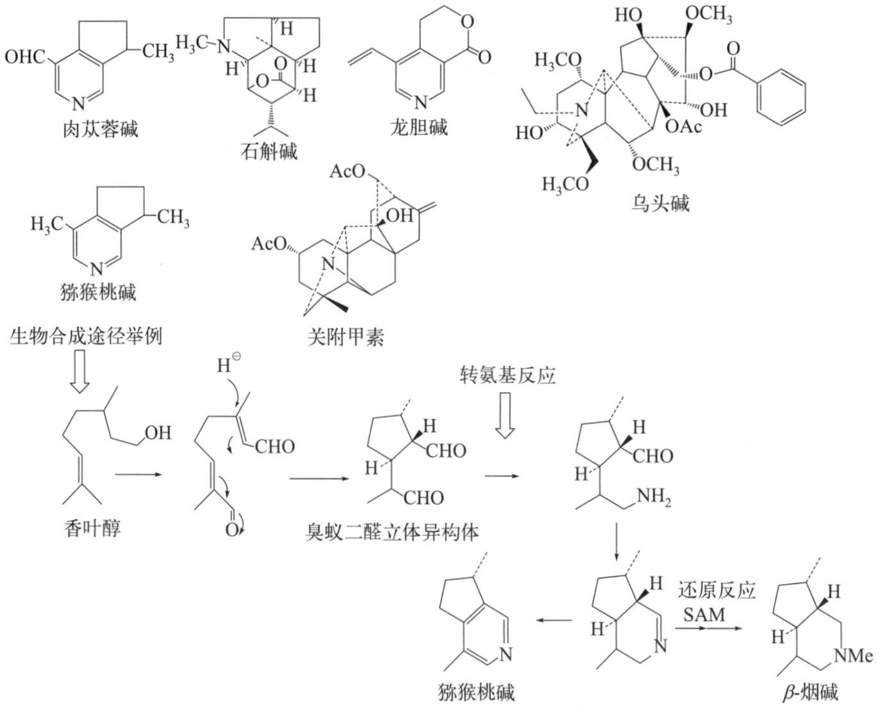

图 7-18 常见的萜类生物碱

一般情况下，甾体类生物碱的甾体部分来源于三萜，从三萜到甾体的合成途径见"3.3"相关内容，而其中的氮来源于甾体形成之后与氨基酸的反应。如图 7-19 所示，以番茄次碱为例，可以

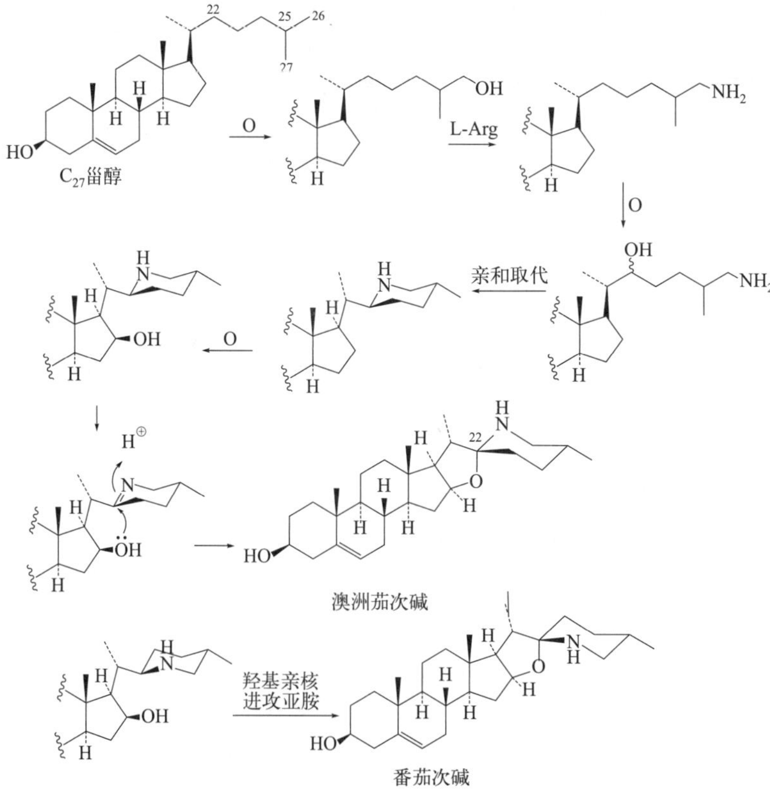

图 7-19 甾体类的生物碱合成途径

看到甾体生物碱的这一生物合成途径特点。在形成 C_{27} 甾核基本骨架后，由 L-精氨酸提供 N，将侧链 C-26-羟基胆甾醇发生氨基化反应，氨基取代了醇羟基。后续会发生取代反应使 C-26-氨基-C-22-羟基胆固醇环化生成哌啶环，16β 位再发生羟基化，同时，仲胺被氧化生成亚胺，随后 16β-羟基对亚胺进行亲核加成，生成螺环结构，此反应结果使生成的产物有 2,2R 构象（如澳洲茄次碱）和 2,2S 构象（番茄次碱）。

7.3 非核糖体多肽产物概述

7.3.1 NRPs 的生物活性

非核糖体多肽（Nonribosomal Peptides，NRPs）主要发现在自然界的细菌、蓝细菌、放线菌和真菌的代谢产物中，这些多肽的生物合成绕开了核糖体，并不需要 tRNA 为携带工具，也不需要通过核糖体上的转录-翻译过程，而是通过一类特殊的酶，通过独特的反应控制机制实现的氨基酸的缩合，该机制类似于聚酮的生物合成，是由多酶复合物以模块化催化合成为特征，生成的多肽产物通常分子质量不大，大多具有药用价值，因此，被列为次生代谢产物。这些小肽的结构骨架通常呈环状，它们种类繁多、活性多样，而且具有较为广泛的生物活性，如可作为抗生素、转铁蛋白、免疫抑制剂、细胞生长抑制剂和抗病毒物质等。关于 NRPs 结构分类与生源合成途径的学习可参考视频资源 7-1。

视频资源7-1 NRPs结构分类与生源合成途径

构成 NRPs 的氨基酸种类很多，从除了 20 种蛋白质源的氨基酸外，NRPs 含有大量的稀有氨基酸，目前已经鉴定出 400 多种，包括 D-氨基酸、α-羟酸、N-/O-甲基氨基酸、犬尿氨酸等。有些 NRPs 形成环化或杂合环化的分子，有些还被糖基化、酰基化、脂质化等修饰，这些特点赋予了 NRPs 生理功能和生物活性的独特性和多样性。

NRPs 对微生物生存、生长、繁殖等具有多种生理功能，概括起来主要有以下几方面：
① 抗生素，抑制他种竞争者生长，这是微生物界普遍存在的现象。
② 铁载体，细菌、蓝细菌、真菌等在铁元素成为限制性生长因子时，作为铁离子强络合剂的铁载体蛋白被大量诱导产生，而从环境或者宿主的铁结合蛋白中获得充足的铁离子。
③ 毒素，作为选择性侵染特异宿主的毒力因子。
④ 含氮物质的储存场所，如某些蓝细菌肽。
⑤ 作为调节生长、繁殖和分化的信号分子。

7.3.2 常见 NRPs 的分子结构类型

因为 NRPs 独特的生物合成途径且具有多样的生物活性，大量的 NRPs 已经得到广泛应用，NRPs 新活代谢产物的发现是天然产物生物合成领域的热点之一。目前应用最多的是多肽类抗生素，以小分子活性肽及 β-内酰胺类抗生素居多。其中结构最简单的是由一个氨基酸分子形成的次级代谢产物，环丝氨酸，它是放线菌产生的小分子活性肽，由丝氨酸前体发生分子内的缩合反应脱去一分子水而形成，担子菌由色氨酸合成口蘑氨酸。由两个氨基酸分子形成的曲霉酸、支霉黏毒是由两个氨基酸先以肽键结合，闭环形成二酮吡嗪后进一步形成的。还可以由三个及以上的氨基酸缩合而成，β-内酰胺类抗生素、杆菌肽、多黏菌素 B 等都属于该类，见图 7-20。

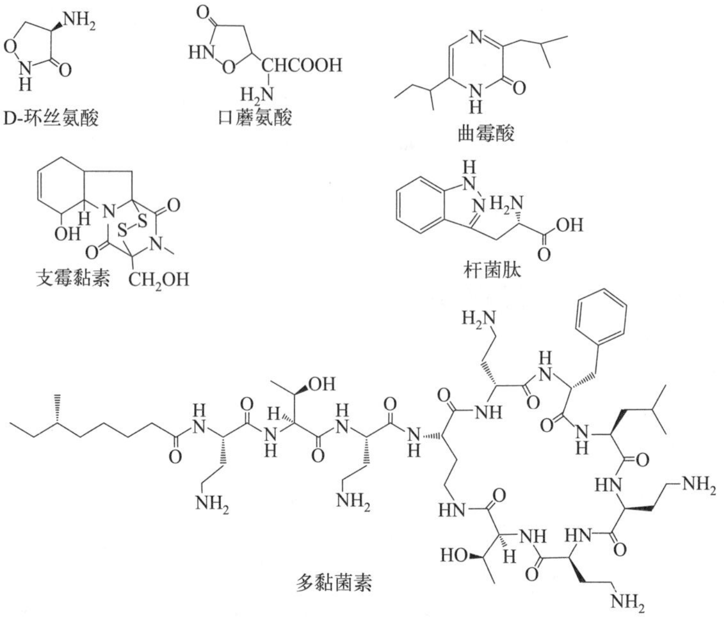

图 7-20 NRPs 类代谢产物举例

β-内酰胺类抗生素是 NRPs 次级代谢产物的典型代表，β-内酰胺类抗生素发展最早、临床应用最广、品种数量最多和近年研究最活跃的一类抗生素。这类抗生素包括天然青霉素、半合成青霉素、天然头孢菌素、半合成头孢菌素以及一些新型的 β-内酰胺类抗生素。通常 β-内酰胺类按母核不同也分为：典型 β-内酰胺类和非典型性 β-内酰胺类等两类。其中以含有 6-氨基青霉烷酸（6-APA）结构的青霉素类和含有 7-氨基头孢霉烷酸（7-ACA）结构的头孢菌素类产品称之为典型 β-内酰胺类，目前已经合成了成千上万的衍生物，临床上应用的也有数十种。1976 年以后发现了一些具有特殊母核的 β-内酰胺类抗生素，称之为"非典型性 β-内酰胺类"。β-内酰胺化合物在临床上具有举足轻重的地位，但其耐药性问题也越来越突出，目前，对 β-内酰胺类抗生素药物的研发改造主要从以下三个条件考虑：①有好的渗透性，使药物能达到作用部位；②对 β-内酰胺酶稳定，使 β-内酰胺环不被酶解；③对靶酶即青霉素结合蛋白要有高的亲和力，从而抑制青霉素结合蛋白（PBP）的酶活力，使细菌生长受到抑制或者死亡。

目前，临床上应用最多的三种非典型性的 β-内酰胺类抗生素是：青霉烯类、单环类、碳头孢烯类。在青霉烯类中上临床最早的是碳青霉烯，是从橄榄色链霉菌（Streptomyces olivaceus）中分离、具有 β-内酰胺酶类抑制剂作用的化合物，其结构特点是分子内含有杂青霉烯核。这种新型母核的橄榄酸族化合物，不但是强的 β-内酰胺酶类抑制剂，而且有很高的抗菌活性和较广的抗菌谱。其中噻吩霉素和亚胺硫霉素（也称亚胺培南或亚胺配能）是这类中的两个重要药物。碳头孢烯类，其为头孢菌素的 1 位硫被碳取代，此类研究的重点是发展口服品种，1989 年在日本上市的氯氧头孢即属此类。

单环内酰胺类，其结构特点是母核只含一个单环 β-内酰胺。此类化合物最早是从细菌代谢产物中发现的，而前述的双环 β-内酰胺类都是由霉菌属或者放线菌属产生。1976 年从均匀诺卡氏菌（Nocardia uniformis）发酵液中发现单环 β-内酰胺类抗生素——诺卡菌素 A。1981 年从嗜酸假单胞菌培养液中分离出一个新的 β-内酰胺类抗生素——磺酰胺菌素，它对革兰阴性菌有效，对革兰阳性菌作用较弱。磺酰胺菌素的发现，使人们注意到可从细菌中找到 β-内酰胺类抗生素。通过一系列的筛选，从紫色色杆菌（Chromobacterium violaceum）和放射形土壤杆菌（Agrobacterium radiobacter）等细菌中获得了一族含有单环 β-内酰胺的化合物——单菌胺素。其抗菌活力虽低，但

对 β- 内酰胺酶高度稳定。通过大量的衍生物研究，获得了一个新的化合物——氨曲南。它对革兰阴性菌活力强，对 β- 内酰胺酶极为稳定，但对革兰阳性菌和厌氧菌作用较差。它作为此类中第一个临床有效药物已于 1984 年上市。另外一个单环 β- 内酰胺化合物卡芦莫南也已上市。

除了抗菌肽，目前发现的 NRPs 有多种多样的生物学活性，例如，博来霉素来源于轮丝链霉菌（*Streptomyces verticillus*）产生的糖肽，临床上用于抗肿瘤，在对抗鳞状上皮细胞癌、淋巴瘤及一些实体瘤的联合用药上有良好的疗效；还可作为免疫抑制剂药物，如环孢霉素；用作生物表面活性剂（如 surfactin A）；以及细胞生长抑制剂和抗病毒药物等。值得注意的是，许多 NRPs 本身就是生物毒素，致死剂量在毫克级别，对动物及人类产生很大的毒害风险。例如来自洋蘑菇（*Agaricus campestris*）的蕈环十肽及引起人体肝中毒的微囊藻素七肽，还有分子质量稍大的蓖麻毒蛋白、肉毒杆菌毒素、蛇毒等毒素蛋白。

7.4　NRPs 的生物合成机制

7.4.1　青霉素类代谢产物生物合成途径

青霉素类是临床上应用最早的、目前仍在使用的抗生素，多年来由需求驱动的青霉素类的生物合成的研究也有了较大的进展，对于其生物合成的途径、调控及酶催化的机制有了相对清晰的认识。本节以青霉素 G 的生物合成为例，描述 NRPs 的生物合成途径及机制。

青霉素是三肽，生物合成的前体氨基酸分别是 L 型的 α- 氨基己二酸、半胱氨酸、以及缬氨酸，经过二次缩合形成三肽，这个三肽缩写为 ACV，其中 α- 氨基己二酸和半胱氨酸缩合后仍然是 L 构型，缬氨酸则发生构型翻转成为 D 构型，因此三肽的准确表示为 LLD-ACV，然后由 ACV 分子内脱去四个氢原子之后再环合，形成具备 β- 内酰胺四元环结构的异青霉素 N，由异青霉素 N 可以发生如图 7-21 所示的至少两个方向上的反应：一是侧链的氨基己酸酰胺键断裂生成青霉素类的母核结构 6- 氨基青霉烷酸，进一步结合苯乙酸生成青霉素 G，另一条路线是向头孢菌素 C 方向延伸反应。由此可见，生成三肽是 β- 内酰胺类抗生素生物合成的关键步骤，相应的酶，即 ACV 合成酶是关键酶之一，异青霉素 N 合成酶涉及铁硫蛋白催化的氧化及随后的环合反应，异青霉素 N 之后的反应分支取决于产生菌的生物特性，如果高表达 6- 氨基青霉烷酸合成酶，途径将以青霉素类的产物为主。相反，若要生成头孢菌素 C，则 6- 氨基青霉烷酸合成酶应为低表达而高表达青霉素 N 及去乙酰头孢菌素合成酶。实际情况确实如此，在青霉素的高产菌株产黄青霉素（*Penicillium chrysogenum*）中 6- 氨基青霉烷酸合成酶和青霉素 G 合成酶的表达较高，并且，加入苯乙酰的前体可以提高青霉素 G 的发酵产量。头孢菌素 C 的产生菌是与青霉菌近源的头孢菌属（*Cephalosporium*）产生的，利用产黄头孢（*Acremoniym chrysogenum*）发酵生产头孢菌素 C 的研究中发现，青霉素 N 为初期的主要发酵产物，经过菌株的不断改良，尤其是强化了 6- 去乙酰头孢菌素及 6- 去乙酰头孢菌素 C 合成酶之后，头孢菌素的含量得以提高。目前，β- 内酰胺类抗生素的生产以化学半合成为主，生物合成主要目标是 6- 氨基青霉烷酸。

7.4.2　NPRs 产物生物合成机制

由氨基酸到多肽关键的反应是羧基与氨基形成酰胺键的过程。对于 NRPs 来说，这一过程的

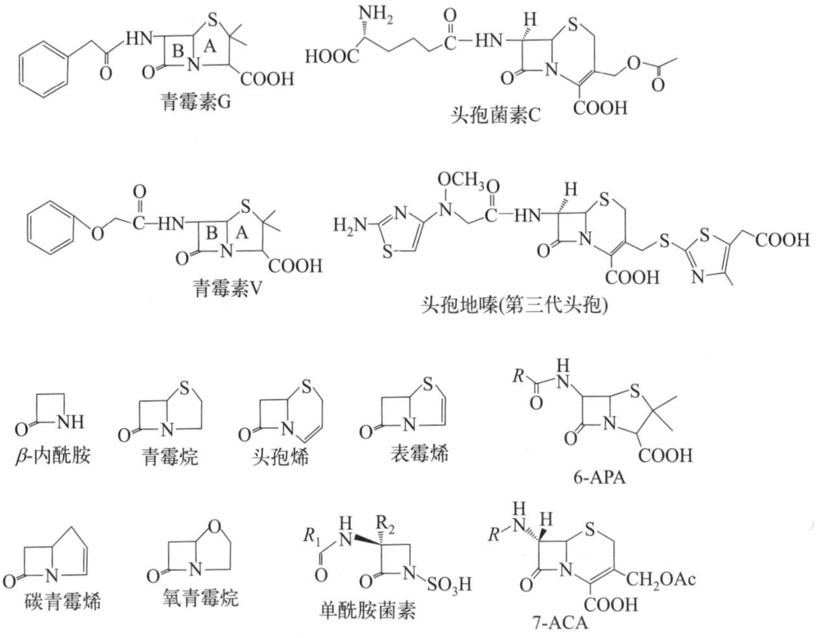

图 7-21 典型 β- 内酰胺类抗生素及类似物分子结构类型

大多数步骤都在与 I 型 PKS 组件顺序相似的多功能酶上完成的，此过程的多酶复合物称为非核糖体多肽合成酶（NRPS）。如图 7-22 所示的 β- 内酰胺类抗生素生物合成的简化过程，NRPS 一般由腺苷激活结构域（A）、酰肽载体蛋白（PCP）以及缩合催化结构域（C）组成，氨基酸底物先与 A 结构域结合，被活化成为氨基酰-AMP，然后通过 PCP 上的"泛酰巯基乙胺臂"形成硫酯键与酶结合，C 结构域负责催化氨酰基硫酯的氨基对邻近的肽酰基进行亲核攻击，生成酰胺肽键。这一过程中氨基酸的结合顺序取决于第一步腺苷的活化，即 A 结构域的特异性决定了多肽产物的氨基酸种类，NRPS 上组件的线性序列决定了合成多肽的氨基酸序列。除了 A、PCP、和 C 结构域外，酶上还会有其他选择性的结构域，例如负责把 L- 氨基酸转化为 D- 氨基酸的 E 结构域出现在图 7-23 的第三个模块，对应着产物结合的缬氨酸以 D- 构型出现。另外，和 PKS 类似，NRPS 的末端还有一个硫酯酶结构域（TE），负责终结肽链的延长和释放多肽。因此，NRPS 的结构及组成决定了 NRPs 产物的一级结构，NRPS 本身是由物种的基因通过核糖体途径合成的，但催化形成的多肽产物是在 NRPS 酶的"精巧设置"及运行下有序的合成的，更为细节的机制图如图 7-23 所示。

许多 NRPs 产物都含有环状结构，环的形成一般可以通过两种方式：一是通过肽键把一条直链的多肽两个末端的氨基酸连接起来，形成"大环"；另一种也是更常见的方式是通过酯键或酰胺键把支链氨基酸连接起来。NRPs 的生物合成也存在 NRPS 合成的后修饰现象，发生在多肽侧链上诸如的糖基化、乙酰化、羟化、甲基化等反应。尽管实际多肽类次生代谢产物在生物合成往往非常复杂，经常会出现 NRPS 和 PKS 途径的复合-交汇形成结构多样化的产物，但认识 NRPS 和 PKS 产物的生物合成机制为人工基因操纵实现产物的结构改造及提高产量提供了生物技术"抓手"。

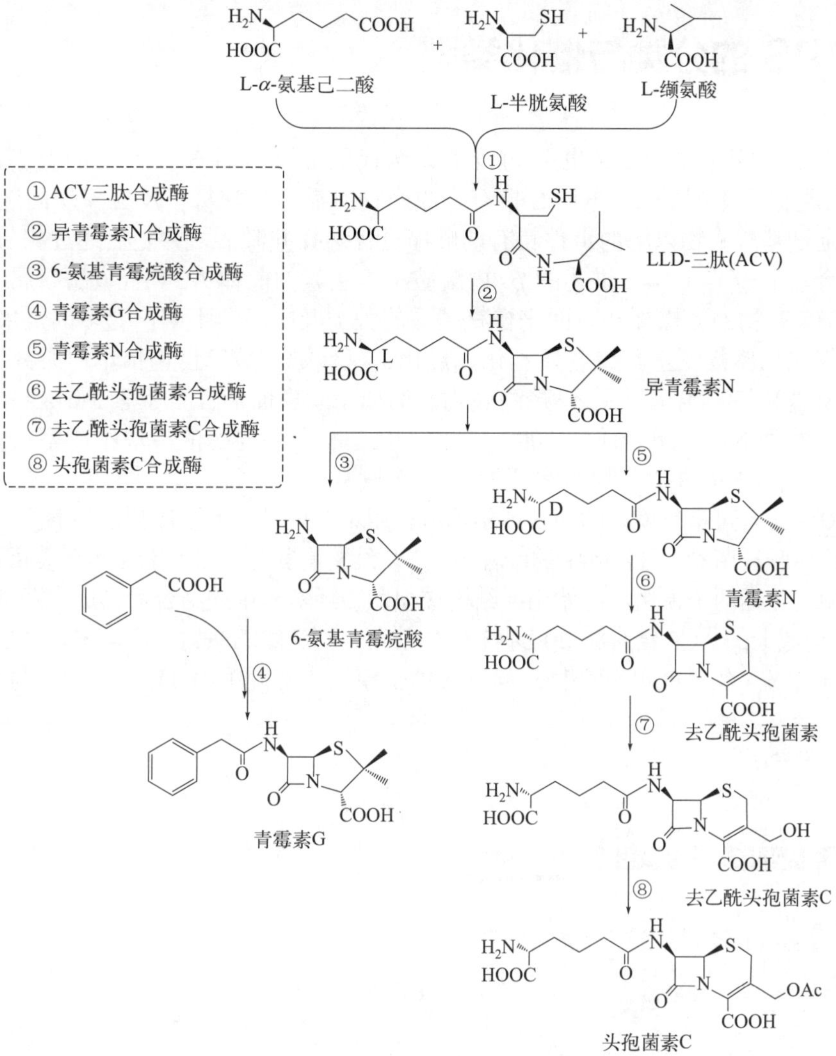

7 生物碱与非核糖体途径多肽类生物合成

①ACV三肽合成酶
②异青霉素N合成酶
③6-氨基青霉烷酸合成酶
④青霉素G合成酶
⑤青霉素N合成酶
⑥去乙酰头孢菌素合成酶
⑦去乙酰头孢菌素C合成酶
⑧头孢菌素C合成酶

图 7-22 青霉素 G 及头孢菌素 C 的生物合成反应路线

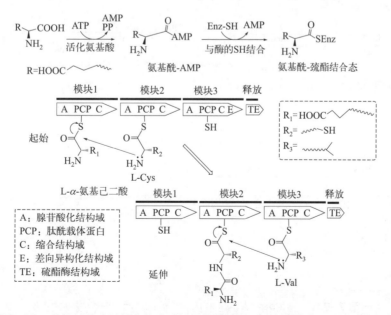

图 7-23 非核糖体多肽的生物合成机理简图（以 β- 内酰胺类三肽合成为例）

7.5 NRPS 的分类与催化类型

依据催化模式的不同，NRPS 也分为线性、迭代型和非线性 3 种不同的类型。典型的线型 NRPS 在催化时类似于 I 型 PKS，NRPS 拥有合成产物所需氨基酸每个反应模块的装配线，这种类型的酶对于特定氨基酸底物以酶的组件特有的顺序进行选择并激活，并随后通过相邻模块选择的底物发生顺序缩合。上一节（7.4）讲述的 β- 内酰胺类抗生素的前体 ACV 合成酶就属于这种类似酶，由此合成的 NRPs 产物的多样性一方面来自氨基酸的种类及顺序的不同，更多的是来源于稀有氨基酸的底物，不仅包括常规氨基酸或者甲基化、羟化、氯代氨基酸，也包括蛋白质分解产生的 β- 氨基酸、环丙基氨基酸等，也可以是 α- 羟酸底物，例如脂肽表面活性抗生素 Surfactin 就是以羟基脂肪酸为底物通过线型 NRPS 酶合成的七肽，产物的氨基酸顺序与酶的模块组成呈直接的线性关系，见图 7-24 所示，线型 NRPS 的产物通常是 3～15 个氨基酸的短肽。

迭代型 NRPS 具有可重复使用的模块或结构域，用于合成具有重复序列的短肽，例如，大肠杆菌产生的铁螯合载体肠杆菌素（图 7-24 中的肠杆菌素）从结构看就是二羟基苯甲酰丝氨酸的环状三聚体，肠杆菌素合成酶只包括两个模块，起始由 A 结构域识别二羟基苯甲酸结合后形成二羟基苯甲酰-AMP，与酶上 EntB 结构域上的 ACP 结合将二羟基苯甲酰基结合到泛酰乙胺臂上，与模块 2 的丝氨酸缩合单元形成二羟基苯甲酰-丝氨酸单链产物，丝氨酸结合模块含有硫酯酶 TE 结构域，与 I 型不同的是，

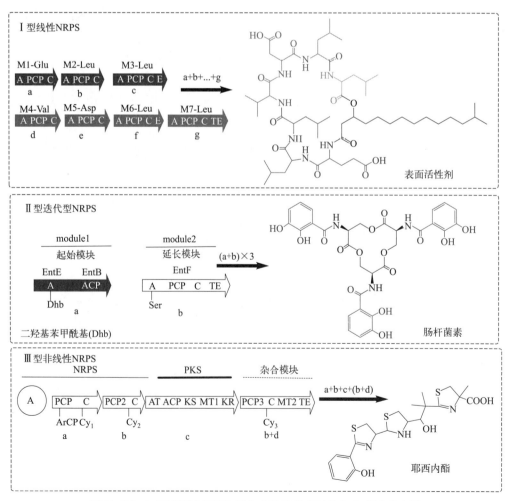

图 7-24 三种类型 NRPS 催化非核糖体多肽生物合成模式实例

产物不是被 TE 直接水解释放，而是将产物 C 末端结合到 TE 上丝氨酸残基的羟基上。因为模块 2 的 PCP 发生脱酰基反应，从而使 PCP 的结合位点暴露，反应可以再从模块 1 到模块 2 合成另一个单链，遇到到了模块 2 的 TE 结构域，产生具有两个重复单元的中间产物，反应如此重复三轮，最后因为三个重复单元的中间产物发生了酯化而成环，因此，链的延伸也终止，最终形成了肠杆菌素。

Ⅲ型非线性的 NRPS 催化过程十分复杂，因底物、酶的结构域、反应途径交汇等多种构件的变化而与Ⅰ型或Ⅱ型比有更多样的产物。突出的标志是生物合成系统的核心域 C、A 和 PCP 中至少一个是非常规的设置，要么缺失，要么排列不规则，或者底物或延伸单位不固定，出现与其他途径混杂的情况。非线性的 NRPS 产物在实际发现的 NRPs 中占比例很大，例如，丁香霉素、弧菌素、霉杆菌素以及耶尔森菌素等。在耶尔森菌素合成酶至少有三个不常规的设置：（1）模块中既有 NRPS 也有 PKS，还有两者的杂合模块；（2）在 NRPS 和杂合模块中都缺少 A 结构域；（3）在 PKS 模块和 NRPS 模块中出现甲基化（MT）结构域（图 7-26）。在这样特殊的酶构件下，起始底物邻羟基苯甲酸先结合到 PCP 上，半胱氨酸作为单一氨基酸延伸单位（图 7-26 中的 Cy），由半胱氨酸特异的 A 结构域提供三次活化激活，但分别顺次与酶上处于不同模块的 PCP 结构域发生硫酯化，因此，从产物分子结构可以推测出链的延伸是遵循如图所示的方式进行。

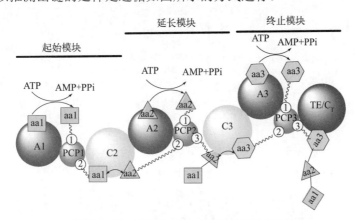

图 7-25　NRPS 的组成及生物催化机制

开放性讨论题

1. 试举例比较 PKS 与 NRPS 的异同。
2. 微生物 NRPs 产物的结构具有很大的多样性，试从 NRPS 途径可利用的底物、反应及酶的组成及催化机制等方面阐述产物多样性的原因。
3. 查阅目前相关领域研究的文献，写一篇有关 PKS 与 NRPS 两途径杂合产生新颖天然产物的查新报告。

思考题

1. 归纳氨基酸途径合成常见的生物碱类型。
2. 归纳 NRPs 生物合成的主要反应。
3. 简述 NRPS 的催化机制及酶学特征。

8 皂苷类代谢产物及其生物转化

教学目的与要求

1. 了解皂苷生物转化的反应及基本催化原理。
2. 掌握皂苷、皂素、甾体衍生物在结构上的关联与相互转化的反应原理。
3. 了解微生物和复合酶的生物转化方法与技术在提升天然皂苷资源利用中的典型应用。

重点及难点

1. 皂苷、皂素、甾体衍生物的复杂结构以及它们之间的关联与相互转化的反应原理。
2. 酶及微生物对复杂体系中皂苷结构影响的分析、推理以及提高转化效率的策略。

问题导读

1. 什么叫皂苷？三萜皂苷与甾体皂苷有什么区别？
2. 皂苷有哪些生物活性和用途？列举几个天然药物中含有的皂苷成分。
3. 皂苷与皂素、甾体有何关系？常见皂苷分子中糖基的组成有何特点？
4. 依据皂苷可能发生的反应，对应的催化酶有哪些类型？催化反应的特性如何？
5. 植物甾醇结构有何特征？如果将其转化为甾体药物前体，需要进行哪些改造？

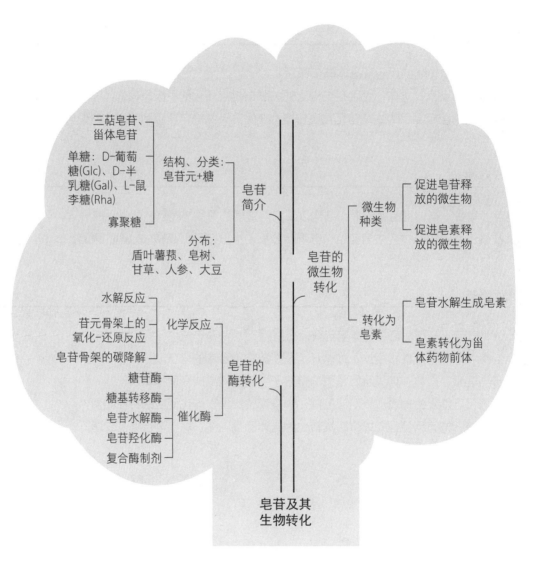

8.1 皂苷类代谢产物的分类及分布

皂苷是一类糖苷，植物皂苷的苷元通常为三萜或螺旋甾烷类分子结构。由于部分皂苷分子骨架上经常结合有羧基基团，呈现明显的酸性，其他的不含有羧基，因此按照酸碱性有酸性皂苷和中性皂苷之分。无论是三萜还是甾体皂苷，其苷元都具有不同程度的亲脂性，而糖链具有较强的亲水性，使皂苷具有表面活性剂的性质，溶解有皂苷的水溶液在用力振荡后呈现持久的泡沫，"皂苷"的名词也由此而得。皂苷的表面活性使得皂苷对细胞膜具有一定的破坏性，表现出毒鱼、灭螺、溶血、杀精及细胞毒等活性。

皂苷类代谢产物主要分布于陆地高等植物中，其中甾体皂苷主要存在于薯蓣科、百合科和玄参科等植物；三萜类皂苷主要存在于五加科、豆科、远志科及葫芦科等。在许多植物中皂苷含量很高，有些皂苷分子本身就具有较强的生物活性，可以直接用于提取原料药，有些虽然活性不强，但经过转化可以生产用于人工合成甾体激素的重要原料药物，因此，皂苷已作为重要的植物次生代谢资源用于药物生产。皂苷含量高的植物有很多，比如盾叶薯蓣根茎（黄姜）中含有螺旋甾烷皂苷含量 1.1%～16%，七叶树种子含有高达 13% 的七叶皂苷，甘草中的皂苷占根干重的 2%～12%，皂树皮中约含 10% 皂苷，人参皂苷在人参须根中含量在 8.5%～11.5%，大豆皂苷在豆类植物种子中含量在 0.62%～6.2%。

形成皂苷的糖常见的有 D-葡萄糖（Glc）、D-半乳糖（Gal）、L-鼠李糖（Rha）、L-阿拉伯糖（Ara）、D-木糖（Xly）、D-葡萄糖醛酸（GlcA）、D-半乳糖醛酸（GalA）等。糖链一般由 1～7 个短链糖基构成，已分离鉴定的皂苷中单糖、双糖、三糖最为常见，几种典型皂苷单体的分子结构式见拓展知识 8-1。虽然糖基的组成比较简单，但糖基与糖基之间的连接位置变化多样，同时，糖基的存在对于皂苷单体的生物活性有重要影响，例如，除去甘草皂苷中的部分糖基，会使其生物活性提高，对于人参皂苷来说，糖基数量越多，其生理活性趋向减弱。有些皂苷中糖基的存在会影响植物药或者食物的整体品性，例如，大豆皂苷中糖基数量多，豆腥味比较重，除去部分糖基，可以减少豆制品的豆腥味，也提高了皂苷单体的生物活性。因此，皂苷中糖链结构的复杂性决定了糖基选择性水解是相关领域的一大技术难关，也是近年来利用现代生物技术甚或合成生物学方法对皂苷进行生物转化研究之所以成为热点的原因之一。

> 拓展知识8-1 常见皂苷分子结构实例

8.2 植物皂苷生物合成与转化的酶学基础

8.2.1 皂苷常见的转化反应

8.2.1.1 水解反应

皂苷中的苷键为缩醛结构的一部分，因而在非酶催化下也易为酸所水解。三萜皂苷中的酸性皂苷，分子中包含酯苷键，在碱性条件下也易水解。生物转化中的皂苷水解反应主要有作用于糖苷键的水解反应、作用于酯键的水解反应以及部分的作用于醚键的水解反应，糖苷键的水解反应与酸水解类似，酯键水解与水解相似。

酸水解条件一般是将皂苷溶于一定浓度的盐酸或硫酸溶液中，处于不同位置上的糖苷键溶解的难易程度不同，所需酸的浓度也不同，例如，人参皂苷中的 C20 糖苷在 50% 的 HOAc 溶液中即可水解，而位于 C3 位的糖基则需要 4mol/L 的盐酸或 7% 的硫酸溶液中加热几个小时才能完全水解。皂苷和水解后的苷元极性相差较大，后者一般极性较小，因此，在酸水解时往往用酸水与甲醇或乙醇等醇溶剂的混合溶液，促使底物的溶解，生成的苷元或不溶于酸性醇溶液，从水解体系中沉淀，或者利用有机溶剂萃取将苷元与未反应的皂苷和其他极性物质分离。有些皂苷在酸水解反应条件太剧烈时，苷元结构会发生变化，为此，经常采用二相酸水解法进行，即在酸水解反应液中加入另一互不相溶的有机相，通常用苯、甲苯、氯仿等，这样可以使得反应生成的苷元及时转入有机相，避免其结构发生进一步的副反应。

酸性皂苷以五环三萜皂苷居多，因为苷元分子骨架上含有的羧基与糖或者其他醇类形成酯类分子，酯键的水解条件与醚苷键有所不同，前者可在碱性条件下水解，后者不受影响。对于同时含有醚苷键和酯苷键的皂苷分子，采用碱水解方法可以获得只含醚苷键的次级皂苷，便于对皂苷结构的研究。碱水解方法通常是将皂苷在氢氧化钠的水溶液中加热一段时间，若反应条件太剧烈，有可能使皂苷水解产生的糖分解，同时苷元的也结构遭到破坏。因此，具体的碱液浓度、反应时间、温度等由反应体系中薄层色谱监测的结果而定。

以人参皂苷为例，目前发现的具有生物活性的人参皂苷超过 30 多种，但具有显著药理活性的并不多，于是将天然丰量的人参皂苷转化为活性更高的单体一直是相关领域的研究热点。人参皂苷 ck 在体内外具有良好的抑制癌细胞生长和转移的作用，而人参皂苷 Rb$_1$ 和 Rd 结构与人参皂苷 ck 非常接近，仅需要定向地进行一步或二步的水解反应即可实现，如图 8-1，Rb$_1$ 和 Rd 都需要将苷元 C3 位上的二糖基从与苷元结合的糖苷键位置水解去除，但前者还需要去除苷元 C20 位上的部分糖基，即需要将两个 Glc 之间结合的糖苷键切断，这需要找到适合的反应条件。另一方面，单纯化学方法较难控制水解反应方向，因此，利用生物化学的方法在温和条件进行选择性水解显得格外重要。

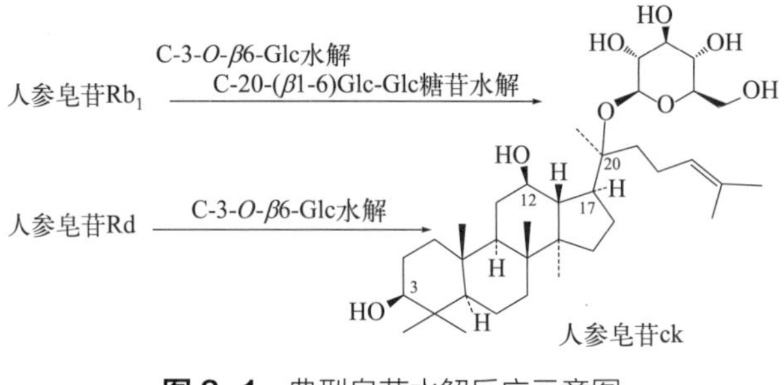

图 8-1　典型皂苷水解反应示意图

8.2.1.2　苷元骨架上的氧化 - 还原反应

皂苷在生物合成途径中氧化反应占重要的地位，目前已发现的天然皂苷元分子骨架上 C3 位上的羟基最普遍，在其他位置上包含一个或多个羟基以及酮基等取代基团的也较多，并且糖苷基也可以看作是先羟化再发生糖基转移的反应。另一方面，皂苷在肠道菌群、体外酶和微生物的催化下，也易发生氧化 - 还原反应，产生羟基、酮基等官能团。从化学反应的角度看，在非活泼的 C—H 键引入氧形成羟基需要与氧气分子发生单加氧或双加氧反应，而传统有机化学很难实现位置、构象特异的直接羟化，然而羟化是微生物对包括皂苷在内的天然产物转化中最常见的也是最重要的反应之一。例如，某些微生物能在甾体的任何位置上进行羟化，而化学合成除了能在 C17 位引入羟基外，在其他位置都很难引入。氧化后生成的次级皂苷或苷元产物生理活性及理化性质改变很大，其中不乏有更好生物活性或者经简单改造就可以合成药物的化学分子。因此，利用氧化-还原反应转化皂苷是天然皂苷合理利用研究的重要方向，特别是利用特殊的酶和微生物进行体外工业化转化生产，是扩大甾体原料药来源、减少环境污染的重要途径。

皂苷元 C3 的羟基比较特殊，它的形成是在甾体母核或者三萜骨架形成之前，由角鲨烯为底物，在鲨烯环氧酶作用下，生成 2,3-氧化鲨烯，进一步由 2,3-氧化鲨烯环化生成环状三萜碳骨架，C3 位的羟基由此产生，这是天然皂苷一般都在 C3 位有官能团取代基的根本原因。羟基化学性质相对活泼，在生物体内往往进一步转化为较稳定的基团，例如，植物中往往生成 C3 位的糖苷键，也可以再次氧化脱氢产生酮基。其他位置上的羟基或取代基可能发生在植物次生代谢的过程中，也可能发生在生物转化中。如图 8-2 所示，人参皂苷羟基化的位点通常在 C12、C20、以及 C25，其中 C25 羟化后引起 C24,25 的烯键重排，在 C3 位上的羟基可能会进一步氧化脱氢生成 C3 酮基皂苷元；五环三萜通常在 C12、C16、C23、C28 以及 C29 等多个位点发生羟化，其中 C28 或 C29 位羟化后还可以连续深度氧化成为醛和羧基。

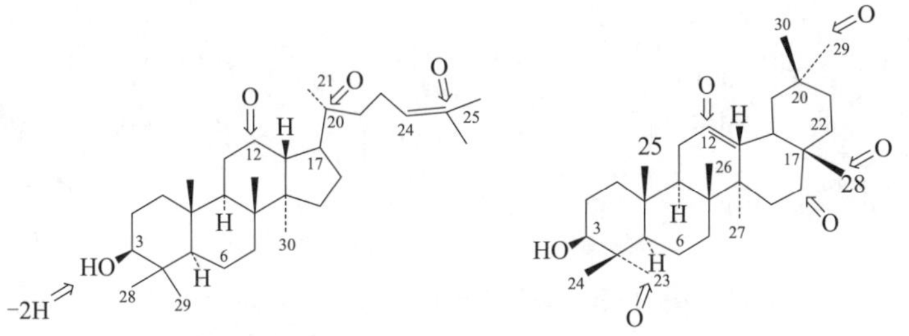

(a) 达玛烷(人参皂苷元)可能的氧化位点　　(b) 五环三萜可能的氧化位点

图 8-2　三萜皂苷元常见的羟化（或氧化）位点

拓展知识8-2
胆甾醇的体内
氧化反应

甾体氧化反应在哺乳动物胆固醇的体内代谢途径中也占据重要地位，详细请见拓展知识 8-2。

8.2.1.3　苷元骨架部分降解反应

在皂苷元的生物合成途径中，从三萜骨架衍生出胆固醇和麦角甾醇分支途径，再由胆固醇发散式地合成二十七碳骨架的薯蓣皂苷元、二十四碳骨架的胆汁酸以及二十一碳骨架的甾体激素（见第 3 章图 3-19），期间既有连续的氧化，也有骨架重排，还有 C—C 键断裂导致的苷元骨架的部分降解反应，涉及脱羧、类 β-氧化以及烷基裂解反应。因为皂苷元体外的降解特性对皂苷结构改造或合理利用有重要的指导意义，这里主要介绍薯蓣皂苷、麦角固醇以及豆甾醇的降解反应。

薯蓣皂苷存在于薯蓣科属（*Dioscorea*）植物的块茎，这个科属植物包含通常可食用的山药，也包括仅药用的一些品种，药用山药中皂苷含量高，味道偏苦，目前主要作为甾体类药物生产的原料药来源，例如盾叶薯蓣（*Dioscorea zingiberensis* C.H.Wright）的块茎黄姜中螺旋甾烷皂苷含量有的高达百分之十几，因为甾体结构的复杂性，化学方法从头合成难度很大。天然甾烷皂苷就成为半合成甾体药物非常好的来源，而薯蓣皂苷元结构中，除含有甾体母核外，还有环状螺缩酮结构。苷元母核含有 27 个碳原子，要想获得甾体药物半合成的原料分子，前提是先将提取后的天然皂苷及皂苷元分子骨架中多余的 E 环和 F 环"切除"，只保留甾体结构的四个环。已开发了化学方法和酶或微生物处理下的生物转化法，化学方法的原理是先用亲电试剂将 F 环从 C—O 键处断开，再用强氧化剂将 E 环断开并引入酯键，最后再水解酯键就获得了孕甾酮的甾体结构。这个方法最早由美国科学家 Marker 教授于 1938 年发明，故此方法又称为 Marker 降解法，该发明为工业生产甾体药物奠定了基础，反应见图 8-3。薯蓣皂苷元首先与乙酸酐反应，经螺缩酮环（F 环）开环、E 环的脱水以及羟基乙酰化步骤形成二乙酸酯；然后，E 环在强氧化剂（例如 CrO_3）作用下发生选择性氧化，生成含有酯官能团的产物，该酯官能团恰好是一多余的支链碳，易于水解脱去，生成 α,β- 不饱和酮（图中的孕双烯醇酮乙酸酯）；接着在 Pd 催化下加氢还原，产物经选择性加氢消除一个烯键，再经碱水解脱除乙酰基，在碳二甲酯溶剂中将 3- 羟基氧化为酮，同时发生双键位置异构生成孕酮。孕酮也称黄体酮，既可作为药物直接应用于临床，也可以进一步修饰合成皮质激素类药物。孕酮也可以以豆甾醇、麦角固醇等为原料，经类似的降解反应生成（图 8-4）。

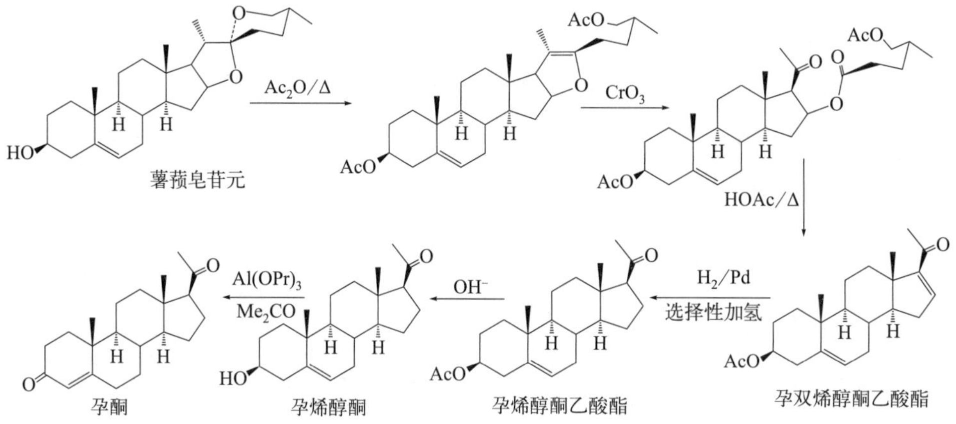

图 8-3 薯蓣皂苷的 Marker 降解反应

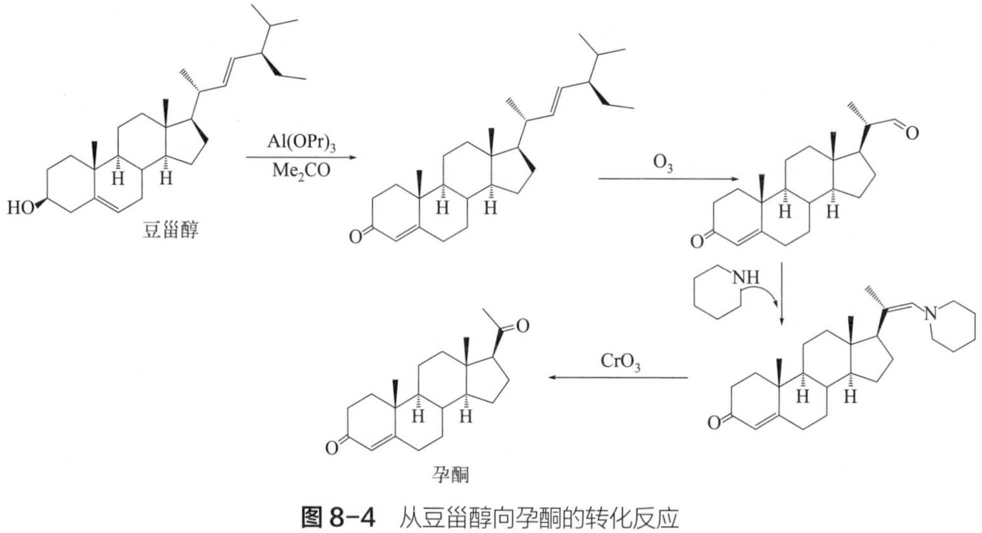

图 8-4 从豆甾醇向孕酮的转化反应

8.2.2 皂苷生物转化酶的类型与来源

对皂苷进行生物转化的研究主要受甾体药物制备原料的需求驱动，其次是通过生物转化可以获得活性更高、生物利用度更好以及更安全的药物分子。对皂苷的活性研究已经不仅限于溶血、抗生育等方面，而是转向更有应用前景的抗痴呆、抗癌、心血管活性、调节免疫以及降血糖等慢性病调节方面，因此，皂苷的应用面越来越广。从转化技术看，20 世纪 50 年代开始，研究人员就用微生物对甾体化合物进行结构改造,主要集中于将其边链选择性的切除以生产甾体激素的关键中间体。之后,随着微生物、酶在大量天然产物生物转化中的广泛应用,薯蓣皂苷、人参皂苷、甘草皂苷、大豆皂苷等的生物转化结构研究已取得可喜的进展,有些生物转化反应还达到了工业化生产规模。生物转化的核心是酶的催化反应,利用微生物进行转化时,反应是在微生物产生的多种酶催化下完成的,酶与底物结构和反应特性的适配、辅酶以及多种酶的协同作用等都会对催化效率产生重要影响。按照上一节已经提到的皂苷转化反应类型,能够对皂苷分子进行生物转化的酶主要涉及水解酶和氧化-还原酶两大类,其次是转移酶和异构酶,具体包括糖苷(水解)酶、糖基转移酶、皂苷水解酶、皂苷元加氧酶(主要指羟化酶)、脱氢酶等,实际应用中,转化体系的基料是含有皂苷的植物药或菌类粉末,因此,还需要果胶酶、纤维素酶、半纤维素酶、蜗牛酶以及漆酶等。酶催化的水解和氧化还原反应都具有高度的底物选择性,不同种类的酶作用于不同的化学键,即使同为糖苷酶,对于底物和反应条件的要求也可能不同,因而发生去糖基化反应的效率差别很大。

8.2.2.1 糖苷酶

广义的糖苷酶[EC 3.2.1]作用是水解由糖的半缩醛羟基与另一羟基缩合脱水而形成的糖苷键。反应见图8-5,所催化的水解不仅限于氧苷,还可以是氮苷或硫苷,因此从概念上糖苷酶是一类酶,其中包括很多种。天然产物所形成的糖苷绝大部分是氧糖苷键。糖苷酶不需要辅酶,分为外糖苷酶和内糖苷酶两大类,外糖苷酶仅水解糖链末端的糖基,而内糖苷酶可水解糖链中部的糖苷键。β-葡萄糖苷酶[EC:3.2.1.21]、β-半乳糖苷酶[EC:3.2.1.23]、淀粉酶[EC:3.2.1.1]、纤维素酶[EC:3.2.1.91]、溶菌酶[EC:3.2.1.17]等都是常见的糖苷酶。按照皂苷糖苷水解酶的定义,当图8-5中的R为皂苷元时,此时水解的酶就是皂苷水解酶,因此,皂苷水解酶也是一种糖苷酶,本节将糖苷酶与皂苷水解酶分开介绍。

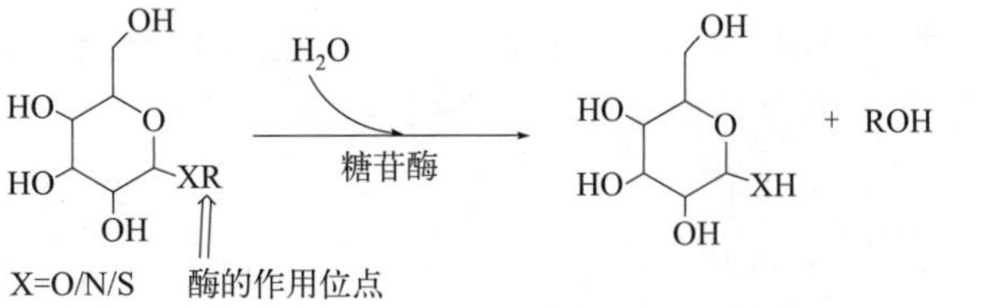

图8-5 糖苷酶的催化反应示例

糖苷酶对底物有较高的专一性,但这个专一并不绝对,对配糖体缺乏特异性。糖苷酶催化反应存在两种机制(图8-6),这导致水解后生成的羟基构型翻转或者保留,经过SN机理的水解会得到构型翻转的产物,例如原来的β-糖苷键会生成α-羟基取代产物,而在第二种机理中,酶与底物结合形成中间体,经过两次构型翻转,得到和之前一样的构型。

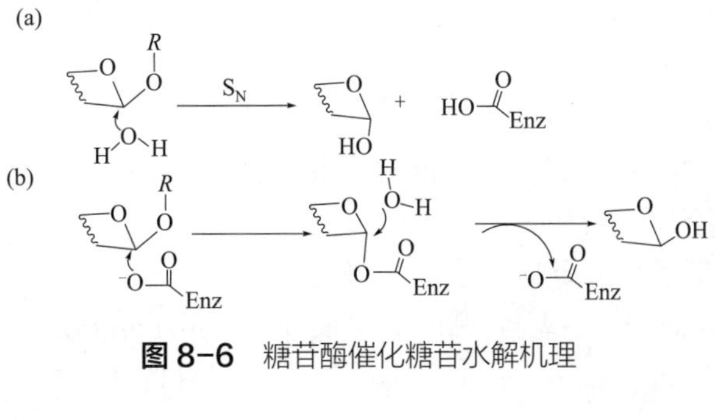

图8-6 糖苷酶催化糖苷水解机理

糖苷酶也可以催化水解的逆反应，即糖苷合成。水解的逆反应是游离单糖作为底物直接进行糖苷合成反应，这是一个热力学控制的反应，由于反应的平衡常数有利于水解反应，因此，只有在高浓度单糖和亲核试剂下，才发生糖苷化反应，并且反应产率一般较低。利用水-有机溶剂两相体系作为反应介质，或者采用 PEG 修饰糖苷酶，或者选择性吸附剂将反应中产生的糖苷及时移除体系等方式，可以一定程度促进反应朝向糖苷合成的方向进行。

8.2.2.2 糖基转移酶

糖基转移酶在生物体内主要负责寡糖合成，在体外生物转化中用于特殊糖苷键的合成。与糖苷酶不同的是，糖基转移酶合成寡糖时首先需要先磷酸化，生成 1-磷酸糖，然后该中间体在糖基转移酶作用下与核苷三磷酸（一般是 UTP）反应，生成核苷二磷酸糖（NDP-糖），NDP 进一步从糖基上释放，完成糖基转移过程。糖基转移酶具有高度底物专一性和反应立体选择性，每一个 NDP-糖都有一个相应的糖基转移酶，催化对应的糖苷键的形成。例如，半乳糖基转移酶可催化 UDP-α-D-N-乙酰噻喃半乳糖胺苷转糖基到甲基-β-D-N-乙酰葡萄糖胺中，生成二糖类化合物，产率约为 47%。事实证明，采用多酶系统同步合成活化型 UDP-糖，可大大简化反应过程。在 N-乙酰乳糖胺的合成中，先用葡萄糖变位酶将葡萄糖-6-磷酸催化为葡萄糖-1-磷酸，该中间体被 UDP-葡萄糖焦磷酸酶催化转变为 UDP-葡萄糖，UDP-葡萄糖再被 UDP-半乳糖表异构酶催化，将 Gal 转移到 N-乙酰葡萄糖胺上，生成 N-乙酰乳糖胺和 UDP，再利用丙酮酸激酶将磷酸烯醇式丙酮酸与 UDP 反应生成 UTP，这样，终产物的产率约为 70%，转化效率获得大幅提升。

8.2.2.3 皂苷水解酶

糖苷酶是皂苷最常见的酶，其中报道较多的单一酶系有 β-葡萄糖苷酶、半纤维素酶和 α-鼠李糖苷酶等。使用来源于桔梗内生菌 Luteibacter sp. 的 β-葡萄糖苷酶在培养基介质中对人参总皂苷进行转化，用 TLC 和 HPLC 进行成分跟踪监测，发现其中的人参皂苷 Rb_1、Rb_2、Rd、Rc 均可转化为次级皂苷 F_2 和人参皂苷 ck，人参皂苷 Rg_1 可转化为 Rh_1，定量推测，人参皂苷 F_2 在转化 9h 时，最大产量达到 94.53%；人参皂苷 ck 转化 7 天产量最大，达到 66.34%。

来自新月弯孢霉（Curvularia lunata 3.4381,S02）的水解酶可以将具有不同皂苷元结构的系列甾体皂苷从 C3 位糖苷键所连接的糖基进行选择水解，特异性表现在对糖基的连接方式有严格的选择性，例如，仅对 1→2 连接的 β-D-葡萄糖和 α-鼠李糖苷键具有水解作用，而对 1→4 连接的末端鼠李糖、β-D-葡萄糖或者其他糖基则不水解。该酶经氨基酸序列比对，发现与鼠李糖苷酶 [EC：3.2.1.40] 配备度较高，与 β-葡萄糖苷酶差异较大。

报道较多的实际用于皂苷水解的酶通常是混合酶系，混合酶可以是来源于某一纯微生物发酵后的酶粗体物，也可以来源于共培养的多株菌，无论是催化效率还是生产成本，混合酶系都比单一酶进行生物转化有优势。因为被转化的底物及其基质物质的组成总是复杂多变的，混合酶能够同时作用不同的底物，发挥协同催化的效果。目前用于制造人参皂苷 ck 的酶就是工业酶制剂。例如，国内外常用由柚苷酶、果胶酶、纤维素酶、乳糖酶等组成的混合酶系，用于转化人参总皂苷生成人参皂苷 ck 及其他稀缺人参皂苷单体。

用于皂苷转化的酶或者酶粗提物除了来自新月弯孢霉（Curvularia lunata）外，其他主要来自从腐化米霉菌（Absida sp.）、小型丝状真菌黑曲霉（Aspergillus niger）、蓝色犁头霉（Absidia coerulea）以及米曲酶（Aspergillus oryzae）等微生物，内生菌与植物共同进化生长，在皂苷的生物转化中具有独特优势。高效转化菌株一般从特定环境中上述微生物范围进行筛选，微生物通过培养基或者诱变条件，有可能筛选出对某种类型的皂苷具有选择性水解的菌株。例如，利用甘草酸为唯一碳源，初步筛选到65株具有转化甘草酸水解酶潜力的菌株，进一步研究发现其中一株名为 *Penicillium sp.* Li-3 的真菌菌株所表达的葡萄糖醛酸苷酶，具有高度底物特异性，能定向水解甘草酸后生成单葡萄糖醛酸甘草酸（GAMG），而几乎没有副产物甘草次酸的生成。筛选具有底物特异性的糖苷酶对皂苷的糖基进行选择性水解，一直是相关领域研究的热点，特异性的糖苷酶可产生低糖苷取代的稀有的次级皂苷。

由于这些研究中多利用提纯后的皂苷为底物，酶制剂进行皂苷生物转化的工艺较复杂，整体成本高。同时相应的微生物在腐烂植物残渣中命中率较高，很多菌种属于植物腐败菌，当应用于中药饮片之类的体系时，安全性无法保证。因此，从食用菌中筛选皂苷降解菌是公认的较为安全的来源。例如，有报道利用食品工业中常用的微生物菌种，例如，保加利亚乳杆菌、凝结芽孢杆菌、鼠李糖乳杆菌和冠突散囊菌等，对三七、人参和西洋参等中药原料进行生物转化，发现其共有的 Rb_1、Re 等常见人参皂苷可以被分别转化为人参皂苷 Rh_1、Rck 和 Rd 等稀有人参皂苷，乳酸菌可以在高温下将三七中含量较高的三醇型人参皂苷 Re 和 Rg_1 等，侧链 C20 上的葡萄糖苷键水解掉，得到 Rh_1 等次级皂苷。随着国内对人参类衍生产品的需求扩大，一些次级人参皂苷不仅用于制药业，在食品和餐饮行业的应用限制也逐渐放开，利用食用菌对原料进行深度加工具有广阔的应用前景，尤其是在药膳和酵素用途的和稀有人参皂苷的大批量生产上。

8.2.2.4 皂苷羟化酶

皂苷羟化是微生物对皂苷进行转化中最重要也是最常见的反应，植物或真菌在皂苷生物合成中也会发生皂苷元上的羟化，已知该类生物合成反应主要由细胞色素 P450（CYP450）家族的酶参与、由 NAD（P）H 作为辅酶，对于底物来说是"单加氧"酶。鉴于生物合成中的羟化酶具有严格的底物特异性，因此，皂苷羟化酶的种类和来源也很广泛。对于动物来说，肝脏中的 CYP450 酶系是对皂苷进行羟化的主要器官，许多微生物包括肠道菌群也存在 CYP450 酶，虽然这些酶之间有差别，但绝大多数的 CYP450 单加氧酶蛋白分子中与血红素相连的一段约 26 个氨基酸残基序列都相同，辅基为过渡金属（如 Fe，Cu，Ni 等）离子与卟啉分子形成的配合物。以铁卟啉辅基为例，卟啉环平面的四个氮原子形成两个共价键和两个配位键，分别是平面上方水分子和下方酶蛋白分子中的半胱氨酸残基上的硫原子，催化时底物取代水分子与铁卟啉环接近，进一步结合酶蛋白，通过电子传递系统［例如 NAD（P）H，FMN，Fe-S 等］将电子转移给铁卟啉环中的 Fe^{3+}，使其还原为 Fe^{2+}，然后分子氧与 P450 酶结合，再将 Fe^{2+} 氧化为 Fe^{3+}，氧合的酶-底物再从电子传递系统接受一个电子，氧分子中的一个氧原子与底物结合，另一个氧原子与 2 个氢离子形成水分子而离去，最后酶将单加氧产物释放，同时铁的价态恢复为 Fe^{3+}，酶恢复原形完成一个催化循环。由此推测，皂苷羟化过程既需要特异性的单加氧酶，也需要合适的辅基以及高效的电子传递系统，特别是电子传递系统往往是细胞膜的一部分，因此，皂苷羟化的生物转化往往利用微生物或细胞进行，很少使用单酶体系，脱氢酶也类似。

目前，发现可以对皂苷元进行羟化的微生物主要是真菌类，包括刺状毛霉菌、链格孢霉、总状共头霉、雅致小克银汉霉、闪白曲霉、黑根霉、黑曲霉、赭曲霉等，具有转化能力的单一羟化酶少有报道，比较常见的是将底物添加到一种或多种微生物共培养的体系中进行转化。微生物在羟化转化皂苷时，对溶液的 pH 值有要求，具体条件取决于不同的微生物。某些细菌可以产生胆固醇氧酶，也可以催化皂苷元的羟化或脱氢反应，例如，弗吉尼亚链霉菌发酵产生的胆固醇氧化酶可以将薯蓣皂苷元转化为薯蓣酮，并在薯蓣酮 C25 位发生羟化。

8.2.2.5 复合酶制剂

因为天然药是多成分的复杂体系，除了皂苷或者其他有效成分，还含有蛋白质、果胶、淀粉、植物纤维等组分，这些成分往往在皂苷转化中起干扰作用，要么影响植物细胞中活性成分的浸出，要么影响皂苷转化效率。因此，选用恰当的酶制成复合酶制剂，能够同时作用于多种底物，可以将植物组织或真菌细胞壁在较为温和的条件下分解，尤其是使纤维素和果胶降解，加速皂苷成分的释放，对于工业上提高生产效率和产品质量，减少酶使用量和成本具有重要意义。

常用于皂苷生物转化的复合酶制剂包含有纤维素酶、果胶酶、淀粉酶、蛋白酶等水解酶类，纤维素酶又分为内切葡聚糖酶、外切葡聚糖酶以及 β-D-葡萄糖苷酶等，还具有木聚糖酶的活力，它们作用于纤维素以及从纤维素衍生出来的底物，分解产物为寡糖或单糖。纤维素酶的反应和一般酶反应不一样，其最主要的区别在于纤维素酶是多组分酶系，且底物结构极其复杂。由于底物是水不溶性的，纤维素酶的吸附作用代替了酶与底物形成的复合物过程，因此，纤维素酶在复合酶制剂中至关重要，其先特异性地吸附在底物纤维素上，然后在几种组分的协同作用下将纤维素分解成寡糖或单糖，其中以葡萄糖为最主要的分解产物。

果胶酶既包括一类能催化果胶解聚的酶，也包括催化果胶分子中酯水解的酶。其中促进果胶解聚的酶有聚甲基半乳糖酶、醛酸酶、果胶裂解酶、聚半乳糖醛酸酶以及聚半乳糖醛酸裂解酶、果胶酯酶和果胶酰基水解酶等。果胶酶本质上是聚半乳糖醛酸水解酶，主要生成 β-半乳糖醛酸。果胶酶在偏酸性（pH=3）及 50℃ 下酶活较高，通常与其他酶一起使用效果较好。

复合酶制剂有时也会含有蜗牛酶及纤维素氧化酶等，蜗牛酶也称解螺旋酶，是从蜗牛的嗉囊和消化道中制备的混合酶，它本身就是一种复合酶，含有纤维素酶、果胶酶、淀粉酶、蛋白酶等 20 多种酶，蛋白酶可以作用于皂苷所结合的蛋白质部分，提高皂苷的释放；纤维素氧化酶催化长链纤维素的部分氧化，有助于降解以更加复杂的交互形式存在的皂苷。

8.3 植物皂苷类的微生物转化原理与应用

8.3.1 微生物转化植物皂苷生产皂素

来源于植物的皂苷元（也称皂素），无论是三萜还是甾体经过适当的工艺都可以作为重要原材料用于合成甾体类药物，如性激素、可的松、避孕药等。而天然皂素通常以皂苷的形式存在，因此，生产皂素的首要工作是先将皂苷从植物组织细胞中释放，并进一步水解皂苷才能获得皂素。就皂苷水解环节而言，传统工业上通常利用酸解法断裂皂苷的糖苷键以生产皂素，但酸解法产生大量酸性废水，BOD、COD、SO_4^{2-} 浓度高，带来了严重的环境污染和生态破坏。微生物转化法不仅有利于皂苷的释放，也有利于提高皂苷转皂素的效率。同时，微生物发酵以及预处理或微生物转化工艺比化学法具有显著的环境友好及生态保护优势，又比酶法在工艺的操作和控制方面更加简便。

微生物转化皂苷生成皂素的主要技术问题之一在于高效降解菌的筛选。因其糖苷键位置的多样性，皂苷糖苷键类型的非常多样，需要微生物分泌的酶具有组合催化底物的优势。以微生物转化法生产薯蓣皂素为例，国内研究报道较多的有少根根霉原变种株（*Rhizopus arrhizus* Fischer var. arrhizus）、米曲霉（*Aspergillus oryzae*）、哈茨木霉（*Trichoderma harzianum*）、里氏木霉（*Trichoderma reesei*）等。其中少根根霉菌在发酵过程中能够分泌淀粉酶、蛋白酶、果胶酶，促进细胞壁的解离，能够更好地释放皂苷，米曲霉、哈茨木霉、里氏木霉等可以产生皂苷水解酶促进皂苷元的糖苷键断裂。通过酶法与里氏木霉发酵联用生产薯蓣皂素的工艺由两个单元组成：首先利用淀粉酶糖化酶处理盾叶薯蓣块茎，并从原料中回收糖化液；再由里氏木霉对残渣进行微生物水解生产薯蓣皂素。该工艺通过优化发酵体系，薯蓣皂素的释放率达到了90.2%，同时，由于该工艺取代了传统的酸水解工艺，无大量酸性废水排放，其COD、BOD和SO_4^{2-}含量也都显著降低。

微生物转化皂苷生产皂素的主要原理是基于这些微生物可以分泌大量的特殊胞外糖苷水解酶，这些酶能够分别作用于皂苷上不同位置的糖苷键上，使其水解断裂生成皂苷元。以米曲霉水解盾叶薯蓣皂苷为例，其水解薯蓣皂苷的主要路径见图8-7所示，该菌株可以产生多种胞外酶，包括α-L-鼠李糖苷酶、β-D-1,4-葡聚糖外切酶以及β-D-葡萄糖苷酶等。水解的途径可能有多种，按照图中的途径一，先由α-L-鼠李糖苷酶作用于叶薯蓣皂苷（底物）的3-O-（1→2）-α-L-鼠李糖苷键，再依次通过β-D-1,4-葡聚糖外切酶则作用于β-D-（1→4）-葡萄糖苷键，和β-D-葡萄糖苷酶的作用生成皂苷元；也可能通过途径二或三，经过双糖和单葡萄糖-皂苷中间体，最终在β-D-葡萄糖苷酶的作用下生成薯蓣皂苷元，皂苷的降解途径取决于所使用的微生物的产酶特性。例如，从犁头霉菌（*Absidia* sp.d38）中分离纯化的薯蓣皂苷水解酶，按照途径二依次水解薯蓣皂苷C-3位连接的α-L-鼠李糖（与β-D-葡萄糖-1,4连接）和β-D-葡萄糖至薯蓣皂苷元，而来自烟曲霉 *Aspergillus fumigatus* Fres. 的β-葡萄糖苷酶，能够水解多种薯蓣皂苷，将双糖或单糖皂苷水解最终生成薯蓣皂苷元。

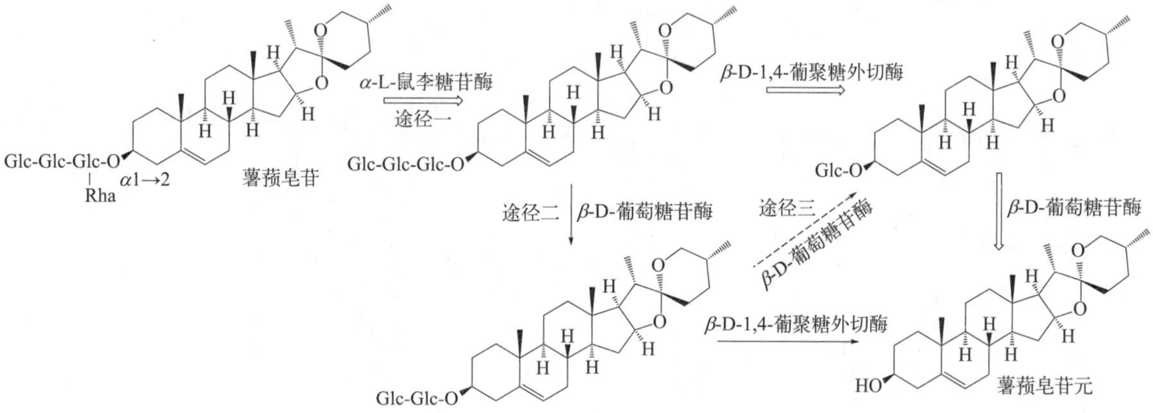

图 8-7 米曲霉转化薯蓣皂苷生成皂素的主要反应途径

不同的微生物之所以对相同的皂苷水解（或降解）途径不同，根本原因还在于不同的微生物其所产生的酶种类以及酶合成与分泌的动力学特征是各异的，体现了微生物对皂苷水解的特异性。皂苷生物转化的常见微生物及其产生的酶见拓展知识8-3。

因为单一的微生物产生的酶系并不完全而导致单菌发酵生产皂苷元的产量低，实际生产中，采用多种菌复合发酵或者二段式分布发酵往往是更好的选择。例如，可以先通过少根根霉等菌种提前发酵产生淀粉酶、蛋白酶、果胶酶等，用于预处理含皂苷的植物组织粉末，以促进细胞壁的解离和皂苷释放。获得了皂苷富集提取液之后，再与皂苷水解酶产生菌共发酵获得转化后的皂苷元。目前合成生物学的技术方法在皂苷转化中的应用研究正如火如荼，从系统生物学角度挖掘更高活力并且既有皂苷水解特异性又有一定的底物宽泛性的皂苷酶，并将其生物学信息重构到合适的底盘微生物中，创建高效皂苷水解的工程菌株，这可能是解决微生物清洁生产皂素的最有效的解决途径。

8.3.2 微生物对植物皂素的转化利用

8.3.2.1 微生物转化植物甾醇的研究

植物甾体皂苷分布很广，除了薯蓣以外，甾体皂苷或皂素大量存在于大豆、油菜籽等油脂精炼生产线的副产品或废料中，例如，β-谷甾醇、豆甾醇、菜油甾醇和菜籽甾醇等（图 8-8），习惯上

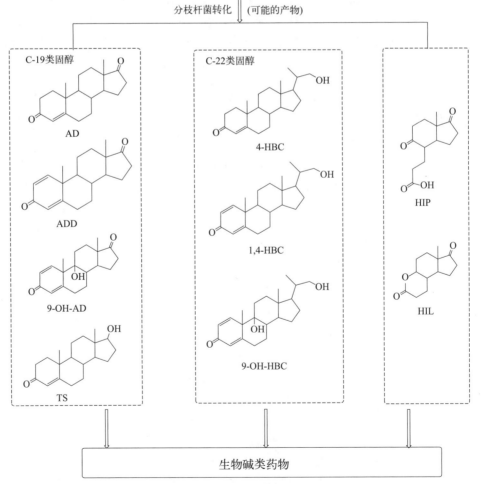

图 8-8 常见的植物甾醇及生物转化的目标甾体药物前体分子

称为植物甾醇。植物甾醇分子一般具有 C_{28} 或 C_{29}，与胆固醇的结构十分相似，实际上，它们的生物合成途径是一脉相承，都具有典型的"甾核"骨架，区别在于甾体 C17 位上连接的甾烷侧链碳原子数或双键的细微差异。虽然植物甾醇也可以作为细胞膜中磷脂双层的稳定剂应用在化妆品及抗胆固醇功能性食品的添加，但甾醇类最大的应用在于生产甾体药物的前体分子。从甾醇到甾体药物前体分子，需要甾烷侧链在相应的位置上发生 C—C 键的断裂，甾体上 C3 位的羟基也常常需要被氧化成酮基（图 8-8），这些反应用化学手段很难实现，于是，选育高效转化植物甾醇的微生物及其合成生物学改造的技术成为近年来的研究热点之一。

目前，已筛选到的对植物甾醇有转化能力的微生物通常是放线菌群，多数属于戈登属、诺卡菌属、红球菌属和分枝杆菌属等，这些微生物从不同生境下的自然环境中分离，通过实验室常规诱变培育并进行多因素培育条件的不断优化，部分实现了微生物转化植物甾醇生成特定类固醇原料分子的目的。例如，微生物转化获得了具有 C_{19} 的类固醇［雄烯二酮（AD），雄二烯二酮（ADD），9-羟基雄烯二酮（9-OH-AD）和睾酮 TS］和 C_{22} 的类固醇（21-羟基-23, 24-二降胆-4-烯-3-酮 4-HBC，1, 4-HBC，9OH-4-HBC）以及谷内酯中间体等（图 8-8），但目前只有分枝杆菌属的菌株被规模化应用。

对植物甾醇的转化反应机制的研究取得了良好的进展，目前已明确分枝杆菌降解植物甾醇主要包括三个阶段：甾醇摄取、甾体骨架 C-17 烷烃侧链的消除以及甾核氧化。新金分枝杆菌转化植物甾醇的生物降解途径见拓展知识 8-4，分枝杆菌从环境中吸收甾醇类物质主要是通过产生和分泌一些特殊的表面活性剂，以表面活性剂作为介质，介导疏水性的甾醇分子融入细胞膜磷脂层。在分子水平上，微生物对甾体底物的主动摄取主要取决于甾体降解基因簇中的转运系统的效率，这也是致病分枝杆菌侵染哺乳动物细胞后，消耗细胞膜胆固醇而长期寄生的关键。甾体烷烃侧链的消除和甾核氧化是同时交叉进行的，首先在胆固醇氧化酶 ChoM1、ChoM2 和 3β-羟基类固醇脱氢酶/异构酶作用下，甾核的 A 环 C3 位脱氢生成 3-酮基并发生 $\Delta 5 \rightarrow 4$ 的烯烃异构化反应，然后中间体在 C27 处被 P450 酶（例如 CYP125）深度氧化并通过连接酶（FaD19）转化为 CoA 形式。被 CoA 活化的中间体进入类似 β-氧化的途径，这样就导致 C-17 位置上的烷烃发生完全或部分的降解，生成 4-AD 及其类似物。参与的酶主要包括脱氢酶（ChsE4-E5、ChsE3、ChsE1-E2、Hsd4A）、水合酶（ChsH1-ChsH2）、硫解酶（FadA5）和醛缩酶复合物（Ltp2-ChsH2DUF35），主要催化甾体母核上的氧化及侧链烷烃的末端氧化，进一步在 C-1, 2 位脱氢酶 KstD 和 9α-羟化酶 KshAB 单独或协作下催化中间体 4-AD 转化为 1,4-雄二烯二酮（ADD）、9α-羟基雄烯二酮（9-OH-AD）和 9α-羟基雄二烯二酮（9-OH-ADD）。9-OH-ADD 不稳定，容易开环，进一步降解为羧酸代谢物。谷内酯（HIL）和 3a α-H-4α-（3′-丙酸）-7$\alpha\beta$-甲基六氢-1,5-吲哚二酮［3aα-*H*-4α-（3′-propionic acid）-7aβ-methylhexahydro-1,5-indanedione，HIP］是合成多种具有 α-甲基或 C_{10} 位无甲基的甾体药物（如逆孕酮、雌二醇及其衍生物）的重要中间体。研究表明，HIP 和 HIL 是偶发分枝杆菌（*Mycobacterium fortuitum*）降解植物甾醇的代谢中间产物，通过敲除菌株中 *fadD3* 或 *fadE30* 基因，分别导致 HIP 和 HIL 的积累（拓展知识 8-5）。

由上述微生物对植物甾醇的降解机制不难看出，如果要提高植物甾醇向特定的产物分子转化的效率，需要多种催化特异性强且可以协同工作的降解酶共同作用，通过代谢工程或合成生物学的技术手段，可以为精准操纵转化路径提供有效的方法与思路。利用代谢工程手段，改造耻垢分支杆菌和新金分支杆菌，使其更加高效地用于植物甾醇的转化。在前期的研究中发现，几个 C_{19} 类固醇分子（例如 AD、ADD、9OH-AD）被推测为放线菌中甾醇分解代谢途径的中间体，因此，可以通过基因缺失或过表达相应的关键酶基因，将代谢通量定向流向所需的产物使其积累。例如，耻垢分枝杆菌的代谢工程突变菌株 MS6039（ΔMSMEG_6039，ΔkshB1）和 MS6039-5941（ΔMSMEG_6039，ΔMSMEG_5941，ΔkshB1，ΔkstD1）主要分别从甾醇中产生 ADD 和 AD（拓展知识 8-4）；在耻垢分枝杆菌 MS6039-59410 中过表达两个不同来源的 17-β-HSD 基因，可在发酵中一步完成从植物甾醇向睾酮的转化。在新金分枝杆菌 ATCC25795 的多基因缺失突变体中，以植物甾醇为底物，产生 9OH-AD 或 C_{22} 衍生物。此外，9OH-AD 产生突变体中，kshA 基因的过表达可以抑制 AD 的积累，这样可以简化下游纯化过程，极大地提高了 9OH-AD 生产工艺的选择性；通过删除新金分枝杆菌 NwIB-01 的 kstD 基因获得了高产 AD 的突变体，如果过表达 kstD 基因，可以提高菌株 NwIB-01 中 ADD 的生成能力。今后，通过合成生物学的技术手段，构建植物甾醇高效转化的细胞工厂，有望成为下一代高价值甾体药物原料中间体的主要生产技术。

8.3.2.2 微生物转化薯蓣皂素的研究

薯蓣皂苷大量存在于薯蓣科植物 *Dioscorea opposita* Thunb.、*D. zingiberensis* Wright CH 和 *D. nipponica* Makino 的枯茎和根中。虽然薯蓣皂素本身具有比较广泛的生物学作用，例如抗肿瘤、心脏保护、抗动脉粥样硬化、神经保护、抗肥胖、抗糖尿病和免疫调节等，但这些作用在药理上似乎太宽泛，很难直接作为药物使用。此外，薯蓣皂素水溶性差、具疏水性（脂水分配系数 logP 约为 5.7），且生物利用度低（在大鼠中约为 7%）等理化性质的缺点，进一步限制了薯蓣皂素成药性的开发利用。苷元分子结构含有 4 个环的甾体骨架和另外两个五元（E 环）和六元氧杂环（F），除了作为甾体类药物的重要生产前体外，还可以最大限度保留薯蓣皂苷元（薯蓣皂素）完整骨架的情况下，仅对其中的官能团进行修饰，生产出活性或功能更好的衍生物。因此，近几十年来，薯蓣皂素作为先导候选化合物，通过半合成进行结构修饰成为近年来的研究热点之一，目前已合成了数百种薯蓣皂素衍生物并进行了生物活性筛选。

图 8-9 展示了目前对薯蓣皂素进行化学和生物半合成可能获得的相应衍生物官能团位点集。利用有机合成或点击化学方法，可以在皂素分子骨架上引入酯键、糖苷以及使 E 环或 F 环的开环。相比之下，生物半合成法在非活化的 C—H 键上发生氧化显示出区域特异和立体特异性的优势。借助微生物的多功能酶系统，生物转化使这种修饰一步到位且绿色环保。目前已开发了许多全细胞生物催化剂的工具，用于对天然产物（包括甾体皂苷元）分子多位置进行选择性的结构修饰。

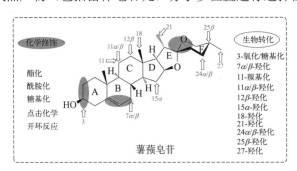

图 8-9 薯蓣皂素的化学和生物法修饰位点集

目前，已开发了许多全细胞生物催化剂的工具，用于对天然产物（包括甾体皂苷元）分子骨架上多个位点进行选择性的结构修饰。如图 8-10 所示，巨大芽孢杆菌（*Bacillus megaterium*）CGMCC 1.1741 具有非常强的 P450 系列酶，可以催化三萜或甾体上引入羟基的反应，作为微生物全细胞催化薯蓣皂素的 C-7 与 C-12 位点上的羟化，产生对应的代谢产物；将薯蓣皂素与小克银汉霉属菌株

Cunninghamella echinulata CGMCC 3.2000 一起孵育，结果分离到三种新的羟基化产物；选用同种的另一个菌株 *Cunninghamella echinulate* CGMCC 3.2716 对薯蓣皂素进行生物转化时，获得了 4 种转化产物。使用白腐真菌云芝（*Coriolus versicolor*）对薯蓣皂素进行微生物转化时，得到了羟化产物 1 和 3 及其他五个羟基化产物 6～10。其中化合物 6（100μmol/L）对 U87 神经胶质瘤细胞系表现出弱的抑制作用（28.2%）。在薯蓣皂素的生物转化过程中，C21 位上碳原子羟基化相对较少。五个羟基化产物（11～15）是从蓝色犁头霉（*Absidia coerulea*）和薯蓣皂素共转化 4 天获得的，观察到的特征转化是 C7α、C7β、C12β、C24β、C25α 和 C25β 等位置上的羟化。所有代谢物对 K562 和 KB 细胞均表现出较弱的细胞毒性，弱于母体化合物薯蓣皂素。另外当薯蓣皂素与 *Streptomyces virginiae* IBL-14 一起孵育时，薯蓣皂苷元首先转化为薯蓣皂酮，然后通过 C25 叔羟基化反应转化为异核苷酮，并进一步被转化为一系列薯蓣皂素衍生物（图 8-11）。

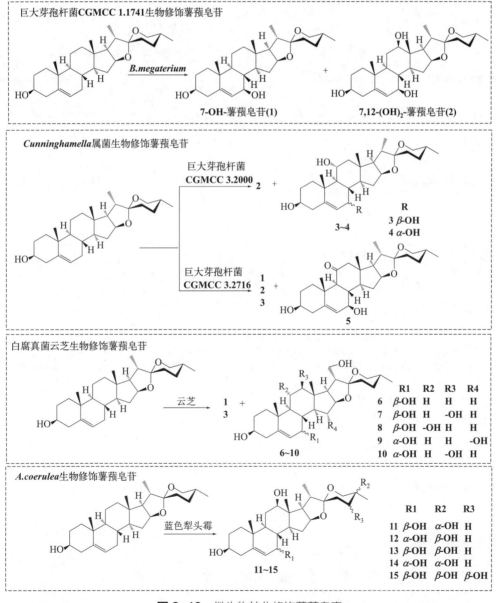

图 8-10 微生物转化修饰薯蓣皂素

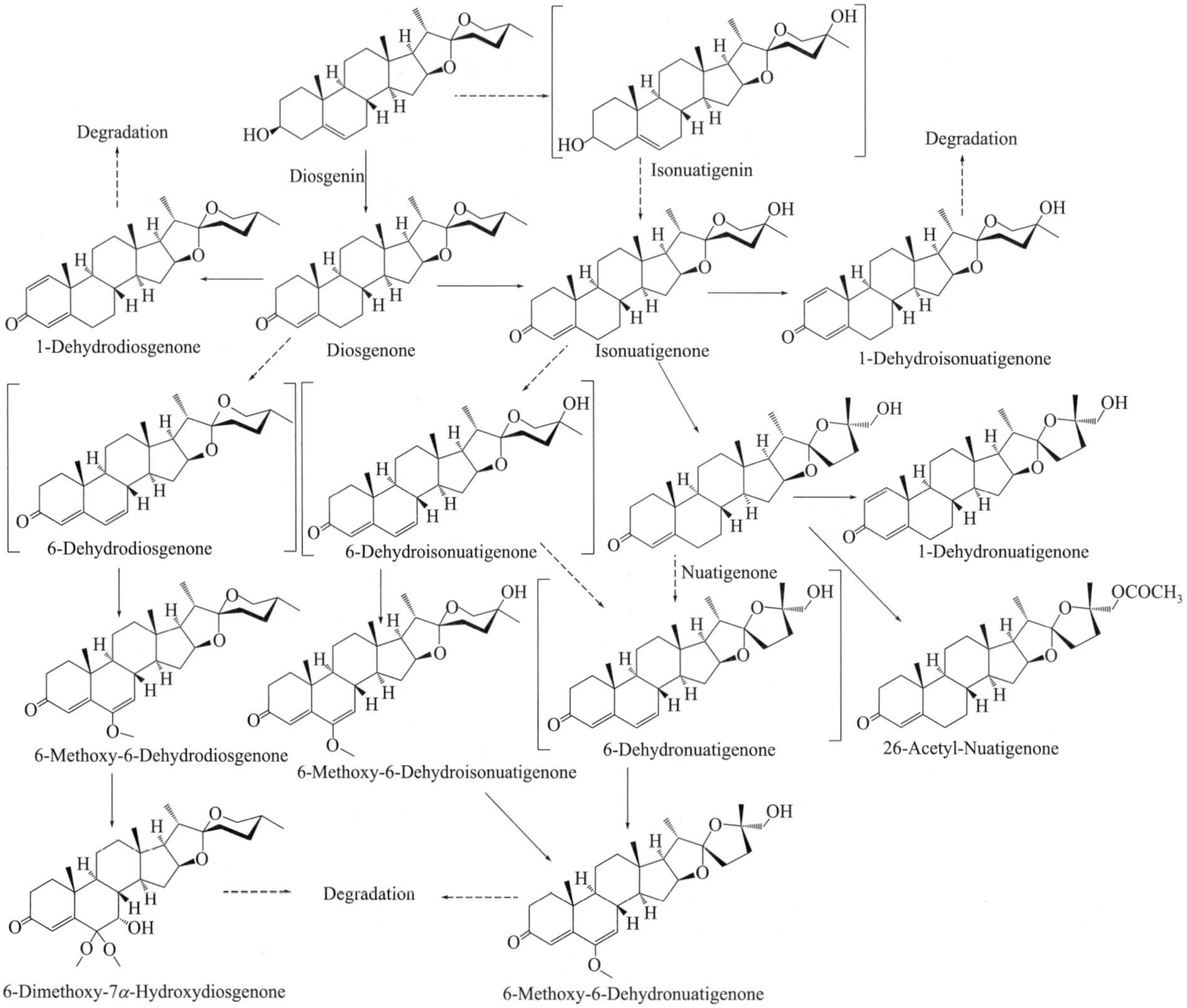

图 8-11 弗吉尼亚链霉菌（*Streptomyces virginiae*）IBL-14 生物修饰薯蓣皂素

注：Diosgenin：薯蓣皂苷；Diosgenone：双异茄酮；Isonuatigenone：异噻吩酮；Isonuatigenin：异柚甙元；Degradation：降解；Nuatigenone：噻吩酮；Dehydro：脱氢；Methoxy：甲氧基；Dimethoxy：二甲氧基；Acetyl：乙酰。

虽然微生物在生物氧化转化薯蓣皂素的研究上已经取得了上述一系列的进展，但由于薯蓣皂素生物降解机制的复杂性，特别是可以定向、可控的转化皂素的微生物资源仍缺乏，同时，针对薯蓣皂素 E 环和 F 环的生物转化研究还没有获得突破，这限制了薯蓣皂苷元作为类固醇药物前体资源的深度应用。因此，今后，要加强薯蓣皂苷元 E 环 -F 环开环降解的生物转化研究，寻找或构建具有高效、协同降解的特定微生物资源，解决甾体皂苷细胞工厂转化的关键技术难题。

开放性讨论题

如何通过合成生物学来实现薯蓣皂苷及其药用衍生物的高效绿色制造？

思考题

1. 简述皂苷、皂素、甾体、三萜皂苷、植物甾醇等概念。
2. 画出人参皂苷、薯蓣皂苷、甘草皂苷的分子结构图,指出其中糖基的组成?
3. 植物甾醇转化为甾体药物前体,需要如何改造?
4. 微生物对薯蓣皂苷可以发生哪些转化反应?试分析发挥作用的酶有哪些?

9 植物次生代谢生物合成调控原理与应用

教学目的与要求

1. 了解植物次生代谢的定义及特点。
2. 掌握植物次生代谢产物生物合成的调控规律。
3. 掌握植物次生代谢产物生物合成调控技术。

重点及难点

1. 理解植物次生代谢产物生物合成的调控原理与技术。
2. 掌握植物次生代谢产物合成调控的思路和研究方法。

问题导读

1. 什么是植物次生代谢产物？其合成调控有哪些特点？
2. 植物次生代谢产物合成调控规律是什么？
3. 植物次生代谢产物生产技术有哪些？如何进行调控实现目标次生代谢产物的高产？

```
植物次生代谢合成         ┌ 定义及合成调控特点
调控特点及调控规律     └ 合成调控规律

植物次生代谢调控原     ┌ 紫杉醇的生物合成与调控
理与技术的应用实例     └ 人参皂苷生物合成和调控

                        ┌ 人工规模化种植
植物次生代谢产物       ├ 植物细胞培养
生产技术及其调控       ├ 植物细胞大规模培养
                        ├ 毛状根培养
                        └ 内生真菌

植物次生代谢生物合成
调控原理与技术进展
```

9.1 植物次生代谢合成调控特点及调控规律

植物在生长发育过程中会产生各种各样的代谢产物，其中蛋白质、氨基酸、乙酰辅酶 A、丙酮酸、脂类和核酸等产物是维持植物生命活动所必需，称为初生代谢产物。与此对应，植物利用某些初生代谢产物为原料在一系列酶催化下产生的物质称为次生代谢产物。植物次生代谢产物在提高植物生存竞争力和协调与环境关系上充当着重要角色。本节系统介绍植物次生代谢产物合成特点及调控规律。

9.1.1 植物次生代谢产物及其合成调控特点

9.1.1.1 植物次生代谢与环境的相互作用特点

植物在长期进化过程中与环境因素（生物和非生物因素）相互作用中产生了次生代谢产物，其产生和变化对环境有着更强的相关性和对应性。有些植物次代谢产物在抗病性方面有重要作用，如植保素（植物抗毒素植物异黄酮）、黄酮、生物碱、多萜等，它们是植物受到病原微生物侵染后产生并积累，以增强植物抗病性或阻断病原微生物继续向其他部位感染；有些植物次生代谢物在寄生微生物和寄主植物专一性选择中具有决定作用，如黄酮类成分与根瘤菌共生固氮有密切关系，该类代谢产物可影响根癌农杆菌（*Agrobacterium tumdaciens*）*vir* 基因的表达；还有一些次生代谢产物作为信号分子参与植物的生理活动，如水杨酸和茉莉酸等。此外还有一些次生代谢产物与植物异株相克、种子传播、吸引昆虫授粉以及防御捕食有关，还有些植物次生代谢产物在植物本身的生理生化代谢过程中不可或缺，如吲哚乙酸、赤霉素、木质素、叶绿素、类胡萝卜素等。

许多植物次生代谢产物对于人类来说是具有独特功能和生物活性的化合物，在非洲、亚洲和北非洲的热带地区，人们利用从植物中提取的次生代谢物来治疗疟疾，取得了很好的疗效。中医中绝大多数是植物药，次生代谢产物是中药的主要物质基础，也是新药开发宝贵的先导化合物库。例如，新疆紫草根传统用于烧伤、冻伤以及因细菌、真菌和病毒感染引起的各种皮肤病的治疗，现代药理研究发现其中含有的萘醌类次生代谢产物还具有抗肿瘤作用。从喜树属植物喜树中发现的喜树碱和 10-羟基喜树碱具有抗癌作用，由此为先导开发的拓扑替康和伊立替康等已是目前临床上常用的抗癌药物。我国植物资源丰富，从植物中寻找高效、低毒和价廉的药物已越来越受到重视，同时，植物次生代谢物在食品工业和化学工业中也得到了广泛应用，如天然食品色素、天然调味剂以及化妆品原料。

9.1.1.2 植物次生代谢产物合成与积累规律

与初生代谢产物相比，植物次生代谢产物在植物组织中的种类分布和含量具有明显的多样、多变，以及复杂的特点：①合成与积累受多种因素影响。植物次生代谢产物虽然对植物本身的生长发育等没有显著影响，但对提高植物自我保护和生存竞争能力、协调与环境关系上起了重要作用，其合成和积累不但受遗传控制，同时还受植株树龄（生长发育阶段）、季节等因素的影响。同时，次生代谢产物的积累强烈受各种环境因素影响，如光照、温度、湿度、土壤理化性质、海拔等均能调节植物次生代谢产物的合成、积累和转运。因此，植物次生代谢产物的分布表现为明显的时空特异性及种属特异性、受环境影响显著等特点。②次生代谢产物分布的多样性。植物对所处生境的响应不仅体现在外部形态上，在代谢水平上也有反映，也就是环境不同会导致其所含的化学成分产生差异。同一植株不同部位的次生代谢产物含量也不同，不同生长期含量也不同。③次生代谢网络的复杂性。植物的代谢网络可谓是自然界最为复杂的天然网络结构之一，初生代谢途径和次生代谢途径相互关联，构成了一个立体的网络。在平面上，相互联系的各个代谢途径在物质和能量水平上存在协同、转运和再分布，不同的平面又相互连接和贯通，构成从代谢物途径、酶及其基因表达水平以及表观遗传学水平进行多基因多层次的立体调控网络。

9.1.2 植物次生代谢产物生物合成的调控规律

植物体内次生代谢物质的生物合成受细胞内部和外界因素的严格调控，呈现出代谢调节的复杂性和网络化特征，而理解和掌握植物次生代谢调控规律是解决当前植物次生代谢产物含量和产量偏低、产业化成本较高的核心科学问题。本节从个体水平、环境因素、细胞水平、分子水平分别描述植物次生代谢调控规律。

9.1.2.1 个体水平的调控规律

植物次生代谢产物合成存在明显的基因型差异。植物大部分是异花授粉，每种植物形成一个异交群体，而生物的进化作用主要由生物自身的遗传变异决定。因此，个体植株由于基因型不同，生理生化作用也各不相同，由此而进行的次生代谢过程和产物产量等也不尽相同。次生代谢产物的种类含量及结构的复杂性，基本上都呈现出随进化水平而增加的趋势。例如，生物碱在藻类、地衣类及一些水生植物均不存在，在少数菌类植物、蕨类植物有所发现，但量少且结构简单，裸子植物中仅存在于三尖杉科、红豆杉科、罗汉松科及麻黄科中，生物合成路线比较简单，生物碱分布最为集中的类群是种子植物，在防己科、罂粟科等双子叶植物中分布普遍，在百合科、石蒜科等单子叶植物中也有较多分布。另外，有些次生代谢产物在植物中广泛分布，有些却只集中分布在几种植物中，例如橡胶只大量产生于橡胶树或银胶菊中。

高等植物次生代谢物合成具有器官特异性，主要表现在两个方面：不同器官次生代谢产物成分的差异性、不同器官同种次生代谢物含量的差异性。已有研究表明，次生代谢产物的形成都严格限制在植物的一定发育期，它们的合成和储藏部位也都限制在特殊的器官、组织和特化的细胞。如青蒿素主要存在于黄花蒿叶片中；橡胶、杜仲胶存在于胶乳管中；杜仲胶原酸主要存在于杜仲叶片中；人参皂苷主要存在于人参、三七根中。杜仲叶部总黄酮的含量为 1.74%，约为皮部的 6.5 倍（皮部为 0.27%）、为果实的 5.8 倍（果实为 0.30%）。

不同种植物中所含的次生代谢产物种类或含量不同。例如，同一条件下生长的 4 年生甘草属 5 个种的甘草酸含量存在显著差异，乌拉尔甘草含量最高为 8.44%，其次是胀果甘草、光果甘草，而刺毛甘草和刺果甘草含量甚微，仅为 2.79% 和 0.20%。白花丹参为山东地区特有，其中的脂溶性有效成分含量比丹参原变种都高。植物次生代谢产物在植物的不同发育时期含量也呈动态变化，如杜仲雄花总黄酮在花蕾期含量最高（4.0%），始花期含量最低（2.4%），而从始花期到末花期又呈上升趋势。

9.1.2.2 环境因素对植物次生代谢的调控规律

非生物因子如温度、水分、光照、大气、盐分、养分等都会对植物的生长产生影响。植物对这些环境条件的适应不仅表现在形态结构上，也表现在生理代谢上，其中次生代谢产物是植物响应外界环境的物质基础之一。

（1）光照对植物次生代谢的影响　光照是植物发育的重要因素，它作为一种信号因子调节植物各种生理代谢过程，光强、光质和日照长短都对植物次生代谢有影响。光强对于黄酮、黄酮醇、花色素苷、蒽醌、多酚、挥发油、萜烯及其他次生代谢产物的合成和积累有很大的影响。例如，大棚中生长的欧洲赤松由于光照强度低于棚外，树脂油和单萜类物质含量也较低；遮阴导致高山红景天根中的红景天苷含量降低，但却增加了喜树叶片中的喜树碱含量。林中植物上部阳生叶中酚类物质含量要比下部阴生叶中多，非洲热带雨林植物中的酚含量与光照强度正相关。光质中紫外辐射（UV-B，280～320nm）对植物次生代谢的影响是近年来的研究热点，目前的研究进展详见拓展知识9-1。

> 拓展知识9-1
> UV-B辐射对于植物次生代谢的影响

有关光照影响植物次生代谢的机理，国内外有一定的报道。在研究欧芹悬浮培养细胞苯丙烷代谢和黄酮苷的途径时发现，光影响苯丙烷代谢中相关的苯丙氨酸解氨酶、肉桂酸-4-羟基化酶、p-香豆酸辅酶A连接酶的活性；光也影响类黄酮糖苷途径中乙酰辅酶A羧化酶、黄烷酮合成酶、甲基转移酶、7-O-葡萄糖基转移酶、3-O-葡萄糖基转移酶、UDP-芹菜糖合成酶和丙二酰转移酶的活性。光照通过调节过氧化氢酶的活性显著地影响长春花（Catharanthus roseus）愈伤组织中长春多灵和蛇根碱等生物碱的生物合成，而这种调节作用可能是通过激活长春花中某种在黑暗中不表达的基因实现。

（2）温度对植物次生代谢的影响　温度是调节植物代谢水平的主要环境因子，对植物次生代谢也有很大影响。高温高湿的土壤有利于无氮化合物的合成，不利于生物碱的合成；而高温低湿环境有利于生物碱的积累，不利于碳水化合物和脂肪的合成。有研究表明，在非最佳温度下，玉米向光面叶片中积累花青素，可有效防止光抑制造成的伤害。黄豆在低温下培养24h，根部总酚酸、染料木黄酮、大豆黄素和染料木苷的代谢水平显著增高，而当施加PAL酶活的竞争性抑制剂氨基茚磷酸（AIP）后，酚酸含量则下降，低温促进了由苯丙氨酸转向次生代谢的过程。一般情况下，植物组织与细胞培养中，最适温度为25℃左右。在油菜和旱金莲愈伤组织培养中发现，低温可导致油菜中不饱和脂肪酸中的亚麻酸含量增加，旱金莲则表现为亚油酸含量增加。低温对次生代谢产物的影响被认为可能是通过激活基因和合成脱饱和酶、影响脂肪酸代谢和膜结构等来产生抗低温防御反应。

（3）湿度对植物次生代谢的影响　在干旱胁迫下，植物组织中次生代谢产物的含量常常上升，但也下降的报道。如干旱胁迫导致喜树叶片中喜树碱的含量增加，高山红景天根中的红景天苷含量也因土壤含水量而变化，轻度的水分胁迫则有利于乌拉尔甘草中甘草酸的积累；金鸡纳在高温干旱条件下，奎宁含量较高，而在土壤湿度过大的环境下，含量就显著降低，甚至不能合成；干旱胁迫对银杏叶片中槲皮素含量的提高有一定的促进作用，但抑制了芦丁的合成，在受到中度干旱胁迫的针叶树中，低分子量萜类化合物的浓度升高，同时树脂酸和单萜的组成发生变化，而橡胶受到严重干旱胁迫后橡胶浆汁的流速和产量均下降。渗透胁迫下多种植物在体内积累渗透调节物质甜菜碱，有研究报告甜菜碱醛脱氢酶的基因表达量与甜菜碱含量呈正相关。

（4）营养物质对植物次生代谢的影响　植物的生长离不开营养物质，营养物质的化学成分及含量对植物的生长及其次生代谢物的合成具有重要影响。早期的一些研究表明，土壤氮素的增加导致植物中非结构碳水化合物含量下降，从而使以非结构碳水化合物为直接合成底物的单萜类化合物减少，但以氨基酸为前体的次生代谢产物水平则提高；反之体内非结构碳水化合物增加时，缩合单宁、纤维素、酚类化合物和萜烯类化合物等含碳次生代谢产物大量产生。在西洋参冠瘿组织生长过程中，向 MS 培养基中添加硝基氮可明显促进总皂苷的累积，含量为对照组的 1.64 倍。施用 Mn、Zn 和 Mo 这 3 种微量元素，对甘草生长过程中甘草酸的形成与积累具有明显促进作用。对杭白菊次生代谢的研究表明，不同氮水平对杭白菊各部位叶片谷氨酰胺合成酶活性的影响作用不同，而且随着施氮量的增加，叶片的蛋白质含量逐渐上升，植物体内黄酮含量逐渐下降。植物体内以碳为基础的次生代谢产物，与植物体内 C/N 比正相关。在营养充足时，植物积累较多碳元素，内 C/N 比增大，光合作用积累过多的碳被用于合成以碳为基础的次生代谢产物。长鞭红景天悬浮培养细胞体系中，利于红景天细胞培养系生物量积累的碳源水平为 30mg/L，而利于红景天苷积累的碳源水平较高，说明高 C/N 比有利于红景天苷的合成。

（5）CO_2 浓度对植物次生代谢的影响　环境中 CO_2 浓度的变化对 C_3 植物的光合作用以及次生代谢等生理过程产生影响。大气 CO_2 浓度升高后 PAL 活性增强，棉株内棉酚以及小麦灌浆期叶酚类化合物含量显著增加，落叶叶片中单宁浓度、人参根部总酚酸和总黄酮含量、盐生车前叶片中咖啡酸含量和根部香豆素含量、垂枝桦幼苗的类黄酮、原花青素的浓度和欧洲赤松体内 α-蒎烯的含量、薄荷叶片挥发性化感物质如单萜和倍半萜烯的总量等均提高。这个过程与葡萄糖 -6- 磷酸脱氢酶、莽草酸脱氢酶、苯丙氨酸解氨酶、肉桂醇脱氢酶、咖啡酸过氧化物酶和绿原酸过氧化物酶的活性增强密切相关。

9.1.2.3　细胞水平的调控规律

（1）植物次生代谢产物合成的细胞空间定位　次生代谢产物因为其特定的生物学功能和固有的细胞毒性而积累在特定的部位，催化其形成的酶类也特异地分布在不同的器官、组织、细胞及细胞器中。在植物细胞中，生物碱长春多灵生物合成过程分别在细胞质、液泡、液泡膜、内质网膜、类囊体膜等 5 个以上细胞分隔区内完成；细胞色素 P-450 酶系是次生代谢中最广泛且复杂的一类酶系，有很强的多态性，包括底物、催化反应类型、蛋白质和基因一级结构等的多态性，也是产生特殊结构次生代谢物的关键酶系，其主要集中在微粒体中，用梯度离心法和免疫荧光定位法研究发现，大多数的 P-450 分布于内质网膜上或内质网延伸膜分隔内。Kuntz 等在 1992 年采用免疫细胞化学方法发现，萜类合成的关键酶——牻牛儿焦磷酸合成酶（GGPPS）定位在质粒上；Stevens 等在 1993 年在长春花的叶子和悬浮培养的细胞中，通过采用密度梯度离心方法发现生物碱合成途径中的色氨酸脱羧酶定位在细胞质中。植物次生代谢产物的合成与积累往往不在同一器官或细胞中进行，这需要转运来最终完成次生代谢物质的合成，对于次生代谢物的转运机制目前仅有少数报道。明确次生代谢物质的合成和积累部位以及其在植物体内的转运途径对于揭示植物体次生代谢网络具有重大意义，并为代谢工程的发展奠定基础。

（2）植物细胞响应外界刺激积累次生代谢物合成的信号传递途径　胞内信号分子是联系环境刺激与次生物质合成的枢纽，胞外刺激的传递和转化，诱导次生物质合成和植物系统性抗性的获得是一个级联过程。胞外刺激的传递是首先与细胞膜上受体的结合，引起膜成分的变化以致引起膜的通透性、膜内离子分布的变化，进而引起胞内基因表达、酶活性改变，最终调控植物的系列生理过程。研究发现，系列第二信使参与了这个级联过程。目前发现的第二信使主要包括 Ca^{2+}、cAMP、磷酸肌醇、G2 蛋白、水杨酸、茉莉酮酸及其甲氧基酯以及植物细胞壁组成成分等。一些第二信使参与信号转导及调节次生代谢的机理参见拓展知识 9-2。

拓展知识9-2
Ca^{2+} 等第二信使参与信号转导及调节次生代谢的机理

9.1.2.4 分子水平的调控规律

植物次生代谢物的合成途径通常以代谢通路的形式存在，即同类别的次生代谢物合成途径在一个单位内进行。特定代谢频道的启动由代谢频道中的关键酶的表达来决定，而合成量则取决于限速酶的表达情况。其中的关键酶或限速酶往往是多基因家族编码的同工酶中的特定成员，负责特定次生代谢物合成。近来研究发现，许多植物次生代谢产物合成相关基因成簇存在于染色体上，这些为分子水平研究和操纵植物次生代谢提供了良好的理论基础。

（1）植物次生代谢物合成中的关键酶　植物次生代谢产物的基本合成路径主要包括莽草酸途径、桂皮酸途径、萜类途径、生物碱合成的氨基酸途径、乙酰途径以及上述两种以上的复合途径。根据途径中系列反应的动力学特征，结合途径的线性走向，可以判断哪个或哪些是关键酶。例如，萜类生物合成途径的主要有：3-羟-3-甲基戊二酰 CoA 还原酶（HMGR）、单萜还原酶（MC）、二萜环化酶（DC）、倍半萜环化酶（SC）、鲨烯合成酶，其中，HMGR 是 MVA 途径中第一个重要限速酶，也是 MVA 途径的重要调控点，它催化 HMGR-CoA 不可逆地生成 MVA；non-MVA 途径中的脱氧木酮糖-5-磷酸合成酶（DXP）或甲基赤藓糖-4-磷酸酯（MEP）是该途径上游中重要的限速酶，把拟南芥的 DXP 基因在薰衣草中过量表达，薰衣草花朵中精油产量提高了 12.2%～74.1%，叶片中精油含量提高了 101.5%～359.0%；苯丙氨酸裂解酶（PAL）、肉桂酸-4-羟基化酶（C4H）、4-香豆酰-CoA-连接酶（4CL）、查尔酮合成酶（CHS）、查尔酮异构酶（CHI）是苯丙烷类、黄酮类等代谢产物合成途径中的关键酶，它们或在植物苯丙烷次生代谢物合成途径中位于代谢支路的分岔口，负责合成不同酚类骨架前体，或者是将桂皮酸途径延伸合成几类特殊碳骨架代谢产物的限速步骤。例如，CHS 是将桂皮酸途径与乙酰途径复合生成黄酮类的关键酶，直接产物是查尔酮，然后在 CHI 酶作用下合成二氢黄酮，进一步生物合成途径产生"树枝状"衍生，合成各种黄酮类亚类。将来自矮牵牛的黄酮类物质合成途径中的 CHI 基因转入番茄中，番茄果皮中积累的黄酮醇含量提高了 78 倍。

（2）调控植物次生代谢产物合成的转录因子　转录因子一般由 DNA 结合区、转录调控区、寡聚化位点以及核定位信号这 4 个功能区域组成，这些功能区域与启动子顺式作用元件或与其他转录因子的功能域相互作用来调控基因的转录表达。由于植物次生代谢产物合成酶基因启动子中顺式作用元件具有保守性，一个转录因子就可以调控多个相关基因的表达，可有效地启动或关闭该类次生代谢合成途径，从而通过对转录因子的调控，可以高效调节某一类特定次生代谢产物的合成。例如，玉米 C1 和 B 转录因子通过作用于 *a1* 启动子上的特定顺式作用件来调控花青素合成基因 *a1* 表达；长春花 *ORCA3* 的表达可导致 TDC、STR、SGD 和 D4H 等单萜吲哚生物碱（Monoterpenoid ndole Alkaloids，TIA）次生代谢产物合成酶的基因的协同表达，长春碱的含量可以提高 100 倍。迄今已从拟南芥、矮牵牛花、玉米、长春花等植物中分离、鉴定了 MYB、MYC、bZIP 蛋白、WD40 蛋白、锌指蛋白等控制次生代谢的转录因子近 30 个，但多局限于花色、种皮颜色等表型易于检测和性状。由于同一种植物甚至不同植物调节同一类次生代谢的转录因子基因之间具有相似的结构和功能，转录因子可激活不同植物中相似的次生代谢产物合成酶基因的表达，这意味着可将从特定植物中分离的转录因子基因在不同的植物中进行转化，有效地提高转基因植物中目标次生代谢产物的含量。

（3）植物次生代谢工程　随着植物次生代谢途径和网络的深入解析，应用基因操纵技术对植物次生代谢途径进行改造，增加植物生产次生代谢产物能力，已成为具有广阔应用前景的热点研究领域。目前次生代谢工程采用的策略主要有：第一，增加各种次生代谢途径中限速步骤酶编码基因的拷贝数或灭活代谢途径中具有反馈抑制作用的编码基因；如将调控莨菪类生物碱合成的两个关键酶 1,4-丁二胺-氮-甲基转移酶和莨菪碱-6-β-羟化酶基因同时转入莨菪，转基因颠茄发根中东莨菪碱含量比野生对照组提高了 9 倍；将青蒿素合成途径中的关键酶法呢基焦磷酸合成酶（Farnesyl Diphosphate Synthase，FDS）基因导入青蒿，转基因植物中青蒿素的含量是原来的 2～3 倍；第二，在不影响细胞基本生理状态的前提下，阻断或抑制与目的途径相竞争的代谢流；第三，利用已有的途径构建新的代谢旁路合成新的次生代谢产物。如将编码八氢番茄红素合成酶、去饱和酶和环化酶的 3 个基因（*PSY*，*CTR1*，*LCY*）导入水稻，使水稻获得了合成类胡萝卜素的能力，每公斤转基因水稻胚乳中胡萝卜素（VA）含量高达 2mg，成为富含 VA 的"金米"稻。

总之，特定次生代谢产物合成与否、合成量的多少主要是由其合成途径中的系列合成酶的表达及其活性所决定，随着次生代谢合成途径中结构基因不断被克隆，利用次生代谢产物合成酶基因进行基因工程研究的报道不断增多。但是，由于次生代谢途径的复杂性，往往难以找出决定某一代谢产物合成量的关键酶基因，而且，即便找到了某一次生代谢产物合成的关键酶，可能其他诸如底物供应、产物浓度的反馈抑制等，特别是其他酶的活性制约等又可能上升为限制因子。因此，在多数情况下单个关键酶基因的遗传操作往往难以大幅度改变特定次生代谢产物的产量，往往需要同时激活系列合成酶的基因表达活性，才能提高特定次生代谢产物的产量。

9.2　植物次生代谢产物生产技术及其调控

植物是人类赖以生存的重要条件，为人类提供食物、衣物、药品、调味剂、天然香料和色素以及生物农药等。地球上 75% 的人口以植物作为治病、防病的药物来源。进入 21 世纪后，传统草药和近代东西方发展起来的植物药被认为是大健康产业中最具有生命力的组成部分。但是，随着人口的增长及人类回归自然的要求，植物药的需求急剧增加，造成了人类对天然植物药资源的掠夺性开发，致使植物资源遭破坏、生态环境进一步恶化，许多野生药用植物面临种质资源濒危，亟待解决。有关植物次生代谢的基因工程、代谢工程，以及合成生物学研究将在本书第 10 章中专门介绍，下面从药用植物人工种植、植物药用化学成分的工业化供应策略、细胞培养及调控技术等方面，介绍近 30 年来国内外的研究进展。

9.2.1　药用植物人工规模化种植

自古以来，我国药用植物原料大都来自野外人工采集。随着野生资源的枯竭，人工种植成为中药材来源的主要手段。人工种植中被广泛认可并行之有效的方案是建立科学、规范的药用植物种植基地，对原料药材的生产实行 GAP 管理，一些生产中药产品的大型企业也纷纷建立自己的药源基地，如四川迪康药业建立的川芎药源基地、上海市药材公司建立的西红花药源基地、北京同仁堂药厂建立的金银花药源基地、江苏银杏生化集团股份有限公司建立的银杏叶药源基地、广州白云山中药厂建立的穿心莲药源基地、南京金陵制药厂建立的石斛药源基地、湖北津奉药业集团建立的细梗胡枝子药源基地等。GAP 药源基地大都选择了气候条件适合道地药材生长的地区，对水源条件、土壤条件、品种选育、生长时间、采收时间、有机肥和化肥使用、农药使用等方面都进行了严格的科学规定。GAP 药源基地的建立，既保护了野生药用植物资源，又使药材的有效成分、生药数量及质量得到了保障，在一定程度上解决了植物药产业的原料问题。当然，人工种植中也存在一些问题，亟待在技术上进行攻关，例如，有些药用植物生长周期长、自然繁殖率低、生境独特，难以满足日益增长的市场需要；人工种植的药用植物中的活性成分含量一般低于野生药材；还有些经过长期种植的药用植物的许多野生的自然抗性减弱甚至消失，导致病虫害严重等情况发生。上述现象在人参、甘草、铁皮石斛、红豆杉等典型药用植物规模化种植中都存在，需要利用次生代谢生物合成调控、生物技术及合成生物学等领域的知识融合与交叉创新来解决。

9.2.2 植物细胞培养合成次生代谢物及其影响因素的调控规律

通过对培养条件优化、外源激素、添加前体、诱导子等方法进行优化，是植物细胞培养提高次生代谢物产量的通用技术，这些方法技术通过不同的机理影响次生代谢物的合成。

9.2.2.1 培养基成分对植物次生代谢产物合成的影响

培养条件如培养基成分、培养温度、pH 值、培养方式等均可影响植物次生代谢物的含量。培养基中的碳源、氮源及其一些微量的金属离子以及一些有机物质不仅是细胞生长以及产物合成的物质基础，而且很多都能够促进细胞生长或者是有利于产物的形成。一般来说，提高碳、氮、硝酸盐、钾和磷酸盐的浓度倾向促进细胞快速生长，而耗尽时，强烈地刺激次生代谢产物合成。其中磷酸盐影响最大，降低磷酸盐水平，可强烈促进次生代谢产物产生，这可能是低能荷解除了对次生代谢合成的抑制作用。植物细胞培养通常使用蔗糖作为碳源，研究表明，一定浓度的蔗糖不仅能够促进植物细胞的生长，还能够刺激次生代谢产物的合成，交替流加碳源、氮源对紫草细胞中紫草宁合成的影响发现，在一定范围内，碳源浓度的提高有利于紫草宁的产生，但当蔗糖浓度大于 5% 时，紫草宁的合成受到抑制。

9.2.2.2 外源激素对植物细胞次生代谢的影响

外源激素的种类、添加浓度和添加时间对药用植物次生代谢的影响较大。生长素类一般抑制次生物质的合成，如低浓度的萘乙酸（NAA）抑制青蒿素的合成、抑制紫草愈伤组织中紫草宁的产生，但在海巴戟的细胞悬浮培养中，供给 NAA 后能够产生蒽醌；2,4-二氯苯氧乙酸（2,4-D）对植物次生代谢的影响具有种属特异性，如在丹参细胞培养中，2,4-D 的加入明显抑制铁锈醇的产生，但在烟草细胞培养中，高浓度 2,4-D 使次生代谢物的产量增加。研究表明，黄芩毛状根中黄芩苷的生物合成受多种外源激素的影响，其中 0.4mg/L α-萘乙酸可使黄芩苷产量提高 25.74%，在 0.2mg/L 6-苄氨基腺嘌呤作用下，黄芩苷产量与对照相比提高了 24.75%。

9.2.2.3 温度对植物细胞次生代谢的影响

一般植物细胞于 20～32℃培养时良好。如 Hoopen 等曾在 2002 年长春花（*Catharanthus roseus*）细胞的培养过程、Takeda 等对草莓细胞的培养过程分别进行温度的阶段性调控，结果都在很大程度上提高了产物的产率；李丽琴等在 2009 年发现，利用低温（4℃）对红豆杉细胞处理 24h 后，可使细胞处于同步化状态，结合茉莉酸诱导可使细胞中紫杉醇含量增加 6 倍。

9.2.2.4 培养基的 pH 值对植物细胞次生代谢的影响

pH 值与细胞生长繁殖以及次生代谢产物的生产关系密切，与培养温度相似，细胞的生长繁殖与次生代谢产物合成时所需的 pH 值通常并不一致，需要在不同的阶段控制不同的 pH 值。

9.2.2.5 添加前体对植物次生代谢的影响

次生代谢物是通过一系列代谢过程产生的，将其代谢过程的中间产物加入培养基中往往能促进终产物的生成。比如在人参细胞培养过程中添加甲戊二羟酸，人参皂苷的含量可提高两倍；在红豆杉细胞中，向培养基中加入苯丙氨酸、苯甲酸、N-苯甲酰甘氨酸、甘氨酸和丝氨酸等多种氨基酸和芳香羧酸等紫杉醇侧链的合成前体，可以显著提高培养物中紫杉醇的含量，其中以苯丙氨酸的效果为最好。在人参组培中加入花青苷的前体-苯丙氨酸，在 5～20mg/L，花青苷的含量随苯丙氨酸质量浓度的增加而增加，质量浓度为 20mg/L 时，花青苷的含量是对照组的 2 倍。红豆杉细胞中加入前体物苯丙氨酸和醋酸钠对紫杉醇的合成均有明显的促进作用，且在实验范围内随前体添加浓度增加而加强。

9.2.2.6 外源前体对植物细胞次生代谢物合成的影响

在细胞培养的不同时间添加，其对细胞中次生代谢物合成的促进作用也有所不同。前体在最佳时间加入时，次生代谢物产量要高于在其他时间加入时的产量。如陈永勤等在 2001 年云南红豆杉细胞培养第 12d 时向培养基中添加苯丙氨酸、丙酮酸钠和牻牛儿醇，可显著提高细胞中紫杉醇的含量，但在培养的其他时间添加效果均不佳。

9.2.2.7 诱导子对植物细胞次生代谢物合成的影响

诱导子是一类特殊的触发因子，能够诱导次生代谢物的合成，有时甚至可以诱导出新的化合物。根据诱导子来源分为生物诱导子和非生物诱导子。生物诱导子是指植物体在防御过程中为对抗微生物感染而产生的物质，包括分生孢子、降解细胞壁的酶类、细胞壁碎片、有机体产生的代谢物，现在常用的有酵母提取物、真菌类诱导子、细菌类诱导子、病毒类诱导子等。非生物诱导子是指不是植物细胞中天然成分但又能触发植物细胞形成抗毒素信号的物质，如水杨酸、茉莉酸、茉莉酸甲酯、UV-B 辐射、稀土元素以及重金属盐类等。茉莉酸类在自然界中广泛存在，其主要代表为茉莉酸和茉莉酸甲酯，被认为是一类天然的植物生长调节剂，能诱导植物次生代谢物的合成。如在南方红豆杉悬浮细胞中加入茉莉酸甲酯，紫杉醇含量提高了 10 倍。目前应用最广的是真菌诱导子，几乎可以影响植物次生产物合成的所有途径，如在红豆杉细胞悬浮培养体系中加入真菌诱导子后，显著提高紫杉醇含量；在丹参（Salvia miltiorrhiza）悬浮培养细胞体系中加入真菌诱导子后，隐丹参酮的产量有明显的提高。不同真菌诱导子的种类、使用方法和剂量，会影响植物次生代谢途径。如虽然真菌刺盘孢菌（Colletorichun nicotinnae）、尖孢镰刀菌（Fusarium oxysponum）、黑曲霉（Aspergillus niger）与米曲霉（Aspergillus euchrama）均可诱导紫草悬浮培养细胞中总紫草素的合成，但以黑曲霉诱导子效果最好。

金属离子是多种酶的激活剂，有些可与激素受体结合从而影响植物次生代谢。作为诱导子的金属离子主要有 Cu^{2+}、Fe^{3+}、Mg^{2+}、Ca^{2+}。例如，Cu^{2+} 与乙烯受体结合使其具有正常的乙烯结合特性；适当浓度的 Cu^{2+} 对白天仙子（Hyoscyamus albus）毛状根的生长和生物碱的合成均有促进作用；用 Cu^{2+} 处理红豆杉培养细胞能显著提高紫杉醇含量；Fe^{2+} 和 Fe^{3+} 是多种次生代谢关键酶如 NADPH 氧化酶、过氧化物酶等的辅因子，Fe^{2+} 和 Fe^{3+} 通过与这些酶结合影响它们的活性。

9.2.2.8 植物细胞两阶段培养

细胞生物量增长与次生代谢产物合成和积累之间存在矛盾，生长迅速的细胞一般倾向于积累生物量也就是初生代谢，而不是进行次生代谢。改变培养方式及配方，使其由生长过程变为生产过程十分重要。因此，生产上一般二阶段培养法来生产植物次生代谢产物，即先采用生长培养基以促进生物量增长，再用合成培养基促进次生代谢产物合成和积累。对于生长培养基，一般采用高激素低胁迫的培养基，而生产培养基则采用低激素高胁迫培养基。例如，在采用了二阶段培养法的连续培养方式下，生产紫草素时，在第二反应器中使用提高 Ca^{2+} 浓度的培养基培养紫草细胞，培养液中紫草素含量达到 1.8g/mL。

9.2.3 植物细胞大规模培养生产天然产物

9.2.3.1 植物细胞大规模培养生产天然产物研究进展

植物细胞大规模培养是利用植物细胞体系、通过现代生物工程手段，进行工业规模生产，以获得各种产品的一门新兴的跨学科的工程技术。自从 White 和 Gauttheret 在 1939 年用实验方法建立了植物细胞和器官培养技术以来，植物细胞培养技术现已发展成为一门精细的实验学科，在材料消毒、接种培养、继代保存、分离鉴定和工业生产等方面已经建立了一套系统的操作程序。迄今为止，全世界已经有 1000 多种植物进行过细胞培养的研究。植物细胞大规模培养生产次生代谢产物的工业化放大实践研究也取得了长足进展。

20 世纪 80 年代是药用植物细胞工程研究获得重大突破的黄金时代，其中利用紫草悬浮细胞培养生产紫草宁的成功令人瞩目。1983 年，日本三井石油化学工业公司正式宣布把作为染料和药物的紫草宁通过植物细胞大规模培养进行工业化生产，规模达到 750L，产物最终浓度达到 1400mg/L；1984 年，添加紫草宁的生物口红正式投放市场，这给药用植物细胞培养生产次生代谢产物的商业化带来了巨大希望。20 世纪 90 年代至今，利用植物细胞进行天然产物生产进入了一个崭新的发展阶段，它与基因工程、快速繁殖一起形成了新世纪生物技术领域的三大主流。随后，利用植物细胞大规模培养工业化生产次生代谢产物的例子越来越多。如紫杉醇的生产，自从1991年Christen等申请有关红豆杉组织培养的专利以来，在培养体系紫杉醇含量已提高100多倍，达到153mg/L，华中科技大学依靠国家"八五""九五"攻关计划的支撑和863重点项目的支持，实现了100L细胞培养规模，最高产量达到了146mg/L；美国的Phytoncatalytic公司已在德国进行了75吨发酵罐的试验，另一家公司Corean Samyang Genex，使用红豆杉植物细胞培养物生产紫杉醇并注册了Genexol®品牌；"八五"期间，我国中科院化冶所刘大陆等研制了Alicrof新型植物细胞培养生物反应器，并与中科院植物所叶和春、李国凤等合作成功地完成了新疆紫草细胞培养生产紫草宁的中试，规模达到150L。Ushiyama等在2000L搅拌式生物反应器上进行了人参（*Paxax ginseng*）根组织培养生产人参细胞，Nitro电气工业公司利用人参细胞大规模培养生产食品添加剂（2000L）已实现了商品化。另外，日本三井石油公司生产紫草宁和小檗碱（750L）、美国Bethesda研究所生产磷酸二酯酶、德国A. Nattermann和Gie. GMBH公司生产迷迭香酸（75000L）都已实现了产业化。我国科研人员还进行了当归、青蒿、长春花、紫背天葵、延胡索、黄连、银杏等药用植物细胞工程研究。到了20世纪90年代，新疆紫草、人参细胞培养进入了工业化生产，水母雪莲等进入了中试。目前在国内，紫草（*Lithoermum erythrorahizon*）、毛地黄（*Digitalis lanata*）、黄连（*Coptis japonica*）和彩叶紫苏（*Coleus blumei*）在内的多种植物细胞培养已实现了商业化生产。

相比开放土培的植物生成方式，植物细胞大规模培养生产有价值次生代谢产物的技术具有几个方面的明显优势：①有利于确保产物无限、连续、均匀地生产，并且不易遭受病虫害、季节变化等因素的不良影响。②可以在生物反应器中进行大规模培养，并且通过控制环境条件提高次生代谢产物产量。③所获得的产物比直接从植物体内提取简单，可以大大简化分离和纯化步骤。④理论上可以生产出原植物中所不含有的，但具有特殊结构或活性的次生代谢物。

9.2.3.2 植物细胞大规模培养工艺及优化

> 拓展知识9-3
> 植物细胞大规模培养生产次生代谢物技术流程

植物细胞大规模培养可以借鉴微生物发酵过程的原理和技术，其工艺过程大致包括高产细胞株的构建、摇瓶中最佳培养条件的优化、发酵罐中最佳培养条件的优化、发酵罐的放大准则、细胞中次生代谢物的分离纯化及大规模制备等步骤，相关的技术流程图详见拓展知识9-3。

（1）高产细胞株的筛选与构建　适合于大规模培养的细胞株应具有以下几个条件：一要生长速度快，二要目的物质含量高，三要适合悬浮培养。为此，首先要对细胞进行驯化和筛选：将愈伤组织在三角瓶中悬浮培养，待细胞增殖后，再把它们接种回到固体培养基中，经过反复多次由固体培养到液体培养再到固体培养等步骤驯化可建立起生长速度较快的细胞系。另外，还可通过基因工程方法构建基因工程细胞株。

（2）高产种质资源稳定保存技术　离体保存主要通过植物组织培养技术达到种质资源的异地保存的目的。长期以来，国内外许多学者致力于植物种质离体保存资源途径的研究，已经探索出常温保存、缓慢生长保存、超低温保存等多条途径。常温保存是指在室温条件下对组织培养物进行继代培养的方法来保存种质资源的方式，适合于短期保存。但由于需要经常继代培养，稍有不慎，易导致材料的污染混淆甚至丢失，且由于长时间频繁继代，常会发生遗传变异。缓慢生长法主要通过改变培养条件如降低培养温度、降低培养基养分、降低培养环境的氧压或加入生长抑制剂等来限制或者减缓植物的生长速率，使培养物生长速率能够降到最低但不至于死亡。降低培养温度是植物组织培养物缓慢生长保存最常用的方法。目前培养温度范围划分为：常温（20～30℃），常低温为

（0～20℃），低温（-80～0℃）和超低温（＜-80℃）。这些方法可将继代周期延长到12个月到4年左右，可以节约一定的人力物力，但是这些方法很容易在培养过程中产生体细胞变异，因此，只适合短期和中期保存。超低温保存通常是指低于-80℃的低温中进行资源保存的一种生物学技术。保存的介质或容器有干冰（-79℃）、超低温冰箱（-150～-80℃）、液氮（-196℃）和液氮蒸气相（-140℃）等，其中液氮最为常用。在液氮条件下，活细胞内的物质代谢和生长活动几乎完全停止。该技术被认为是目前唯一可行的、不需继代并能保持植物遗传稳定性的一种长期保存方式，但超低温保存不容易成功，主要是因为在超低温过程中保存材料受到冷冻伤害。超低温保存主要分两类：基于冷冻诱导脱水的超低温保存法和基于玻璃化处理的超低温保存法。基于冷冻诱导脱水的超低温保存法，如逐步降温法主要是以不断降低外界的温度来诱导胞外结冰脱水，致使细胞内外的蒸汽压不同，而使得细胞内水分不断流失，以这样的方式来避免进入液氮时胞内结冰造成的损伤，但这种方法不容易控制脱水的速率，材料很容易受到冷冻损伤甚至导致材料死亡。基于玻璃化处理的超低温保存法是超低温保存的新技术，其基本原理主要是利用大分子低温保护剂的高浓度混合液对细胞的保护作用以及投入液氮时的快速降温，整个冻存系统快速降温而不形成冰晶，以一种对细胞冷冻伤害最小玻璃态的形式存在，以避免产生溶液损伤和机械损伤。

（3）高产种质资源保存过程中的遗传变异　对药用植物材料进行离体保存，最根本的要求就是材料在保存前后遗传性状上要保持相对稳定。然而，研究表明，植物种质资源在离体保存过程中，大多会发生生理和遗传上的变化，产生变异的原因按照来源分为内在因素和外在因素。内在因素主要包括材料的基因型、取材部位和材料的均一性。离体保存过程中的稳定性与离体培养物的遗传背景有关，不同基因型的物种经过离体保存后的稳定性不同；外在因素主要指离体保存的时间和培养的条件。离体保存时间的长短是影响变异产生的重要因素之一。Skirvin等在1994年的研究表明，随着培养时间的延长，变异频率会逐渐增加，多数材料在继代1年后形态发生能力和遗传稳定性等都将会有较大变化。培养条件如培养基成分和选择压力物质如生长抑制剂、渗透调节物质和生长调节剂等的添加对变异频率均有十分明显的影响，通常认为总激素浓度越高，正常细胞数目越少，保存中产生变异频率越高。

（4）高产稳产大规模培养条件优化　培养植物细胞生产天然产物能否实现工业化的关键是提高培养细胞的生长速度和次生代谢产物的含量。为此，围绕外植体选择、高产细胞株筛选、环境条件调节、产物诱导合成、产物释放、大规模培养技术革新等方面开展了大量的工作。在取材上，应选用能合成有效成分且易形成愈伤组织的部位。培养基的确定需要根据不同培养对象、培养目的及培养条件进行探索。Morris在长春花细胞悬浮培养过程发现，根据细胞生长阶段和蛇根碱、阿玛碱及其他生物碱产物生产阶段采用不同培养基，各种产物均有不同程度增加；三角叶薯蓣细胞培养液中加入100mg/L胆甾醇，可使薯蓣皂苷配基产量增加1倍；在紫草细胞培养中加入L-苯丙氨酸使右旋紫草素产量增加3倍。但同样一种前体，在细胞的不同生长时期加入，对细胞生长和次生代谢产物合成的作用可能不同。如在洋紫苏细胞培养初始就加入色胺，无论对细胞生长和生物碱的合成都起抑制作用，但在培养的第2周或第3周加入色胺却能刺激细胞的生长和生物碱的合成。较微生物细胞来讲，植物细胞是一个更为复杂的体系，培养环境条件如光照、温度、pH值和氧浓度等对细胞生物及次生代谢产物的积累都有重要影响，且不同植物对环境要求差别很大。植物细胞培养时对溶氧的变化非常敏感，太高或太低均会对培养过程产生不利影响。但高通气量导致反应器内流体动力学发生变化，也会使培养液中溶氧水平较高，以至于代谢活力受阻。因此，植物细胞大规模培养过程中对供氧和尾气氧进行监控十分必要。大多数情况下，氧气的传递与通气速率、混合程度、气液界面面积、培养液的流变学特性等有关，而氧的吸收却与反应器的类型、细胞生长速率、pH 值、温度、营养组成以及细胞的浓度等有关。CO_2 含量对细胞生长同样重要，植物细胞能非光合地固定一定浓度 CO_2，如果在空气中混以 2%～4% 的 CO_2 能够消除高通气量对长春花细胞生长和次级代谢物产率的影响。因此，在要求培养液充分混合的同时，CO_2 和氧气的浓度只有达到某一平衡时植物细胞才会很好地生长。

影响植物细胞培养物的生物量增长和次生代谢产物积累的因素错综复杂，各种影响代谢过程的因素都可能对它们发生影响，一个因素的调整也可能会影响到其他因素的变化，所以在培养过程中需要不断对培养条件进行调整。同时，由于物种的差异，对一种植物或一种次生代谢物适宜的培养条件，不一定对其他植物细胞或次生代谢作用适应，这就增大了植物细胞培养研究难度，也是制约植物细胞工业化培养的重要因素之一。因此，当建立大规模细胞培养工艺之前，很有必要对植物细胞大规模培养稳定生产的条件进行优化，诸如响应面设计、神经网络算法优化等过程优化方法已被广泛应用于植物细胞悬浮培养中。

9.2.4 毛状根培养生产植物次生代谢物技术

毛状根培养是利用发根农杆菌侵染植物产生大量的毛状根，是另外一种获取次生代谢产物的替代技术。毛状根是已分化组织，相对植物细胞来说次级代谢产物合成量相对较高，其研究受到越来越多的关注并得到了广泛应用。

9.2.4.1 发根农杆菌转化机理

Ri 质粒是农杆菌染色体外的一个侵入性诱导质粒，能够通过植物伤口侵染植物，Ri 质粒可分为 T-DNA 区、Vir 区、Ori 区等部分。T-DNA 区包括左右边界序列、TL-DNA 区和 TR-DNA 区。TL-DNA 区中含有与毛状根形成有关的 *rolA*、*rolB*、*rolC*、*rolD* 基因群，*rolA* 与肿瘤和毛状根的形成有关，因此，T-DNA 能够插入植物基因组中整合表达，从而使植物细胞产生毛状根。

9.2.4.2 发根农杆菌转化步骤

转化步骤主要分成两步：外植体的培养和农杆菌侵染。农杆菌侵染主要有两种方法：直接注射法：使用活化好的新鲜菌液对发芽后数天的无菌幼苗茎部进行 2～3 次注射接种，注射处两周内可产生毛状根；接种感染法：利用无菌苗胚轴、子叶、子叶节、幼叶、未成熟的胚为外植体，用刀片切成小块或小段，与活化好的菌液进行共培养，最后将外植体转移到不含外源抗生素的培养基上诱导毛状根。3～4d 后，转移到相应抗生素的除菌培养基中，1～4 周后诱导生成的毛状根迅速伸长并长出侧根。

9.2.4.3 毛状根的应用

由于毛状根中植物次生代谢产物含量较高，且易于进行基因功能验证，被认为是非常具有应用前景的植物次级代谢产物生产技术，成为国内外研究重点。至 20 世纪末已建立了分属于 31 科 100

余种植物的毛状根培养系统，如黄花烟草、长春花、紫草、红豆杉、人参、黄连、茛菪、曼陀罗等。我国科研工作者相继成功建立了大黄、菘蓝、野葛、何首乌、商陆等毛状根培养系统。但毛状根技术的主要限制一方面是有些植物诱导毛状根比较困难，另一方面是毛状根培养条件和装置研究较少，无法满足要求。

9.2.5　植物内生真菌生产次生代谢产物技术

在一些植物组织内，发现了一些内生真菌，它们能够合成与植物体类似的次生代谢物产物，也可以将宿主植物的次生代谢产物进行生物转化，产生新的次生代谢物。目前已从多种植物中分离到产相应次生代谢产物的内生真菌，这为利用微生物发酵方式生产植物次生代放产物提供了理论依据。但目前利用植物内生真菌发酵生产植物次生代谢产物的商业化生产还没见报道，主要是因为内生真菌合成植物次生代谢产物的量太低，且不稳定。产植物次生代谢产物的内生菌菌种选育、改良及发酵调控工作有待深入研究，下面简要介绍植物内生真菌研究的相关进展。

9.2.5.1　植物内生真菌生产次生代谢物的优势

微生物发酵生产次生代谢产物具有培养周期短、生长易控制、生产成本低、合成能力强等明显优势，成为次生代谢产物大规模工业化生产的首选方式。20世纪90年代起，植物内生真菌的筛选与次生代谢研究受到格外的关注。以红豆杉内生真菌的研究为例，1993年，美国蒙大拿州立大学Stierle等从短叶红豆杉树干的韧皮部分离到一株产紫杉醇的内生真菌，该真菌命名为 *Taxomyces andreanae*。之后，植物中产次生代谢产物的内生真菌的报道越来越多。周东坡等2001年从东北红豆杉（*T. cuspidata*）的枝条与树皮中分离出4株可以产生紫杉醇的内生真菌，其中有2株菌被鉴定为树状多节孢（*Nodulisporium sylviforme*），为我国的新记录属、新记录种，发酵液中紫杉醇的产量可达51.06～125.70µg/L，后经一系列的诱变育种和选育，获得了一株高产工程菌株，紫杉醇产量达到了448.52µg/L，但这一产量离产业化生产仍有一定差距。虽然目前对内生真菌的研究还没有到达替代植物资源的程度，但植物内生真菌的生境特殊性决定了其不仅具有多方面的应用潜力，又有理论研究的广度和深度。事实上，药用植物种植、抗病性、道地性可能都与内生真菌有密切的关系。例如，名贵中药血竭的形成就与龙血树的内生真菌有密切关系。研究发现，内生真菌可以诱导龙血树中血竭的积累，血竭的形成量与未用内生真菌诱导时增加3.4倍；在离体灭活的龙血树茎上接种分离的真菌同样会诱发血竭的形成。当用病原真菌侵染龙血树时，植物组织大量坏死，病原真菌在植物体内大范围扩散，严重时致宿主枯死。但病原真菌仅引起病斑，不诱导血竭的形成；而接种内生真菌时，形成了大量的血竭可以阻止真菌的进一步扩散，从而对宿主植物起保护作用。因此，研究植物内生真菌不但可以发现植物次生代谢的新资源，还可能发现具有结构新颖和生理活性独特的天然产物，对于研究植物与微生物相互作用、共同进化理论具有重要意义。

9.2.5.2　内生真菌合成植物次生代谢产物的理论基础

植物内生真菌的次生代谢产物十分丰富和复杂，涉及到植物与微生物次生代谢合成途径及生物转化的复杂交互，还涉及植物与微生物不同物种在遗传和进化上大跨度的相互作用。目前，有两种理论解释内生真菌与宿主产生相同代谢产物的理论。一种理论是生物间的"基因水平传递"及"内共生理论"。内共生学说原本是关于真核生物细胞器中线粒体和叶绿体起源的学说。根据这个学说，它们起源于内共生于该真核生物细胞中的原核生物。这个理论早在 1905 年就被提出，到了 1981 年，Lynn Margulis 在她的《细胞进化中的共生》一书中，认为"真核细胞起源于相互作用的个体组成的群落"，内共生假说被普及。到 1996 年，Margulis 和 Sagan 进一步补充，提出"生命并不是通过战斗，而是通过协作占据整个全球的"，而达尔文关于进化由竞争驱动的想法是不完善的。至今内共生学说的这一理论证据非常完整，目前已经被广泛接受。除了从许多药用植物中分离出的内生真菌能够产生与宿主植物相同或相似的生物活性物质，最近研究显示，已分化的放线菌与子囊菌中均含有同一种次生代谢产物 β-内酰胺，其他真菌也存在这种情况。人们产生了这样的假设：植物和内生真菌产生相同次生代谢产物是缘于获得了相关基因的直接传递。植物次级代谢过程中生化途径的连续演化使有益物质进入到共生体内，这样其他生物也能学习到这种能力。宿主植物与其内生真菌由于长期的共同生活，相互影响，最终将其遗传物质或信息传递给其内生真菌，使之在一定程度上具有和宿主相同或相似的代谢途径，并导致其产生某些特定物质。另一种理论是生物之间的相互作用和"协同进化"。协同进化理论认为两个相互作用的物种在进化过程中发展的相互适应的共同进化，是一种由于另一物种影响而发生遗传进化的类型。例如一种植物由于食草昆虫所施加的压力而发生遗传变化，这种变化又导致昆虫发生遗传性变化。通过这种相互协同的互作方式，一些原核生物能够进入到真核细胞中。在漫长的进化过程中，内生真菌与宿主植物形成了互惠互利的关系，例如，有些禾本科植物内生真菌能够增加寄主植物抗逆性以及对病虫害的抵抗力，是因为禾本科的一些内生真菌产生的生物碱对某些昆虫和食草动物有害，从而使寄主植物增强了防御能力。有些内生真菌除对其宿主植物、侵染宿主植物的生物起作用外，对其他植物几乎没有影响。但实际上，广义的协同进化可以发生在不同的生物学层次，即：可以体现在分子水平上 DNA 和蛋白质序列的协同突变，也可以体现在宏观水平上物种形态性状、行为等的协同演化。在次生代谢途径方面，也表现出相互作用和"协同进化"，例如，一些有用的生化途径就可能被其他生物所利用，目前人类已认识的几个基本次生代谢途径在生物界普遍存在，生物之间相互作用所产生的次生代谢产物在细胞分化和生存等方面有明显作用。

9.2.5.3　内生真菌的分离

对植物组织表面进行合适的消毒是从植物体内分离内生真菌的关键步骤。目前常用的消毒剂是次氯酸钠，具体步骤是：先用流水冲洗植物材料，然后在 75% 乙醇中浸泡 50s 后，于 4% 次氯酸钠溶液浸泡 0.5h，然后在 75% 酒精中浸泡 30s，最后用无菌水冲洗。一般分离所用的培养基为麦芽浸膏琼脂 MEA 培养基。为防止细菌污染可在培养基中加抗生素。

9.2.5.4　内生真菌菌种改良

由于目前内生真菌生产植物次生代谢产物的量很低，需要对菌株进行改良达到稳定高产的目的。菌种改良方法有多种，包括诱变育种、细胞工程育种、基因工程育种等。诱变育种是最常用的菌种改良手段，其理论基础是利用诱变剂处理后从中筛选所需要的突变型。常用的诱变包括物理诱变（电离辐射、X 射线、紫外线等）、化学诱变（碱基类似物、脱氨剂、嵌入剂等）、生物诱变（噬菌体、DNA 转座子、质粒等）；细胞工程育种是在细胞水平上对菌株进行改造，采用遗传学方法将不同菌种的遗传物质进行交换、重组，使不同菌株的优良性状集中在重组体中，从而提高产量。基因工程育种技术是现代植物生物技术育种的核心技术，人们可以根据意愿去改造特定的基因，赋予微生物新的功能，使微生物生产自身不能合成的物质或者增强它原有的合成能力。合成和分离关键酶基因、寻找合适载体、研究外源基因的表达是利用基因工程技术提高内生真菌产量的关键环节。此外，还有蛋白质工程育种、代谢工程育种、组合生物合成育种和反向生物工程育种等。

9.2.5.5 内生真菌发酵条件的优化

真菌在自生和共生条件下的代谢途径是有差异的，内生真菌与植物体解除共生关系后次级代谢产物的生产量就会停止或减少。例如，红豆杉内生真菌脱离植物体发酵培养时产量很低，在发酵液中加入红豆杉针叶萃取物可促进内生真菌中紫杉醇的合成。在发酵液中添加合成紫杉醇的前体物，如 BaccatinⅢ、苯甲酸、亮氨酸等，也可以提高紫杉醇产量。有学者研制了特殊反应器，反应器由两个罐体组成，两个罐体中分别接种内生真菌和植物细胞，两罐体中间用半透膜隔开，代谢物可以互相通过，但是细胞不能通过，结果发现植物细胞和内生真菌中紫杉醇产量都高于二者的单独培养，内生真菌尤为显著。

9.3 植物次生代谢调控原理与技术的应用实例

9.3.1 红豆杉中紫杉醇的生物合成与调控

紫杉醇为 20 世纪 90 年代国际上抗肿瘤药三大成就之一，最早从太平洋红豆杉（*Taxus brevifolia*）的树皮中分离得到，1972 年底由美国 FDA 批准上市，临床用于治疗卵巢癌、乳腺癌和肺癌等多种癌症具有很好的疗效。但紫杉醇在红豆杉植物体中含量非常低（目前公认含量最高的短叶红豆杉树皮中也仅有 0.069%），红豆杉植物资源很贫乏且生长缓慢，导致紫杉醇药源严重短缺。科学家们尝试利用人工种植、化学合成、真菌发酵、红豆杉细胞培养等替代途径来生产紫杉醇，取得了一定进展。目前，紫杉醇主要靠化学半合成法获得，但半合成前体仍依赖有限的红豆杉资源。其他途径均存在产量低，生产成本高问题，仅红豆杉细胞大规模生产紫杉醇的商业化有两例报道。对于紫杉醇的合成调控，国内外学者从红豆杉细胞中紫杉醇的生物合成部位、合成途径、关键步骤（限速步骤）及其调控机理等方面进行了探讨。

9.3.1.1 紫杉醇的生物合成途径及关键步骤

美国华盛顿州立大学生物化学教授 Croteau 领导的研究组和华盛顿大学化学教授 Floss 领导的研究小组在阐明紫杉醇生物合成途径方面做出了卓有成效的工作。目前，基本阐明了紫杉醇分子骨架及部分官能团生物合成的反应途径及关键步骤，并已分离鉴定了多个紫杉醇合成相关酶。紫杉醇分子骨架属于二萜类次生代谢产物，遵循二萜共同前体牻牛儿基牻牛儿基焦磷酸（Geranylgranyl Pyrophosphate，GGPP）之前的保守合成途径，之后在合成到紫杉醇至少需要约19个酶促步骤（图9-1）。整个生物合成按反应步骤可分为四个阶段：即合成IPP、GGPP、紫杉二烯母核以及母核骨架上官能团的修饰等。大部分的研究结果都认为紫杉醇合成上游的IPP是通过non-MVA（即DXP/MEP）途径在质体中实现，但也有少量报道，发现细胞在的某些生理条件下，也可以由MVA途径合成二萜。例如，刘智等在2005年的研究发现，在细胞质胞浆中的甲羟戊酸（MVA）途径和质体中的non-MVA途径都可以形成紫杉烷，并且两者有一定的交互作用。GGPP是二萜类共同的前体，也是形成各种紫杉烷必需的萜类前体，其后的反应具有较多的多样性，因为GGPP分子内环化方式有很多种，具体取决于物种特异的酶家族种类及其催化特性，形成紫杉烷骨架仅是其中一条代谢支路；紫杉烷骨架的官能团化，主要包括羟化、酰化，其中酰化是在引入羟基之后与相应的酰基辅酶A酯化后的产物，乙酰、苯甲酰、肉桂酰以及异丝氨酸酰化等是发生在紫杉烷母核上常见的基团修饰。

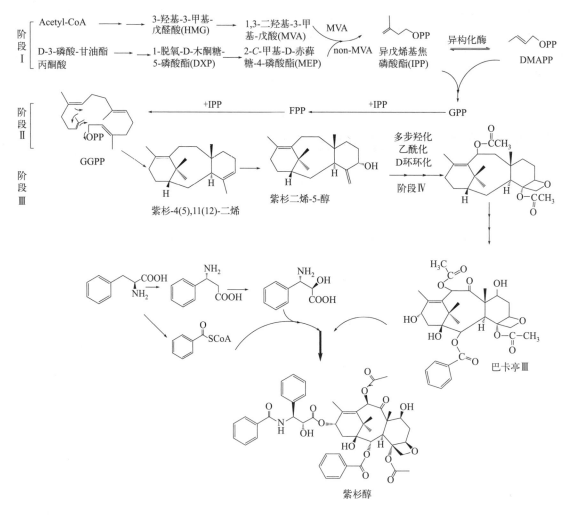

图9-1 紫杉醇生物合成途径

在紫杉烷的代谢合成中还有一些代谢的分支途径，它们的存在削弱了通往紫杉醇合成的代谢流，称为代谢旁路。在官能团化阶段，主要的代谢旁路是在紫杉烷 C14 羟化反应，一旦形成 C14 羟基很难再生成紫杉醇及其生物合成前体巴卡亭Ⅲ或 10- 去乙酰巴卡亭Ⅲ，另一个旁路常常出现在紫杉醇 C-13 侧链苯甲酰胺异丝氨酸基团的组装途径，因为利用的是苯丙氨酸作为支路的前体，而其在各种生物中有极其多样的代谢去向，因此，对于紫杉醇侧链生物合成途径的强化也是常见的技术调控目标。

9.3.1.2 紫杉醇生物合成途径中的关键酶

基于图 9-2 紫杉醇生物合成途径中的关键步骤，相应节点上催化反应的酶就是关键酶，一般包括阶段Ⅰ的 DXP 合成酶或者 MVA 途径的 HMGR、GGPP 合成酶（Geranylgranyl Pyrophosphate Synthase，GGPPs）、紫杉二烯合成酶（TS）、系列羟化及酰基转移酶等。GGPPs 催化 IPP 与 FPP 首尾相接生成 GGPP，GGPP 是胡萝卜素类、二萜等的共同前体，而并非紫杉烷类所特有的前体。因为它处于萜类合成途径的分叉点上，高浓度的 GGPPs 是紫杉醇大量合成的基本条件。Hefner 等在 1998 年以某种被子植物的 GGPPs 基因片段为探针，从加拿大红豆杉（T.canadensis）cDNA 文库中克隆到该基因，并在酵母中进行了功能验证，该 DNA 片段包含 1179bp 的开放阅读框，由此推出的蛋白质含 393 个氨基酸残基，分子质量约 42.6kDa，其 N- 端的一段氨基酸序列推测可能是转运肽，它引导该基因产物转运到质体，在那里完成蛋白质的水解加工成为成熟肽。研究发现，用茉莉酸甲酯诱导的红豆杉细胞中 GGPPs 的 mRNA 水平比未诱导的细胞高许多，说明茉莉酸甲酯至少在转录水平调控该酶的表达。但 GGPPs 后续还有很多个催化步骤，从整个途径看，GGPPs 也并非紫杉醇合成限速意义上的关键酶，有研究发现在紫杉醇低产的细胞株中检测到 GGPPs 的高表达。TS 催化 GGPPs 形成紫杉烷的骨架紫杉二烯，Williams 等在 2000 年的研究发现 TS 的前体蛋白具有一个 N- 端靶序列，用于定位和在质体中的加工。对其催化特性的研究发现，TS 酶催化产物主要为红豆杉 -4(5),11(12)- 二烯（94%），还有少量的异构体红豆杉 -4(20),11(12) - 二烯（大约 5%）。TS 酶目前发现仅存在于红豆杉属植物中，并且显著受 MJ 诱导，因此，TS 为紫杉醇合成上游的关键酶之一。Van 等在 2019 年研究了加拿大红豆杉细胞悬浮培养体系中的 TS 酶的催化动力学，发现该步反应速度确实很慢，但 TS 之后仍然存在紫杉醇生物合成的限速节点，说明后续官能团的形成也是制约紫杉醇定向生物合成的关键因素。羟化酶催化紫杉烷母核上不同位点上引入羟基。研究发现紫杉烷的羟化酶属于 NADPH 依赖的细胞色素 P450 单加氧家族，其催化作用对于紫杉烷的位点似乎有一定的选择性，是紫杉烷分子多样性的生物学基础。从分子结构上看，紫杉醇合成过程中母核紫杉二烯上至少有 8 个位点羟化，分别是 C1 位、C2 位、C4 位、C5 位、C7 位、C9 位、C10 位和 C13 位，其中 C9 位羟化后有一个进一步脱氢的氧化。目前紫杉醇合成中的羟化酶或环氧化酶或氧化酶已有超过 9 个基因被发现，分别是紫杉烷 -2α- 羟化酶、紫杉二烯 -5α- 羟化酶、紫杉烷 -7β- 羟化酶、紫杉烷 -10β- 羟化酶、紫杉烷 -13α- 羟化酶、紫杉烷 -2′α- 羟化酶、紫杉烷 -1β- 羟化酶、紫杉烷氧化酶（$C_4β-C_{20}$ 环氧化酶）、紫杉烷 -9α- 羟化酶、紫杉烷 -9α- 氧化酶，关键旁路 C-14 羟化酶也已被发现。羟化后紫杉烷骨架上的官能团再加工是由各种酰基转移酶完成的，但羟基化反应与酰基化反应是交互进行的，即羟基组上的一些酰基化反应可先于新的羟基化反应发生，所以给紫杉醇途径研究增加了难度。紫杉醇生物合成的第一步酰化反应是在 5α- 羟基紫杉二 -4(20),1(12) 上进行的。5α- 羟基紫杉二 -4(20),11(12) 乙酰转移酶已于 1999 年由 Walker K 等分离，之后其他的酰基转移酶基因陆续被克隆。研究发现各种酰基转移酶之间表现出较高的同源性。紫杉烷骨架官能化反应的最终结果是形成紫杉醇的直接前体巴卡亭Ⅲ，巴卡亭Ⅲ上 C13 位羟基与侧链产生酯化反应生物合成终产物紫杉醇。目前研究发现从 10-去乙酰紫杉烷到巴卡亭Ⅲ的合成需经两步反应，催化该两步反应的酶及其相应的 cDNA 文库均已分离得到。另外，苯丙氨酸氨基变位酶（PAM）催化形成紫杉醇 C13 侧链的关键酶，其催化由苯丙氨酸形成 β-苯丙氨酸，β-苯丙氨酸经过 C2 位羟基化形成苯基异丝氨酸，最后经过 NH2 基的酰基化而形成的。虽然 PAM 未直接参与紫杉烷骨架的生物合成，但是是对 C13 和 C2 的侧链贡献前体，因而在紫杉醇的生物合成中也是一个关键的酶。通过对紫杉醇生物合成途径的解析以及关键酶的认识，为在分子水平上操控紫杉醇生物合成解决紫杉醇来源问题奠定了很好的基础。

9.3.1.3 紫杉醇生物合成的诱导调控

对紫杉醇合成有作用的诱导子目前发现有真菌诱导子、茉莉酸甲酯（Mathyljasmonate，MeJA）、重金属离子等。真菌诱导子因为工艺操作简单目前应用较广，大量实验证实，当在红豆杉细胞悬浮培养体系中加入真菌诱导子时，紫杉醇的积累有一定的增强。孙彬贤等 2000 年在南方红豆杉（*Taxus chinensis* var.*meirei*）悬浮细胞中加入 MeJA，紫杉醇含量大大提高。Yukimune 等 2000 年用 MeJA 诱导红豆杉悬浮培养体系取得了高达 23.4mg/（L·d）的紫杉醇生产能力。MeJA 及其类似物是植物次生代谢较为广泛的调节剂，植物合成 MeJA 类调节剂的同时，往往伴随着植物产生植保素等次生代谢物，外源添加 MeJA 类试剂也成为植物细胞培养体系中研究和提高次生代谢生物合成的重要手段。金属离子也可以作为诱导子，常用的有 Cu^{2+}、Ca^{2+}、Mg^{2+} 等，研究发现用 Cu^{2+} 处理红豆杉培养细胞能显著促进紫杉醇含量。

9.3.1.4 紫杉醇生物合成的转录调控

植物中特定次生代谢物合成与否、合成量高低等是在发育过程或诱发因子的诱导作用下，由其合成途径中的多个酶活性表达所决定，受信号传递、转录因子活性、重要合成酶基因表达等多个环节的影响。其中，转录因子可通过激活次生代谢物合成途径中的多个基因协同表达，从而有效启动次生代谢途径，调控特定次生代谢物合成的时间、空间以及合成量。转录因子还可激活不同植物中相似次生代谢物合成酶基因的表达。然而，由于转录因子对植物次生代谢的调控机制较为复杂，一个转录因子可以调节一种次生代谢产物的合成，或者一个转录因子可能参与调节几种次生代谢产物的合成，还有可能几个转录因子相互作用共同调节某种次生代谢产物的合成，可能导致"异常"实验现象的出现。例如，对某（些）目标基因进行超表达或抑制时，不但未提高目标代谢产物的合成量，甚至产生相反结果或者合成其他新物质等情况。正是由于转录因子调控植物次生代谢物合成的复杂性，使筛选有效转录因子及其调控机理的研究格外重要，如果能够找到启动某次生代谢合成途径的转录调控因子，使整条生化途径的代谢流畅通，将极大地提高细胞中该产物的含量，并且，对调控次生代谢合成的转录因子的深入研究，有助于揭示生物体内次生代谢合成的转录调控机理，尤其是代谢途径的网络调控机理研究。

近年来，紫杉醇生物合成的转录调控研究取得了一定进展。唐可轩教授课题组 2009 年从东北红豆杉中克隆了 AP2 家族的转录因子 TcAP2，并发现该转录因子响应茉莉酸甲酯（MeJA）和水杨酸（SA）的诱导，但该转录因子对紫杉醇生物合成的作用及调控机理在文中没有涉及到。Wu 等在 2000 年利用 454 技术对红豆杉细胞进行序列测定，获得了 291 个可能是转录因子的转录本，但未见对这些转录因子功能研究的进一步报道。基于此，我们课题组对红豆杉中转录因子的功能进行了一系列的研究，详见拓展知识9-4。

拓展知识9-4
红豆杉中转录因子对紫杉醇生物合成的调控

9.3.2 人参皂苷生物合成和次生代谢调控

人参皂苷是一类特殊骨架的植物三萜皂苷次生代谢产物，是人参、西洋参、三七等传统名贵药材的主要活性成分，具有广泛的生物活性，包括调节免疫力、抗压抗疲劳、抗炎、抗氧化、抗肿瘤、降血糖、保肝护肝等多种作用。但这些天然药物的野生资源普遍稀少，栽培周期长且人参皂苷含量较低，很难满足市场需求。随着现代生物技术及合成生物学领域的崛起，以提高人参皂苷含量为目标的生物合成技术成为植物次生代谢研究领域的热点之一。国内外学者对在大肠杆菌中实现人参皂苷的高效合成进行了不懈的探索。

9.3.2.1 人参皂苷生物合成途径及关键步骤

植物三萜类一般通过MVA途径合成IPP，然后碳链不断延伸至FPP，每2分子的FPP通过"头-头"相接的模式合成前角鲨烯，进一步反应生成三萜类的共同前体角鲨烯，然后再经过环化以及系列官能团的修饰合成分子骨架特殊的人参皂苷（图3-15）。和其他萜类一样，人参皂苷的生物合成途径也可以分为4个阶段，其中IPP主要来源于MVA途径，因此，基本可以确定人参植物细胞在细胞质中完成IPP及FPP的合成；第二阶段主要是FPP合成前角鲨烯及角鲨烯的合成，详细的合成机理见第3章相关的内容。由此可见，前两个阶段都是人参皂苷合成途径的早期或者远端上游，真正决定人参皂苷合成速率的是第三和第四阶段。特别是2,3-氧化鲨烯及其后续的环化反应对人参皂苷的形成极其重要，从三萜的生物合成途径可以清楚地看到环化有多种方式，环化后继续碳正离子的形成和重排，又进一步衍生出多样化的三萜亚类骨架。另外，骨架形成之后除了C-3位上的羟基或酮基，其他位点上有多种官能团的修饰，最常见的是羟基化和糖基化修饰，最终形成结构独特多样的人参皂苷，以达玛烷型和齐墩果酸型两组亚类骨架为主，并且前者在含量和结构多样性上均超过后者。

9.3.2.2 人参皂苷生物合成途径中的关键酶

人参皂苷生物合成途径包括20余步连续的酶促反应，按照反应途径的不同阶段，有系列关键酶，包括上游的HMGR和法呢基焦磷酸合成酶（FPPS），中游的角鲨烯合成酶（SS）和鲨烯环氧酶（SE），下游的达玛烷合成酶（DS）和β_2香树酯合成酶（β_2AS），末端的P450和糖基转移酶（GT）等。氧化鲨烯环化酶（OSCs）催化2,3-氧化鲨烯环化生成甾醇和三萜类的前体物质，是主要代谢和次生代谢的分支点，也是三萜产物多样性产生的关键步骤。2,3-氧化鲨烯环化经历两种构象，即"椅-椅-椅"构象和"椅-船-椅"构象，三萜皂苷主要通过"椅-椅-椅"构象形成。人们已经发现了100多种三萜碳环骨架，尽管新的三萜碳环不断被发现，但所有的三萜和植物甾醇都来自共同的前体。已经克隆的植物OSCs包括环阿屯醇合成酶（CAS）、羽扇豆醇合成酶（LUS）、β_2香树酯合成酶、达玛烷合成酶以及多功能三萜合成酶等。许多植物体中OSC以多基因拷贝存在，例如拟南芥中有13个，蒲公英中有10个，人参中有5个。P450酶是一类具有多种催化功能、以铁卟啉为辅基的膜结合蛋白，可以催化许多初级和次级代谢反应，特别是氧化反应。典型的细胞色素

P450 包括 4 个特征性结构域，其中 2 个已被认为具有特殊功能，结构域 A 是连接底物和氧分子的部位，结构域 D 是铁血红素通过共价键连接的部位。植物 P450 酶以超基因家族的形式存在，一种植物中有数百条 P450 基因，它们的表达产物在物理性质上非常相似，难以分开。基于蛋白质一级结构的比对，参与人参二醇 C26 羟基化的酶属于 CYP85 家族。虽然在人参皂苷合成关键酶及其基因的克隆取得了一定的进展，但人参皂苷生物合成的全部反应机理还没有阐明，例如从达玛烯二醇形成原人参二醇和原人参三醇所需要 P450 单加氧酶目前尚未有明确的有关该酶基因序列和蛋白结构等方面的报道。另外，糖基转移酶也是人参皂苷生物合成途径末端的关键酶，将人参二醇型或人参三醇骨架的 C23（或 C26）和 C20 上的羟基进行糖基化，糖基转移酶也是以超基因家族的形式存在于植物中，目前对植物甾醇和三萜皂苷生物合成途径各种关键酶的协同性了解很少，对相关基因的调节因子和代谢途径中快反应的中间体的研究较少。

9.3.2.3　人参皂苷生物合成的诱导调控

在植物次生代谢物合成的过程中，增加前体物质的量可促进酶与前体物的结合，进而提高次生代谢物含量。前体物质对人参皂苷的合成具有重要影响。研究发现，在适当的时期内加入乙酸钠、角鲨烯、醋酸镁、亮氨酸、丙酮酸钠等前体，均可促进人参皂苷的合成。且前体在人参细胞生长到第 21 天生长量达到最大后加入外源前体物质有利于人参皂苷的合成。不同植物细胞往往仅识别某些专一结构的诱导物，并快速诱导活化特定的基因，对于人参皂苷诱导子的研究表明，不同诱导子对人参皂苷生物合成的影响有所差别。在刘长军等在 1996 年发表的对尖孢镰刀菌、刺盘孢菌、黑曲霉、米曲霉等诱导子对西洋参细胞总皂苷合成的影响进行的研究中发现，细胞中加入刺盘孢菌丝体诱导子诱导处理 2d 时，总皂苷由对照的 296mg/L 增加到 769mg/L，随后皂苷含量迅速下降，表现出一种短期诱导效果；用尖孢镰刀菌滤液和米曲霉诱导子处理过的细胞，总皂苷含量同样明显增加，并且保持相对稳定的产率，但黑曲霉的诱导作用却较小。周倩耘等在 2003 年通过研究诱导子水杨酸（SA）、酵母提取物（YE）、$AgNO_3$ 和 $CaCl_2$ 对人参发根皂苷合成的影响，发现，SA 能促进 Rb_1、Re、Rg_1 和 Rd 4 种单体皂苷的积累，并且能促进人参皂苷分泌到培养液中。YE 和 10mmol/L $AgNO_3$ 能够提高人参总皂苷含量和单体皂苷的积累。$CaCl_2$ 在较低浓度下（1.0mmol/L）对皂苷含量有促进作用，随着 $CaCl_2$ 浓度的提高，这种促进作用呈下降趋势。另外，徐立新等在 2010 年发现，植物激素 IAA、IBA、NAA、2,4-D 等在适宜浓度下均可不同程度地促进人参毛状根的生长及皂苷的积累。当 2,4-D 浓度为 2.0mg/L 时，总皂苷含量与对照相比提高了 2 倍多；而 NAA 在浓度为 0.05mg/L 时，总皂苷含量提高了 1 倍多，Rb_1 的产量高达 15.31mg/L；而 IBA 对人参发根生长的促进作用随着浓度的增高而提高，IBA 在其浓度为 0.5mg/L 时总皂苷含量比对照提高了近 1.5 倍。细胞分裂素 6-BA 在较低浓度时可促进皂苷的积累，同时能够显著提高 Rb_1 的积累。

开放性讨论题

1. 简述植物次生代谢产物生产方式的优缺点，并给出优化策略。
2. 结合植物次生代谢的研究进展，论述植物次生代谢工程的研究意义和价值。

思考题

1. 植物次生代谢产物的合成调控有什么规律和特点？
2. 植物次生代谢产物生产技术有哪些？如何进行调控实现目标次生代谢产物的高产？

10　微生物次生代谢的调控原理与应用

🌱 教学目的与要求

1. 掌握微生物次生代谢产物的结构类型及其生物合成途径，掌握典型微生物次生代谢产物生物合成的模式及特性。
2. 掌握微生物次生代谢调控的原理和基于产物合成途径的代谢优化、调控策略以及调控技术等。
3. 了解重要微生物次生代谢产物的结构类型及其对人类健康和社会发展的重要应用，并通过典型案例的学习，培养学生应用创新的意识，增强学生的使命感和责任心，为我国生物产业的创新发展打好基础。

🐾 重点及难点

微生物次生代谢酶的特性及其调控原理、方法及技术手段；不同微生物次生代谢产物合成途径的差异及优化调控策略；针对不同微生物次生代谢产物合成，高效精准选择适合的调控技术。

👁 问题导读

1. 微生物次生代谢产物与植物次生代谢产物的结构上有何不同特征？
2. 微生物次生代谢酶的调控有哪些方法，并说明这些调控方法的原理？

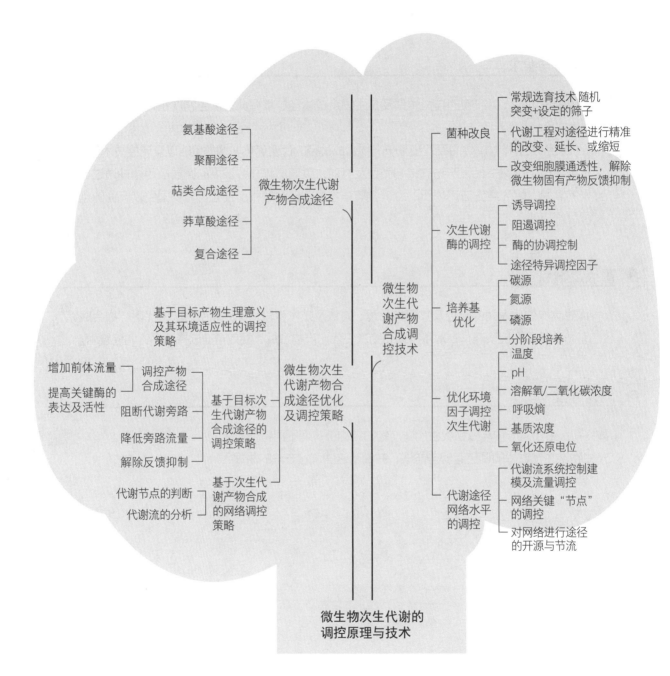

10.1 微生物次生代谢产物及其生物合成模式特点

10.1.1 微生物次生代谢产物概述

微生物次生代谢产物种类极多,按化学结构可以分为糖苷类、肽类、β-内酰胺类、大环内酯类、蒽醌类等;按生物活性可以分为抗细菌的抗生素、抗真菌的抗生素以及具有抗肿瘤、免疫调节和代谢调节作用的活性物质等;按作用靶点不同可以分为抑制细胞壁、细胞膜、蛋白质、核酸生成的活性物质。从生物来源途径看,微生物次生代谢产物可以直接来源于氨基酸、糖、脂肪酸、TCA循环等初生代谢的延伸,也有典型的莽草酸途径、萜类途径,本章按照生物来源途径对微生物次生代谢产物进行归纳。

10.1.1.1 来源于氨基酸途径的微生物次生代谢产物

来源于氨基酸途径的次生代谢产物以小分子活性肽及β-内酰胺类抗生素居多,按分子中氨基酸前体的数量,可简单分为一个、两个、三个及以上氨基酸分子形成的微生物次生代谢产物。由一个氨基酸分子形成的次生代谢产物,如放线菌产生的小分子活性肽环丝氨酸,由丝氨酸前体发生分子内的缩合反应脱去一分子水而形成;大蘑氨酸是由担子菌中的色氨酸合成(图10-1)。由两个氨基酸分子形成的次生代谢产物,如曲霉酸、支霉黏毒,都是由两个氨基酸先以肽键结合,闭环形成二酮吡嗪后进一步形成。

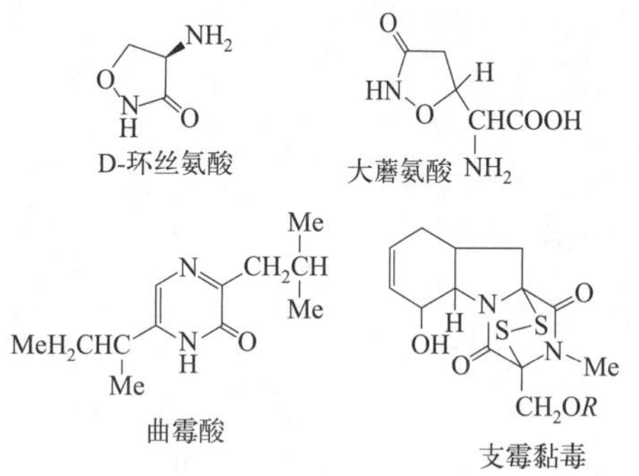

图10-1 由一或二个氨基酸组成的次生代谢产物示例

由三个及以上的氨基酸分子缩合而成的微生物次生代谢产物最为重要,氨基酸之间多以肽键结合,常见的结构类型有β-内酰胺类抗生素、短杆菌A、短杆菌酪素、杆菌肽、多黏菌素B等(图10-2),这种类型的微生物多肽往往具有明显的药理活性,其生物合成途径也不同于常规蛋白质多肽的合成方式。其中,β-内酰胺类抗生素是氨基酸代谢有关的次生代谢产物的典型代表,β-内酰胺类抗生素发展最早、临床应用最广、品种数量最多,是近年来研究最活跃的一类抗生素。这类抗生素包括天然青霉素、半合成青霉素、天然头孢菌素、半合成头孢菌素以及一些新型的β-内酰胺类抗生素。通常β-内酰胺类抗生素也可按母核不同分为"典型β-内酰胺类"和"非典型性β-内酰胺类"两类。将含有6-氨基青霉烷酸(6-APA)结构的青霉素类和含有7-氨基头孢霉烷酸(7-ACA)结构的头孢菌素类产品称之为典型β-内酰胺类,目前,已经合成了成千上万的衍生物,临床上应用的也有数十种。1976年以后,发现了一些具有特殊母核的β-内酰胺类抗生素,称之为非典型性β-内酰胺类。目前,非典型性的β-内酰胺类抗生素在临床上的应用最多,具体分类见拓展知识10-1。

拓展知识10-1 非典型性的β-内酰胺类抗生素的临床应用

β-内酰胺化合物在临床上具有举足轻重的地位,但其耐药性问题也越来越突出,考察β-内酰胺类抗生素是否能发展为好的药物,必须具备三个条件:①渗透性好,使药物能达到作用部位。②对β-内酰胺酶稳定,使β-内酰胺环不被酶解。③对靶酶即青霉素结合蛋白要有高的亲和力,从而抑制青霉素结合蛋白的活力,使细菌生长受到抑制或者死亡。

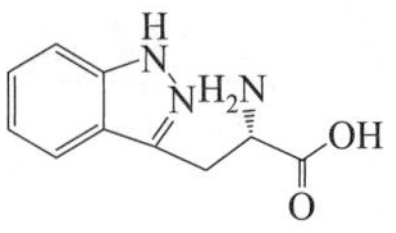

杆菌肽

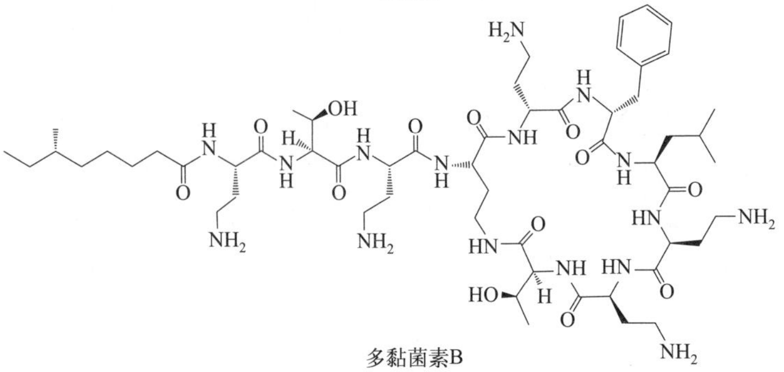

多黏菌素B

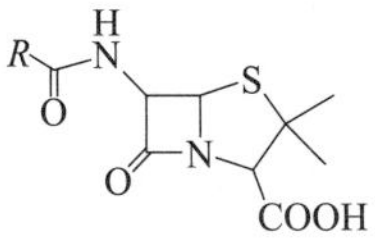

6-APA

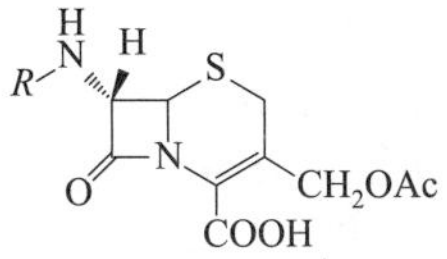

7-ACA

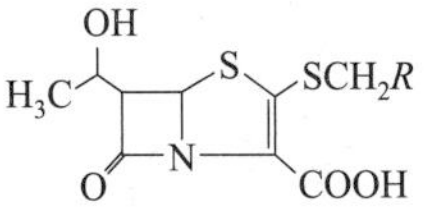

青霉烯

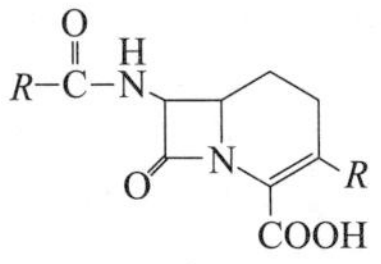

碳头孢烯

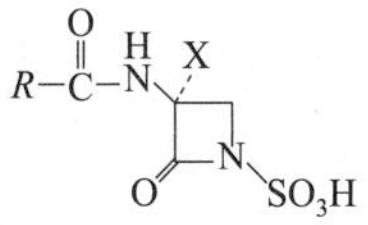

单环内酰胺

图 10-2 由三个及以上氨基酸缩合而成的次级产物示例

10.1.1.2 来源于聚酮途径的次生代谢产物

许多微生物体中都存在聚酮化合物，尤其是放线菌种类特别多，它们遵循大致相似的生源途径和生物合成模式，由 C_2 为单位聚合为长度不等、结构多样的代谢产物，属于较为庞大的微生物次生代谢产物家族。聚酮类化合物具有多种生物活性，例如抗菌、抗虫活性，典型的有阿维菌素、多拉菌素、多杀菌素、红霉素、四环素、金霉素等，还有些聚酮化合物是不饱和脂肪酸，例如，二十二碳六烯酸（DHA），这些常见的微生物聚酮途径合成的次生代谢产物结构式见图 10-3，还有一些临床用药是从这些次生代谢物衍生合成，例如，罗红霉素和克拉霉素是以红霉素为前药研发的，莫西菌素和伊维霉素等是阿维菌素类的衍生物（图 10-4）。以多杀菌素为例，其结构特征及合成途径见拓展知识 10-2。

拓展知识10-2
多杀菌素结构特征及合成途径

10.1.1.3 来源于萜类合成途径的次生代谢产物

微生物合成的萜类次生代谢产物主要由霉菌、酵母菌等产生，例如，烟曲霉素（三个异戊烯单位聚合而成）、赤霉素（四个异戊烯单位聚合而成）、羧链孢酸（由六个异戊烯单位聚合而成）、β-胡萝卜素（由八个异戊烯单位聚合而成），其分子结构式见图 10-5。

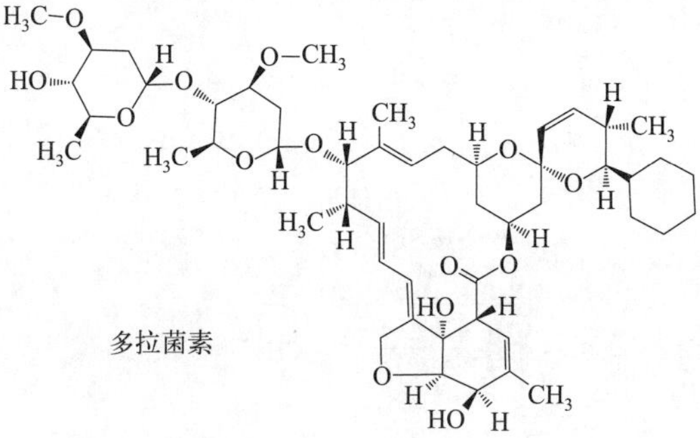
多拉菌素

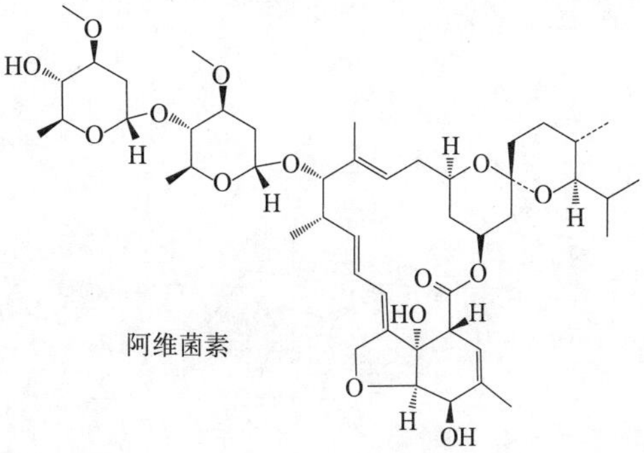
阿维菌素

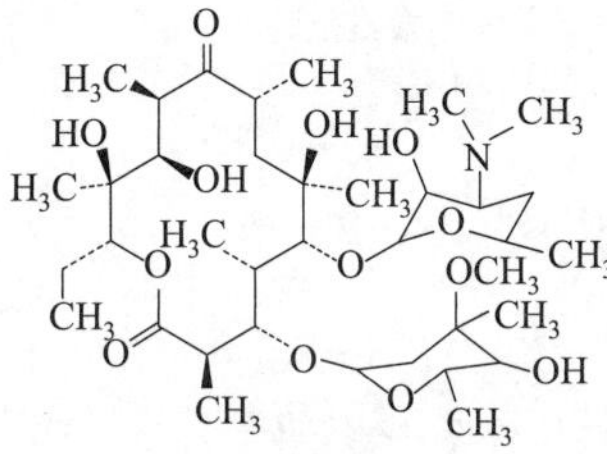
红霉素

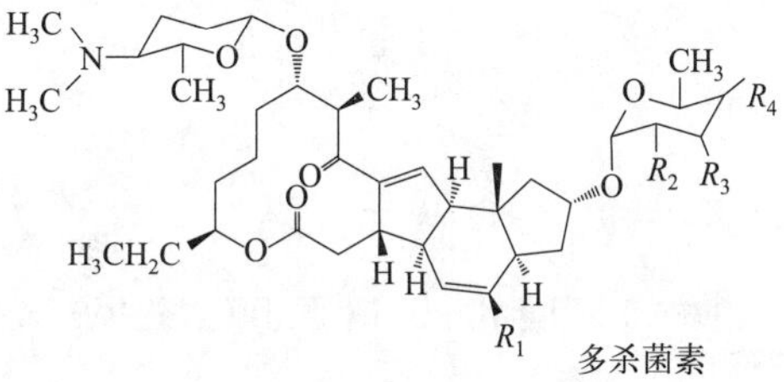
多杀菌素

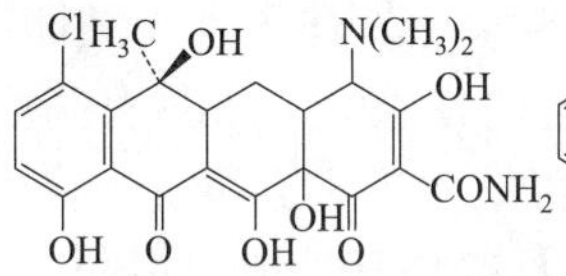
金霉素

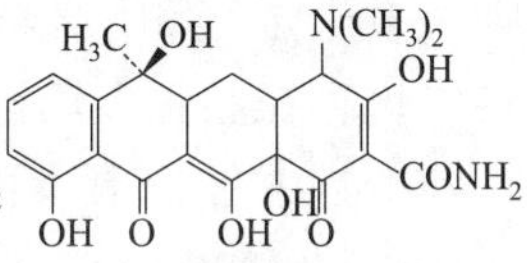
四环素

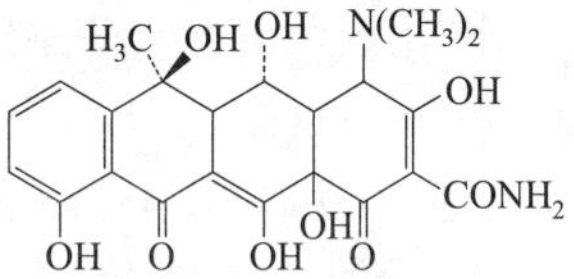
土霉素

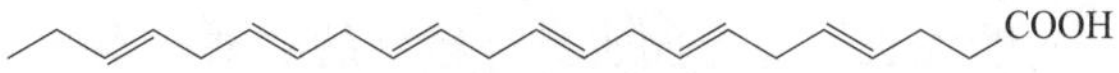
二十二碳六烯酸(DHA)

图 10-3　基于聚酮途径合成的次生代谢产物示例

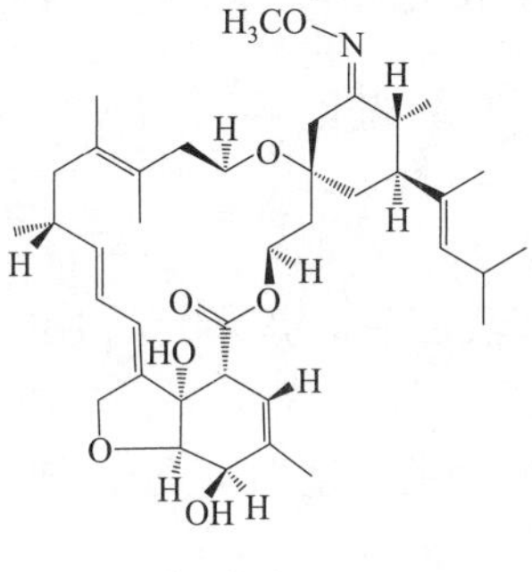
莫西菌素

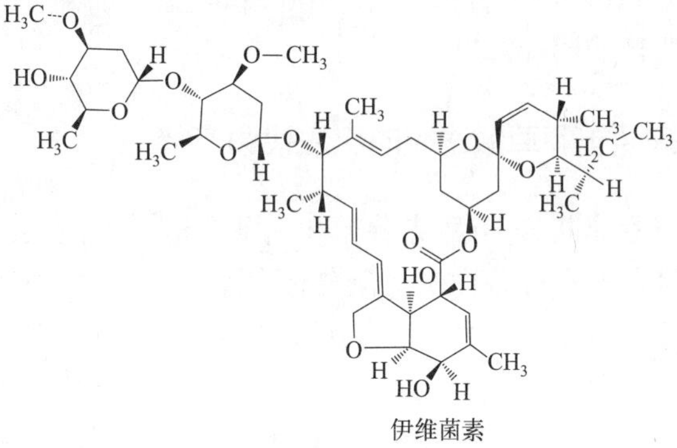
伊维菌素

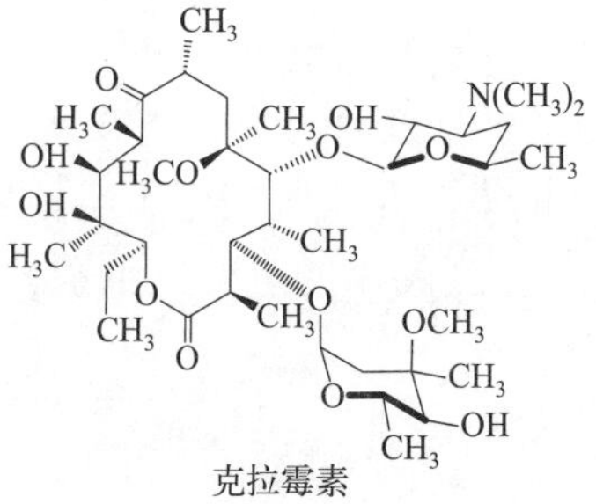
克拉霉素

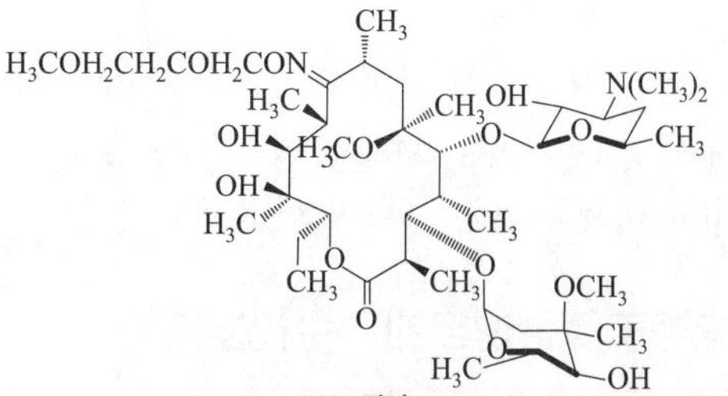
罗红霉素

图 10-4　基于聚酮途径的次生代谢物衍生的药物分子示例

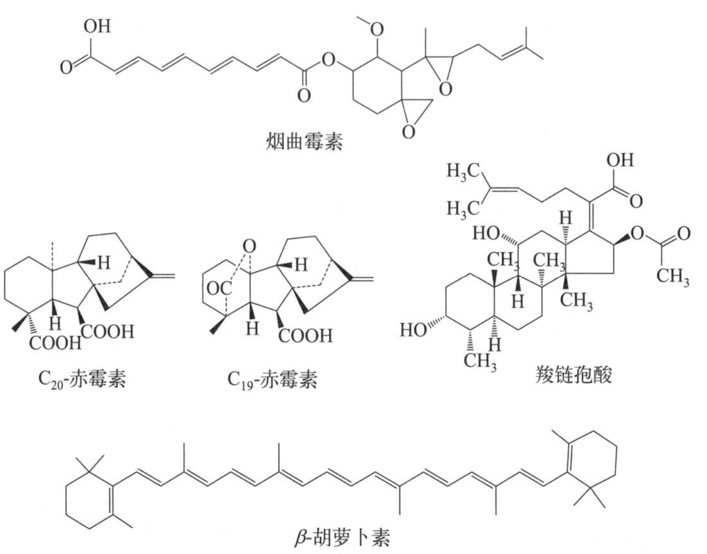

图 10-5　来源于萜类途径的微生物次生代谢产物示例

β-胡萝卜素是橘黄色脂溶性的一种类胡萝卜素，自然界中普遍存在的稳定天然色素。β-胡萝卜素包括 C 和 H 两种元素，其分子是由中央多聚烯链和两端的六元芳香环末端基团组成的双环结构，整个分子呈几何中心对称。β-胡萝卜素中央存在共轭多烯链，使整个分子具有高度的不饱和性，可形成多种几何异构体。β-胡萝卜素是一种维护人体健康不可缺少的非常安全、无任何毒副作用的营养元素，在抗癌、预防心血管疾病、白内障及抗氧化方面具有显著功能，可防止因老化引起的多种退化性疾病，且由于它进入人体后可以转变为维生素 A，不会出现因过量摄食而造成维生素 A 累积中毒现象。另外，在促进动物的生长发育方面也具有较好的功效。不同类型真菌合成的类胡萝卜素种类差别较大。深红酵母（*Toralarhodin rubrum*）合成红酵母红素、β-胡萝卜素和红酵母烯，红酵母（*Phaffia rhodozyma*）合成虾黄、β-胡萝卜素和番茄红素。此外，三孢布拉霉和布拉克须霉合成 β-胡萝卜素的能力都比较强。酵母和霉菌中的部分菌种合成类胡萝卜素的能力备受关注，成为工业发酵生产的选择对象。

10.1.1.4　来源于莽草酸途径的次生代谢产物

莽草酸途径是指 4-磷酸赤藓糖和磷酸烯醇式丙酮酸经几步反应生成莽草酸，再由莽草酸生成芳香氨基酸和其他多种芳香族化合物的途径。

利福霉素类抗生素又名安莎环类抗生素，是来源于莽草酸途径的微生物次生代谢产物，主要由地中海拟无枝酸菌（*Amycolatoposis mediterranei*）产生，该菌株原名为地中海链霉菌（*Streptomyces mediterranei*），后被广泛称为地中海诺卡菌（*Nocadia mediterranei*），之后经分类学家进一步更名为地中海拟无枝酸杆菌。1962 年，利福霉素 B（图 10-6）经化学改造为利福霉素 SV，最先用于临床。1963 年，Prelog 等确定了利福霉素的化学结构，有力地推动了这类抗生素的研究和开发，并率先对这类抗生素命名。1966 年，Maggi 成功合成了可供口服的利福平，并广泛应用于结核病临床治疗，随后陆续上市的利福平喷汀，以及利福布汀等品种成为临床上广泛使用的重要抗生素。

10.1.1.5　来源于复合途径的次生代谢产物

来源于复合途径的微生物次生代谢产物常见的有两种情况：一种是氨基酸与其他途径的复合，

例如，嘌呤霉素、氯霉素、梭链孢酸等（图10-7）；另一种是糖基与其他途径的复合，例如，氨基糖苷类、核糖类、环多糖、氨基环多醇等。

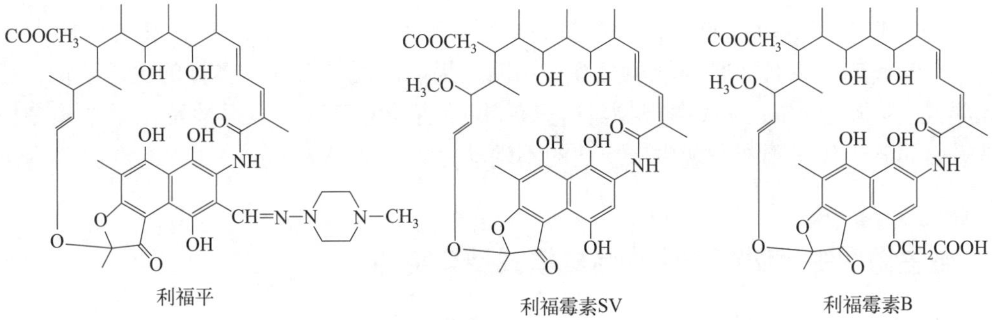

图 10-6 利福霉素类药物或微生物次生代谢产物分子结构式

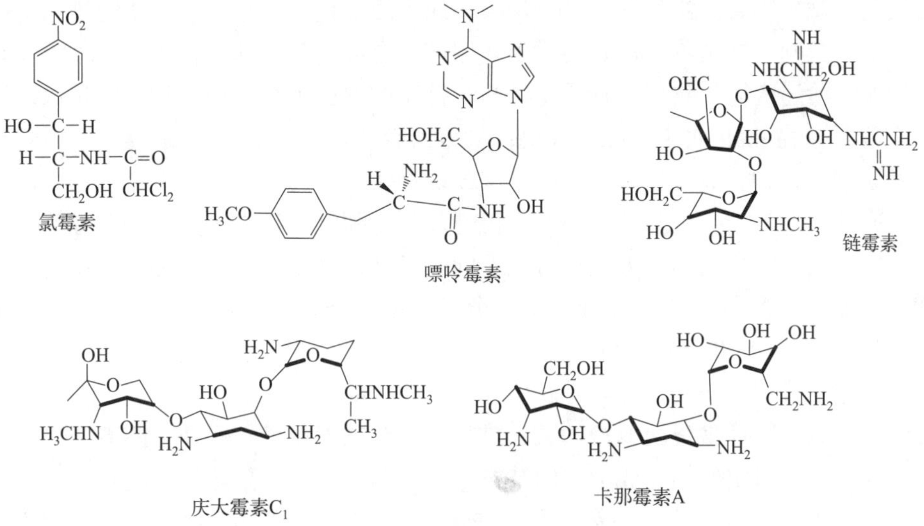

图 10-7 来源于复合途径的微生物次生代谢产物示例

氯霉素是典型的来源于氨基酸与糖复合的生物合成途径，它是在1947年，从美国委内瑞拉链霉菌（Sterptomyces venezuelae）的培养物中分离得到的第一个广谱抗生素，由于其化学结构比较简单，1949年，化学合成法将其成功制备。随后，各国相继发表各种合成工艺，并很快代替发酵法应用于生产。在临床上，氯霉素类药物主要用于治疗由革兰阳性菌引起的感染，对革兰阴性菌和铜绿假单胞菌也有效。氯霉素对大多数厌氧菌、立克次体、衣原体和支原体也都具有抑制活性，尤其是治疗立克次体和复发性流行性斑疹伤寒等具有特殊疗效，使其一直具有很强的生命力。同时也具有一定的局限性，详见拓展知识10-3。

拓展知识10-3 氯霉素应用的局限性

氨基糖苷类（Aminnoglycosides，AG）抗生素是一类分子中含有一个环己醇型的配基、以糖苷键与氨基糖相结合（有的与中性糖相结合）的化合物，也常被称为氨基环醇类抗生素。例如：卡那霉素、庆大霉素、链霉素等都属于这类合成途径的典型代表。这类抗生素具有明确的临床疗效，抗菌能力强，作用范围广，是临床上重要的抗感染药物；同时，有些可兼作牲畜和植物用抗生素，有些则专门为牲畜和植物用抗生素，关于一代和二代的氨基糖类抗生素的特征详见拓展知识10-4。氨基糖苷类抗生素在临床上应用时会对耳、肾产生毒副作用，在一定程度上限制了它们的使用。随着

拓展知识10-4 第一代和第二代氨基糖苷类抗生素特征

这类抗生素在临床上的应用，不少细菌感染得到控制，但同时也出现了越来越多的氨基糖苷类抗生素耐药细菌，为了克服这些耐药细菌感染，研究细菌的耐药机制并据此对原有的抗生素分子结构进行化学再造，取得了很大的成功。

综上所述，微生物次级代谢产物最重要的固有特性包括三个方面：一是特异性的微生物生产菌；二是这些物质的生物合成是与环境交互作用的结果，因而具有多种多样的生理活性；三是具有独特的化学结构。微生物次级代谢产物具有来源多样性、生理活性多样性及化学结构多样性的特点，这是吸引科研工作者不断发现生产新药的不竭动力。

10.1.2 微生物次生代谢产物生物合成模式及其特点

10.1.2.1 独特的模块化生物合成模式

目前已发现的微生物合成次生代谢产物，大多属于模块化合成模式，其基因排列与产物结构存在独特的对应性，在同一微生物中，负责次生代谢产物合成的基因往往位于同一染色体且呈现"簇状"排列。例如，前述的微生物聚酮合成途径与长链脂肪酸的生物合成途径非常相似，聚酮化合物的合成是在多酶复合物 PKS 催化下经过模块化的方式合成，与脂肪酸合酶 FAS 不同的是，由于不同微生物或者聚酮化合物合成过程中存在的基因模块构成和排列不同，在聚合过程中，一些羰基完全被还原，生成烷基，另一些仅部分被还原为羟基，使聚酮化合物常带有羰基、羟基等官能团，同时，聚合过程中涉及到的酶的运行方式也可能不同。另外，聚酮化合物生物合成所利用的前体主要是乙酰辅酶 A，而丙二酸单酰辅酶 A 或其他小分子羧酸辅酶也都可以作为基本单位"加入"到聚酮产物，从而使聚酮化合物的多样性比脂肪酸要丰富很多，生物合成机理也更复杂。自 20 世纪末以来，对微生物次生代谢的研究（尤其是对聚酮类生物合成）取得了很大进展，揭示了微生物次生代谢产物的生物合成基因通常呈现典型的成簇排列特征，且催化过程存在多酶复合物。在次生代谢生物合成的基因簇中，特定产物合成相关的结构基因、调节基因、耐药性基因和转运蛋白等都集中位于染色体的一段连续区域。例如，聚酮类产物碳链延伸的一次催化循环称为一个"模块"，多酶复合物中负责 β-酮酰基合成酶（KS）、酰基转移酶（AT）、酰基载体蛋白（ACP）、β-酮酰基还原酶（KR）、脱水酶（DH）、烯酰基还原酶（ER）、硫酯酶（TE）等结构域的模块在组成空间及排列上高度有序和精巧配合，其中，KS、AT、ACP 等组成最小的聚酮合成模块，共同催化延伸 2 个碳原子的碳链延长过程，模块的线性顺序与其催化的延伸单位在聚酮中的顺序相对应。另外，聚酮合成基因一般形成几个不同的转录单位，通常含有一个以上的耐药性基因，且耐药性基因和结构基因表达之间有一定的相互调节；聚酮次生代谢调控发生在转录水平，除了受特异的途径专一性调节因子调控外，还受到影响胞内其他产物合成甚至细胞分化的全局性调节因子的调控。将微生物次生代谢物合成的调控基因导入其他菌株，可使新的次生代谢产物产生；随着人们对大量聚酮合成酶基因以及基因簇的克隆，不仅能预测微生物可能产生的新的次生代谢产物，而且可人为"设计"代谢途径及调控路线，让微生物按照设定路线合成非天然的次生代谢产物，从而使组合生物合成成为可能。

10.1.2.2 微生物次生代谢一般是初生代谢途径的延伸

次生代谢途径并不是独立存在，它与初生代谢产物合成途径有着密切的关系，它是在初生代谢基础上经过进一步的延伸、衍生而形成，是初生代谢的延伸或补充。目前已发现的各种微生物次生代谢产物，化学结构多种多样，但其生物合成途径基本上可以看作是初生代谢途径的延伸。与初生代谢途径相似，次生代谢途径也受菌体代谢网络的严格调控，并且初生代谢与次生代谢的途径相互交错、相互影响。因此，在研究微生物的次生代谢途径时，必须综合考虑初生代谢途径，分析不同代谢途径中的异同点，例如，先判断次生代谢产物是否属于生长偶合，再循着生物合成途径"顺藤摸瓜"，探究其代谢的控制位点，使微生物的代谢途径更多朝着目标产物方向进行。初生代谢与次生代谢都受核内DNA的遗传调节控制，此外，也发现许多微生物次生代谢产物还受核外遗传物质的控制（图10-8），例如，天蓝色链霉菌、春日链霉菌、灰色链霉菌、金色链霉菌和龟裂链霉菌等微生物中存在着与抗生素生物合成密切相关的质粒，这些质粒所编码的酶控制相关的代谢途径，从而使微生物产生相应的次生代谢产物。在微生物的生长繁殖过程中，质粒遗传信息的改变会影响或改变相关代谢途径，且有可能使微生物产生新的次生代谢产物。因此，在研究微生物生产次生代谢产物的代谢调节过程中，可以通过质粒的遗传操作，人为改造生产菌株中相关基因或其他的遗传信息，为寻找新的抗生素提供一种途径。

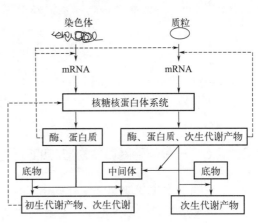

图10-8 微生物中初生代谢与次生代谢遗传调控的关联

10.1.2.3 基因表达受环境影响较大

与植物相似，微生物次生代谢产物的合成对环境因素特别敏感，培养基的组成、pH值、温度、溶氧量等都可能影响次生代谢产物的种类和数量，目前一般认为是由于次生代谢产物合成基因的表达受这些环境因素调控。在已经公布的天蓝色链霉菌、阿维链霉菌和灰色链霉菌的基因组中，有超过20甚至达到30个的隐性次生代谢产物合成的基因簇，上述基因簇被发现与环境信号密切相关，通常情况是保持沉默状态，当外界环境发生变化时，环境压力将激活基因表达。培养基中的微量元素，如V、Cr、Mn、Fe、Co、Ni、Cu、Zn等含量的变化，也可能影响特定次生代谢产物的合成，但相关的分子机制目前研究的尚不深入。

10.1.2.4 染色体外基因调控

微生物次生代谢产物合成的过程是一类由多基因控制的代谢调控过程，这些基因可位于细胞核染色体，还可位于质粒中，且染色体外的基因在次生代谢合成中似乎更重要，往往起主导作用。染色体外基因的存在，一方面为次生代谢产物合成的基因工程提供了可能，但另一方面这类基因很有可能因为外界环境的影响而丢失，造成次生代谢产物合成的不稳定性。

10.1.2.5 比菌体生长周期滞后

次生代谢所生成的物质一般与微生物的生长、繁殖无密切关系，它们可能并不参与微生物的重要生命活动，这是被称为次生代谢的本质原因。即当微生物完成快速的生长过程，或者进入指数生长后期才开始启动次生代谢，次生代谢产物通常不在微生物迅速生长阶段内形成，而在随后的生产

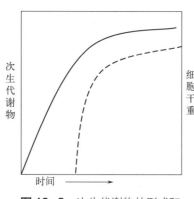

图 10-9　次生代谢物的形成和细胞生长期曲线

阶段（分化期）开始快速合成（图 10-9）。

因此，几乎所有的微生物次生代谢产物都是在产生菌处于饥饿状态，其自身生长受到限制时才开始产生。对于产抗生素的微生物来说，这种次生代谢物的"滞后"出现，或许是避免自杀的主要机制之一。调节微生物次生代谢"滞后"的生化基础，目前认为主要有两个方面，一是在生长末期，细胞内的酶从组成上发生显著变化，负责次生代谢产物合成的酶开始出现，例如，产青霉素菌株中的酰基转移酶和苯乙酸活化酶等，只在菌生长停滞阶段才可检测到；另一方面，当微生物的生长达到稳定期时，也是培养基中易利用的碳、氮、磷等营养元素接近耗竭之时，次生代谢合成酶的阻遏作用被解除，从而使发酵进入次生代谢物的合成阶段。

10.1.2.6　一般伴随着微生物形态的变化

微生物的次生代谢似乎常伴随着细胞分化，例如，在次生代谢合成期，一些芽孢菌会形成芽孢，真菌和放线菌会产生孢子。在真菌的菌丝生长末期，菌丝体细胞存在菌龄梯度，年幼细胞处于初生代谢旺盛的生长期，年长细胞则处于次生代谢合成期，因此，要提高次生代谢物的产量，应提供足够数量、合成能力强的年长菌丝体，并使这种状态持续时间尽可能长。菌的生长状态、菌丝的分枝状态、菌丝的生物量等，都是影响次生代谢物高产的重要因素。

10.2　微生物对次生代谢的调控原理

微生物代谢反应的调节，实际上就是围绕酶的自我调节，通过对酶活性及酶合成（酶量）两个不同层次的调节，达到精确、高效、协调的作用。但自我调节的过程不仅要酶的参与，还需要代谢中间产物以及终产物的协作。在本书"第 1 章"中已经介绍了酶活、酶合成代谢调节与产物的反馈调节等基本机制，本节主要论述酶合成调节的分子机制、营养元素以及环境因素等对微生物次生代谢的调控原理。

10.2.1　微生物次生代谢酶的调控

10.2.1.1　酶的诱导调控

微生物细胞内的酶可分为诱导酶和组成酶两类。组成酶是微生物细胞中经常存在的一类酶，其合成只受细胞内遗传物质的控制，与环境中的营养物质无关。例如，大肠杆菌分解葡萄糖的酶就是组成酶，不管培养基内有没有葡萄糖存在，大肠杆菌细胞中都有这种酶。诱导酶是在环境中有诱导物（通常是酶的底物）存在的情况下诱导生成的酶，大肠杆菌分解乳糖的半乳糖苷酶，多种微生物都能产生的催化淀粉分解为糊精、麦芽糖等的 α-淀粉酶等，都属于诱导酶。如果将能合成 α-淀粉酶的菌种培养在不含淀粉的葡萄糖溶液中，它就不产生 α-淀粉酶而直接利用葡萄糖；如果将它培养在含淀粉的培养基中，它就会产生活性很高的 α- 淀粉酶。诱导酶的合成除取决于诱导物以外，还取决于细胞内所含的基因，由内因和外因两个方面决定。诱导酶在微生物需要时合成，不需要时停止，既保证代谢的需要，又避免不必要的浪费，增强了微生物对环境的适应能力。因此，诱导的意义在于可为微生物提供一种只是在需要时才合成酶、以避免浪费能量与原料的调控手段。

大量研究发现参与微生物次生代谢的酶一般属于诱导酶，这也就解释了为什么次生代谢产物通常在微生物的指数生长期之后才开始合成，进入合成期次生代谢产物才在细胞中出现的原因。诱导酶合成的物质称为诱导物，诱导物常是酶的底物，例如，β- 半乳糖苷酶和青霉素酶都属于诱导酶，β- 半乳糖和青霉素也就是分别诱导 β- 半乳糖苷酶和青霉素酶合成的诱导物；又如 6- 氨基葡萄糖 -2- 去氧链霉胺是卡那霉素生物合成中卡那霉素乙酰转移酶的诱导物。外界加入的诱导物，称外源诱导物，菌体自身代谢过程中形成的诱导物，称内源诱导物。次生代谢中存在酶诱导的第一个证据是甘露糖链霉素的诱导，甘露糖链霉素酶催化甘露糖链霉素向链霉素的转化。链霉素发酵时，链霉素和甘露糖链霉素是同时产生的，但后者的生物活性仅为前者的 20%，是不想要的产物，而甘露糖链霉素酶的形成需要 α- 甲基甘露糖苷、甘露聚糖等诱导物的存在，且受分解代谢产物的阻遏，因此，通过诱导调控甘露糖链霉素酶的活性，有助于链霉素的大量合成。关于头孢菌素 C 的合成，前期认为甲硫氨酸是头孢菌素 C 中硫的供体，为促进头孢菌素 C 的合成，比较顶头孢霉菌在含硫酸盐培养基和含甲硫氨酸培养基中菌丝形态的差异，以及各种硫化物的刺激效果，发现甲硫氨酸的刺激作用与酶诱导类似，似乎更重要的在于诱导调节作用，并非作为硫源供给物。此外，诱导物也可以是难以代谢的底物类似物，如，乳糖结构类似物硫代甲基半乳糖苷（TMG）和异丙基 -β-D- 硫代半乳糖苷（IPTG），以及苄基青霉素的结构类似物 2,6- 二甲氧基苄基青霉素等。关于不同诱导作用的模型见拓展知识 10-5。

拓展知识10-5
不同诱导作用模型

编码微生物次生代谢物合成的酶可能位于染色体或染色体外的遗传物质（如质粒）上，大多数情况下，编码酶的结构基因位于染色体，而控制基因表达的调节基因在染色体外的遗传物质上。许多微生物次生代谢产物是某种抗生素，对其自身的生长有抑制或干扰作用，有些次生代谢产物具有富集营养物质的作用。因此，当环境中缺乏某种生长基质时，微生物自身的生长就会受到限制而发生生长不平衡的现象，次生代谢的启动有助于清除不平衡生长时积累的有害小分子中间代谢产物，使微生物的生命延续下去。研究发现，微生物细胞在高生长速率条件下，参与次生代谢酶合成的基因通常处于被抑制状态，尽管次生代谢的酶一般都是可诱导酶，但在细胞处于快速生长期时加入诱导物却不起作用；而当微生物的生长速率降低后，一方面，微生物的初级代谢活动已经不能平衡地进行，造成某些中间产物积累，进而促使参与次生代谢的酶合成启动，另一方面，细胞生长速率下降时，可能会使细胞内已合成的生物大分子物质的转化作用加强，造成具有诱导作用的低分子物质的浓度升高而产生诱导作用。

10.2.1.2　酶的阻遏调控

酶的合成可以被细胞中某些小分子终端代谢产物或者分解代谢产物所阻遏，这种酶称为可阻遏的酶，导致酶合成受阻的物质称为阻遏物。酶合成阻遏的生理学功能是节约生物体内有限的养分和能量。微生物次生代谢途径或者分解代谢途径的反馈抑制，有时就是因为途径中的系列酶合成受到了阻遏的缘故。色氨酸操纵子模型是典型的酶合成阻遏的例子，虽然是初生代谢，但可借此模型来说明酶合成阻遏调控的分子机制，其作用机理见拓展知识 10-6。

拓展知识10-6
酶合成阻遏案例——色氨酸操纵子

微生物次生代谢产物往往会对自身的合成代谢途径产生反馈抑制。由于自然环境中的微生物次生代谢物在体内的含量一般较少，即使是具有抗菌功能的抗生素，也不至于对产生菌构成毒害。但在抗生素的工业生产中需大量积累，产生抗生素的微生物往往受到自身产物的反馈阻遏调节。例如，氯霉素能反馈阻遏其生物合成分支途径上的第一个酶，即芳胺合成酶，该酶能催化以谷氨酰胺为供氨体、使分支酸氨基化为对氨基苯丙氨酸的反应，且该酶只存在于产氯霉素的菌体。当合成培养基中的氯霉素浓度达 100mg/L 时，可完全阻遏这种酶的合成，同时，内源氯霉素产生的降低，使其他芳香族氨基酸途径上的酶不受氯霉素调控，因而不影响菌体生长。次生代谢物的反馈抑制在微生物代谢调控中有着重要的作用，它保证了细胞内各种物质维持适当的浓度，当微生物细胞在物质合成可满足自身需求时，或加入外源该物质时，便停止合成有关的酶类；而当该物质被消耗利用后（如由氨基酸合成蛋白质），又可以合成这种酶，该调控可节约能量和原材料。因此，微生物在正常生理状况下不会合成过量的次生代谢产物。

微生物细胞中的抗生素合成酶一般都在菌体指数生长期后开始出现，基因的表达控制可通过干扰从 DNA 到 RNA 转录或者干扰从 mRNA 翻译合成抗生素合成酶的方式进行，但目前不太清楚阻遏是在哪个级别上进行。有证据表明，对于杀念珠菌素和杆菌肽，合成酶基因的转录是在生长 10h 以后进行的，杀念珠菌素以活化的丙二酸单酰 CoA 和甲基丙二酸单酰 CoA 为前体，利用菌体内的多酶复合物经聚酮途径合成，若向培养基中添加转录抑制剂（如利福平）或翻译抑制剂（如氯霉素），杀念珠菌素能否合成取决于所用培养物的菌龄，如菌龄小于 10h，则不合成杀念珠菌素；如菌龄大于 16h，则能合成杀念珠菌素。杆菌肽合成酶的合成调控也发生在转录水平，添加放线菌素 D 这样的 RNA 聚合酶抑制剂到杆菌肽合成菌中，可以干扰杆菌肽的合成。

10.2.1.3 酶的协调控制

微生物对于自身生物合成进行控制的基本方式是反馈调节，前面讲述的反馈抑制和反馈阻遏是目前已知的两种主要类型的反馈调节，酶合成的诱导、分解及终端代谢产物的反馈阻遏可以同时存在于同一微生物的细胞内。酶的诱导和阻遏常常是平行的，其生理意义在于避免代谢物的浪费及不需要酶合成的控制。当某些底物存在时，微生物细胞就会合成诱导酶；几种底物同时存在时，优先利用可快速或容易代谢的底物；而慢速利用底物代谢有关的酶的合成将被阻遏；当末端代谢产物的含量能够满足微生物生长需要时，与该产物代谢有关的酶的合成又被终止。反馈抑制一般由末端产物抑制其合成途径中参与前几步反应的酶活性，通常是针对紧接代谢途径支点后的酶；而阻遏作用是末端产物阻止整个代谢途径酶的合成作用，因而往往影响从支点到终点的许多酶。起反馈抑制作用的因子是末端代谢产物的反馈抑制剂，或者是酶作用的基质，这类酶活性的调节往往通过变构效应实现。但这两种机制都有调节代谢途径末端产物生成速率的作用，以适应细胞中大分子合成前体的需求。虽然阻遏作用直接影响酶的合成速率，但这种作用直至先前已合成的酶因细胞生长而被稀释后才终止，末端代谢产物的抑制作用可以弥补这种不足，使某一代谢途径的运行立即中止，所以反馈抑制和反馈阻遏作用是相辅相成的，其联合作用可使细胞生物合成达到高效调节。常见宿主菌大肠杆菌中酶的协调控制详见拓展知识 10-7。

> 拓展知识10-7
> 大肠杆菌中酶的协调控制

10.2.1.4 途径特异性调控子

次生代谢产物生物合成通常包括一系列的生化反应，至少涉及几十个基因。为了保证这一系列生化反应的同步性，这些基因往往成簇排列。目前对于微生物次生代谢机制的研究相对深入，在大部分次生代谢产物生物合成基因簇中都至少含有一个调控基因。由于绝大多数这类调控基因是专一地调控基因簇中相关基因的转录,因此,它们编码的产物被称为途径特异性调控子,它们是次生代谢调控最基础的执行者。几种常见的途径特异性调控子见拓展知识 10-8。

通过阻断途径特异性抑制子,或者激活相关的沉默基因,可以激活次生代谢产物合成的某些隐性基因簇,是发现具有新活性的次生代谢产物以及定向提高次生代谢产物产量很有效的方法。然而,这个方法必须以获取沉默次生代谢合成基因簇的序列信息为前提,周期较长,目前并没有得到广泛应用。尽管有研究通过对枯草芽孢杆菌和链霉菌中核糖体蛋白 S12 引入错义突变,从而激活潜在的次生代谢物生物合成,获得了阶段性进展,但今后仍需对隐性次生代谢产物生物合成基因簇的有效方法和技术进行深入研究。

10.2.2 分解代谢物对次生代谢的调节

10.2.2.1 分解代谢物阻遏的分子机制

分解代谢物阻遏是指培养基中某种基质的存在会阻遏(减少)细胞中其相应酶的合成速率。在微生物培养中发现了一个普遍的现象:凡是能够被快速利用的基质都可阻止对其他基质的利用,只有当可快速利用的基质被消耗之后,才开始利用第二种基质,因而表现出菌体的二次生长。通过对该现象的研究发现了分解代谢产物阻遏机制的存在。"葡萄糖效应"最为典型,研究也最为深入(拓展知识 10-9)。

10.2.2.2 碳源分解代谢物的调节

微生物同其他生物一样,需要不断从外界吸收营养物质,经一系列生物化学反应,获得能量并形成新的细胞物质,同时排出废物。由于微生物种类繁多,所以,它们对营养物质的需求、吸收和利用也不一样。从各类微生物细胞物质成分的分析可知,微生物细胞含有 80% 左右的水分和 20% 左右的干物质。在干物质中,碳元素含量约 50%,氮元素含量 5%~13%,矿物质元素含量 3%~10%。因此,微生物生产次生代谢的前提条件就是要有足够的碳源、氮源、水和无机盐,以保障菌体的良好生长。其次,次生代谢产物合成的前体和酶都需要来自初生代谢,但初生代谢中的有些产物,又会通过反馈抑制或阻遏对次生代谢的酶发挥激活或者抑制作用;另外,有些合成能力差的微生物需要添加特殊的营养成分作为生长辅助类物质,才能维持其正常的生长。

cAMP 是碳源分解代谢物阻遏调控次生代谢中重要的、但不是唯一的介导物,研究发现,CRP(cAMP-受体蛋白复合物)、CMF(分解代谢物调整因子)等也会干扰操纵子的表达。CMF 与 cAMP 的介导路径无关,因而有人提出,微生物细胞中应该存在分解代谢物的两重调节假说,即由 CMF 执行的反向控制和 cAMP 施加的正向控制双重调控。在酵母、霉菌中存在着 cAMP 和 CRP 逆转分解代谢物阻遏的现象,在动物肠道细菌内的分解代谢物的阻遏作用是由被迅速利用的碳源的分解代谢物通过 cAMP、CRP 和 CMF 的作用共同引起。turimycin 是微生物产的 16 元环大环内酯抗生素,这种微生物细胞中被发现含有 cAMP、CRP 和 cGMP,当 cAMP 含量下降时,妥拉霉素的合成开始进行,如果外源添加 cAMP,发现 cAMP 能够促进菌体生长并且干扰妥拉霉素的合成,并且这种干扰作用也会由磷酸盐调节引起。这说明高浓度的 cAMP 并不能逆转碳源分解代谢产物对次生代谢的阻遏作用,相反,它却关闭了参与次生代谢的酶的合成,对分解代谢物敏感的酶,除了涉及碳分解代谢的酶外,还有与细胞分化相关的酶类参与(拓展知识 10-10)。

10.2.2.3 氮源分解代谢物的调节

氮源主要用于构成菌体细胞物质和合成含氮代谢物。常用的氮源可分为两大类：有机氮源和无机氮源。铵盐及含硝基的盐属于无机氮源，有机氮源除含有丰富的蛋白质、多肽和游离氨基酸外，往往还含有少量的糖类、脂肪、无机盐、维生素及某些生长因子。与碳源的调节作用相似，有些次生代谢产物的生物合成会受到NH_4^+和其他能被迅速利用的氮源的阻遏。表 10-1 中归纳了受分解代谢物阻遏的微生物、酶及引起阻遏的物质。青霉素发酵常用黄豆饼，其中的原因之一就是因为它的氮源分解速率正好满足菌的生长和合成产物的需要，其降解成氨基酸或氨的速度很慢，不至于干扰次生代谢物的合成。

表 10-1 受分解代谢物阻遏的酶

微生物	酶或酶系	引起阻遏的物质
大肠杆菌	乳糖操纵子、半乳糖操纵子、阿拉伯糖操纵子、甘油激酶	易利用的碳源，葡萄糖、葡萄糖酸、6-磷酸葡萄糖酸
	组氨酸的降解	易利用的碳源与氮源
	色氨酸的降解	易利用的碳源与氮源
枯草芽孢杆菌	蔗糖酶	易利用的碳源
	孢子的形成	易利用的碳源或氮源
根瘤菌属与固氮细菌	氮的固定	铵离子
产气克雷伯菌	硝酸盐还原酶	易利用的氮源，尤其是铵离子
假单胞菌属	葡萄糖氧化	琥珀酸
酵母	麦芽糖酶	易利用的碳源
	精氨酸酶	易利用的碳源和氮源
构巢曲霉	脯氨酸、精氨酸	易利用的碳源和氮源
	酰胺酶	易利用的碳源

氮源代谢物调节微生物次生代谢的例子很多。例如，向麦角碱产生菌的发酵液添加色氨酸，可诱导麦角碱生物合成的第一个酶（二甲烯基丙基色氨酸合成酶）的合成，增加酶的活性；甲硫氨酸提高头孢菌素 C 的产量也是氮源调节效应；红霉素发酵中存在一个有趣的现象：只要发酵液中还有碳源，红霉素的合成便可以继续进行，但若加入易被利用的氮源（如 NH_4Cl、甘氨酸或黄豆粉），红霉素的合成便很快受阻；诺儿尔链霉菌中谷氨酰胺合成酶也受高浓度NH_4^+的阻遏，这种调节主要表现为氮代谢酶受到明显阻遏。

次生代谢产物中的氮原子确实可以来源于氮源提供的含氮前体物质，并被完整地结合到次生代谢产物中。同时，含氮的初生代谢物也可以经过次生代谢的特异反应，生成次生代谢的特殊前体后，再结合到目的次生代谢产物中。氨基酸、嘌呤、嘧啶等代谢过程为次生代谢提供含氮前体，而结合到次生代谢中的氨基酸需要经过活化形成腺苷酰氨基酸，反应通常需要 Mg^{2+} 和 Mn^{2+}；肽类次生代谢发酵一般同时形成多组分，其中，主成分氨基酸组成往往取决于培养基中包含的氨基酸种类。例如，链霉菌能够同时产生放线菌素 C1，C2，C3，但当向发酵液中加入异亮氨酸时，含有较多 D-别异亮氨酸的放线菌素 C3 则成为主产物。

对于氮转移反应，研究最为清楚的是链霉胍的生物合成。氮源的引入方式主要通过转氨基、转脒基、转氨甲酰基等，氨基或脒基转移酶可能受特异基质或结构类似物诱导，但提供适当浓度的谷氨酰胺、丙氨酸、谷氨酸或精氨酸等氨基或脒基供体时，能使相应酶的反应速率达到最大值。

10.2.2.4 磷的调节作用

磷酸盐是重要的次生代谢产生菌的生长限制性养分，研究发现只要发酵液中的磷酸盐未耗竭，菌的生长则继续进行，这时几乎没有次生代谢物产生；而一旦磷酸盐耗竭，次生代谢便开始进行；即使次生代谢产物的合成已经在进行，若向发酵液添加磷酸盐，次生代谢产物的合成也会迅速终止。绝大多数合成次生代谢产物的微生物发酵是在限制无机磷的条件下进行的，即所谓的亚适量。一般将磷酸盐的浓度控制在 0.3～300mmol/L，尤其是次生代谢产物合成期，无机磷的浓度要小于 10mmol/L。由于次生代谢产物的总合成量取决于产生菌细胞的数量和比生产速率，虽然磷酸盐过量对生产不利，但过少会影响菌的生长，需要控制适合的磷酸盐量。磷酸盐调节次生代谢产物合成有不同的机制，有直接作用和间接作用，直接作用即磷酸盐自身影响次生代谢产物合成，间接作用指磷酸盐通过调节胞内其他效应剂，如 ATP、腺苷酸、能荷和 cAMP，进而影响次生代谢产物合成。磷酸盐调节酶的作用机制见拓展知识 10-11。

> 拓展知识10-11 磷酸盐调节酶的作用机制

过量磷通过抑制次生代谢的诱导物积累，进而影响次生代谢。诱导是次生代谢合成的重要启动因素之一，过量的磷可能通过抑制诱导物的生成进而影响次生代谢作用。例如，色氨酸是麦角碱的前体，也是麦角碱的诱导物，色氨酸或者它的结构类似物能诱导麦角碱生物合成途径中的第一个酶——二甲烯丙基色氨酸合成酶的合成，发酵液中的色氨酸浓度在生产期间是生长期的 2～3 倍，在此期间向发酵液中加入过量磷酸盐，如果外源添加维持高浓度的色氨酸或者结构类似物，麦角碱的合成不受影响，但当在菌的生长后期仍维持过量的磷酸盐，且不添加任何外源的色氨酸时，麦角碱的生物合成将受阻，原因可能是：过量的磷使糖代谢中磷酸戊糖途径受阻，通过抑制色氨酸合成的前体——4-磷酸赤藓糖的合成而使色氨酸的合成受到抑制。

10.2.3 环境因子对次生代谢的调控

10.2.3.1 pH 值

适度的 pH 值是微生物培养的重要环境条件之一，也是微生物代谢活动的综合指标，微生物生长和次生代谢产物合成的两个阶段，对最适 pH 要求不同，这不仅与微生物种类有关，还与产物的化学性质有关。例如，常见抗生素生物合成的最适 pH 值如下：链霉素和红霉素 6.8～7.3；金霉素、四环素为 5.9～6.3；青霉素为 6.5～6.8。微生物的代谢是动态的，因而发酵过程中 pH 也是变化的。微生物在代谢过程中不断积累乳酸、丙酮酸、乙酸等有机酸，致使发酵液中的 pH 有逐渐降低的趋势。同时，培养基中的基质被微生物不断转化，也会改变发酵液的酸碱环境。滴加的氨水在溶液中以 NH_4^+ 的形式存在，被利用后成为 $R-NH_3^+$，在培养基中释放 H^+，如以 NO_3^- 为氮源，被微生物还原为 $R-NH_3^+$，期间消耗大量 H^+；当以氨基酸为氮源，被利用后产生 H^+。pH 值的变化会影响各种酶活性、菌对基质的利用速率以及细胞结构，从而影响菌的生长和产物合成，特别是对初生代谢中发酵产物的形成有显著影响，有时也会对次生代谢产物的合成起决定性作用。pH 值还会影响菌体细胞膜电荷状态，引起细胞膜渗透性的变化，从而影响菌体对养分的吸收和代谢产物的分泌。

10.2.3.2 温度

温度是影响酶活性的另一重要环境条件，合适的温度是维持菌体生长和产物合成的前提，而不同微生物生长和产物合成需要的最适温度会有所不同。一般来讲，发酵温度升高，酶反应速率增大，菌体生长及代谢加快，生产期提前。但酶本身也会因为过热而失活，表现出菌体容易衰老，发酵周期缩短，最终也影响产量。温度还可以改变发酵液的物理性质，例如，氧的溶解度和基质的传质速率以及菌对营养物质的分解和吸收速率等，从而间接影响产物合成。

温度可能影响生物合成的方向。例如，金色链霉菌在发酵中能同时生产四环素和金霉素，在低于30℃时，合成金霉素的能力加强；而如果温度上升，四环素比例会逐渐升高，当达到35℃时，该菌的合成产物几乎只有四环素而不含金霉素。

温度可能影响代谢调节的强度。研究发现，在20℃时，氨基酸合成途径的终产物对第一个酶的反馈抑制作用比正常生长在37℃时更大，故可以考虑降低生产后期的温度，让蛋白质、核酸的正常合成途径关闭，从而有利于次生代谢产物的合成。

10.2.3.3　溶氧量对微生物次生代谢调控的机理

溶氧（DO）是需氧微生物生长所必需的物质基础，它作为好氧呼吸的最终电子受体，也参与体内甾醇、不饱和脂肪酸及多种次生代谢产物的生物合成。氧在水中的溶解度很低，在28℃和发酵液中达到100%空气饱和时，氧浓度只有约7mg/L，比糖的溶解度小7000倍，若此时中止供氧，发酵液中的DO可在几分钟之内便耗竭，因而DO在众多的发酵限制因素中，往往成为最受限的因素。又因为DO的高低不仅取决于供氧，通气搅拌等，还取决于需氧状况，从DO的变化情况可以了解氧的供需规律及其对生长和产物合成的影响。随着发酵装备技术的发展，可以实时在线测定发酵液中的DO。因此，DO是发酵生产中过程监控的最主要参数之一。

对于微生物而言，临界氧是指不影响呼吸所允许的最低溶氧浓度；对于产物而言，是不影响产物合成的最低溶氧浓度。各种微生物的临界氧值以空气氧饱和度表示：细菌和酵母为3%～10%；放线菌为5%～30%、霉菌为10%～15%。呼吸临界氧值不一定与产物合成临界氧值相同。例如，卷曲霉素和头孢菌素的呼吸临界氧值分别为13%～23%和5%～7%，而其抗生素合成的临界氧值分别为8%和10%～20%。通过在各批发酵中维持DO在某一浓度范围，考察不同DO浓度对生产的影响，便可求得合成期产物的临界氧值。临界氧值并不等于最适氧浓度，后者一般有溶氧浓度范围。

DO与微生物生长的关系。发酵液中溶氧变化可以反映菌的生长生理状况，由于菌种的活力、接种量、培养基成分组成的不同，使DO在培养初期明显下降的时间不同。接种后1～5h，DO一般取决于供氧状况，在对数生长期，DO开始下降，从其下降的速率可以大致估计菌的生长状况；在次生代谢产物合成前期，通常会出现一段从低谷到上升的过程，如红霉素、头孢菌素、链霉素从接种到低谷期分别是发酵的25～50h、30～50h以及30～70h；DO低谷的到来与低谷降落幅度因工艺和设备条件而异。到了微生物的二次生长期，DO也会从低谷上升到一定高度后再下降，这往往是利用第二种"慢碳（氮）源"的表现。在生长衰退期，DO会出现逐渐上升的规律。

对DO进行控制的必要性：即便是专性好氧菌，发酵过程中DO也并非越高越好，因为高浓度的DO通过形成单线态O、超氧阴离子和过氧化物以及羟基自由基等，破坏细胞组分，带巯基的酶（如辅酶A）对高浓度的氧尤为敏感，为获得理想的次生代谢产物的产率，控制发酵过程中的DO值非常必要。

10.2.3.4　氧化还原电位

氧化还原电位（Oxidation Reduction Potential，ORP）是水溶液中表现出的氧化还原性。从微观角度看，每一种不同物质都有一定的氧化还原能力，在混合物体系中，这些不同物质的氧化还原能力相互影响，最终构成了宏观氧化还原性，发酵液的氧化还原电位是其中所有物质及其相互作用后氧化还原力的整体性参数，是 pH 值、溶解氧浓度、平衡常数和大量溶解到培养基中的物质的氧化还原电位的综合反映（Sato，1998）。一般以毫伏（mV）为单位，可以为正值（mV）也可以为负值（-mV）。ORP 的数值越高，说明溶液的氧化水平越高，越相对容易失去电子，反之，表明还原水平越高。

氧化还原电位的电极一般是将惰性金属铂或金等作为电极，参比电极使用和 pH 电极一样的银/氯化银电极。用铂电极去极化法测定氧化还原电位的原理，将极化电压调节到 600 或 750mV，以银/氯化银电极作为参比电极，铂电极接到电源的正极，极化时间大于 10 秒后阳极极化完毕，切断极化电源，去极化时间在 20s 以上，这时监测到的铂电极对甘汞电极的电位差为 $E_{阳}$；以相同方法进行阴极极化及去极化后得到的电位差为 $E_{阴}$，电极电位和去极化时间的对数 $\log t$ 间存在着线性关系，见式（10-1），式（10-2），两方程的交点相当于平衡电位 E，其数学表达式见式（10-3）。

$$E_{阳} = a_1 + b_1 \log t_{阳} \tag{10-1}$$

$$E_{阴} = a_2 + b_2 \log t_{阴} \tag{10-2}$$

$$E = (a_2 b_1 - a_1 b_2) / (b_1 - b_2) \tag{10-3}$$

平衡电位 E 与该温度下参比电极的电位值之和，即为所测的 ORP 值（mV）。

过去一直采用插入铂电极和参比电极直接测定 ORP 值，但由于铂电极并非绝对惰性，其表面可形成氧化膜或者吸附其他物质，影响各氧化还原电对在铂电极上的电子交换速率，因此，这种方法在测定弱平衡体系时，平衡电位的建立极为缓慢，在有的介质中需经过几小时，甚至一两天，导致测定误差很大。目前，氧化还原电位去极化法已经出现自动测定系统，所有的样品全部自动进行控制、测量和数据处理，显著提高了测定精度和工作效率，并减轻了劳动强度。在微生物的发酵过程中，微生物细胞不断吸收发酵液中的营养成分，通过胞内的代谢过程来获取能量，用于生长、生存和产物合成，再将部分代谢产物排向胞外发酵液中，因而发酵液的氧化还原电位是依据发酵进程或者微生物的代谢状况而不断变化的，即处于"动态平衡"。反过来，如果对氧化电位进行监测，将微生物生物量或产物产量与氧化电位进行关联，就可能找到最适产量的时间点或者最佳环境。例如，Lin 等 2005 年利用氧化还原电极检测克拉维酸的生产过程，发现 ORP 对克拉维酸的生成有着比溶氧更好的关联性，从而将克拉维酸的产量提高了 96%。

由于氧化还原电位是 pH 值、溶解氧浓度、平衡常数等发酵液中众多环境因子的综合反映，我们可以通过改变 pH 值、通气量和搅拌速度等来维持发酵液的氧化还原电位，还可以通过添加对微生物无害的氧化剂或还原剂，使其保持在生产有利的范围。通过改变通气量和搅拌速度可以有效地控制体系的氧化还原电位，达到柠檬酸的高产率，并把氧化还原电位作为柠檬酸发酵过程放大的控制参数。姜岷等 2008 年用铁氰化钾作为氧化剂、二硫苏糖醇作为还原剂来调节发酵体系的氧化还原电位值，使产物丁二酸与副产物乙酸的质量浓度比由 2.5 提高到 3.9。

氧化还原电位应用在发酵监控中具有很多优势：提供必要条件以保证微生物在合适的氧化还原环境下生长；可以检测到在厌氧条件下难以用一般的溶氧电极检测的痕量氧值；在生物工程下游技术中，可以通过监测 ORP 值提供某种化学物质是否存在或化学物质之间是否转换的证据；一定的 ORP 值是影响蛋白质正确折叠维持其活性，尤其是二硫键形成的关键因素。尽管氧化还原电位作为监控参数,可以反映许多需氧或者厌氧微生物在培养过程中发生的一系列有价值的代谢信息,但调控氧化还原电位对微生物生理代谢的影响机理尚不清楚,因此,它在发酵过程中的应用仍需要继续深入研究。

10.2.3.5 呼吸熵

二氧化碳作为代谢产物或中间前体,尾气中二氧化碳积累与生物量成正比,因此,通过碳质量平衡估算生长速率和细胞量,就可以将呼吸熵与尾气中二氧化碳积累密切关联,用于表征发酵状况,但高浓度二氧化碳对发酵多表现为抑制作用。摄氧率(OUR)定义为单位体积发酵液单位时间的总耗氧量,可以通过磁氧分析仪或质谱仪测量进气和排气中的氧含量计算得到,反映了微生物生长的活性,见式(10-4)。

$$\text{OUR} = Q_{O_2} \cdot x = \frac{F_{进}}{V_L} \left[C_{O_2进} - \frac{C_{惰进} \times C_{O_2出}}{1-(C_{CO_2出}+C_{O_2出})} \right] f \qquad (10\text{-}4)$$

式中,Q_{O_2} 为呼吸强度,$mol_{O_2}/(g \cdot h)$;Q_{CO_2} 为比 CO_2 释放率 $mol_{CO_2}/(g \cdot h)$;x 为菌体干重,g/L;$F_{进}$ 为进气流量,mol/h;$C_{惰进}$、$C_{O_2进}$、$C_{CO_2进}$ 分别为进入气体中惰性气体、O_2、CO_2 的含量,%;$C_{O_2出}$、$C_{CO_2出}$ 分别为尾气中 O_2、CO_2 含量,%;V 表示发酵液体积,L;F 为系数,其值等于 $273/(273+t_{进} \times p_{进})$;$t_{进}$ 为进气温度,℃;$p_{进}$ 表示进气绝对压强,Pa。

二氧化碳释放率(CER)表示单位体积发酵液单位时间内释放的二氧化碳量,反映了微生物代谢的状况,见式(10-5)。

$$\text{CER} = Q_{CO_2} \cdot x = \frac{F_{进}}{V_L} \left[\frac{C_{惰进} \times C_{CO_2出}}{1-(C_{CO_2出}+C_{O_2出})} - C_{CO_2进} \right] f \qquad (10\text{-}5)$$

式(10-5)参数参考式(10-4)。

呼吸熵(RQ)定义:在同一时间内,菌体呼吸过程中,释放二氧化碳与吸收氧气的体积之比或摩尔数之比,即指呼吸作用所释放的 CO_2 和吸收的 O_2 的分子比(李艳,2007),OUR 与 CER 呈现同步关系,反映微生物对氧的利用情况,见式(10-6)。

$$\text{RQ}(呼吸熵) = \text{CER}(CO_2 释放率) / \text{OUR}(摄氧率) \qquad (10\text{-}6)$$

RQ 是碳能源代谢情况的指示值,当碳能源完全氧化时,RQ 达到完全氧化的理论值。但在实际发酵过程中,碳能源往往不完全氧化,总会存在除葡萄糖外的碳源及不完全氧化的中间代谢物,因此,实际生产测得的 RQ 明显低于理论值(拓展知识10-12)。

呼吸熵(RQ)、二氧化碳释放率(CER)等作为发酵过程中表征细胞代谢特性和工程特性的相关参数,尾气 CO_2 的检测可直接反映代谢情况,与 RQ 值相结合,可以指导补料,作为工艺优化的指标;通过检测发酵过程中的 RQ 值变化控制发酵过程,是流加发酵所取得的重大进展之一。例如,在毕赤酵母发酵生产猪 α- 干扰素的过程中,RQ 值可以作为衡量毕赤酵母表达猪 α- 干扰素过程中所控制甲醇浓度是否合适以及活性高低的一个重要指标。为保证产生次生代谢产物,在发酵中后期且有营养限制的条件下,有意使菌体处于半饥饿状态,维持产生次生代谢产物的速率在较高水平,对于这种工艺,关键是后期的补料控制,研究发现,在补糖开始时,CER、OUR 大幅度提高,RQ 也有所提高,表明通过补糖不但提供了更多的碳源,而且随着体系内葡萄糖浓度提高,糖代谢相关酶活性也提高,产能增加。RQ 的变化曲线可以清楚地反映菌体的生长状态和代谢变化,利用在线监测 RQ 值的变化,对于指导控制微生物发酵生产目的产物具有重要意义(拓展知识10-13)。

10.2.4 基于代谢网络的次生代谢调控

启动微生物次生代谢表达往往是多种机制并存的结果,除了上述调节机制外,还有另外两种:一种是细胞中的一些小分子效应物辅助阻遏物或抑制剂的作用,只有当这些辅助阻遏物或抑制剂被初生代谢耗竭后,次生代谢的合成才被启动,这一调节机制可以解释碳源分解代谢物的调节、氮分解代谢物的调节和磷酸盐的控制作用;另一种是细胞在次生代谢启动前,必须合成一类起诱导作用或激活作用的物质,在链霉素和利福霉素生物合成中分别起重要作用的 A 因子和 R 因子就是这类物质。图 10-10 总结了复杂调控网络中多种影响次生代谢合成启动的因素。

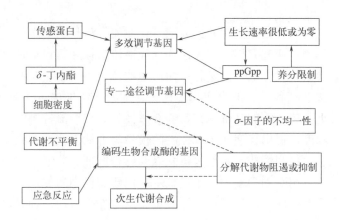

图 10-10 复杂调控网络中影响次生代谢合成启动的可能因素

10.2.4.1 初生代谢对次生代谢的调节

初生代谢对次生代谢的调节(或者说影响)可以分为两种情形:一种是初生代谢途径的终产物作为前体合成次生代谢产物。由于这些终产物是受初生代谢反馈调节的,因而也必然影响到后面的次生代谢产物的合成,添加外源前体也会导致反馈调节,例如,缬氨酸对青霉素生物合成的反馈调节就属于这种。缬氨酸作为青霉素合成前体之一,它还能反馈抑制自身合成途径中的第一个酶——乙酰羟羧酸合成酶的活性,从而使青霉素合成受影响。又如在抗生素发酵过程中,当加入青霉素 G 侧链前体——苯乙酸的浓度超过 0.1% 时,就抑制青霉菌的生长发育,主要是因为加入的前体虽可显著增产,但外源前体多数并非菌体生长所必需,超过一定的限度时,则引起对菌体的"毒性"。

另一种是当次生代谢途径和初生代谢途径具有共同的分叉中间体时,由分叉中间体产生的次生代谢终产物的反馈调节可能影响次生代谢产物的形成。例如,赖氨酸对青霉素生物合成的反馈调节。在青霉素生物合成途径中,α-氨基己二酸是必不可少的前体物质,而 α-氨基己二酸的初生代谢终产物是赖氨酸,分支的次级代谢产物是青霉素,因此,α-氨基己二酸是青霉素和赖氨酸生物合成中的共同中间体。赖氨酸是初生代谢产物,能抑制本身合成途径中的第一个酶——同型柠檬酸合成酶,使合成青霉素的前体 α-氨基己二酸的途径受到影响,进而导致青霉素的产量下降。已知赖氨酸对青霉素的生物合成有抑制作用,α-氨基己二酸又能逆转赖氨酸的抑制作用。研究表明由于赖氨酸能反馈抑制赖氨酸合成途径中的第一个酶——高柠檬酸合成酶,导致 α-氨基己二酸的合成受阻,因而减少合成青霉素生物中间体的供给,可使抗生素产量降低。

10.2.4.2 代谢途径中节点的性质

代谢途径按生物化学反应规律汇成代谢网络，代谢网络中一个反应序列分叉成两条或更多条不同途径的连接或交叉处就是代谢节点。不同代谢途径的交叉点称为节点，节点分为刚性、半刚性、柔性等。节点的刚性强弱，取决于微生物自动调节机制（图10-11，拓展知识10-14）。

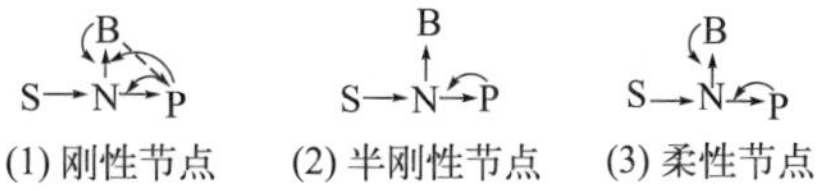

拓展知识10-14 代谢节点的类型及判断

图10-11 常见代谢节点示意图
(1) 刚性节点　(2) 半刚性节点　(3) 柔性节点

10.2.4.3 代谢流控制

代谢流控制是代谢工程研究中最为重要的方面，代谢流分析只是对围绕支点的代谢流分布定量化以及不同途径的相互作用的研究有用，但无法评估代谢流怎样才可以被控制，要使生物合成过程中系列中间物及产物朝向人为设定的方向进行，而微生物体系不至于被某些产物浓度的突然改变而带来灾难性影响，必须先认清代谢物的合成与转化速率是如何在外部条件变化时保持严密的平衡，除了前述反馈抑制、协调效应、酶的共价修饰、酶合成控制等代谢流控制的常规分子效应分析方法外，需要进一步从系统角度，提出代谢流系统控制的模型与方法。代谢流系统控制理论主要涉及流量控制系数、浓度控制系数、弹性控制系数等概念以及总和原理、连通原理等，认为代谢控制是细胞内代谢的系统属性，可以用酶动力学性质定量表示，代谢途径中酶促反应步骤对代谢的控制作用随系统内外条件的改变而变化，进而用理论计算或试验确定控制系数，加深对代谢的控制结构特性的理解。

Kacser等1993年最早提出用数学方法描述生化反应网络内的控制现象，流量控制系数、浓度控制系数、弹性控制系数的概念被引入，流量控制系数的定义见式（10-7）：

$$C_i^J = \frac{dJ_i}{de_i} \cdot \frac{e_i}{J_i} = \frac{d\ln J_i}{d\ln e_i} \tag{10-7}$$

式中，J_i为在酶E_i催化的稳态代谢流；e_i为酶E_i的浓度；流量控制系数C_i^J实际上是对酶浓度变化影响稳态代谢流的测量，即在该稳态代谢流下酶E_i对代谢流控制的贡献程度。

浓度控制系数定义见式（10-8）。

$$C_i^{x_j} = \frac{dx_i}{de_i} \cdot \frac{e_i}{x_i} = \frac{d\ln x_i}{d\ln e_i} \tag{10-8}$$

式中，x_j为代谢物的稳定浓度；$C_i^{x_j}$的作用在于测定酶E_i的浓度对代谢物稳态浓度x_j的影响。

弹性系数的定义见式（10-9）。

$$\varepsilon_j^i = \frac{\Delta v_i}{\Delta x_j} \cdot \frac{x_j}{v_i} = \frac{d\ln v_i}{d\ln x_j} \tag{10-9}$$

式中，v_i表示酶E_i的催化反应速率。弹性系数是指一个与代谢系统中某一步反应具有相同参数的酶促反应，是对该反应某一参数进行微扰引起的反应速率v_i的相对变化与该参数的相对变化之比。也就是说，弹性系数实际上是在其他代谢物浓度保持恒定的前提下，反应速率如何响应代谢物浓度变化的一种度量。上述前两个控制系数表征的是整个代谢途径的特性，途径中任何一个参数的变化均会引起控制系数的变化；而弹性系数则表征的是代谢途径的区域特性，仅反映单一酶或其他影响因子的状态。

总和原理：指代谢系统中对指定代谢通量J和代谢物x，所有反应步骤的流量控制系数的总和为1，见式（10-10）。

$$\sum C_i^j = 1 \qquad (10\text{-}10)$$

对于产物 x 的浓度控制系数的总和为1，见式（10-11）。

$$\sum C_i^{[x]} = 1 \qquad (10\text{-}11)$$

总和原理说明代谢控制是一种系统特性，代谢系统中的全部反应步骤共同承担了对代谢通量的控制，处在稳定状态时的代谢系统，所有反应步骤控制系数的总和是恒定不变的。因为控制系数的大小表示每一反应步骤对代谢控制作用的强弱，某些通量控制系数的增加意味着其他通量控制系数的减少，这样才能保证系统的整体特性。

连通原理：在代谢系统中，若以中间代谢物 x 为弹性系数的微扰参数，则由 x 联结的全部反应的流量控制系数和浓度控制系数与这些反应对应的弹性系数乘积之和是一个定值，见式（10-12）。

$$\sum C_i^J \varepsilon_{[x]}^i = 0 \quad \sum C_i^{x_j} \varepsilon_{[x]}^i = 0 \quad \sum C_i^x \varepsilon_{[x]}^i = -1 \qquad (10\text{-}12)$$

在代谢系统中，中间代谢物联结的两个反应都对其浓度变化非常敏感。通过控制系数和弹性系数之间存在的确定关系，将这种方式联结的反应定量化。因而连通原理是经典的酶促动力学与代谢控制分析联系的纽带，提供了用酶的动力学性质（以弹性系数表示）确定控制系数的方法，在代谢控制理论上具有十分重要的意义。

代谢控制的系统观点：细胞代谢网络系统由微生物细胞内同时进行的数千个错综复杂的生化反应构成。网络系统中的各反应速率决定了整个网络的代谢流，而这些反应的速率受相应的酶活水平以及参与反应的代谢物浓度的影响，它们同时又受细胞性状和所处环境的制约。因此，整个网络系统的代谢控制机制、基因和环境条件的改变，对代谢流量的影响是代谢控制分析研究的主要内容。代谢控制系统论从整体角度考察代谢现象，把每个酶促反应作为代谢系统最基本的组成部分，同时，将基因表达、酶活水平、代谢物浓度、抑制机制、效应物、抑制剂、激活剂以及环境条件等影响归结为对反应的扰动，再根据代谢系统的结构特点进行系统综合分析。它的一个重要特点就是结合具体的酶反应动力学性质分析说明代谢网络特性，例如，利用代谢网络中相同参数的反应速率方程求导，可以获得弹性系数的值，或者通过体内实验测定弹性系数；根据连通原理确定代谢网络中的控制系数，这已在鼠肝线粒体酮体合成的复杂代谢网络中成功应用。同时，代谢控制分析的连通原理还能进一步推广，用来描述代谢物的扰动如何通过代谢网络传播。代谢控制的系统化理论，不仅提高了人们对代谢网络中控制结构的认识，而且对不同类型的代谢系统的控制分析也更加系统化，形成了所谓的"矩阵法"。随着代谢控制分析理论的不断深入，已发展到可以对含有分支途径、循环、酶-酶相互作用、级联反应等各种结构的代谢体系进行代谢控制分析，目前正整合计算机技术的跨越应用，使得代谢网络分析和网络优化的前景更加广阔（拓展知识10-15）。

拓展知识10-15
代谢流控制策略

10.3 微生物次生代谢调控策略与技术

ADDIN 微生物各种次生代谢过程实质上都是酶促反应过程，并且与初生代谢存在紧密的相互作用，次生代谢底物往往都是直接或间接来源于初生代谢的产物，初生代谢还为次生代谢产物合成提供能量和辅酶或辅因子等必不可少的生物合成要素。当然，次生代谢产物的合成通常会受到初生代谢过程的阻遏或其降解产物的诱导作用。因此，对次生代谢的调节控制最终主要围绕对次生代过程相关酶活性展开，认识初生代谢与次生代谢的协调的调控作用，以最终实现次生代谢产物的高效合成。

同时，微生物的次生代谢往往是其适应某些特殊环境条件的结果，如培养基组成、离子强度、渗透压、pH值、温度、溶解氧以及氧化还原电位、呼吸熵等。因此，除了选育性能优良的次生代谢产物生产菌株，还应提供相应的环境条件，这对于次生代谢物的高效稳定生产尤为重要。

基于产物合成调控的原理来指导目的次生代谢产物大量、稳定、高效合成，是现代工业微生物领域的关键任务。本节将结合具体案例进一步分析在工业微生物实践中，如何应用微生物次生代谢产物合成调控原理解决实际应用中的科学问题。一般来说，若生物合成研究以产物生产为目的时，以下几个方面应系统考量：第一，目标次生代谢产物的结构及其理化特性如何？其对微生物的生理意义是什么？哪些特定环境将有利于目标次生代谢产物的积累；第二，目标次生代谢产物的生物合成途径及其与初生代谢途径有着怎样的偶联网络？该网络的柔性调控节点及目标产物合成途径的关键酶有哪些；第三，从初生代谢到目的次生代谢途径或者网络中，关键酶基因及其表达的时空特征是什么？酶的活性受哪些因素影响或控制？什么是可人为操作的调控？另外，还要了解影响目标次生代谢产物合成的主要环境因素有哪些，如何通过建立有效的发酵策略来调控或控制这些因素等。

10.3.1 微生物次生代谢调控策略

10.3.1.1 基于目标产物生理意义及其环境适应性的调控策略

与植物次生代谢产物一样，微生物的次生代谢产物也被认为是对逆境适应的产物。当微生物生长环境处于逆境，如，在某些生长环境（温度、水分、光照、溶氧、盐分、底物等）压力下，微生物的生长受到限制甚至胁迫，这种现象对微生物的生长往往是有害的，为了提高对生态环境的适应性，微生物一方面会发生形态结构变化以适应环境的变化，另一方面，微生物在生理生化上可能发生变化，产生次生代谢产物有助于清除不平衡生长时累积的有害低分子质量的中间代谢产物，解除环境胁迫，使微生物的生命延续下去。

在微生物耐营养物质缺乏，抗氧化胁迫、耐盐性研究中都发现，次生代谢产物都发挥着重要作用。例如，大肠杆菌等肠道微生物在缺乏铁离子的环境中，会产生一种次级代谢产物——肠道杆菌素，它们能够与铁离子形成络合物，把微量的铁离子聚集起来，便于细菌自身吸收利用。Nanou等2010年在利用三孢布拉霉发酵生产类胡萝卜素的过程中，添加20mmol/L的2,6-二叔丁基-4-甲基苯酚，使菌体处于氧化胁迫状态，过氧化氢酶和超氧化物歧化酶的酶活性显著提高，菌体形态发生了较大改变，从聚集的大块状变成小菌丝团，类胡萝卜素的含量增加了5倍。中国农业大学段长青等2011年摇瓶发酵重组酿酒酵母（recombinant Saccharomyces cerevisiae），添加0.5或1.0mmol/L的过氧化氢，使酵母处于氧化胁迫的环境中，明显提高了β-胡萝卜素产量。

此外，也有研究者认为次生代谢产物是微生物在不利的生长环境中贮存的营养物质，当外界条件合适时，微生物能够利用这些次生代谢产物作为营养物质供微生物生长代谢所需，这进一步说明了微生物的生长环境对次生代谢产物累积存贮的重要意义。

10.3.1.2 基于目标次生代谢产物合成途径的调控策略

（1）增加前体流量　前体不但是次生代谢产物碳骨架、氮素等构建的原料，同时也具有调节次生代谢产物合成的作用。在某些次生代谢产物合成中，前体往往是限制性的因素。因此，研究前体添加策略对目标次生代谢产物的稳产高产具有重要意义。另外，当外源前体在发酵液中的残留浓度过高，会使菌体中毒，不利于次生代谢产物的合成。例如，在发酵过程中加入苯乙酸，可有效促进氨苄青霉素的生产，丙酸和丙醇具有促进红霉素合成的作用，但在发酵前期加入丙醇，会干扰菌体的生长，从而降低抗生素的合成。在类胡萝卜素的代谢途径中，葡萄糖代谢生成乙酰CoA，经过甲羟戊酸途径进一步合成系列类胡萝卜素，添加前体可以促进微生物发酵产类胡萝卜素产量。事实上，添加柠檬酸盐、苹果酸盐等三羧酸循环中间代谢物，也可以促进红假单胞球菌、三孢布拉霉、红法夫酵母和金色葡萄球菌中类胡萝卜素的合成。在三孢布拉霉菌发酵生产番茄红素的过程中添加42mg/L异戊烯化合物香叶醇，在发酵48h，番茄红素含量增加了80%左右；分别添加40mg/L异戊烯醇、17.5mg/L甲羟戊酸、150mg/L二甲基烯丙基醇，在发酵36h，番茄红素的产量分别提高了62%、45%和47%。

（2）优化产物途径　类胡萝卜素次生代谢产物的形成遵循四萜的普遍途径，即从IPP到GGPP，再到四萜的共同前体——八氢番茄红素，随后又在八氢番茄红素脱氢酶的作用下逐步脱氢生成番茄红素，在番茄红素环化酶的作用下，经过两端的环化作用生成β-胡萝卜素（图10-12）。虽然有些微生物能将上述途径继续延长至虾青素等，但对于某些菌次生代谢的终点止于较为上游的β-胡萝卜素类。以三孢布拉霉菌（*Blakeslea trispora*）发酵产类胡萝卜素为例，三孢布拉霉菌是目前工业化发酵生产β-胡萝卜素的重要微生物，有正菌和负菌两种类型，其生长迅速，生物量高，代谢生成β-胡萝卜素能力强，发酵时通常将正负菌按一定比例进行混合，产生一系列特殊结构，特别是结合孢子，大大提高了类胡萝卜素的产量，这是因为在混合培养时结合菌产生三孢酸C或其类似物质，从而刺激类胡萝卜素和结合孢子的形成。但将正菌或负菌单独培养时，仅能产生无性孢子和少量类胡萝卜素。虽然从医药价值来看，位于β-胡萝卜素合成上游的番茄红素和下游的虾青素更加具有优越的生理功能，在药品、化妆品和高级营养保健食品中的应用空间更广泛，但如果能显著提高通往β-胡萝卜素生成的途径通量，再通过代谢工程的手段精准改变微生物原有的代谢途径，使次生代谢朝着理想的产物进行，对于次生代谢的理论研究及实践将具有重要意义。

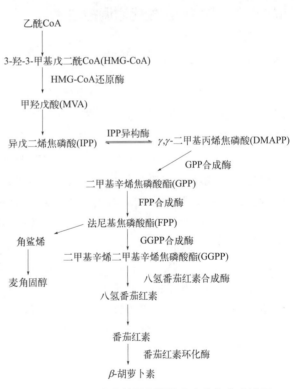

图10-12　三孢布拉霉类胡萝卜素生物合成途径

（3）阻断代谢旁路　通过减少旁路对前体化合物的消耗，有利于提高途径中目标产物的产量，切断代谢旁路策略是提高目标次生代谢产物产量的有效方法。可以利用抑制剂或基因敲除等技术手段，实现对不需要的旁路途径的抑制。三羧酸循环是细胞的主要代谢途径之一，负责将营养物质（如葡萄糖、脂肪酸和氨基酸）转化为细胞的能量货币ATP。在雷帕霉素的生物合成中，三羧酸循环提供的中间体（如α-酮戊二酸和草酰乙酸）是合成雷帕霉素的关键前体。通过下调三羧酸循环中某些基因的表达，可以减少这些前体向能量代谢的分流，从而增加它们向雷帕霉素合成途径的供应，因此，姜卫红团队在2020年通过在工业微生物链霉菌中创建的动态调控系统EQCi，所构建的工程菌株中雷帕霉素效价达到（1836±191）mg/L，与出发菌株相比，提高了约660%。

10.3.1.3　基于次生代谢产物合成的网络调控策略

代谢调控的分析理论认为，代谢流的调控是由组成代谢途径的各个步骤及其相互影响的关系决定，并且分布在整个代谢途径。限速步骤和关键酶的种类会随着环境的变化表现出一定的差异，不存在唯一和固定不变的单一路线。代谢网络调控的依据是对代谢节点的判断，在调控代谢流的操作中最困难的是对刚性节点的调节。对代谢网络调控的目标是改变代谢流，提高次生代谢产物的产率，具体涉及到细胞在不同环境下的代谢流分析，确定节点类型和最佳代谢途径，分析各种影响代谢途径的影响因素，确认各个旁路影响大小，计算最大理论得率，根据以上研究建立相应的调控策略。

10.3.2　微生物次生代谢调控技术

10.3.2.1　针对途径关键酶的调控

（1）添加激活剂或抑制剂　关键酶在代谢途径中可催化慢反应，或处于代谢的交叉节点，如果能针对关键酶进行调控，往往会提升目标次生代谢产物产量。次生代谢产物合成中普遍存在反馈抑制现象，很大部分原因是微生物合成次生代谢产物本身会对其上游的某些酶产生抑制，例如，洛伐他丁因对三萜合成上游的甲羟戊酸途径中的HMG-CoA还原酶具有较强的抑制作用，可显著降低胆固醇功能，成功开发成为人类降血脂药物。他汀类产物来自土曲霉（*Aspergillus terreus*）或红曲霉（*Monascus* spp）等微生物的聚酮途径，而聚酮途径和甲羟戊酸途径的起始底物都来自乙酰辅酶A，两条途径共用底物，在生物合成上必然是竞争关系，具体来说，某一条途径上的产物可能就是另一条竞争途径关键酶的抑制剂，这是洛伐他汀可以抑制胆固醇合成的"底层逻辑"。因此，理论上任何次生代谢产物合成途径都存在"天然的抑制剂"或"激活剂"，但能专一性作用于某关键酶的小分子添加剂实际并不多见，难以在实际生产中应用，有些仅在研究中使用。以类胡萝卜素生物合成调控为例，若以番茄红素为发酵终点，可以通过阻断类胡萝卜素的某些代谢途径，特别是番茄红素环化酶及其后续反应，针对该酶可能的抑制剂，从咪唑、胡椒基丁醚、哌啶、三乙胺、吡啶、肌酸酐、烟酸等诸多可能的抑制剂中筛选，发现添加0.05%的哌啶抑制效果最佳，番茄红素在胡萝卜素中的占比最高。

（2）增加关键酶的表达量和活性　次生代谢产物合成酶基本都是可诱导酶，在弄清楚研究体系中关键酶的诱导因子之后，通过添加或者发酵过程控制，来促进酶的表达，增强酶的活性。例如，三孢酸能使类胡萝卜素代谢途径中两个关键酶基因 *carRA*（番茄红素环化酶基因）和 *carB* 基因（八氢番茄红素脱氢酶基因）的表达量提高3.24和9.93倍，因此，在类胡萝卜素发酵生产中添加三孢酸或其类似物β-紫罗酮、脱落酸等，使类胡萝卜素产量明显提高。另外，还可以通过增加关键酶基因的拷贝数、克隆强启动子以及对关键酶活性中心的基因进行定点正突变等方法增强相关酶的表达量。

10.3.2.2 高产菌种诱变及遗传改造技术

对于微生物次生代谢产物来说，从具有新活性产物的发现到工业化生产，生产菌株的产量都提高了若干个数量级，期间，菌株改良一直是提高次生代谢产物最终积累量的关键，同时，菌株改造还可以减少副产物的合成，并且有可能优选到更便宜且不增加后续工艺压力的原料。

（1）菌种常规选育技术更适用于次生代谢产物的实验室研发阶段　微生物菌株的诱变是基于使微生物处于"随机突变+设定的筛子"条件下的优良菌株选育最基本的方法，优点是简单、有效，特别是在对次生代谢产物合成途径不了解的情况下，这种技术能够有效筛选到微生物群体中基因型突变体，设定的"筛子"往往会和目标次生代谢物产生的生理生化条件相对应，因此，筛选到的突变体往往也是高产菌株。例如，在青霉素生物合成中对赖氨酸的调控就涉及菌种的诱变，已知青霉素生物合成的前体是 α-氨基己二酸、L-半胱氨酸及 L-缬氨酸，其中，α-氨基己二酸还有一条支路是合成赖氨酸（如图10-13），依据反馈调节的基本原理，赖氨酸的积累将导致对分支途径和主途径产生反馈抑制，虽然对分支途径的抑制有利于青霉素合成，但对主途径的抑制最终将使青霉素的合成减弱，体系对于赖氨酸浓度呈高度敏感，要求其浓度在"亚适量"范围，工艺上可以通过动态添加赖氨酸的方式在一定程度上缓解反馈抑制，但对青霉素积累的促进效果十分有限，完全阻断赖氨酸的合成也不可取，因为赖氨酸可能是某些微生物的基本营养。利用微生物诱变育种技术，以赖氨酸亚适量或者不含赖氨酸的培养基为"筛子"，通过诱变选取在该条件下生长营养缺陷型突变株，获得不依赖于赖氨酸的菌株，较好地解决了青霉素合成中赖氨酸的限制问题。同时，有些微生物中，赖氨酸还可以合成 α-氨基己二酸，诱变后的菌株仅需要在工艺中外加一定浓度的赖氨酸，较好地解除了赖氨酸的反馈抑制。

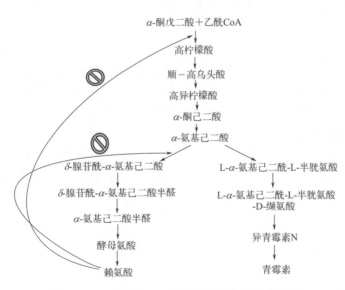

图10-13　赖氨酸对青霉素积累量影响的途径分析

常规育种的技术手段包括物理、化学、生物等诱变因子，也包括微生物细胞的原生质体融合等，但这种技术的缺点就是对微生物菌株基因诱变的定向性不强，并且实验人员的操作劳动强度较大，因此，适用于次生代谢批量生产前的实验室阶段。

（2）代谢工程对途径进行精准的改变、延长或缩短　从分子水平对代谢途径中的关键酶或一系列酶进行 DNA 重组和途径设计，然后进行工程化应用，在20世纪末开始就获得了普遍认可。从代谢工程到目前火热的合成生物学，都希望在人工有效控制细胞代谢的研究中越来越高效、精准。人们在微生物聚酮类、黄酮类、萜类以及四萜类生物合成的代谢工程方面取得了良好进展，相应的实例见本章 10.4。代谢工程还可以基于代谢网络分析、代谢流量分析以及代谢控制分析，有效确定处于复杂网络的限速步骤和调控节点，在此基础上，代谢工程不仅可以对次生代谢的结构基因依据一定的策略进行改造，还可以对初生代谢的关键节点进行改造，以提高次生代谢前体供应，或对能量、辅酶等因子进行"点"或"线（途径）"或网络的改造，合理"引流"代谢底物，提高目的产物产量。通过改变微生物碳代谢流分布，在保证不破坏其他关键途径的前提下，将碳源集中分配于目标途径，有效提高目标产物产量。例如，链霉菌中的磷酸果糖激酶和丙酮酸激酶都有较强的表达，它们都属于中心碳代谢酶，研究者通过对酶的遗传和生化详细分析，发现这两种酶的缺失突变体表现出抗生素过量积累的表型，主要是由于该菌聚酮类抗生素合成上游与脂肪酸生物合成共用丙二酰单酰辅酶 A，进一步分析发现这两个酶与乙酰辅酶 A 的流向分配有决定作用，通过对这两个代谢关键酶的干扰，改造后的菌株增强了聚酮类生物合成底物的供应，同时，作为竞争的脂肪酸生物合成途径被适当抑制，最终促进了聚酮类次生代谢产物合成途径。

10.3.2.3 改变细胞膜通透性，解除微生物固有产物反馈抑制

微生物生长代谢与膜对化合物的选择通透性紧密相关，改善细胞膜的通透性对发酵生产次生代谢产物十分重要。微生物细胞内累积的某一代谢产物浓度超过一定限度时，菌体会通过反馈抑制限制目标次生代谢产物进一步合成。在实际研究和生产过程中，可采用生理和遗传学手段，改变细胞膜的通透性，使胞内的代谢产物快速渗漏到细胞外，从而降低细胞内代谢物浓度，解除代谢物的反馈抑制和阻遏，便可提高次生代谢产物的产量。细胞膜通透性改变也有利于营养物质进入细胞，促进细胞合成代谢。改变细胞膜通透性的方法主要包括：①化学法，诸如有机溶剂法，抗生素法及 pH 值扰动法等，有机溶剂法一般采用甲苯，氯仿，戊二醛，二甲基亚砜等，利用有机溶剂透过细胞膜的脂质体而破坏细胞膜的结构和脂质体的流动性，使细胞膜丧失原有的对胞内外物质的渗透调控能力，从而提高细胞膜的通透性。化学渗透法因添加物的毒性及通用性较差，应用范围较窄。②物理法，如空气干燥、渗透压冲击、温度冲击、超声波处理等。物理方法效率较高，并且具有无残余毒性、参数易控制、普适性等优势，可用于各类微生物发酵，因而应用广泛。超声波法是最常用的物理方法，低频超声波的空化作用可以导致细胞的非热生物效应，从而改变细胞质膜的通透性，使胞内物质释放或胞外物质进入细胞内。用低频超声波改变深黄被孢霉细胞膜通透性，提高菌体对营养成分的利用，γ-亚麻酸产量提高 20% 左右。

10.3.3 优化发酵过程，促进目标次生代谢产物大量累积

10.3.3.1 发酵培养基组成的优化与控制

（1）碳源　主要用于构建细胞和形成产物的骨架。葡萄糖是最基本的碳源，其他的天然有机化合物（如油脂，甘油，乳糖等）也可以作为碳源，用于菌体的生长和代谢产物的生成。针对不同的次生代谢产物，选择合适的碳源是发酵生产目标次生代谢产物必须要做的工作。同时，碳源的浓度也相当重要，在某一浓度下，碳源会阻遏一个或更多负责产物合成的酶，出现碳分解代谢物阻遏的现象，阻碍了目标次生代谢产物的合成。因此，碳源的类型和浓度都需要设计实验进行具体

优化。Mantzouridou 等 2006 年用橄榄油和大豆油作为葡萄糖的协同碳源，在利用三孢布拉霉发酵生产类胡萝卜素的过程中能较大幅度地提高类胡萝卜素的产量，当橄榄油和大豆油的添加量都为 10g/L 时，分别能使类胡萝卜素的含量提高 14 倍和 40 倍，尤其是对 β-胡萝卜素产量的提高更加明显。

（2）氮源　大多数细菌，霉菌和酵母利用氨和硝酸盐来合成含氮有机物，如氨基酸、嘌呤和嘧啶等。许多微生物也可以从有机含氮物，如蛋白质、肽或氨基酸的降解中获得氨。铵离子或某些易利用的氮源的积累会阻遏次生代谢产物的合成。

（3）矿物盐和其他特殊营养　大多数微生物发酵需要添加磷酸盐、镁、锰、铁、钾盐和氯化物。通常自来水或复合培养基中含有所需的微量元素，铜、锌、钴和钼以及钙盐等。大多数金属离子，尤其是无机磷酸盐，可阻遏几种次生代谢产物的生物合成。许多微生物需要一些他们不能合成的特殊养分和生长因子，如氨基酸、嘌呤、嘧啶、维生素和生物素等。

（4）两阶段培养及培养基优化方法　次生代谢产物的生产在工业发酵中通常采用两阶段培养，分别偏向于微生物细胞生物量和次生代谢合成与积累，因此，通常使用两种培养基，前者用于培养种子，后者用于产物合成。种子培养基优化的目的，主要在于支持细胞的生长，也有促进产生最多的孢子。生产培养基的功能不言而喻是为了高产和合成所需要的产物，以减少下游工序。通过对适当参数的筛选和优化，可以获得高产和低成本的培养基。培养基的组成及比例优化涉及多因子优化数理的设计，以及实验条件的探索和验证。常规的研究思路：首先通过单因子实验确定培养基的组分，然后通过多因子实验确定培养基各组分的适宜浓度。单因子实验比较简单，对于多因子实验，为了减少实验次数，并能获得所需的实验结果，需要一些合理的实验设计方法。目前培养基的优化设计最常用的是正交实验设计和响应面分析。正交实验设计可用少量的具有代表性的实验来代替全面实验，较快地取得实验结果。正交实验的实质就是选择适当的正交表，合理安排实验和分析实验结果的一种实验方法。具体可以分为以下四步：根据问题的要求和客观的条件确定因子和水平，列出因子水平表；根据因子和水平数选用合适的正交表，设计正交表头，并安排实验；根据正交表给出的实验方案，进行实验；对实验结果进行分析，选出较优的实验条件以及对结果有显著影响的因子。对实验结果的分析主要有极差分析法和方差分析法。响应面分析和其他同级分析方法一样，由于采用了合理的实验设计，能以最经济的方式，用最少的实验次数对实验进行全面研究，科学的提供局部与整体的关系，从而取得明确的结论。与正交分析法不同，响应面分析方法以回归方法作为函数估算的工具，将多因子实验中因子与实验结果的相互关系，用多项式近似，把因子和实验结果（响应值）的关系函数化，依据此可对函数的面进行分析，研究因子与响应值之间，因子与因子之间的相互关系，并进行优化。响应面分析法已经成为在培养基优化和其他过程优化中最常用的数学统计方法，地位比较重要。Choudhari 等 2008 年为了优化三孢布拉霉发酵生产 β-胡萝卜素的培养条件，先通过单因素实验筛选出最优的碳源是葡萄糖，最佳的氮源是酵母粉，最适的 pH 值是 6.0，最优的接种量是 10^6 个/mL 孢子的发酵液，再用软件 Design Expert Version6.0.10 中的中心组合设计（CCD）工具，以 β-胡萝卜素产量为响应值，对葡萄糖、酵母粉、天冬酰胺、磷酸二氢钾、硫酸镁的浓度进行响应面分析，得到了 β-胡萝卜素的产量与上述 5 因素之间的 2 次函数关系，该函数模拟的方差为 0.97，模拟函数的可信度很高，并依此求出了最佳的培养基组分浓度：葡萄糖 59.4g/L，酵母粉 1.42g/L，天冬酰胺 2.12g/L，磷酸二氢钾 1.26g/L，硫酸镁 0.4g/L。优化以后的 β-胡萝卜素的产量比未优化的前提高了 42%，达到了优化目的。

10.3.3.2 发酵过程条件的优化与控制

（1）温度　影响微生物生长和生存的最重要因素之一，对每一种微生物而言，都存在最低温度、最适温度和最高温度，低于最低温度和高于最高温度，微生物不能生长，在最适温度下微生物生长最快。一般来说，发酵温度升高，酶反应速率增大，生长代谢加快，生产期提前。但酶本身容易因热而失活，表现出菌体容易衰老，发酵终点提前，影响最终产量。温度除直接影响过程中的各种反应速率外，还通过改变发酵液的物理性质，如溶解氧、传质速率和菌体对养分的吸收速率等，进而影响菌体生长和产物生成。发酵温度的选择要根据不同菌体的特点选择最适温度，但最适合菌体生长的温度有时未必适合产物合成。选择最合适的温度控制条件，要综合考虑菌体生长，产物合成、溶解氧、培养基成分和浓度等因素。用霉菌发酵生产不饱和脂肪酸采用分阶段温度控制很常见。Cantrell 等 2009 年利用畸雌腐霉（*Pythium irregulare*）发酵生产二十碳五烯酸（EPA）时，菌体的生长最适温度为 25℃，而诱导合成 EPA 的最适温度为 14℃，菌体的生长和产物的合成不在同一温度。

（2）pH 值　对每一种微生物而言都有一个合适的 pH 值范围，在这个范围内微生物都能生长，但也都有一个最合适的 pH 值。许多微生物适合的 pH 值在 5～9。pH 值的变化会影响各种酶的活性、菌体对基质的利用速率和细胞的结构，从而影响细胞生长和产物合成。有些时候，pH 值的变化会改变微生物的代谢途径，导致体系能耗的变化或产生不同的代谢产物。发酵过程中由于培养基的利用和某些产物的积累，发酵液的 pH 值会发生一定的变化。引起发酵液 pH 值下降的主要原因是生理酸性盐的消耗和有机酸的积累等；引起发酵液 pH 值上升的原因是由于氮源中氨基氮的释放或生理碱性盐的存在。微生物生长和产物合成的最适 pH 值通常不一样，这与菌体及其胞外产物的性质有关。因此，在次生代谢产物的发酵过程中，不仅要控制发酵液的初始 pH 值，而且要对整个发酵过程进行 pH 值控制。选择最适合的 pH 值原则是：获得最大的比生长速率或菌体量，以期获得最高产量。

（3）溶氧　溶氧是需氧微生物生长所必需的因素，也是发酵过程中的诸多限制因素中最重要的一个，它直接影响次生代谢产物的生产水平。为解决发酵溶液溶解氧的问题，添加氧载体是重要手段。在三孢布拉霉发酵生产番茄红素的发酵液中，添加 1%（V/V）正己烷和正十二烷作为氧载体，番茄红素的产量分别提高了 51% 和 78%，β-胡萝卜素的产量分别提高了 44% 和 65%。Giridhar 等在 2000 年用醋酸杆菌发酵生产 L-山梨糖时，添加 4%（V/V）的正十六烷为氧载体，目标产物的量明显提高。

10.3.3.3 非粮原料的综合利用，降低发酵成本

对于许多次生代谢产物的生产过程来说，原料成本占总生产成本的很大一部分，因此，为不与人争粮，充分利用原料，开发廉价原料，对发酵生产次生代谢产物意义很大。卢正东等 2009 年筛选出非粮原料——盾叶薯蓣淀粉为 L-乳酸发酵生产碳源，以替代较为昂贵的玉米淀粉碳源，从农副产品中筛选出廉价高效的麸皮水解液替代玉米浆等作为氮源，选择罗田甜柿汁替代极为昂贵的酵母粉提供生长因子，并采用析因实验和响应面法优化培养基，获得最大 L-乳酸产量（144.28±2.71）g/L，其对应的麸皮水解液和甜柿汁用量分别为比优化前节约了 0.75% 和 16.00%。Mantzouridou 等 2008 年用肥皂工业和生物柴油工业的副产物甘油作为三孢布拉霉发酵生产类胡萝卜素的补充碳源，当甘油添加量为 60.0g/L 时，肥皂工业来源的甘油和生物柴油工业来源的甘油能使类胡萝卜素的含量分

别提高 10 倍和 8 倍以上。Aksu 等 2005 年用农业废料糖蜜和乳清粉乳糖作为红酵母发酵生产类胡萝卜素的碳源，合适的添加量分别为 20g/L 和 13.2g/L，降低了生产成本。

10.4 微生物次生代谢物调控应用实例

10.4.1 微生物生产抗生素类产物的合成调控

抗生素是由动物、植物、微生物等在其生命活动过程中产生，且能在较低浓度下干扰或抑制其他生物和生长发育等作用的低分子分量化学物质，尤其是微生物，是目前市场上应用抗生素的主要来源。

10.4.1.1 基于途径特性调控因子介导的链霉菌次生代谢产物产量的提升

链霉菌可用于生产多种次生代谢产物，如链霉素、四环素、万古霉素等。通过基因组数据分析，发现平均每株链霉菌都拥有 20~40 个生物合成基因簇，目前，临床上超过一半的抗生素来源于链霉菌，对调控链霉菌合成次生代谢产物以及促进产量的提升，具有重要的应用前景。对链霉菌中的调控基因进行遗传操作是菌株改良的重要手段，在微生物次生代谢产物合成中主要有两类调控基因：途径特异性调控基因和全局性调控基因；将针对 3 种较为常见的家族调控因子 TetR、SARP 和 LuxR 进行介绍。

（1）TetR 类型调控因子　TetR 家族调控因子数量庞大，目前，在链霉菌中已发现超过 100 个 TetR 家族调控因子。TetR 类型调控因子通过两方面来影响次生代谢产物生物合成，一是控制特定次生代谢产物生物合成基因的表达，二是调控初生代谢相关基因的表达。例如，Lyu 等发现阿维链霉菌中的 AccR 调控因子，通过调控乙酰辅酶 A 羧化酶和支链氨基酸代谢的相关基因，来调节细胞内短链酰基辅酶 A 的水平，进而影响次生代谢产物的产生，敲除 *AccR* 使阿维菌素 B1a 的产量提高 1.6 倍，而在阿维链霉菌 A8 中，阿维菌素 B1a 的产量达到 7.76g/L，提升了 14.5%。

（2）SARP 家族调控因子　SARP 类型调控因子一般是通过直接激活链霉菌的次生代谢产物合成基因或其他调控基因进而发挥其功能。对途径特异性调控因子进行调控，不仅可以提升次生代谢产物的产量，也有助于发现具有新活性次生代谢产物。Koomsiri 等在对链霉菌 *Streptomyces* sp. KO7888 进行研究时发现，有一个沉默的编码非核糖体多肽类化合物的基因簇，对该基因簇的调控基因 *speR* 进行过表达，结果发现产生了两个新的脂肽 Sarpeptins A 和 Sarpeptins B；此外，SARPs 还可作为多效性调节蛋白，该蛋白可以控制多种次生代谢产物合成，并可调控链霉菌孢子形态分化。在 2018 年，Ma 等研究者发现，链霉菌中的 BulZ 可作为多效性调控因子，调节其孢子分化以及他克莫司的产生。总的来说，SARP 类型调控因子对链霉菌中次生代谢产物的合成具有复杂多样的调控模式。

（3）LuxR 家族调控因子　LuxR 家族调控蛋白是革兰阴性细菌最重要的调控因子之一，LAL 家族是 LuxR 家族中能与 ATP 结合的一类大型调控因子，在链霉菌中，超过 20 种 LAL 家族调控因子对天然产物的产生起着关键作用。例如，在工业菌株 *Streptomyces tsukubaensis* L19 中过表达 *fkbN* 和 *tcs7*，Tacrolimus 的产量提升至 272.1mg/L，约为原始菌株的 1.9 倍。另外，PAS 感应模块广泛存在于自然界，不仅能在细胞质中感应胞内信号，也能够穿过细胞膜感应环境因子，响应各类物理或化学刺激。目前，已知的多烯大环内酯生物合成基因簇，均包含一个编码 PAS-LuxR 类型调控因子的基因，而 PAS-LuxR 调控因子高度保守，Cui 等 2015 年通过在链霉菌中过表达 *ttmRIV*，使四霉素 A 的产量达到 1.33g/L，较野生菌株提升了 3.3 倍。

10.4.1.2　氨基糖苷抗生素庆大霉素合成途径

庆大霉素是临床上重要的氨基糖苷类抗生素，具有广谱和速效抗菌性，价格低廉，曾经被广泛应用于临床，是治疗革兰阴性菌感染的首选药物，但随着临床长期又大量的使用，耐药性问题突出，庆大霉素等氨基糖苷类药物在临床上应用逐渐减少。但对于具有多重耐药性的病原菌感染，庆大霉素仍然具有良好的治疗效果。庆大霉素合成调控案例见拓展知识 10-16。

> 拓展知识 10-16
> 庆大霉素合成调控案例

10.4.2　微生物多不饱和脂肪酸合成代谢调控研究实例

多不饱和脂肪酸的生物合成是在饱和脂肪酸合成途径的基础上扩展的，一般是从硬脂酸（Stearic Acid,SA）开始脱饱和及延长的，在 $\Delta 9$ 脱饱和酶催化下生成油酸（Oleic Acid,OA），然后在 $\Delta 12$ 脱饱和酶的作用下转化成亚油酸（Linoleic Acid，LA），LA 是 *n*-6 和 *n*-3 系列不饱和脂肪酸的共同前体，并在此基础上经一系列的碳链延长和脱氢反应合成一系列有生物活性的长链多不饱和脂肪酸，包括花生四烯酸（AA）、二十碳五烯酸（EPA）、二十二碳六烯酸（DHA）等。本小节将从分别从代谢途径是在酵母中构建新的合成途径，进而促进 AA 和 EPA 合成，以及调控促进 DHA 合成为例进行介绍，具体见拓展知识 10-17。

> 拓展知识 10-17
> 多不饱和脂肪酸γ-亚麻酸、EPA和DHA合成调控案例

10.4.3　复杂代谢网络调控实例

黄酮类化合物广泛存在于蔬菜水果及天然植物资源中，近十多年来越来越多的研究表明，包括花青素、黄烷醇、典型黄酮等在内的黄酮类次生代谢产物，在防治各种人类疾病中显示出了巨大的应用潜力，因而这类物质的生物合成研究受到了广泛关注。虽然在野生型微生物中很少有发现黄酮及苯丙烷类的生物合成途径，但由于黄酮类生物合成途径相对简单，目前研究的也较为深入，用微生物表达这类物质的研究取得了较大的进展。

乙酰 CoA 是细胞连接初生代谢和次生代谢最重要的枢纽，也是几条基本生物合成途径的起点，包括聚酮途径、IPP 合成的 MVA 途径等次生代谢产物的生物合成途径。同时，乙酰 CoA 也涉及 ATP 合成与分解代谢，广泛参与能量代谢以及氨基酸及脂肪的初生代谢（图 10-14），如果把相关次生代谢途径中多个基因导入大肠杆菌中，将会使原有的代谢网络分析变得更为复杂，初生代谢的阻遏和次生代谢的表达难以精确调控。美国纽约州立大学的 Fowler 等 2009 年对微生物黄酮类代谢工程进行研究，对大跨度的初生代谢到次生代谢复杂网络进行了基于算法的优化设计，以期大幅度提高微生物合成黄酮类产物的能力。然而，黄酮类产物的产量和细胞生长是相互竞争的，事实上，大多数的次生代谢产物或重组天然产物的生物合成都具有这样的特征。首先，从黄酮合成的初生代谢底物丙二酸单酰 CoA 的通量寻找突破口，找出初生代谢与次生代谢的最佳"平衡位"。具体来说，当葡萄糖供给充足时，菌会快速生长，这时乙酰 CoA 是这类总辅酶的主要成分，而丙二酰 CoA 仅占很少一部分比例，如果要提高黄酮的总产量，需要提升丙二酸单酰 CoA 的通量，然而，增强的

丙二酸单酰 CoA 将带动乙酰 CoA 和 ATP 代谢的增强，直接导致众多氨基酸和脂类代谢流的重新分布。如何有效地保障前体供应的同时，又能兼顾宿主自身产生的辅助因子的代谢流量就成为重要的科学问题。前期有一些预测或算法试图解除这种限制，但它们往往建立在忽略全局代谢网络中大量相互作用的基础上。因此，需要从整个网络框架的角度，鉴定和操纵关键反应和关键途径，从而修饰大肠杆菌工程菌的代谢网络碳流向，共同加大通往丙二酸单酰 CoA、辅酶 A 和 ATP 的代谢通量，通过一种称为进化码设计模型（Cipher of Evolutionary Design Model，CiED）的新算法，鉴定受基因缺失或网络修饰等受扰动的那些基因，从而使重组的次生代谢产物终产物的合成表型获得优化。

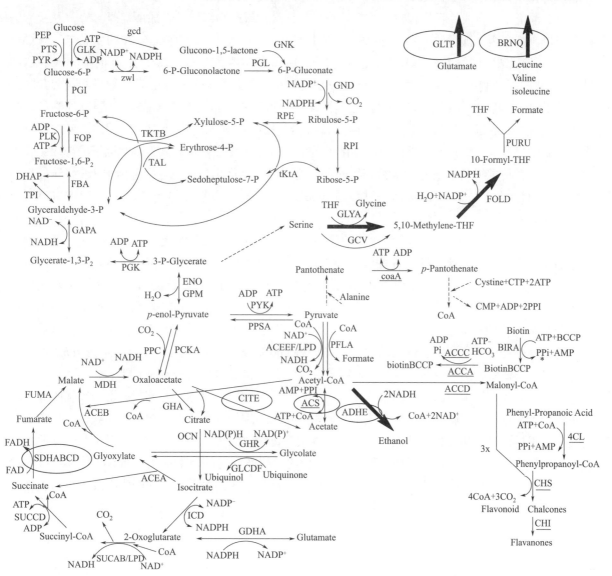

图 10-14　黄酮生物合成的细胞代谢反应网络简图

注：Glucose：葡萄糖；Fructose：果糖；Glyceraldehyde：甘油醛；Glycerate 甘油酸；Glyoxylate：乙醛酸；Glycolate：羟基乙酸；Glucono-1,5-Lactone：葡萄糖-1,5-内酯；Gluconolactone：葡萄糖酸内酯；Gluconate：葡萄糖酸；Xylulose：木糖；Ribulose：核酮糖；Erythrose-4-P：赤藓-4-磷酸；Sedoheptulose：色酮糖；p-enol-Pyruvate：对烯醇丙酮酸；Oxaloacetate：草酰乙酸；Malate：苹果酸；Fumarate：富马酸；Succinate：琥珀酸；Isocitrate：异柠檬酸；Citrate：柠檬酸；Pantothenate：泛酸；Ethanol：乙醇；Glutamate：谷氨酸；Leucine：亮氨酸；Valine：缬氨酸；Isoleucine：异亮氨酸；Formate：甲酸；Phenylpropanoyl：苯基丙酰基；Flavonoid Chalcones：黄酮查尔酮；Flavonones：黄酮。

（图中包含了中心代谢网络和与黄酮生成相关代谢途径，也包含由 CiED 鉴定的删除或超表达基因）

CiED 算法是为了发现理论上可改良的表型，然后对于理论推算的基因通过实验将目的基因缺失，验证理论推算，再通过实验将黄酮合成的目的基因超量表达，培养微生物，观察总黄酮的产量，再次验证算法的正确性。这种 CiED 算法类似于微生物多基因缺失的研究，通过耦合演化探寻约束条件并进行建模，当筛选基因表型构建实验体系时，用该算法对黄酮代谢物与细胞生长之间的平衡点进行预测，给出一个被删除的目的基因优化的频数，从而提供了一种解决该问题的"网络趋势"方法。该方法采用自进化搜寻二次方最优评价法，可以较好地解决传统化学计量法不能解决的问题，即化学计量学方法预测不能明确到底是哪条途径被整体优化了。

对黄酮类生物合成途径进行精细推算，找出目标产物或产物组以及合成所需要的酶。从反应途径中可以判断，丙二酸单酰 CoA 是黄酮类的直接前体之一，而丙二酸单酰 CoA 的生成与乙酰 CoA 及 ATP 有着复杂的网络联系。理论推算，每生成 1mol 的黄酮类分子，需要 1mol 的辅酶 A 和 ATP 以及 3mol 的丙二酸单酰 CoA。同时，还可以明确知道二氢黄酮是各种常见黄酮亚类产物的共同前体（第 6 章），其中，4-查耳酮辅酶 A 连接酶 4CL、黄酮查耳酮合成酶 CHS、黄酮查耳酮异构酶 CHI 是关键酶。通过实验和 CiED 运算相结合，推测出删除 1~4 个基因对总黄酮终产量的影响频次。实验结果显示，这种方法更有效地优化了通往丙二酸单酰辅酶 A 和其他辅酶因子的合成碳骨架的代谢流，并使重组菌中某些黄酮类产物的合成能力提高。优化后柚皮素含量从原来的 15mg 每升发酵液（OD 单位）提高到 100mg，是原来的 660%；圣草酚含量也从 13mg 每升发酵液（OD 单位）提高到 55mg，是原来的 420%。

CiED 预测评价主要针对大跨度改变的代谢途径，而不是仅在黄酮类合成的丙二酸单酰辅酶 A 邻近的通路上。结果表明，缺失柠檬酸循环途径中的琥珀酸脱氢酶 *sdhA* 和柠檬酸裂解酶，氨基酸转化的 *brnQ* 基因，以及消耗丙酮酸的乙醛脱氢酶等基因，共同促进了辅酶 A 和乙酰辅酶 A 羧化酶的超表达，产生了高效表达黄酮类产物表型的重组子，Z40NAC 菌株是经多批次发酵证实该模型可以预测出最优化的基因表型，乙酰 CoA 羧化酶、乙酰 CoA 合成酶以及泛酸激酶周边的酶重组后，实验得到黄酮产量增加 600% 以上的菌株。如果将删除后影响最显著的两个单个基因 *sdhA* 和 *glyA* 进行重组，在葡萄糖为碳源的培养基中，则导致黄酮合成和菌体生长的大幅下降。

该研究有两个特别的意义：①当只使用合成适应度函数作为指标时，该基因型由较优的双重缺失中的一个来预测，这就将生长与合成耦合起来，从而识别抑制生长的关键路径，获得优良的表型基因。②根据预测拟缺失目的基因，最终还是落实到提高重组子产物产量上，而对于整体碳流量则不会带来更多的修饰，因此，CiED 算法在所设计的目标产物的基因型优化方面有着特别重要的意义。大肠杆菌作为生产次生代谢产物很有希望的宿主载体，相信随着今后对野生型及重组的碳代谢通路中代谢物网络的瓶颈进行深入挖掘，该项研究为实现次生代谢产物的进一步高产和网络化调控提供有效的思路。

开放性讨论题

结合自己的科研经历或兴趣，针对某具体产物，设计如何获得具有新活性的次生代谢产物的研究思路。

思考题

1. 微生物次生代谢产物合成途径的类型主要有哪些？代表性的次生代谢产物是什么？
2. 影响微生物次生代谢产物产量的关键因素有哪些？有哪些调控和优化策略，并举例说明。
3. 什么是合成途径的网络"节点"，有哪些技术手段可以确定微生物次生代谢产物合成途径的关键"节点"，并说明如何针对"节点"进行优化调控。
4. 氧化还原电位在微生物次生代谢产物合成中具有哪些重要作用？如何对其调控以提高目标产物产量？
5. 菌种是次生代谢产物合成的核心，如何通过各种菌种改良措施提高次生代谢产物的产量？

本章参考文献

11 合成生物学在次生代谢产物生产中的应用

教学目的与要求

1. 了解合成生物学的基本概念、在学科发展中的地位和作用以及关键技术;了解合成生物学在次生代谢产物生物制造中的应用进展及前景。
2. 了解宿主细胞选择的一般要求及几种不同类型底盘细胞的特性,了解生物合成途径重构思路及目标产物生物合成关键酶在合成生物学中的设计和优化策略。
3. 通过典型案例的学习,了解合成生物学在生产次生代谢产物中的应用,培养学生技术创新的能力和意识,增强学生的使命感和责任心,为我国生物产业的创新发展打好基础。

重点及难点

利用合成生物学技术生产次生代谢产物的底盘细胞选择、合成路径重构、关键酶的设计与优化等策略;针对构建好的底盘细胞发酵的规模化生产技术体系优化。

问题导读

1. 利用合成生物学实现复杂次生代谢产物的稳定高产的关键是什么?
2. 目前利用合成生物学生产次生代谢产物有哪些成功的案例?与传统生物工程、代谢工程相比,合成生物学的技术方法关键突破在哪里?

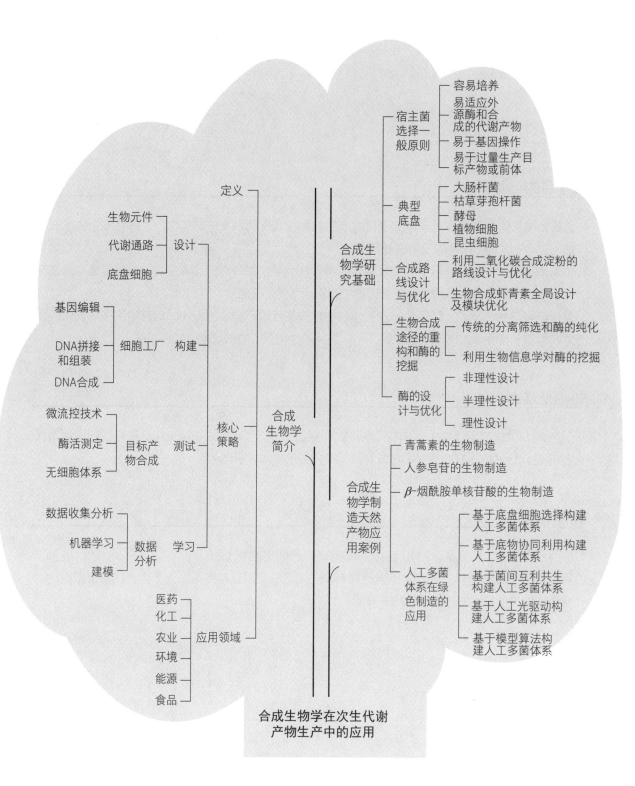

11.1 合成生物学与次生代谢产物生物合成

11.1.1 合成生物学概念与发展简况

11.1.1.1 合成生物学简介

合成生物学以系统生物学思想为指导,在分子生物学与基因组学基础上引入工程学的思维,融合物理学、化学、计算机科学等诸多学科,对生物体进行有目标的设计、改造乃至重新合成,甚至创建赋予非自然功能的"人造生命"使获得的生物体达到人们期望的某种能力或功能。合成生物学中对生物体设计的理论概念可以形象地类比为计算机工程中的层次结构,如图11-1。合成生物学中的DNA、RNA、蛋白质和代谢物(包括脂质和碳水化合物、氨基酸和核苷酸),类似于计算机中的晶体管、电容器和电阻器的物理层。而生物体中分子开关、效应物等影响代谢流调控的一系列生化反应,相当于在计算机中执行计算的工程逻辑门的设备层。不同生物体存在不同的代谢途径,又类似计算机工程模块层的集成电路。这些合成路径相互连接并整合到宿主细胞中,使合成的细胞能够以程序化的方式达到特定的要求,具备理想的功能。虽然独立运作的工程细胞可以完成各种各样的任务,但更复杂的协同任务也可能通过细胞间的信号转导完成,就像通过互联网相互作用的计算机一样。

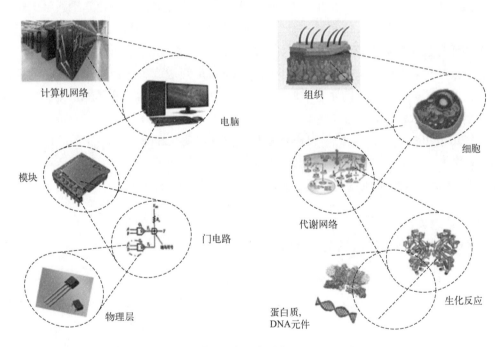

图11-1 合成生物学框架与计算机工程层次结构图

11.1.1.2 合成生物学核心策略:设计-构建-测试-学习

合成生物学主要是基于工程设计原则,即利用工程可预测性控制复杂系统,构建"设计-构建-测试-学习"循环(DBTL),成功构建所需细胞,用于生产适合的目标产品。

（1）设计　利用现有的标准化生物元件对基因、代谢通路或底盘细胞基因组进行理性设计。设计所采用的相关技术包括生物元件库、计算机辅助设计和代谢通路设计，从核心 DBTL 循环到发酵工艺放大的优化，以实现规模化生产。

（2）构建　通过对目标基因的操作，构建细胞工厂，包括 DNA 合成、大片段组装以及基因编辑。构建所采用的相关技术包括 DNA 合成、DNA 拼接与组装、基因编辑和基因测序。

（3）测试　对目标代谢产物合成代谢途径的关键酶进行理性或非理性设计后，都会有一定量的突变体或候选目标，因此，通常需要高效、准确和经济的检测，生成相应数据，评估构建细胞工厂的实用性。测试所采用的相关技术包括微流控技术、酶活性测定和无细胞系统。

（4）学习　利用测试数据，学习并随机搜索可更有效地推进循环，实现预期目标的原则，为下一个循环改进设计提供指导。学习所采用的相关技术包括数据收集、数据分析、机器学习和建模。

11.1.1.3　合成生物学发展简况

合成生物学的起源可以追溯到 1959 年，Francois Jacob 和 Jacques Monod 对大肠杆菌中 lac 操纵子的研究。1980 年"合成生物学"这个学术名词被 Barbara Hobom 首次提出，然而，此时基因工程领域尚未具备完善的理论基础及有效的编辑工具，从某种意义来讲此时"合成生物学"的概念基本上是同义于"基因工程"。到 20 世纪 90 年代中期，随着生物学和计算机科学的结合，自动化 DNA 测序和改进的计算工具使完整的微生物基因组得以测序，用于测量 RNA、蛋白质、脂质和代谢物的高通量技术不断发展，KEGG、GO 等生物信息学数据库不断完善，合成生物学"模块化"的身影逐渐显现。2000 年，Collins、Elowitz、Leibler 等通过表达调控元件可控的荧光蛋白的研究成果，正式拉开合成生物学的序幕。此后，随着基因合成成本的不断降低，基因组设计、合成与组装、基因编辑技术、元件工程、回路工程、计算与建模等技术不断进步，合成生物学领域开始蓬勃发展。经历了 2000—2007 年的学科萌发期和产业导入期，2008—2015 年的政策窗口期、学科发展期以及产业扩张期，从 2016 年至今，合成生物学已经进入了政策、学科和产业全面发展的快速增长期，是 21 世纪发展最迅猛的前沿交叉学科之一。合成生物学发展过程中的重要时间节点见图 11-2。

11.1.1.4　合成生物学应用领域及发展前景

拓展知识11-1
合成生物学的
应用领域

近些年来的研究表明，合成生物学在诸多不同的研究领域都体现出广泛的价值及应用潜能。代表性的主要领域详见拓展知识 11-1，医药、化工、农业、环境、能源与食品等，合成生物学相关产品相继被开发和利用。随着合成生物学技术进步，生物制造业也快速发展，生物炼制从丙酮、正丁醇、有机酸等初级代谢产物逐步走向复杂产物，像青蒿酸、β-烟酰胺单核苷酸（NMN）、大麻素等复杂生物制品不断通过合成生物学实现工业化生产。目前，正处于利用细胞工厂生产复杂的生物制品，与传统有机化学合成相竞争的新时代，麦肯锡全球研究院发布的报告中指出，全球经济活动中有 60% 的产物可通过生物技术进行生产，涉及的市场规模高达 4 万亿美元。以合成生物学为基础的生物制造方法具备减碳、能耗低、废料处理成本低等全方位绿色优势。在未来，合成生物学的应用将会更加广泛。

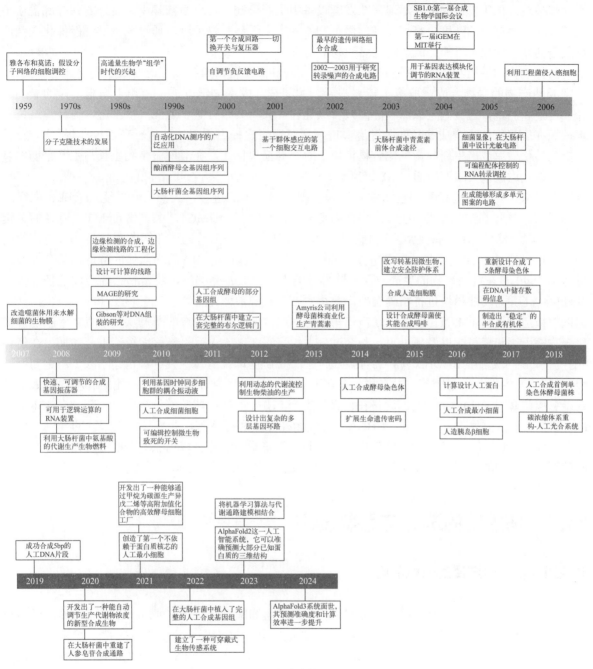

图 11-2 合成生物学发展历程

11.1.2 合成生物学在生产次生代谢产物中的研究进展

植物源次生代谢产物（如镇痛的吗啡和抗疟的青蒿素）往往具有复杂的生物合成与代谢途径，涉及多步酶促反应，有着复杂的体内合成调控网络。由于它们在植物中积累量较少，提纯难度大，植物培养需要耗费大量的人力、物力以及时间，并且害虫或极端天气也会对植物源次生代谢产物的产量造成严重影响，使这些天然产物供应受限。通过改造微生物细胞工厂生物合成天然产物可以克服这些挑战：微生物细胞生长迅速，在发酵设备中生产可控，对环境依赖小。良好的菌株底盘比植物获取的天然产物的纯度更高。此外，微生物作为生产天然产物平台，通过挖掘发现能催化天然产物反应的新型酶也有可能合成新的天然产物衍生物。

从传统代谢调控，到20世纪末兴起的代谢工程和酶工程，再到当今的合成生物学方法和技术，特定天然产物的生物合成已取得了较大进展。尤其是合成生物学方法，依赖于细胞工厂的全局设计、构建和测试，通过确定该产物的高效合成途径，并将其整合到合适的底盘细胞，再评价或进一步挖掘在底盘细胞中合成途径的关键酶，进一步对反应途径中的限速酶进行理性或非理性的改造，以提高转化效率或产生新的衍生化合物模块，对全局模块优化，在兼顾微生物生长与生产平衡的基础上使得代谢流最大限度地通往目标产物。

近年来，随着高通量测序技术的发展和基因编辑技术的进步，天然产物的生物合成也取得了多项成果。通过在酿酒酵母中过表达HMG-CoA蛋白（表达tHMG1，酿酒酵母MVA途径的关键酶），去除跨膜结构域，得到能高产萜类化合物的菌株，并先后构建了苯丙素类等植物天然产物的细胞工厂。通过十多年努力，花费超过5000万美元，构建可生产青蒿素前体的酵母，其青蒿酸产量达到25g/L。在抗癌药物的生产方面，紫杉醇的生物合成备受关注，将紫杉二烯合成途径导入大肠杆菌中，并对功能模块进行精确调控，获得生产紫杉醇前体化合物——紫杉二烯的工程菌，产量比以前报道的提高了1万倍以上。在镇痛药物的生产方面，利用改造的酵母从糖中直接生产阿片类化合物蒂巴因和氢可酮以及那可丁，整个过程大约只需3~5天，可显著缩短其生产周期。在俗称"脑黄金"的长链脂肪酸DHA生产方面，在产油酵母解脂耶氏酵母中设计和构建了人工不饱和脂肪酸（PUFA）生物合成基因簇，并在磷酸盐限制条件下，采用营养筛选的方法使PUFA产量大大增强，总脂肪酸中DHA（16.8%）含量在已报道生产PUFA的解脂耶氏酵母菌株中最高。在2019年，Luo等将大麻素前体大麻萜酚酸（CBGA）合成途径导入酵母细胞，并替换植物来源的异戊二烯转移酶，成功实现CBGA工程微生物体内合成，利用发酵罐可快速合成出原本需要经过人工6个月才能种植提取出来的大麻素，成为合成生物制造领域的一个突破性进展。

11.2　宿主菌的选择与底盘设计

11.2.1　宿主菌选择的一般原则

合成生物学研究中，对于宿主菌及产物表达的底盘细胞有一些基本要求：①容易培养，遗传稳定性高，不产有毒有害的物质；②对外源酶和合成的代谢产物要有一定的适应性；③易于基因操作，对于已经具有良好的分子操作系统和工业规模扩大技术的模式菌株，可优先选择；④宿主菌株的选择还要关注其是否能过量生产目标天然产物或其前体物质，过量的前体物质积累对下游产物的合成产量也是可预见性的指标，不同模式菌种、不同前体物质积累量，以及其可适应的下游发展类型都将显著影响目标产物产量。拓展知识11-2总结了目前常用于天然产物合成生物学研究的模式菌。

> 拓展知识11-2
> 模式菌种不同生物前体的积累量

11.2.2　典型底盘简介

11.2.2.1　大肠杆菌细胞工厂

由于大肠杆菌具有生长迅速、细胞高密度发酵技术体系相对完善、遗传操作较为成熟等优势，使许多新的分子生物学手段在大肠杆菌中应用。例如，Red 同源重组技术和 CRISPR/Cas9 基因编辑技术，大肠杆菌已经被 FDA 批准为安全的基因工程受体生物。同时，大肠杆菌有整合 T7 聚合酶的 BL21（DE3）系列底盘表达系统，还有 BW25113 系列底盘表达系统，大肠杆菌是合成生物学目前最成熟的表达系统之一，广泛应用在醇、有机酸、生物柴油、氢气以及其他化学品的生产，有较高的转化率或产率。

然而，其作为原核生物，在重组蛋白的表达中存在密码子偏好性，还有蛋白质溶解性、mRNA 以及二级结构的稳定性等限制因素，在异源基因的表达中，需要对表达的阅读框序列按照大肠杆菌密码子偏好性进行优化；或与编码稀有密码子的 tRNA 进行共表达，以提高目的蛋白质表达量或蛋白质活性。在得到成熟稳定的工业菌株后，异源蛋白的胞质分泌可以大大简化其后续分离处理步骤。其次，大肠杆菌是一种在土壤、水、动物和人类消化系统中普遍存在的细菌，虽然被广泛研究，但是简单的细胞环境与代谢途径也限制了其对一部分天然产物的合成。此外，合成过程中需要极端条件，如低或高 pH，具有大量盐的环境或超过 45℃的温度，因此，非一般条件下生长的微生物开发也至关重要。

11.2.2.2　枯草芽孢杆菌细胞工厂

芽孢杆菌是人们最早开始接触并研究的益生菌类，其中，来源于土壤的革兰氏阳性菌枯草芽孢杆菌，因具有较强的蛋白质分泌能力，较好的耐酸、耐碱、耐高温能力受到普遍关注。枯草芽孢杆菌是目前原核表达系统中表达和分泌外源蛋白的理想宿主，其能分泌各种蛋白酶，用于降解农业来源的各种废弃生物基质，使其可以利用低成本的底物进行生长。枯草芽孢杆菌在淀粉酶、木聚糖酶、地衣聚糖酶等重要工业酶的生产中具有重要地位。

枯草芽孢杆菌作为模式微生物，其完整基因组已被测序，在基因操作层面上可以使用 CRISPR/Cas9 实现对枯草芽孢杆菌基因组高效而精确的编辑。目前，芽孢杆菌分子操作系统开发了许多不同的启动子，包括组成型启动子、诱导型启动子、时期特异性启动子和自诱导启动子，详见拓展知识 11-3；开发了系列整合载体和大肠杆菌 - 枯草芽孢杆菌穿梭载体，详见拓展知识 11-4 和拓展知识 11-5。

拓展知识11-3 枯草芽孢杆菌表达系统常用启动子

拓展知识11-4 常用的大肠杆菌-枯草芽孢杆菌穿梭载体

拓展知识11-5 常见枯草芽孢杆菌整合型载体

11.2.2.3　酵母细胞工厂

酵母作为高效的真核细胞工厂，广泛用于生产生物燃料、重组蛋白和酶以及各种代谢物和化学品。控制蛋白质表达的启动子及表达载体在酿酒酵母、毕赤酵母、解脂耶氏酵母等菌株中进行了广泛研究，基于酵母细胞的基因编辑技术及工艺也在不断改进。关于不同酵母作为底盘菌株的优缺点，以及常用的启动子类型和主要产品类型详见拓展知识 11-6。

拓展知识11-6 酵母细胞工厂特性、优缺点及应用

11.2.2.4　植物细胞工厂

相较于微生物底盘，植物细胞作为合成生物学中的底盘有其独特的优势。首先，合成生物学选择的产物很多是植物次生代谢产物，这些产物化学结构复杂，很多产物的生物合成途径属于在植物中独有，例如，桂皮酸途径、大部分萜类以及类黄酮合成途径等，常见的官能团的合成也是植物中特有的，这些产物很难被自然界中的微生物精准合成。植物细胞拥有丰富的内膜系统和细胞器，具有高度特异化的生物合成基因簇和精细的代谢调控网络，如果让植物细胞成为细胞工厂合成这些代

谢产物，技术上的难度相对容易。其次，植物作为光合自养生物，能够从原料端降低生产成本，具有成本最低的潜在可能性。还有更重要的是，植物细胞工厂的底盘更有利于知识产权的保护，有利于商业化运作。2022 年，罗格斯大学的 E. Lam 和 T. P. Michael 提出利用极简植物浮萍作为理想的合成生物学底盘的观点，引起了学界和产业界的共同关注。植物细胞系的构建、培养到大规模培养与产物合成技术详见第 9 章。

11.2.2.5　昆虫细胞工厂

利用生物技术对杆状病毒进行修饰，通过感染鳞翅目细胞系实现异源蛋白的表达，既昆虫细胞 - 杆状病毒表达载体系统（IC-BEVS）。BEVS 是在 20 世纪 90 年代初开发的，作为哺乳动物表达系统的替代方案，与其他模型系统相比，昆虫细胞表达体系具有更好的糖基化特性，其与哺乳动物细胞翻译和翻译后糖基化、磷酸化、酰基化、信号肽切除及肽段的切割和分解等修饰的模式与能力相似，因此，该体系表达产物的蛋白质抗原性、免疫原性和功能等生物活性与天然蛋白质相似。FDA 对 BEVS 的评价为："FDA 认可 BEVS 生产的产品，它提供了新兴生物制药业的前景，尤其对于人类疾病治疗和疫苗的开发，改善人类的健康和提高数百万人的生活质量更是如此。"随着时间的推移，超过 100 种不同昆虫物种的昆虫细胞系（超过 6 个目）已经被分离出来，而 High Five、Sf-9、Sf-21 和 Tn-368 是最常用于研究和工业应用的昆虫细胞系，它们能够很容易地被感染，以适应不同研究的要求。与此同时，BEVS 系统也不断发展，目前常用的系统包括：Bac to Bac 系统、BaculoDirect 系统、BacPAK6 和 BaculoGOLD 系统以及 FlashBAC 系统。

11.2.2.6　哺乳动物细胞工厂

哺乳动物细胞培养在细胞生物学研究、药物和其他化合物与细胞的相互作用、重组蛋白、疫苗、激素、抗体、干扰素、凝血因子和其他生物制品领域有着巨大的应用。许多产品（如病毒疫苗）必须利用哺乳动物细胞培养生产，是大肠杆菌或酵母等底盘细胞无法替代的。这是因为大多数复合蛋白在翻译后被糖基化，这种糖基化过程在蛋白质的生产中是至关重要的，目前的研究已表明，糖蛋白结构中的聚糖可以增加蛋白质的稳定性和折叠，并可作为生物识别信号以及影响蛋白质的电荷、构象和亲水性，进而影响该蛋白质的药代动力学以及免疫原性。不能正确地糖基化会大幅降低药物的治疗效果。

根据目的蛋白质表达的时空差异，可将哺乳动物细胞表达系统分为瞬时、稳定和诱导表达系统，不同的表达方式用到的分子操作工具也不尽相同。根据进入宿主细胞的方式，哺乳动物细胞表达载体的类型可分为病毒载体与质粒载体，常用的病毒载体详见拓展知识 11-7，常用于表达重组蛋白的细胞株有 293 细胞、CHO 细胞、COS 细胞、骨髓瘤细胞株（如 Sp2/0 和 J558L）等。

> 拓展知识11-7 常用于制备重组蛋白的病毒载体

11.2.3　人工多菌体系的构建

随着社会的发展，人们对各种化学品、有功能活性的天然产物等需求不断提升。其中，较多化学品来源于化学方法合成，绝大多数都具有环境不友好的缺点，而有功能活性的天然产物一般含量和产量都较低，难以满足市场需求。合成生物学相关技术的进步，使利用微生物的细胞工厂合成各种生物产品成为可能。目前，大多数产品的生物合成都是在单菌体系中完成，但有些复杂的代谢产物，如长春碱的生物合成需要经历 56 次基因编辑，可能会大大增加宿主代谢负担，也不利于目标产物的大量合成。为此，刘裕韦等科学家在 2021 年提出一种新颖有效的生物合成平台，设计并构建人工多菌体系，不同菌株分工明确，代谢途径和功能被合理地分割，并分配给适合的宿主，减少交叉反应的不利影响及减轻细胞代谢的负担，可有效合成目标生物产品。值得注意的是，途径的过度分割也会大大降低中间产物的浓度和传质效率，尤其是菌群中的菌种过多，将会显著增大菌群控制和优化的难度，因此合理设计途径很有必要。

11.2.3.1 基于底盘细胞选择构建人工多菌体系

人工多菌体系设计的基础就是底盘细胞的选择，不同菌种间可能会出现种间排斥或一种菌种产生的副产物不利于另一个菌种生存，为此，可以设计包含单一物种的人工多菌体系，同时，为了维持菌种体系的稳定性，尽可能选择突变率低的宿主。针对上述原则，研究者构建不同菌种的人工多菌体系合成 3-氨基苯甲酸，对 10 种不同的大肠杆菌进行测试，选择最适合下游合成途径中酶表达的菌株，显著提高了生物合成效率，目标产物 3-氨基苯甲酸的产量提高了 30 多倍。

11.2.3.2 基于底物协同利用构建人工多菌体系

在设计构建人工多菌体系时，如果能使其同时利用多种底物，可以避免菌株利用单一底物时产生的底物竞争，且可增加体系的底物利用能力。Jiang 等在 2023 年设计了真菌-厌氧细菌共生混菌体系，可直接利用木质纤维素合成乳酸，主要是通过设计特定菌株筛选方法，获得可高效降解木质纤维素的棘孢木霉和高效合成 L-乳酸的副干酪乳杆菌；进一步利用棘孢木霉菌丝易于成膜的特性和水凝胶材料区室化分割的能力，设计构建了具有空间氧气生态位的共生混菌体系，在有氧条件下，实现了棘孢木霉和副干酪乳杆菌的共生，以结晶纤维素和未处理玉米芯为底物，合成 57.6g/L 的乳酸。这种功能上的互补，使得人工多菌体系能更好地利用复杂底物进行产物合成，例如，人工多菌体系梭状芽孢杆菌-大肠杆菌中的梭状芽孢杆菌可以将底物纤维二糖分解成葡萄糖，为大肠杆菌提供原料用于生产生物燃料。

11.2.3.3 基于菌间互利共生构建人工多菌体系

营养缺陷型互补菌株是最常见的互利共生的人工多菌体系，使得某一菌株在体系中其他菌株不存在的情况下，无法正常地生长和合成产物，这种互补方式有助于增加菌种之间的协同作用。利用人工多菌体系设计合成红景天苷，设计并构建了一种互养型大肠杆菌共培养系统，由糖苷配基（AG）菌株和糖基化（GD）菌株组成，且分别被改造成苯丙氨酸和酪氨酸缺陷型，用于组装苷元酪醇和红景天苷的生物合成途径。其中，苯丙氨酸缺陷型 AG 菌株被改造为优先利用木糖并过量合成前体苷元酪醇，而酪氨酸缺陷型 GD 菌株被改造为仅消耗葡萄糖并强化另一前体 UDP-葡萄糖的供应量，用于红景天苷的合成，在共培养系统中，AG 和 GD 菌株在葡萄糖和木糖混合培养基中相互兼容，且通过交叉供给酪氨酸和苯丙氨酸而协同工作；通过平衡代谢途径强度，实现了共培养系统的稳定和有效运行，红景天苷产量可达 6.03g/L。此外，通过模块共催化——让不同工程菌各司其职，也是生产红景天苷的重要策略，主要是研发了一种基于 SpyTag/SpyCatcher 环化的模块共催化策略，即以酪氨酸为中间连接分子划分为上游和下游两个模块，上游模块产酪氨酸，下游模块由酪氨酸合成酪醇；其次，将上下游模块菌单独培养后混合进行共催化，实现"分工合作"从头催化合成酪醇；随后又构建了表达 Spy 环化的羟基酪醇合成模块菌和红景天苷合成模块菌，并分别与上述酪氨酸模块菌和酪醇模块菌混合，进行 3 菌共催化，分别实现了以葡萄糖为原料从头合成羟基酪醇和红景天苷。关于如何利用多菌体系"接力"合成次生代谢产物见拓展知识 11-8。

> 拓展知识11-8
> 水飞蓟宾的多菌体系构建案例

11.2.3.4 基于人工光驱动构建人工多菌体系

人工光驱动微生物菌群是由光自养和异养菌组成的微生物群落，在实现"碳中和"和生物合成化学品领域具有重大的应用前景。南京工业大学团队构建人工光驱动微生物菌群以增强微生物脂质和类胡萝卜素生产，首先，针对圆红冬孢酵母在脂质的生产过程中存在的 pH 值变化剧烈，溶氧限制的问题，构建菌藻互作的人工混菌体系，在该体系中，圆红冬孢酵母生长释放的二氧化碳可被小球藻通过光合作用利用，并释放氧气供给酵母生长，提高了发酵体系中的溶氧；小球藻可以利用酵母产生的乙酸，缓解由于 pH 波动造成的对菌体生长和化学品合成的抑制；通过优化人工菌藻的比例、营养元素等，提高了生物量、脂质和类胡萝卜素的生产。

11.2.3.5 基于模型算法构建人工多菌体系

基于各种优化数据对人工多菌体系进行计算和模拟是一种新兴的方法，有望准确地构建人工多菌体系。目前，人工多菌体系构建的计算辅助方法包括多个方面，代谢网络的构建方法（如 PROM 和 GEMINI 算法等）、多菌体系代谢相互作用的模拟算法（如 Joint-FBA 和 NECom 算法等）、代谢调控算法（如蛋白质相互作用网络分析法等）等。Jones 等利用 *E. coli-E. coli* 多菌体系，成功生产了黄烷-3-醇，进一步建立了一个规模化的高斯模型，根据一系列优化数据来预测最优体系，最终使黄烷-3-醇的产量提高到 40.7 mg/L，较前期报道提高了 970 倍。

综上，对于具有复杂结构和冗长合成途径的天然产物，利用人工多菌体系较单菌体系具有强大的鲁棒性、灵活性及高产量，是一种新型且有效的生物合成系统，具有广阔的研究和应用前景。

11.3 合成生物学中的合成路线设计与优化

生物制造技术的发展主要经历了三个阶段：第一代生物制造技术是以糖类生物质为原料，主要涉及淀粉和葡萄糖等碳源；第二代生物制造技术则是以木质纤维素为原料，主要利用秸秆、玉米秆等碳源；第三代生物制造技术是利用包括二氧化碳在内的 C_1 化合物为碳源实现产品制造。目前，也有将木质纤维素和 C_1 化合物作为混合碳源进行耦合利用，可将其看作 2.5 代生物制造技术。随着合成生物学的迅猛发展，生物制造技术的研究与推广应用日新月异，对于我国实现双碳目标具有重要意义。本章通过两个具体案例，介绍如何通过合成生物学研究，尤其是合成路线的设计与优化，实现生物制造技术的应用。

11.3.1 生物合成虾青素全局设计及模块优化

类胡萝卜素是一类由水果、蔬菜、藻类和细菌合成的重要有机色素，已被广泛用作食品配料和营养补充剂，其中虾青素是已知最强的抗氧化剂。虾青素存在于各种微生物和海洋生物中，具有抗肿瘤、抗炎、增强免疫系统等多种生物活性，作为心血管疾病、神经系统疾病和糖尿病的治疗药物也很有前景，虾青素的需求正在不断增长。Liu 等以大肠杆菌为底盘菌株，外源引入虾青素的合成途径，并对其中的关键酶以及大肠杆菌自身的氧化应激酶防御系统进行优化，从而促进虾青素的积累，最终实现工业化应用。具体内容详见拓展知识 11-9。

拓展知识11-9 大肠杆菌中虾青素合成的全局设计及模块优化

11.3.2　从二氧化碳合成淀粉的路线设计与优化

淀粉是重要的食品和动物饲料，同时也是重要的工业原料，其主要来源是植物的光合作用，然而植物的光合作用效率较低，合成路径复杂，难以通过传统的技术使植物的淀粉产量大幅度提高。2021 年，中科院天津工业生物技术研究所与中科院大连化学物理研究所等多个科研团队联合，成功创制了一条利用二氧化碳和电能合成淀粉的人工路线——ASAP 路线，在实验室首次实现了从二氧化碳到淀粉的从头全合成，也使淀粉生产从传统农业种植模式向工业车间生产模式转变成为可能。二氧化碳到淀粉的从头全合成详见拓展知识 11-10。

拓展知识11-10 二氧化碳到淀粉的从头全合成流程

11.4　生物合成途径的重构及关键酶的挖掘与优化

11.4.1　生物合成途径的重构与酶的挖掘

在异源表达的系统中，目标代谢产物的生物合成途径的重构以及关键酶的挖掘工作是合成生物学的基础之一。在基本完成了目标次生代谢产物合成途径的解析之后，需要依据催化元件的特性对其进行适当的改造，为途径在底盘细胞中的重构提供优质的催化元件。一般来说，次生代谢途径的上游合成前体骨架的酶比较保守且研究较为透彻，而合成产物的下游、特别是官能团形成过程涉及的酶表达往往较弱，研究难度也较大，这些酶是进行合成生物学异源表达体系的重点。本节结合实例说明途径重构及酶的挖掘思路。

11.4.1.1　生物合成途径的重构

次生代谢产物合成路径重构所需的催化元件信息除了来源于对现有文献和数据库的调研，目前还可以利用生物信息学的辅助工具重新构建合成路径，特别是利用计算辅助合成路线的规划是当前人类进入人工智能时代最重要的研究手段。基于目标产物分子结构的相似性，将酶促反应抽象为计算机可以识别的反应描述符或反应规则集，然后让计算机通过路径搜索算法快速查找并给出合成路径。或者基于反应的规则，通过机器学习或深度学习，汇集酶促反应语料库或分子的信息学描述符，再往返训练获得预测"大"模型，进一步通过路径搜索以及迭代推理等方法预测可能的"前体"，最后通过评分函数进行排序来构建合成通路。拓展知识 11-11 以木糖代谢途径的重构及其产物的高效生产为例，说明合成生物学研究中途径的重构思路。

拓展知识11-11 木糖代谢途径的重构及其产物的高效生产

11.4.1.2　天然产物合成生物学研究中酶的挖掘

由于酶在产物合成中的核心地位，酶挖掘成为了合成生物学研究中的重要任务之一。以下是几种常见的酶挖掘方法：①基于自然资源的挖掘方法。这种方法通过典型生物样本的收集，例如采集土壤、水体等环境样品，筛选出具有特殊功能的酶；利用特定条件（如高温、酸碱度等）下采集的样品，有可能筛选到在极端环境中存在的酶；利用宏基因组学技术，对未培养的微生物中的酶基因进行鉴定，可以发现具有新功能潜力的酶基因，这种方法避免了传统培养方法的限制，为挖掘出更多种类的酶提供了新的途径。②基于人工酶库构建的挖掘法。这种方法通过收集各种生物的基因，构建具有多样性的酶基因库，再利用蛋白质工程对已知酶的结构和功能进行修改和改造，设计和合成具有类似活性的人工酶库。该方法可以通过有限酶库的筛选、定点突变和催化位点模拟等手段，实现具有特定性质酶的高通量筛选，挖掘出催化功能特异、活性高和稳定性强的酶。③通过底物结构相似性挖掘同工酶。因为相似结构的底物其催化反应的酶在底物结合或者反应功能上可能相同，因此，通过底物与酶（蛋白质）三维结构比对，可能寻找到底物结构相似的未知酶。

无论是基于生物自然资源还是人工构建的酶挖掘方法，都涉及对数据库的高效利用，对数据库进行酶挖掘的思路主要包括以下几个步骤：①收集和整理数据。获取已知的酶序列和相关信息，目前可以利用的公共数据库很多，例如 UniProt、PDB、KEGG 等常用的数据库，都可以下载相关的数据信息，包括蛋白质序列、氨基酸组成、结构域信息、功能注释等。②构建本地数据库。将收集到的酶数据导入本地数据库中，以便高效地对自己研究的小领域或方向进行深度挖掘和查询，常见的数据库管理系统如 MySQL、Oracle 等都可以用于构建和管理数据库。③数据预处理。对收集到的酶数据进行清洗和标准化，去除重复序列、修正错误数据，并进行必要的格式转换，使其适应数据库的存储和查询需求。④特征提取。从酶序列和相关信息中提取有代表性的特征。常见的特征包括序列长度、氨基酸组成、二级结构预测、域结构等。特征提取可以使用生物信息学工具和算法，比如 BLAST、HMMER、PSIPRED 等。⑤构建模型。根据收集到的酶数据和提取的特征，选择适合的机器学习或深度学习算法进行模型构建，常用的算法包括支持向量机（SVM）、随机森林（Random forest）、深度神经网络等。在构建模型之前，需要对数据集进行划分，划分为训练集和测试集。⑥模型训练和优化。使用训练集对构建的模型进行训练，并进行模型参数调优，以提高模型的性能和预测精度，可以采用交叉验证、网格搜索等技术来优化模型。⑦模型评估和验证。通过评估结果来评判模型的性能和可靠性，使用测试集对训练好的模型进行评估和验证，评估指标可以包括准确率、召回率、$F1$ 值等（$F1$ 值是准确率和召回率的调和平均数，它试图在准确率和召回率之间找到一个平衡。$F1$ 值越高，说明模型在准确率和召回率上的表现越均衡）。

在实际研究中，酶挖掘是一个具有挑战性的艰巨任务，需要综合运用生物信息学、机器学习、数据库等多个学科和领域的知识与技术。例如，甾体原料药的研究热点就是利用微生物或酶将薯蓣皂苷进行定向可控的转化，多年来，已取得了良好的进展。将天然皂苷作为唯一碳源，筛选得到能够水解皂苷并利用的微生物 *Talaromyces stollii*，对该菌种进行发酵培养获取其总蛋白，通过分子筛/离子筛对总蛋白质进行分离纯化，最终得到皂苷水解酶，并将该酶的基因整合至酵母，提高了转化皂苷的效率。基于盾叶薯蓣（*Dioscorea zingiberensis*）的全基因组测序数据结果，Xu 等在 2022 年通过比对来自七叶一枝花（*Paris polyphylla*）和葫芦巴（*Trigonella foenum-graecum*）的组学数据，解析出薯蓣皂苷合成途径中几个可能的羟化关键酶基因，鉴定出 DzinCYP90G6 和 DzinCYP94D144 参与了薯蓣皂苷元羟基的形成，前者催化薯蓣皂苷元 C-16，C-22 位上引入二个羟基。在过量积累甾体皂苷前体（胆固醇）的工程酵母中，经比较不同生物来源的羟基化酶，发现来自盾叶薯蓣的 DzinCYP90G6 和山藜芦（*Veratrum californicum*）中 C-26 羟化酶 VcCYP94N1，联合效果最好，在产胆固醇菌株 DG-Cho（DG003）酵母中联合表达，最终发酵 120 小时薯蓣皂苷元达到 10mg/L。

11.4.2 生物合成途径中酶的设计与优化

11.4.2.1 非理性设计

非理性设计是一种在缺乏对酶的结构-功能关系深入了解的基础上进行的酶改造方法，这种方法通常采用随机突变或筛选天然酶变种的方式，以获得在目标反应中具有改进催化活性或选择性的酶突变体。非理性设计的方法主要包括位点饱和突变（Saturation Mutagenesis，SM）、易错PCR（Error-pronepolymerase Chain Reaction，epPCR）及DNA重组（DNA Shuffling）等技术，可有效产生序列多样性的随机突变体文库，通过反复突变和选择循环，以探索酶的多样性和改进酶的性能。

定向进化是非理性设计中的一项重要策略，主要包括建立突变文库、选择合适的表达体系以及建立快速、有效的高通量筛选方法3个关键步骤。这一方法的核心思想是通过引入随机突变或筛选天然酶变种的方式，逐步演化出在特定目标反应中具有改进催化活性或选择性的酶变体。因此，定向进化最大的优点便是在蛋白质的空间结构和机制尚未清楚的情况下，也可以获得满足条件的突变体。该方面一个经典的例子，Moore等在1996年通过4代易错PCR的定向进化，将 p-硝基苄基酯酶在25%二甲基甲酰胺中的活性提高了50～60倍，通过定向进化积累多次突变，可以显著改善生物催化剂对底物和在自然界中尚未优化的条件下的反应。

定向进化过程通常包含多个循环，每个循环都由突变和选择阶段组成。在突变阶段，酶的基因被引入随机变异，这可以通过多种方法实现，如误配扩增、化学处理等。这些突变会导致酶的结构和性能发生变化，其中某些变异会导致所需的性能改进。接下来，在选择阶段，对这些变异体进行测试或筛选，以确定哪些变异体在目标反应中表现出更优越的性能。这些性能可能涉及催化活性、选择性、稳定性等方面。定向进化的关键在于通过多个循环逐步优化酶的性能。在每个循环中，从上一轮选择中获得的变异体会成为下一轮突变的起点，从而积极地引导酶朝着目标性能的方向进化。这种方法不仅允许探索酶的多样性，也能够发现新的结构和功能关系，为酶的改造提供了广阔的可能性。

决定定向进化成功的另一个方面是高通量筛选，高通量筛选是一种在酶工程、蛋白质改造和生物催化等领域中常用的实验方法，旨在通过高效的自动化技术，从大规模的变异体库中筛选出具有特定性能或活性的酶变体。这种筛选方法是定向进化过程中的关键步骤，能够加速优良变异体的发现和选育，从而实现对酶性能有目标的改进。关于如何有效地在高通量条件下筛选突变体，Wong等在2004年研究的序列饱和突变法（Sequence Saturation Mutagenesis，SeSaM），一种在概念上创新且实际简单的方法，可以在目标序列的每个核苷酸位置上实现真正的随机化。一个SeSaM实验可以在2～3天内完成，包括以下四个步骤：生成具有随机长度的DNA片段池，通过终端转移酶在3'-末端对DNA片段进行通用碱基的"尾化"，在PCR中使用单链模板将DNA片段延伸至完整长度的基因，并通过标准核苷酸替换通用碱基，从而在通用位点创建随机突变。Körfer研究的超高通量筛选（Ultrahigh Throughput Screening，uHTS），即基于流式细胞术的uHTS通过每小时分析多达10^7个事件，高效地覆盖了生成的蛋白质序列空间，在定向进化中发挥着重要作用，用于定制工业应用中的生物催化剂。无细胞酶生产克服了在突变体文库转化为表达宿主过程中的多样性丧失挑战，实现了对有毒酶的定向进化，并有望高效设计人类或动物源酶。

虽然定向进化需要耗费时间和资源，但它在无法预测酶结构和功能的情况下，为改进酶性能提供了有力的手段。通过不断迭代的突变和选择过程，定向进化能够从大量的变异中筛选出最佳的酶变体，为特定应用领域提供高效且定制的酶工具。然而，庞大的突变体库使得传统的筛选方法变得耗时耗力且效果不佳。半理性设计和理性设计的出现，进一步推动了酶分子突变体库的优化。通过有针对性地选择特定的氨基酸位点进行突变，可以大幅减小突变体库的规模，从而更快速地获得具有理性设计的突变体。半理性设计通过结合实验数据和理论计算，有针对性地进行少量突变，以改善特定性能或活性。而理性设计则更注重对酶结构-功能关系的深入理解，有目标地进行氨基酸置换，以实现更精确的性能改进。这些方法的出现大大加速了酶分子的进化过程，为酶的优化和应用提供了更为高效的手段。

11.4.2.2 半理性设计

半理性设计在酶工程中是一种将有限的关于酶结构和生化特性的知识应用于优化酶性能的策略。该方法基于蛋白结构、功能、序列同源性以及计算预测法来预先选择合适的目标位置，再以有限的氨基酸多样性进行集中突变，该方法理性选取多个氨基酸残基进行突变，选用有效的密码子，通过构建高质量突变体文库，有针对性地对蛋白质进行改造。该方法的实施依赖于多个关键因素，包括蛋白质的三维结构、生物学功能、序列同源性以及计算预测方法。通过对这些因素的综合分析，可以事先选择出最有潜力的目标位点。随后，这些位点会在有限的氨基酸多样性范围内进行集中的突变。在突变的选择上，该方法采用了理性的策略，即对多个氨基酸残基进行变异，这有助于更广泛地探索可能的改造方案。为了保证突变的效果，该方法还着重于选择适当的密码子，以确保在基因组水平上获得高度多样性的变异。通过精心设计的密码子选择，可以避免不必要的冗余变异，从而提高突变体库的质量。在实践中，构建高质量的突变体文库是至关重要的。这些突变体文库包含了经过有针对性设计的变异，涵盖了预先确定的目标位点。通过有效的构建和筛选，可以获得一系列变异体，这些变异体在结构和功能上可能显示出差异。通过对这些突变体进行进一步的筛选和评估，可以实现对蛋白质有目的改造，以达到所需性能和特性。

半理性设计通常以分析现有酶的结构和功能为起点，首先，研究人员会深入研究酶的晶体结构，确定活性位点和关键残基，以及与催化反应相关的反应中间体。这些信息为后续的改造提供参考；接着，通过计算预测特定突变对酶性能的影响，或者识别出用于目标改造的重要残基，计算方法如分子动力学模拟和分子对接等技术。在 20 世纪 90 年代，Manfred T. Reetz 教授发现对于酶的不对称催化改造，影响手性选择的氨基酸位点主要分布在底物结合区域，他进一步发展了组合活性中心饱和突变策略（CAST）以及迭代饱和突变技术（ISM）。这些方法广泛应用于调整酶的立体/区域选择性、催化活性和热稳定性等各种酶参数。

在半理性设计中，关注的焦点常常是"热点"残基，即在酶结构中具有重要功能或者对催化活性产生显著影响的残基。研究人员通过有选择性地改变这些热点残基，使酶的活性、特异性、稳定性等性能变化，从而实现对所需酶的改造目标，在预测的结构中，可鉴定出对于分子功能和相互作用至关重要的残基。这些位置可能是蛋白质-底物结合口袋中的关键氨基酸，或者是催化活性中的关键氨基酸。选择性地调整热点残基可以显著提高所设计分子的性能，这是因为热点残基通常参与到蛋白质的功能中，如底物结合、催化活性、分子识别等。通过在这些位置进行有针对性的突变，可以改变蛋白质的性质，使其在特定条件下更有效地实现所需的功能。

B-factor 是半理性改造酶稳定性的一个重要参考指标，它反映了一个氨基酸在整个酶分子中的灵活性。B-factor 值越大，代表氨基酸的灵活性越高，这可能不利于酶的稳定性。因此，可以选择那些 B-factor 值较大的氨基酸位点进行饱和突变，以减弱其灵活性，从而获得更具抗逆性的酶突变体。例如，Reetz 教授的研究团队在 2006 年找到了脂肪酶 LipA 中 B-factor 值最高的 10 个氨基酸位点，通过对这些位点进行 5 轮迭代的饱和突变，成功地将该酶在 55℃下的热稳定性提高了 450 多倍。Qu 等在 2019 年针对脂肪酶 YlLip2 中 6 个 B-factor 值最高的氨基酸位点进行了迭代的饱和突变，得到了两个具有阳性效应的突变体，其耐热性半衰期提高了 2～5 倍。需要注意的是，一般的 B-factor 值是通过酶分子的晶体结构获得，但酶在溶液中的构象可能比晶体状态更为灵活。因此，在利用 B-factor 值进行酶稳定性改造时，必须考虑到溶液对酶蛋白构象的影响。

一个与半理性设计相关的概念是"小库"策略。在小库设计中，研究人员针对特定的酶区域或关键残基，设计一组相对较小但有针对性的变异库。这个库中的变异通常是基于先前的结构和功能分析，旨在最大程度地覆盖可能的突变，并对酶的特定特性进行优化。这种方法相对于全库策略来说，减少了实验规模，同时仍能够在有限的变异组合中找到有效的改良方案。为了降低定向进化过程中繁重的筛选工作，研究人员采用了一系列半理性的"文库设计"策略，这些策略基于蛋白质的结构和序列信息，旨在产生更小且功能丰富的突变库。O'Maille 等在这方面取得了重要进展。其中，他们提出了一些方法，如其在 2002 年发表的基于结构的组合蛋白质工程（Structure-based Combinatorial Protein Engineering，SCOPE）和组合位点饱和突变（Combinatorial Site-saturation Mutagenesis，CSSM），以及其他相关方法。随着计算机技术的不断发展，半理性设计有助于进一步减少筛选突变库的容量，从而在尽可能小的文库范围内生成更多有益的突变。半理性设计越来越广泛地应用于构建"紧凑而高效"的突变体文库。

半理性设计的策略通过有限的酶结构和生化特性知识，实现了对酶有针对性地改造，从而显著提升了所需的催化特性。然而，尽管半理性设计在利用现有信息方面取得了显著进展，但它仍受限于可预测性的挑战，特别是在涉及复杂酶催化机制的情况下。为了更深入地探索酶工程的可能性，理性设计成为了一个更加精确和迅速的方法。

11.4.2.3 理性设计

理性设计方法，作为一种精密策略，依赖于对生物分子结构与功能关系的深入理解，以引导生物分子的改良和优化过程。在这一方法中，蛋白质作为重要的生物分子之一，广泛应用于生物技术、医药领域以及工业生产中。核心理念在于通过准确了解蛋白质的结构、动态行为、底物亲和性以及催化机制，进行有针对性的改变，从而实现特定目标的蛋白质工程。这一方法的不断发展对推动生物医药、生物工程、环境保护等领域具有深远的影响。

在实际的理性设计实践中，研究人员需要对酶的结构进行深入分析。蛋白质结构的解析可以通过多种技术手段实现，如 X 射线晶体学、核磁共振等。这些结构信息为理解蛋白质功能和动态行为提供了基础。例如，对酶的活性位点、底物结合位点和重要功能区域的研究，为后续的优化设计提供了关键信息。

11.4.2.4 设计的优化

在理性设计中，对底物结合和反应机制的详细研究也至关重要。了解酶与底物之间的相互作用方式，以及反应的机理，有助于找到潜在的改良方向。通过深入研究底物的结合位点、催化位点以及可能的中间体，可以有针对性地进行氨基酸残基的定点突变或结构优化，从而实现酶性能的提升。例如，对于酶的特异性，通过重构酶的活性口袋，可以提升酶的底物特异性，从而扩大其催化范围。活性口袋是酶发挥催化功能的关键结构域，通常由疏水核心组成，包含催化氨基酸和底物通道氨基酸。底物分子进入活性口袋与底物通道氨基酸相互作用，使底物分子处于催化有利构象，催化氨基酸则促使催化反应完成。通过改变活性口袋，可以实现酶分子底物特异性的变化，使其能够适应不同构象的底物，拓宽其催化范围。这一改变可分为两类方式，即改变活性口袋大小以及改变其微环境。一种方法是通过调整活性口袋大小来扩大酶的底物范围。活性口袋大小影响底物分子的进入和稳定性。过大的活性口袋可能影响底物分子的稳定性，而过小则会妨碍底物分子的进入，限制催化反应。因此，研究者通过调节活性口袋大小，对酶分子的底物特异性进行改变。对于较小的活性口袋，研究者可以通过定点突变等方法扩大其尺寸，以容纳更大的底物分子，从而增强酶分子的底物特异性。另一种方法是通过改变活性口袋的微环境来实现底物范围的扩大。活性口袋的微环境包括溶剂分子、氨基酸残基等，这些因素影响底物分子与酶的相互作用。通过调整微环境，可以使活性口袋适应不同类型的底物分子，从而拓展酶的底物范围。

在理性设计的过程中，计算工具扮演关键角色。同源建模技术，尤其是如 AlphaFold、I-TASSER 和 SWISS-MODEL 等，通过机器学习等方法，为解决蛋白质结构预测问题带来重大突破。这些技术能够高度精准地预测未知蛋白质的结构，为理性设计提供强大支持。并且，分子对接技术的发展使得研究人员能够预测蛋白质与小分子的相互作用，从而引导酶催化效率的提升或底物选择性的调整。除此之外，量子力学计算也具有重要作用，尤其是在研究催化机制和反应中间体的稳定性方面。通过量子化学计算，可以模拟反应过渡态的结构和能量，深入了解反应路径和限速步骤，为酶催化效率的优化提供依据。这些计算方法的不断发展为理性设计的精确性和准确性奠定了坚实基础。近年来，蛋白质在从头设计领域取得了重要突破，其中大多数案例采用了基于 Rosetta 的设计策略。其中，Baker 团队提出的"Inside-out"设计策略尤为具有代表性。详细内容参见拓展知识 11-12。

> 扩展知识11-12
> "Inside-out"
> 设计策略

近年来，生物信息学和人工智能的迅猛发展，特别是蛋白质结构预测领域的创新，为理性设计方法带来新的活力。人工智能领域的常用技术之一是机器学习，它基于大量的数据进行训练，通过多种算法解析数据并从中学习，然后用所获得的知识来做出决策。机器学习可分为三种主要类型：首先是有监督学习，在此种学习方式中，计算机被提供了原始数据以及相应的结果（标签），最终计算机可以提供定性（分类）或定量（回归）的预测结果；其次是无监督学习，在这一方式下，计算机只被提供训练数据而无相关结果，最终它可以学习出数据的聚类结构；第三种是半监督学习，其中一部分训练数据具有相应的结果，而另一部分则没有。鉴于在蛋白质设计改造的过程中可以产生大量的突变体实验数据，有监督学习方法在这个领域中得到广泛应用。以 Frances H. Arnold 团队在 1996 年改造一氧化氮双加氧酶（NOD）立体选择性的工作为例，该研究将机器学习应用于定向蛋白质进化工作流程，以减少实验工作量并在突变多个位置的情况下探索序列空间。先后通过 K 最近邻、线性模型、决策树、随机森林等多个算法构建 NOD 的立体选择性催化模型，从而提高了进化方案的效率。实验证明，在人类 GB1 结合蛋白的适应性景观中，机器学习引导的定向进化找到的适应性更高的变体优于其他方法。研究还在酶的进化中展示了机器学习的应用，以生产新型卡宾 Si-H 插入反应的两种产物对映异构体。通过在硅模建模中大幅提高了吞吐量，机器学习增强了蛋白质工程问题的序列解决方案的质量和多样性。

总的来说，理性设计方法以深入研究生物分子的结构与功能关系为核心，通过计算工具的支持指导设计优化。在蛋白质领域，这一方法不仅加深了对生物分子的认识，还为生物技术、药物研发、环境治理等领域的创新提供了强大手段。随着技术的进步，理性设计方法将继续在生命科学和工程领域发挥重要作用。

综上所述，通过非理性设计、半理性设计和理性设计这三种方法，可以针对天然产物合成途径中的关键酶进行有针对性的改造和优化。这些方法在合成生物学和酶工程领域被广泛应用，为实现高效生物合成提供了重要的理论和方法基础。

11.5 合成生物学制造天然产物的应用实例

11.5.1 青蒿酸的生物制造

抗疟活性成分青蒿素是以屠呦呦老师为代表的我国科学家集体的伟大发现，20 世纪 70 年代，青蒿素从黄花蒿中被分离鉴定，2002 年，世界卫生组织指定青蒿素联合疗法，治疗由疟原虫引起的疟疾，这就使得全球对于青蒿素这一倍半萜天然产物的需求不断增高。为了获得青蒿素原料药的稳定供给，通过合成生物学技术让微生物发酵生产青蒿素被认为是最有效且绿色环保的途径，目前利用合成生物学技术已经实现了青蒿素合成前体青蒿酸的生物制造。加州大学伯克利分校的 Keasling 教授在 2006 年开发出了能够产生青蒿素前体——青蒿酸的酿酒酵母菌株，经优化表达后的菌株在摇瓶培养中青蒿酸产量达到 3213mg/L，后续再将青蒿酸通过化学合成的方式转化为青蒿素。其团队的研究成果于 2013 年再次荣登 Nature 杂志，进一步对青蒿酸的合成生物学技术进行了优化，并开发了从青蒿酸到青蒿素的化学合成方法，详细工作参见拓展知识 11-13。

拓展知识11-13 酿酒酵母中青蒿素的生物合成

11.5.2 人参皂苷的生物制造

人参皂苷是各种人参中发现的一组活性三萜天然产物，大多属于四环三萜中的达玛烷结构，人参皂苷对中枢神经、心血管、内分泌和免疫系统等具有广泛的药理作用。其中，人参皂苷 Rh_2 和 Rg_3 具有诱导肿瘤细胞凋亡、抑制肿瘤细胞增殖、抑制肿瘤侵袭转移等作用。然而人参皂苷 Rh_2 和 Rg_3 在人参中含量极低，并且低于人参皂苷的主要成分 Rb_1、Rb_2 等。通过对酵母进行改造，实现人参皂苷 Rh_2 和 Rg_3 在酵母细胞中的大量生产。人参皂苷的合成途径参见拓展知识 11-14。

拓展知识11-14 人参皂苷合成细胞工厂的构建

11.5.3 β-烟酰胺单核苷酸的生物制造

β-烟酰胺单核苷酸（NMN）存在于所有生物体内，是哺乳动物体内关键辅酶 NAD^+ 合成的前体物质，可以促进 NAD^+ 的生物合成，可改善糖尿病和血管功能障碍等各种症状，在延缓衰老和疾病预防的大健康领域也具有重要的作用，因此，NMN 已经作为营养保健品的热门成分而备受关注。NMN 在日常食物中分布广泛，包括西兰花、毛豆、卷心菜、西红柿等食品中都含有 NMN，但含量较低，难以满足人们对 NMN 的需求，而通过合成生物学技术生产 NMN 有望保证产量。大肠杆菌中实现 NMN 的细胞工厂生产，详见拓展知识 11-15。

拓展知识11-15 NMN在大肠杆菌中合成途径的构建

开放性讨论题

结合自己的科研经历或兴趣，依据市场需求选择一个具体的产物，利用合成生物学技术，设计可高效合成该产物的研究方案。

思考题

1. 合成生物学技术的核心策略包括哪些？每种策略的代表性关键技术是什么？
2. 合成生物学采用的底盘细胞主要有哪几种，每种底盘细胞的特征是什么，可结合具体案例描述每种底盘细胞的应用场景？
3. 针对关键酶的设计与优化，结合具体案例，分别描述非理性设计、半理性设计和理性设计技术的关键及其应用。
4. 单菌体系和人工多菌体系的区别是什么？以典型案例简述人工多菌体系的设计原则。

本章参考文献